DEDO MINDINHO E SEUS VIZINHOS

Outros títulos desta série

Vida maravilhosa: o acaso na evolução e a natureza da história
— Stephen Jay Gould
Seta do tempo, ciclo do tempo: mito e metáfora na descoberta do tempo geológico
— Stephen Jay Gould
Os sinais do tempo: história da Terra e história das nações de Hooke a Vico
— Paolo Rossi
Viva o brontossauro: reflexões sobre história natural
— Stephen Jay Gould
Entre o tempo e a eternidade
— Ilya Prigogine e Isabelle Stengers
Imperialismo ecológico: a expansão biológica da Europa
— Alfred W. Crosby

STEPHEN JAY GOULD

DEDO MINDINHO E SEUS VIZINHOS

Ensaios de história natural

Tradução:
SERGIO FLAKSMAN

COMPANHIA DAS LETRAS

Título original:
Eight little piggies
Reflections in natural history

Capa:
Moema Cavalcanti

Índice remissivo:
Valter Ponte

Revisão:
Ana Maria Barbosa
Eliana Medeiros

Dados Internacionais de Catalogação na Publicação (CIP)
(Câmara Brasileira do Livro, SP, Brasil)

Gould, Stephen Jay
Dedo mindinho e seus vizinhos : ensaios de história natural / Stephen Jay Gould ; tradução Sergio Flaksman. — São Paulo : Companhia das Letras, 1993.

Bibliografia.
ISBN 85-7164-330-X

1. História natural - Filosofia - Obras de divulgação 2. Evolução (Biologia) - Obras de divulgação I. Título. II. Título: Ensaios de história natural.

93-2219 CDD-500

Índices para catálogo sistemático:
1. História natural 500

1993

EDITORA SCHWARCZ LTDA.
Rua Tupi, 522
01233-000 — São Paulo — SP
Telefone: (011) 826-1822
Fax: (011) 826-5523

A Agnes Pilot
por sua inteligência, lealdade
e integridade inalteráveis

SUMÁRIO

UM PRÓLOGO REFLEXIVO

Estes ensaios, que compõem o sexto volume de uma série, tratam da história na vasta escala da evolução da vida ao longo de 3,5 bilhões de anos. Uma vez que os macrocosmos são imagens fractais dos microcosmos, esta série também registra uma história pessoal. Na apresentação mais gentil que já foi feita de mim (para uma conferência na Academia de Ciências Naturais, em San Francisco), o ex-jogador de beisebol Bruce Bochte, hoje militante ecologista, referiu-se a meu artigo que dizia por que o recorde de Joe DiMaggio, acertando tacadas em 56 jogos seguidos, é a maior façanha da história do beisebol (ver o ensaio 31 de *Viva o brontossauro*). Depois lembrou que, em meu trabalho, eu vinha produzindo um artigo por mês há 208 meses, também um recorde, numa seqüência ininterrupta desde seu início em janeiro de 1974. Em tão longo período de vida adulta, iniciado na relativa juventude (comecei com pouco mais de trinta anos) e estendendo-se até a meia-idade (acabo de ultrapassar a marca de meio século), muitas transições precisam ser assinaladas, como as mudanças inevitáveis que a vida nos impõe. E dois aspectos ontogenéticos me parecem especialmente relevantes para esta série.

Em primeiro lugar, *Dedo mindinho e seus vizinhos* é um livro da meia-idade, e contrasta muito favoravelmente, acho eu (mas não estou mais falando com o meu eu de trinta e poucos anos), com *Darwin e os grandes enigmas da vida*, meu livro de juventude. Acho que o sinal mais importante desta mudança está em minha exploração de um gênero ensaístico tradicional que antes eu evitava — as reflexões contemplativas e altamente pessoais da Parte IV deste livro, "Meditações". Estes ensaios, sobre a memória, a persistência e a autenticidade, falam da importância da ligação que mantemos com nossas próprias vidas e com as gerações que nos antecederam — um tema de suprema importância para os evolucionistas, que estudam um mundo no qual a extinção é o destino último de todos e a persistência a única medida significativa do sucesso.

Estes artigos podem tratar de temas familiares, mas pelo menos seguem meu processo idiossincrático de partir de um pequeno fato ou incidente concreto e chegar, por meio de ligações tangenciais, a uma generalidade mais vasta — de ter-me sentado com meu avô na escada de um armazém aos meandros característicos da falsa memória nas histórias que costumamos contar (ensaio 11); de um cemitério e da invisibilidade de uma fábrica em Amana, Iowa, à nossa necessidade de mitos bucólicos e ao falso conceito das idades de ouro do passado (ensaio 12); dos cartões de visita e de um encontro com um paleontólogo de 97 anos que conheceu C. D. Walcott à importância que damos à continuidade e à experiência pessoal (ensaio 13); e de um café da manhã em San Francisco à taxonomia da autenticidade e ao papel dos costumes e arquiteturas locais na preservação da diversidade regional (ensaio 14). Todos esses ensaios falam da maneira como tratamos e distorcemos nossos registros históricos — uma espécie de tema por excelência para qualquer paleontólogo!

Em segundo lugar, meus seis volumes de ensaios formam uma série coerente, cada um com um foco central diverso que se adequa de três maneiras ao momento em que foi escrito: a etapa de minha própria vida, minha reação aos fatos correntes e a posição que eles próprios ocupam no desenvolvimento lógico de um extenso discurso sobre a evolução e a história. O primeiro volume, *Darwin e os grandes enigmas da vida* (1977), gira em torno da explicação básica dos princípios darwinianos (e por onde mais eu poderia começar?). *O polegar do panda* (1980) trata dos desdobramentos menos conhecidos do darwinismo e das correções amplamente ignoradas às suas formulações, na direção contrária à de muitas de nossas expectativas e aspirações determinadas por fatores socioculturais (caso do princípio de imperfeição que o exemplo do título representa). *Os dentes da galinha e os dedos do cavalo* (1983) tinha um foco imediato que hoje, felizmente, parece um pouco anacrônico (embora não se possa dizer que tenha desaparecido) — o ataque da "ciência criacionista" (o literalismo bíblico) ao ensino da evolução, e nossas vitórias tanto nos tribunais quanto nas discussões coerentes e decentes. *O sorriso do flamingo* (1985) enfatiza a importância do acaso e da imprevisibilidade na história da vida. Este tema teve uma origem dupla e imediata em dois níveis — minha luta contra o câncer no nível mais pessoal e a proposta da teoria do impacto com um asteróide para explicar a extinção em massa, num nível mais amplo e geral. *Viva o brontossauro* (1991), depois de um período dedicado à reflexão e à síntese, procurava reunir os dois temas centrais anteriores — a mecânica do darwinismo e a imprevisibilidade das seqüências temporais complexas — para formar, finalmente, uma dissertação em grande escala sobre a natureza da história e seu tema primário da contingência (também explorada em meu livro intermediário, *Vida maravilhosa*, de 1989).

Gosto de pensar que estes livros são partes de uma construção, e não se substituem uns aos outros. As antigas questões persistem e se entrelaçam, tornando-se mais compactas e abrindo espaço para novas ampliações. No entanto, um tema de importância transcendental (e cada vez maior) esteve quase ausente de meus escritos até agora (o que é vergonhoso). Como pode um naturalista, ou qualquer pessoa que se diz amante da diversidade, ignorar a questão da deterioração antropogênica do meio ambiente e da extinção em massa de espécies em nosso mundo atual? Não que eu tenha evitado por completo esta preocupação central de meu ofício. Comentários de passagem são abundantes, e escrevi sobre o tema até mesmo um ou dois ensaios (o ensaio 29, sobre o inverno nuclear, em *O sorriso do flamingo*, por exemplo). Mas nunca cheguei a abordar este tema de forma central e direta.

Minha relutância não se deve à ausência de sentimentos definidos. Muito pelo contrário. Na verdade, se desisti é porque meus sentimentos são fortes demais — e se situam no domínio que Wordsworth descreveu como "pensamentos que muitas vezes são profundos demais para as lágrimas" (e talvez para as palavras também). Nunca consegui encontrar as palavras certas para transmitir essas emoções. Não poderia simplesmente transcrever as palavras-de-ordem do movimento — ou, pior ainda, tentar comover meus leitores pelo efeito, pela catarse ou pelo crédito que isto poderia me valer, mas sem nada acrescentar de original à hiperabundância de perorações do presente.

Talvez eu tenha finalmente encontrado algo a dizer que possa ter alguma utilidade, em vez de ser apenas repetitivo. *Dedo mindinho* traz uma seção — colocada *primus inter pares* — sobre a tristeza da destruição antropogênica. Mas, se afinal encontrei minha voz, cheguei a ela por minha maneira usual — sem qualquer antecipação e a partir de um evento de minha experiência pessoal que depois fui desdobrando por uma verdadeira floresta de divagações tangenciais. Viajei para a Polinésia francesa com meu filho em 1991, e fiquei sabendo que a ilha de Moorea servira de modelo para a Bali Ha'i de Rogers e Hammerstein no musical *South Pacific*. E também sabia que Moorea, como outras ilhas adjacentes, atravessara em período recente a extinção tragicamente desnecessária de uma fauna vasta, linda e historicamente importante de caracóis terrestres, um gênero (*Partula*) que fora objeto da obra de toda a vida de Henry Crampton, um grande estudioso dos caracóis reverenciado por meus colegas, ainda que desconhecido fora do campo. (Minha pesquisa técnica é sobre caracóis, e portanto esta é a minha comunidade.)

Por fim, eu tinha encontrado algo em que me apoiar. Concentrando-me na anulação cruel e irônica do esforço de toda a vida de Crampton, em vez de me concentrar nos animais, eu podia chegar a uma inversão do ponto de vista habitual, que costuma falar das vítimas animais (o ponto de vista primário e perfeitamente correto, é claro, mas já tão explorado por gente dotada de muito mais talento necessariamente poético). O cenário de Bali Ha'i era irresistível, especialmente com o trocadilho do título, "anoitecer desencantado". Assim, aluguei a fita de vídeo (abençoado seja o videocassete como instrumento de pesquisa) e lancei mão de referências do campo das artes para compor um ensaio que tenta mostrar uma perspectiva invertida da tragédia da extinção, centrada nas pessoas, e não nos animais. Mas também poderia usar o emocionalismo de Ezio Pinza e de sua grande interpretação para terminar com uma re-inversão e admitir — necessariamente — a primazia (e o primado) dos direitos da natureza e de sua beleza.* O recurso funcionou, ao menos com alguns. De dois colegas próximos que estudavam o *Partula* antes de sua extinção em Moorea, o americano me escreveu para contar que tinha ficado comovido até as lágrimas, e o inglês, da terra onde os sentimentos são mais reservados, escreveu para me informar que sua mulher tinha chorado.

Encerro em seguida esta primeira parte com uma perspectiva mais geral (embora meu ponto de partida seja uma subespécie de esquilos) baseada no tema primário do geólogo: as diferentes escalas de tempo

(*) Esta referência, no finalzinho do ensaio, suscitou uma verdadeira torrente de correspondências. Poucas coisas me agradam mais que um escândalo gerado por uma pequena referência tangencial de meus ensaios. Eu sabia que isto ia acontecer! Aqui estou eu, escrevendo sobre as questões mais profundas da vida e da morte, e o que me acontece? Uma chuva de cartas sobre a nota final da canção de Pinza! A maior parte dizia que ele encerra a canção na terça acima da tônica, e algumas me imputam uma completa estupidez musical (a única forma de ignorância que eu provavelmente não possuo). Como eu disse, porém, sabia que isto ia acontecer, e devia estar preparado, porque todos os lados desta controvérsia estão com a razão. A interpretação principal termina na terça, mas a mesma frase melódica reaparece várias vezes, e quase sempre termina na tônica. Nunca me agradou aquele final na terça (um tanto desajeitado, e nem mesmo o grande Pinza conseguia sempre uma afinação perfeita). Além do mais, a palavra *tônica*, com seus múltiplos sentidos, funcionava muito melhor num sentido literário para a frase final do ensaio. De qualquer maneira, meditei sobre a questão e tomei uma decisão consciente, que talvez não seja a melhor. Mas obrigado a todos por escrever. Os detalhes são o que importa: é neles que Deus reside, e nunca conseguiremos vê-Lo se não nos esforçarmos para apresentá-los da maneira certa.

e os domínios limitados onde se aplicam (ensaio 2), seguida pelo relato da primeira extinção de uma espécie de invertebrados marinhos em nosso tempo — num primeiro nível, trata-se de um conto, mas não deixa de ser um poderoso símbolo dos problemas que nos ameaçam (ensaio 3).

Se essas duas seções falando de meditações e extinções representam um acréscimo baseado nos novos tempos e em meu crescimento pessoal (talvez envelhecimento fosse uma descrição mais honesta), as outras seis partes do livro seguem a tradição dos volumes anteriores e contam novas histórias sobre novos temas (combinadas com alguns favoritos de sempre) nos campos da teoria da evolução e da história da vida.

A Parte II, "Fragmentos de anatomia dos vertebrados", baseia-se em quatro princípios centrais para explicar as heranças e as transições da evolução, e os ilustra com certas peculiaridades intrigantes de partes determinadas da anatomia dos vertebrados: o fato de que os primeiros vertebrados terrestres tinham até oito dedos por membro e de que o número de cinco não é portanto canônico (o ensaio epônimo de todo o livro); a flexão da cauda dos ictiossauros; a evolução dos ossos do ouvido entre os mamíferos a partir dos ossos da mandíbula dos répteis; e por que a evolução das bexigas natatórias a partir dos pulmões (e não vice-versa, como pensava Darwin e muitos textos ainda proclamam) não é nem paradoxal, nem contrária à nossa visão costumeira da seqüência da evolução entre os vertebrados.

"*Vox populi*", o título da parte seguinte, tem um duplo sentido. Meus ensaios sobre as obras principais de certos cientistas sempre foram meus preferidos. São, literalmente, *vox populi* enquanto ensaios sobre certos cientistas individuais. Mas o título também evoca uma frase definitiva de Darwin em que ele afirma que o antigo aforismo *vox populi, vox dei* (a voz do povo é a voz de Deus) não se aplica à ciência. Não se trata de defender o elitismo, mas de reconhecer que os modos tradicionais de pensar muitas vezes bloqueiam a compreensão. Todos os meus ensaios sobre indivíduos tentam resgatar os esforços interessantes e respeitáveis (embora não necessariamente corretos) dos perigos que são as duas faces opostas do legado histórico — o escárnio para os inimigos e a santificação para os heróis (faces opostas no conteúdo, talvez, mas incrivelmente semelhantes em sua exclusão de nosso entendimento compreensivo).

A Parte V, "A natureza humana", trata do tema que, pelo menos num sentido legitimamente paroquial, é o mais urgente e importante na interface entre a biologia evolutiva e a vida humana: como evitar as armadilhas do determinismo biológico (e seu infeliz legado para os costumes sociais) e a simples estupidez da sociobiologia, quando praticada no estilo estritamente adaptacionista e especulativo (que ainda é a forma canônica na cultura popular e nem é tão rara na literatura especializada) — e descobrir o que nossa herança biológica e os princípios da transformação evolutiva têm de fato a nos dizer acerca da natureza de nossa mentalidade e de nosso comportamento.

As duas seções seguintes tratam do corpo principal da teoria da evolução, mas num espírito pessoal e iconoclasta — a Parte VI, sobre os grandes padrões no tempo, e a Parte VII, sobre a teoria darwiniana básica e algumas revisões importantes. A Parte VI se divide em duas. A primeira (ensaios 21 e 22) constitui um dueto e tenta apresentar uma argumentação coerente em favor do papel central de uma imprevisibilidade razoável como o traço fundamental da história da vida. O ensaio 21 estabelece a condição principal necessária e suficiente, e o ensaio 22 completa a seqüência acrescentando um tema igualmente poderoso que faz com que o resultado seja ainda "pior" (para os adeptos da visão convencional e sua ênfase no progresso e na previsibilidade), mas muito mais fascinante para quem se dispõe a capturar a riqueza da história. O segundo par de ensaios dá prosseguimento à história fantástica das surpresas cada vez maiores que nos vêm sendo reveladas na documentação da vasta explosão anatômica que marcou o primeiro florescimento da vida multicelular (ver a história básica em meu livro *Vida maravilhosa*).

Os ensaios da Parte VII, "Revendo e ampliando Darwin", podem ser os mais difíceis do livro, mas o tema, com tanta freqüência ignorado nas apresentações populares, não pode ser ignorado por ninguém que pretenda perceber a profundidade da teoria da evolução. (O caminho mais fácil e tantas vezes escolhido se limita a falar da seleção natural, deixando os leitores com a visão esquemática segundo a qual a evolução pode ser definida como a construção de máquinas orgânicas que funcionam bem). Esta seção trata de princípios que se somam (e, de maneira igualmente importante, funcionam como restrições) à seleção natural — as limitações internas e os legados históricos (ensaios 25 a 27) e o acaso como força de mudança, e não apenas como fonte de matérias-primas para a seleção natural (ensaio 28). A evolução é muito mais do que fazer a forma se adaptar ao meio ambiente local, com incrementos de progresso geral que vão se acumulando gradualmente ao longo do tempo — a visão costumeira do puro funcionalismo darwiniano. Qualquer genealogia é uma história complexa da interação entre estes fatores do esquema darwiniano e um conjunto de forças, baseadas na genética interna dos organismos e na arquitetura de seu desenvolvimento, que produzem padrões históricos diferentes e outros significados conceituais. O material pode ser mais difícil, mas tentei abordar este tema vital a partir de exemplos concretos: a coloração dos pombos, as caudas dos peixes e as vozes das rãs, a diferença nos espectros de variação morfológica entre os cães e os gatos domésticos, e o tecido ocular de toupeiras completamente cegas.

Os segredos do meu ofício são as perspectivas invertidas ou completamente ortogonais aos modos tradicionais de pensar. (Faz tempo que eu digo que os nós conceituais são barreiras muito mais eficientes à compreensão científica do que as lacunas factuais.) Cerca de vinte anos atrás, tive uma idéia para um livro às avessas sobre a história do pensamento evolutivo: pensei em descrever esta ciência através dos organismos estudados, em vez de falar dos indivíduos empenhados em seu estudo. Em vez de capítulos sobre Lamarck, Cuvier, Darwin e Mendel, escreveria sobre os trilobitas, os amonitas e os tiranossauros. Por uma série de razões, nunca levei este projeto a cabo, mas ainda gosto da idéia, e alguns capítulos possíveis podem ser apresentados como ensaios isolados. A última seção deste livro (a Parte VIII, sobre as inversões) apresenta dois desses capítulos. Os ensaios 29 e 30 são um *Rashomon* em miniatura — duas perspectivas diferentes (uma baseada nos espécimes, a outra na iconografia) sobre as três visões de mundo fundamentais aplicadas em seqüência ao estudo do *Cephalaspis*, o mais famoso dos vertebrados primitivos. (Em geral tento expurgar a redundância quando reúno esses vários anos de ensaios mensais numa única coletânea, embora tenha admitido que dois dos ensaios deste livro terminassem com as mesmas extraordinárias palavras finais de Darwin na *Origem das espécies*. Nos ensaios 29 e 30, porém, a redundância é deliberada, porque um par de visões tão diferentes da mesma história têm uma força peculiar, como nos ensinou o grande filme japonês.) O último ensaio, "Um soldado raso da evolução", nos conta a história de um molusco estudado por praticamente todos os evolucionistas importantes desde Lamarck. O título tem duplo sentido, já que os organismos são os soldados rasos dessa grande história (minha principal razão para planejar o livro de que falei, porque a história escrita pelos organismos é necessariamente mais democrática do que capítulos sobre pessoas, onde somos compelidos a estabelecer uma hierarquia, de Darwin para baixo); e os moluscos de concha, em particular, são chamados pelecípodes no linguajar técnico (o que significa "pé de machado"), e portanto verdadeiros soldados de infantaria. O epílogo deste ensaio traz, às minhas custas, a mais importante de todas as lições da ciência — e um fim adequado para este livro.

Todos estes ensaios foram publicados pela primeira vez em minha coluna mensal, "Esta Visão da Vida", na revista *Natural History*. Vejo este livro como uma verdadeira seleção natural, porque muitos foram os ensaios abandonados, e outros foram retocados e depois organizados numa seqüência coerente, mais orgânica do que linear em sua teia de referências cruzadas. Os muitos de que hoje não gosto ou que considero abaixo do padrão estão na lata do lixo, de modo que estou pronto a garantir a qualidade de todos os que foram incluídos nesta coletânea. Ainda assim, é inevitável que alguns deles me agradem mais do que outros, ou pelo menos sirvam como exemplos melhores do estilo que escolhi. Acho que tendo sempre a gostar mais dos ensaios que são mais difíceis ou tratam de pormenores pouco conhecidos ou aprovados pelo público. Não sou irremediavelmente rarefeito ou etéreo, e é evidente que tenho sentimentos bastante fortes de afeto por alguns dos temas mais evidentemente domésticos (embora vitais) e às ilustrações caseiras — como as meditações sobre as distorções da memória e os mitos de idades do ouro do passado (ensaios 13 e 14). Mas gostaria muito que alguns dos textos mais complexos recebessem um pouco de atenção. Gosto sobretudo do ensaio 29 porque pôr em foco os espécimes em vez dos cientistas realça bem a dualidade crucial de toda atividade científica — a tensão entre a determinação social necessária de todo o pensamento científico e o progresso em direção a um conhecimento factual mais adequado de uma realidade objetiva (por caminhos às vezes tortuosos e circulares). Se todos conhecessem a beleza e a estranheza dos fósseis de *Cephalaspis*, este ensaio seria sem dúvida o preferido de todos, mas o conhecimento é um pré-requisito deste tipo de amor. É por isso que precisamos de uma formação em ciências que promova um contato mais direto com o que se estuda, e devemos nos opor à terrível tendência atual de confundir os museus com parques de diversões (que são ótimos em seu próprio campo), substituindo os espécimes reais por objetos grandes, móveis e reluzentes, a fim de, em última análise, reunir mais gente na loja de lembranças. E também leiam com cuidado, por favor, o ensaio 25, mesmo que tenham nojo de pombos. C. O. Whitman foi um de nossos maiores biólogos, e o tema-chave de seu estudo dos pombos realmente fala à natureza da mente como produto da evolução.

Adoro os animais estranhos e os fragmentos anatômicos esparsos de que trato nestes ensaios, mas sempre gostei mais dos meus textos sobre gente (meus ensaios favoritos nos últimos três livros eram "O bispo titular de Ticiópolis", sobre Nicolaus Steno, em *Os dentes da galinha e os dedos do cavalo*; "O umbigo de Adão", sobre o esplendidamente bizarro tratado *Omphalos*, de Gosse, em *O sorriso do flamingo*; e "Numa gaveta desarrumada", sobre a carreira convencional de N. S. Shaler e a iconoclastia de William James, em *Viva o brontossauro*).

Muita gente me pergunta como consigo encontrar intenções respeitáveis em personagens menosprezados com o expediente simples de redescobrir seja a lógica de seus argumentos, seja o contexto social de suas afirmações. Merecerão todos os pensadores uma ressurreição respeitosa? É claro que não; muitos foram desprestigiados em seu próprio tempo por bons motivos, que se mantêm ainda hoje. É raro eu decidir escrever sobre essas pessoas (embora baste ver meu livro *A falsa medida do homem* para constatar que não me limito a procurar a virtude nas figuras históricas). Louvo o arcebispo Ussher (ensaio 12), tão injustamente rotulado de retrógrado e responsabilizado por querer segurar com o dedo o dique furado da religião revelada a fim de conter o dilúvio da ciência — quando na verdade era representante de uma grande tradição de pesquisa de motivação humanista e bem-sucedida no que se propunha (embora equivocada acerca da idade da Terra devido à falsa premissa que se encontra no cerne de sua argumentação). Fico comovido com um dispéptico paranóide como Eugène Dubois (ensaio 8) quando ele em vão se aferra justificadamente às suas armas numa discussão nobre, e mais ainda quando a posteridade, sem nem mesmo tentar perceber sua sutileza, afirma invariavelmente que acabou rotulando seu precioso "homem-macaco" de gibão gigante, embora na verdade, por sua argumentação (quando percebemos a totalidade de seu sistema, e não apenas alguns fatos isolados), tenha tentado afirmar a condição ancestral imediata de seu *Homo erectus*.

Mas os santos também muitas vezes precisam de uma ressurreição intelectual (embora eu prefira ser incompreendido em meio a nuvens de música celestial do que mergulhado em bolhas de magma incandescente). Halley está tão associado ao cometa epônimo que sua obra sobre a idade da Terra é amplamente ignorada e em geral interpretada de maneira errônea nas poucas vezes em que é mencionada (ensaio 11). A redução oracular de todas as formas da planta ao arquétipo da folha, feita por Goethe, precisa ser valorizada por sua forma pouco convencional de excelência *científica* (ensaio 10).

Também gosto de encontrar introduções inesperadas para temas importantes que, em geral, costumam ser tratados de maneira convencional. É por isso que preferi abordar as opiniões pessoais de Darwin acerca das diferenças entre as raças e os sexos não pela análise de *A descendência do homem* (embora não ignore este documento fundamental), mas estudando o primeiro texto que publicou em sua vida, um ensaio escrito em colaboração com o capitão FitzRoy, "Sobre o estado moral do Taiti" (ensaio 18). Quanto ao tema candente da "modularidade" nas ciências cognitivas, nunca tinha encontrado uma boa maneira de abordar o tema até descobrir que um diletante inglês chamado Daines Barrington publicara um ensaio na mais importante revista científica da Inglaterra sobre o talento musical de Mozart criança. (Barrington escreveu quando o jovem Wolfgang representava um prodígio genérico e ainda não se transformara, por assim dizer, em Mozart. Assim, ainda podia ser apresentado como um tipo, uma instância de um enigma de ordem geral: por que o talento musical podia ser tão hipertrofiado num menino que, de resto, era totalmente normal.) E tudo isso, no propício ano do bicentenário de Mozart, me levou às reflexões de Darwin sobre o espírito, aos estudos de Tinbergen sobre a evolução do comportamento e da cognição em geral, e à minha própria sensação de espanto diante do extraordinário efeito conseguido por Michelangelo ao usar a modularidade para esculpir a estátua de Moisés e até, via Monty Python e de volta ao sr. Barrington, à figura de retórica (e ao estranho nome) da lítotes para mascarar a admiração — dando-me assim os meios de ligar meu início a um final estilisticamente elaborado. Nada mau.

Muitas vezes me pergunto o que estou fazendo, mês após mês. Não posso ser apenas um diletante ou *poseur*, senão não estaria conseguindo prosseguir sem qualquer perda de motivação ou entusiasmo, com tanto amor por cada pequena coisa nova que aprendo. Acho que me vejo como Papageno, o caçador de pássaros da *Flauta mágica* de Mozart. Ele captura os objetos mais adoráveis da natureza (sem lhes fazer nenhum mal). E é capaz de uma admiração ingênua, equivalente à originalidade na ruptura com as pré-concepções tradicionais: quando se assusta com o mouro Monastatos, pára e se recrimina: ''Mas que bobagem; se existem pássaros pretos, por que não homens pretos?''. No final, ele conquista o maior dos prêmios darwinianos, a continuidade, pois acaba ficando com sua Papagena e com a promessa de muitos pequenos Papagenos e Papagenas (penso neles como ensaios). Mas não duvidem de sua extrema modéstia em meio a tanta exibição de confiança. Eu percebo o quanto a realidade é rica e complexa, e como qualquer um de nós só é capaz de compreender uma fração muito pequena de tudo. E me sinto como Papageno quando ele se esforça por cantar mas não consegue emitir palavras (embora murmure uma linda melodia), porque sua boca está selada.

Ainda assim, se me coubesse apenas um desejo mozartiano — ainda que tão irreal quanto a própria idéia de desejos atendidos por mágica, e embora esta série vá terminar, *deo volente*, em janeiro de 2001 —, eu pediria tempo suficiente para escrever tantos ensaios mensais quantas eram as mulheres que Don Giovanni teve na Espanha. *Ma in Ispagna...*

I

A ESCALA DA EXTINÇÃO

1
ANOITECER DESENCANTADO

O Taiti é o estereótipo, e praticamente sinônimo, do encantamento em nossas lendas. A enfermeira Forbush de Little Rock pode ter sido irresistível (sobretudo quando interpretada por Mary Martin), mas o cenário dos Mares do Sul contribuiu bastante para "um anoitecer encantado". (E Ezio Pinza, o maior dos Don Giovanni da ópera, dignando-se a aparecer na Broadway, também não fazia mal nenhum ao espetáculo.)*

Alguns aspectos da lenda, porém, necessitam de correção. O nome de Point Venus, por exemplo, lugar que ainda é ponto de desembarque para muitos turistas, não se deve à beleza das mulheres taitianas, mas à astronomia e ao famoso capitão Cook, que armou seus instrumentos naquele local para medir o trânsito do planeta Vênus por sobre o disco do Sol em 1769. O próprio Charles Darwin se deixou enfeitiçar tanto pelo nome quanto pelo panorama quando lá chegou a bordo do *Beagle*, em novembro de 1835:

> Desembarcamos para gozar de todas as delícias das primeiras impressões produzidas por uma nova terra, e esta terra é o Taiti encantador. Uma verdadeira multidão de homens, mulheres e crianças estava reunida no memorável Point Venus, pronta a nos receber com seus rostos risonhos e alegres.

Darwin, porém, não corrobora outras opiniões masculinas ao exprimir certa falta de entusiasmo pelas mulheres taitianas: "Fiquei muito decepcionado com a aparência pessoal das mulheres; são muito inferiores aos homens, em todos os aspectos". Acima de tudo, objetava à moda então corrente para os penteados:

(*) O autor se refere a personagens e situações do musical *South Pacific*. (N. T.)

Bali Ha'i. Fotografia de Moorea extraída da monografia de Crampton sobre os Partula. (Carnegie Institution, Washington.)

Um costume pouco favorável à aparência tornou-se hoje quase universal: o cabelo é cortado, ou melhor, raspado, no alto da cabeça, em forma circular, deixando apenas um anel externo de cabelos. Os missionários tentaram convencer essa gente a mudar de hábito: mas é a moda, e isto é uma resposta suficiente, tanto no Taiti como em Paris.

O julgamento heterodoxo de Darwin não era muito difundido. O capitão Bligh, que foi aquinhoado com uma interpretação tão pouco lisonjeira de Charles Laughton, pode não ter sido exatamente merecedor de uma condecoração por sua sensibilidade à psicologia humana, mas era um grande navegador e não era muito mais autoritário que a média dos comandantes navais britânicos. O famoso motim ocorrido em seu *Bounty* se deveu tanto às saudades que Fletcher Christian sentia do Taiti e da mulher que lá deixara quanto a qualquer das medidas adotadas por Bligh para manter a disciplina a bordo.

O Taiti pode ser um lugar lindo, mas o título de "paraíso pitoresco perfeito" em geral é atribuído — e com toda a justiça, a meu ver (pois acabo de voltar de minha primeira viagem à Polinésia Francesa) — à ilha vizinha de Moorea. Localizada apenas doze milhas a noroeste do Taiti, Moorea é um vulcão extinto com altas encostas que se erguem em torno da cratera, profundamente recortadas pela erosão posterior, formando picos escarpados e uma crista de contornos muito variados. Vista do Taiti, sobretudo quando cercada por seu costumeiro envoltório de nuvens aparentemente exclusivas, Moorea se transforma num símbolo muito adequado para a beleza combinada com o mistério. Certo dia, no Taiti, Charles Darwin escalou um pico local e ficou enfeitiçado pela visão de Moorea:

> Do ponto que atingi, podia-se ver bem a ilha distante de Eimeo [o antigo nome de Moorea] [...] Sobre seus cumes altaneiros e entrecortados, empilhavam-se densas nuvens brancas, formando no céu azul uma ilha semelhante à própria Eimeo no azul do oceano.

Esta impressão de beleza e mistério persiste, sem dúvida alguma. Oscar Hammerstein usou Moorea como modelo para a sua Bali Ha'i, o inatingível paraíso das delícias no musical *South Pacific:*

Bali Ha'i murmura
Na brisa que vem do mar:
"Cá estou eu, tua ilha especial,
Vem para mim, vem para mim!"

Quem poderia resistir a este convite, especialmente quando só custa alguns francos e uma viagem de quarenta minutos num *ferry-boat*? Assim, meu filho Ethan e eu visitamos Moorea em nossa recente viagem. E não ficamos decepcionados. Infelizmente, os encantos de Bali Ha'i também atraíram outros visitantes, alguns dos quais não eram muito inofensivos. Este ensaio conta a história de um genocídio ocorrido em pleno paraíso, uma aniquilação em massa que poderia muito bem ter sido evitada e levou apenas o tempo de uma geração humana para se completar. Os leitores não devem conhecer a história, porque seus protagonistas foram caracóis, e não homens. Mas que isto não os faça dar um suspiro de alívio diante da absolvição moral de nossa espécie. Foram caracóis que se mataram entre si, mas quem importou os agentes da morte foram seres humanos — de modo deliberado e por motivos perfeitamente decentes, mas cometendo um erro de cálculo trágico e evitável com facilidade.

As ilhas oceânicas são nossos grandes laboratórios naturais da evolução, fonte de muitas idéias sobre as mudanças orgânicas e também de inúmeros exemplos, dos tentilhões das Galápagos às moscas do Havaí. A combinação do isolamento geográfico com a dificuldade de acesso, além da freqüente ausência de predadores ou competidores, cria possibilidades explosivas para as criaturas que conseguem alcançar esses paraísos abundantes. (Nas Galápagos, por exemplo, os tentilhões se especializaram e acabaram cumprindo uma série de papéis normalmente desempenhados nos continentes por várias outras famílias de aves. Algumas das espécies comem sementes de vários tamanhos; outras se comportam como pica-paus; uma das espécies chega a usar espinhos de cacto para tirar insetos escondidos em fendas. Darwin foi logrado durante sua célebre viagem, e classificou essas aves em vários grupos. Só percebeu a verdadeira história, e sua importância, quando um especialista em ornitologia examinou sua coleção em Londres e constatou que, por trás de toda aquela diversidade, estavam sempre presentes as características anatômicas dos tentilhões.)

Os caracóis terrestres fornecem alguns de nossos melhores e mais estudados exemplos — e por razões óbvias. São poucos os que conseguem chegar ao fim da longa e incerta travessia do oceano (usando meios de transporte fortuitos, como jangadas naturais, a lama presa aos pés das aves ou os furacões, quando as distâncias não são grandes demais). Os imigrantes mais afortunados muitas vezes encontram um mundo aberto dividido em várias partes separadas (os arquipélagos), todos disponíveis para a colonização e cada um deles fonte potencial de uma variação evolutiva. Além disso, devido à sua proverbial dificuldade de deslocamento e à sua natureza hermafrodita, pequenas populações iniciais de caracóis (até o mínimo absoluto de um) podem se transformar em pouco tempo na origem de colônias isoladas e, ao cabo de períodos pouco maiores, de novas espécies. A presença de um rato isolado numa ilha não passa de uma memória passageira (a menos que seja uma fêmea prenhe); mas um caracol, qualquer um, pode se transformar no progenitor de uma vasta e diferenciada população.

As ilhas altas do Pacífico são os mais promissores de todos os lugares, porque combinam o isolamento máximo com uma extrema diversidade ecológica (cobrindo todo o espectro, do litoral aos cumes vulcânicos). Muitas dessas ilhas são formadas de vulcões únicos e razoavelmente simétricos. As encostas do vulcão muitas vezes se estendem até criar uma série de vales que se irradiam até o mar a partir das bordas da cratera. Já que a maioria dos caracóis terrestres prefere a umidade, muitas vezes se instalam no fundo dos vales, mas não nas montanhas que separam uns dos outros. Esta geografia comum acrescenta mais um ingrediente ao caldeirão da evolução — uma fonte adicional de isolamento no interior das próprias ilhas, na medida em que cada vale se torna um bolsão isolado. Nas ilhas oceânicas mais diversificadas, praticamente qualquer vale pode abrigar uma espécie diferente de caracóis muito prolíficos.

A grande irradiação dos caracóis terrestres nas ilhas do Pacífico é uma glória da evolução, e fonte de satisfação e conhecimento para aqueles de nós que decidiram seguir os passos de Darwin adotando sua profissão. (Devo confessar aqui certa inveja, porque dediquei minha carreira aos caracóis terrestres menos diversificados das ilhas mais baixas do Atlântico — os *Poecilozonites* das Bermudas, e os *Cerion* das Bahamas.) As Galápagos de Darwin também abrigam um exemplo clássico — possuindo mais de sessenta espécies endêmicas da família dos bulimulídeos. Mais famosas ainda (para os interessados; não espero provocar murmúrios gerais de admiração) são duas grandes irradiações encontradas nas ilhas mais isoladas do Pacífico central — as várias centenas de espécies de acatinelídeos das ilhas do Havaí e as cerca de cem espécies do gênero *Partula* encontradas no Taiti, em Moorea e em suas vizinhas mais distantes.

Esses caracóis das ilhas altas do Pacífico ocupam uma posição de honra na história do pensamento evolucionário, como foco para uma de nossas grandes e mais abrangentes discussões. Nenhum animal parece mais adequado para responder a uma questão fundamental quanto às causas da mudança orgânica: qual é o papel do meio ambiente na evolução? Em particular, será que os organismos mudam de forma para se adaptar a condições alteradas? E, em caso positivo, exerce o meio sua influência direta através da transmissão hereditária dos caracteres adquiridos durante a vida, como afirmava Lamarck, ou a forma adapta-se ao meio através do caminho indireto da adaptação darwiniana, por intermédio da seleção natural dos mais aptos no âmbito de um espectro aleatório de variações?

Opondo-se a estas duas versões diferentes da adaptação — a lamarckiana e a darwiniana —, outros evolucionistas afirmaram que não existe relação clara entre forma e meio ambiente. Os organismos mais mal-adaptados estão destinados a morrer, é claro, mas se a variação só surge raramente e em determinadas direções, e se a maioria das alternativas é adaptada o suficiente aos meios ambientes locais, não é a adaptação que determinará a forma das diferenças entre as populações. "Causas internas" (a direção de mutações raras) predominarão na produção da mudança evolutiva, em lugar da conformação externa (por força da seleção natural).

Que teste melhor pode haver para essas questões do que os caracóis das ilhas altas do Pacífico? Pois, se cada vale abriga uma população diferente, basta pensar no laboratório de experiências naturais que temos ao nosso alcance. Muitos vales têm ambientes quase idênticos, mas podem ter sido colonizados por caracóis que só apresentam parentesco distante. Se a adaptação predomina e o clima determina a forma previsível a que tende a evolução, os diferentes caracóis de vales isolados mas semelhantes deverão ter desenvolvido fortes semelhanças por força da adaptação a condições comuns. Mas se os "fatores internos" predominam, não se encontrará, entre as várias populações, qualquer correlação entre sua forma e o meio ambiente em que vivem.

John T. Gulick (1832-1923), filho de um missionário americano que trabalhava no Havaí, deu início a essa discussão numa série de textos publicados entre 1872 e 1905. Embora Gulick tenha passado a maior parte de sua vida adulta trabalhando como missionário na China e no Japão, acumulou, quando ainda jovem na paróquia de seus pais, uma enorme coleção de acatinelídeos havaianos. Gulick defendia com vigor a idéia da preponderância dos "fatores internos", combatendo a noção de controle pela seleção natural ou qualquer outra forma de influência do meio ambiente. Não via nenhuma correlação entre as formas de suas conchas e o ambiente local dos vales onde haviam sido encontradas. Lugares com vegetação aparentemente idêntica, bem como idênticas condições de umidade e temperatura, podiam apresentar conchas com formas extraordinariamente diferentes.

Gulick, que se opunha com tanta obstinação (e antes de mais nada por razões religiosas) ao determinismo predominante no final do século XIX, concluía triunfalmente afirmando que a imprevisibilidade da forma das conchas dos caracóis podia ser generalizada de maneira ampla, resultando numa defesa global da contingência na história, inclusive o livre-arbítrio humano:

> Se minha afirmação [de que formas diferentes surgem em meios idênticos] concorda com os fatos, a suposição freqüente de que as mudanças no organismo são controladas em todos seus detalhes pelas mudanças no meio e de que, portanto, o progresso humano é regido por um destino externo, é sem dúvida contrária aos fatos. (Do famoso tratado publicado por Gulick em 1905, *Evolution, racial and habitudinal.*)

Quando citei pela primeira vez esta frase em minha tese de doutoramento, em 1969, eu a apresentei com escárnio (na qualidade de adaptacionista convicto). Vinte anos mais tarde, não estou tão seguro assim de que Gulick estivesse errado em sua inferência. Ainda estou convencido de que não existe lugar na ciência para sua motivação religiosa pessoal, mas é freqüente acontecer de as pessoas chegarem às respostas corretas por razões erradas ou ilógicas. A contingência da história (tanto para a vida em geral quanto para as culturas do *Homo sapiens*) e o livre-arbítrio humano (no sentido antes factual que teológico) são conceitos conjugados, e não se pode encontrar indício melhor para a discussão a respeito que a produção "experimental" de soluções claramente diferentes em meios idênticos.

Seja como for, as conclusões de Gulick despertaram uma enxurrada de protestos da parte dos darwinianos. Alfred Russel Wallace, o mais devotado dos adaptacionistas estritos, retorquiu (e não sem razão) que os meios supostamente "idênticos" de Gulick poderiam apenas dar a impressão de sê-lo aos olhos humanos, tendo porém características muito diversas do ponto de vista dos caracóis:

> É um erro presumir que as condições que nos parecem idênticas são de fato idênticas para organismos tão pequenos e delicados como os desses moluscos terrestres, cujas necessidades [...] nós desconhecemos tão profundamente. As exatas proporções das várias espécies de plantas, o número de cada tipo de inseto ou de ave, as peculiaridades de maior ou menor exposição à luz do sol ou ao vento em certas épocas críticas, e outras diferenças ligeiras que para nós são absolutamente irrelevantes e irreconhecíveis, podem ter a mais alta significação para essas humildes criaturas, bastando exigir alguns ligeiros ajustes de tamanho, forma ou cor, promovidos pela seleção natural.

Em 1906, depois de ler a monografia de Gulick, Henry Edward Crampton decidiu entrar na arena e dedicar os cinqüenta anos que ainda restavam de sua carreira a um imenso estudo do gênero *Partula* no Taiti, em Moorea e nas ilhas circundantes. Crampton (1875-1956) havia realizado um excelente trabalho no campo da embriologia experimental e dos estudos da seleção natural. Este esforço inicial o levou a uma ligeira preferência pela adaptação, mas Crampton conservava sua mente aberta e estaria disposto a defender os "fatores internos" de Gulick contra as influências do meio descritas por Wallace, caso os indícios se inclinassem nesta direção. Crampton fez doze expedições ao Pacífico e publicou três magníficas monografias — provavelmente a melhor obra jamais escrita sobre a evolução dos caracóis terrestres — intituladas coletivamente *Studies on the variation, distribution, and evolution of the genus* Partula [Estudos sobre a variação, a distribuição e a evolução do gênero *Partula*]. Seu volume sobre o Taiti saiu em 1917, sobre outras ilhas em 1925 e sobre Moorea em 1932.

Em suma, e para resumir meio século de esforços numa frase, Crampton acabou se alinhando decididamente ao lado de Gulick. Não encontrou nenhum indício de que as formas e cores do gênero *Partula* pudessem ser previstas em função do meio ambiente em que viviam. Em cada ocasião, condições climáticas idênticas pareciam evocar soluções diversas.

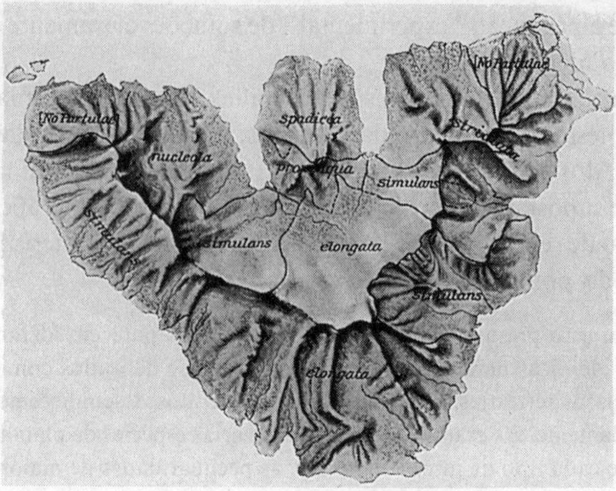

Mapa de Moorea extraído da monografia de Crampton, indicando a distribuição original das espécies de Partula. (Carnegie Institution, Washington.)

Crampton interpretou as diferenças existentes entre os caracóis de vales adjacentes como resultado de três causas principais — o isolamento, a mutação (''fatores congênitos'', em sua terminologia) e a adaptação pela seleção natural — reservando um papel restrito ao mecanismo preferido por Darwin. Ele via o primeiro fator, o isolamento, como uma condição predisponente, e não uma causa efetiva: a separação geográfica não produz diretamente nada, limitando-se a estabelecer uma população independente em que os novos traços podem vir a se difundir. Para ele, o terceiro fator, a seleção natural, tinha um desempenho eminentemente negativo. Depois que os novos traços surgissem por força de algum outro mecanismo, podiam vir a ser eliminados pela seleção natural, caso se mostrassem impraticáveis — mas a fonte da mudança criativa tinha de estar em outra parte. Crampton, um dos primeiros biólogos americanos a reconhecer a importância da obra de Mendel, identificava esta fonte da mudança criativa no segundo fator, a mutação, ou a mudança ''gerada internamente'' por fatores congênitos. Em qualquer meio ambiente dado, centenas de anatomias possíveis podem funcionar — e as formas e cores desta determinada população daquele vale específico são conseqüências fortuitas das mutações em grande parte não adaptativas que por acaso ocorreram e se difundiram entre uma população isolada.

O padrão resultante de diferenças entre os vales é em grande parte totalmente independente da adaptação. Cada raça local precisa evitar a eliminação pela seleção natural (e é apta neste sentido negativo), mas seus traços particulares representam apenas uma de milhares de possibilidades viáveis, e qualquer solução peculiar surge graças aos acidentes da mutação numa população isolada, e não por força da seleção natural. Crampton falou da comparação entre a importância da mutação, segundo ele muito maior, e a da seleção, ao escrever sobre os *Partula* do Taiti:

> O papel do meio ambiente é estabelecer os limites das áreas habitáveis ou promover a eliminação de indivíduos cujas qualidades são determinadas por outros fatores, ou seja, por fatores congênitos.

Como podemos avaliar a importância da obra de Crampton sessenta anos depois de sua última grande monografia sobre os *Partula* de Moorea (1932)? É evidente que sou suspeito, porque os estudiosos dos caracóis, como eu, reverenciam Crampton como uma espécie de santo padroeiro, mas aponto aqui três razões fundamentais para incluir os estudos de Crampton sobre os *Partula* entre os mais importantes da história da biologia evolutiva. Primeiro, é provável que ele tivesse razão em seu argumento principal, segundo o qual a maioria das pequenas diferenças de forma e cor entre os caracóis de vales adjacentes não tinha nada a ver com a adaptação. Na geração imediatamente posterior à de Crampton, a biologia evolutiva atravessou uma fase de forte crença num adaptacionismo estrito, e suas obras sofreram um eclipse temporário. Mas suas três grandes monografias vêm conquistando cada vez mais respeito e atenção no clima atual de opinião, muito mais pluralista.

Segundo, Crampton merece nossa mais alta admiração, quase reverência, pela extraordinária dedicação e pelo esforço de seus imensos trabalhos. Passei apenas um dia em Moorea num carro alugado, e mal me aventurei fora da sombra ou do traçado das estradas — e ainda assim quase desmaiei de insolação. Crampton passou meses na área em doze expedições diferentes, todas numa época de navios e cavalos (para não falar das longas caminhadas a pé), muito antes dos aviões e dos carros alugados. Na encantadora modéstia da prosa científica convencional e ''objetiva'', Crampton só nos deixou um pequeno comentário sobre suas condições de trabalho:

> O trabalho de campo nesta região da Polinésia apresenta dificuldades que são comuns à maioria das áreas tropicais [...] As linhas de navios só atendem aos portos principais, dos quais as excursões às ilhas vizinhas precisam partir em pequenos veleiros, baleeiras ou canoas [...] Às vezes é possível obter cavalos. Quase sem exceção, porém, a exploração de um vale só pode ser feita a pé, devido às fortes declividades a enfrentar, aos profundos riachos a atravessar e à ausência de qualquer picada em meio à floresta espessa e à vegetação rasteira das áreas habitadas pelos *Partulae*.

Mas Crampton também registrou os prazeres compensatórios que nos fazem persistir:

> As experiências determinadas pela vida ativa que este trabalho demanda foram muitas, variadas e interessantes; mas a presente monografia não é o lugar para uma descrição dessas lindas ilhas ou de seus gentilíssimos habitantes. Basta dizer que os dias e noites de esforço árduo e muitas vezes perigosos também incluíam horas de grande deleite, porque a ilha de Taiti, especialmente, é de uma beleza sem par, enquanto os chefes e suas famílias nos dispensavam uma generosa hospitalidade, da qual foi um privilégio gozar àquela altura, como é um prazer agora reconhecê-lo.

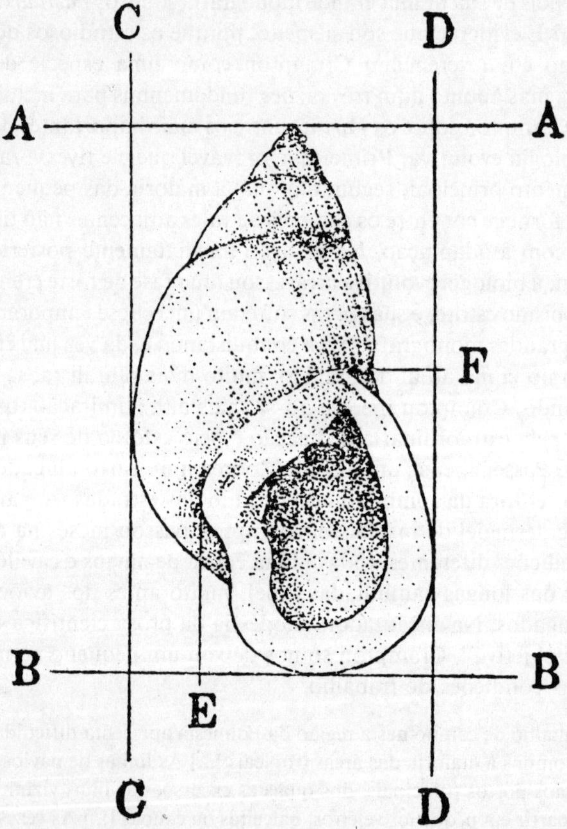

Figura extraída da monografia de Crampton, ilustrando uma concha de Partula *e algumas das medidas que tirou de cada espécime.* (Carnegie Institution, Washington.)

Além disso, a coleta foi apenas o começo do trabalho de Crampton. Depois dela, passou anos medindo seus caracóis (cerca de 80 mil para a monografia sobre o Taiti, e o incrível número de 116 mil para o trabalho sobre Moorea) e calculando estatísticas — cálculo que, incrivelmente (mesmo para os dias de hoje), fez todo sozinho, e à mão! (Não havia na época computadores ou calculadoras de bolso; quando Crampton fala de "máquinas de calcular", está se referindo aos velhos trambolhos mecânicos que faziam divisões por subtrações sucessivas e exigiam minutos de ruidosa operação para realizar as operações mais simples.) E, novamente, escreveu sob o signo da modéstia:

> O autor é pessoalmente responsável por todas as medições diretas e por cada detalhe da classificação; assim, o coeficiente pessoal é uniforme ao longo de toda a pesquisa [...] No cômputo dos desvios-padrão, as frações foram apresentadas até a oitava casa decimal [...] O tempo necessário para esta análise quantitativa só pode ser avaliado por quem já empreendeu trabalho semelhante [...] Estas cifras, junto com uma única linha de texto, podem ser o único resultado de duas a oito semanas de enfadonhos trabalhos matemáticos [...] No entanto, o emprego desses métodos foi justificado pelos resultados finais.

Terceiro, e mais importante, o julgamento final deve obedecer a um critério de utilidade. A ciência é cumulativa; ninguém pode fazer um trabalho perfeito da primeira vez. Se as monografias de Crampton fossem apenas um monumento ao esforço e a idéias do passado, ainda assim poderiam ser admiradas, mas apenas como artefatos que interessam à paleontologia humana. Na verdade, porém, são minas preciosas que se prestam a uma revisão e a uma ampliação contínuas. Sei disso da maneira mais pessoal, porque usei as tabelas de Crampton, produto de anos de "enfadonhos trabalhos matemáticos", em pelo menos três dos textos técnicos que escrevi.

Para exprimir a mesma idéia crucial de outra maneira, mais vigorosa, Crampton passou cinqüenta anos documentando a distribuição geográfica *atual* e a variação *atual* do *Partula* no Taiti, em Moorea e nas ilhas próximas. Esta obra tem valor imenso e permanente como um instantâneo congelado, mas o meio século de Crampton não pretendeu ser mais que um momento passageiro para a história futura do gênero *Partula*. Crampton dedicou toda uma vida de esforços à *criação de um ponto de partida para trabalhos futuros*. Os caracóis do gênero *Partula* continuariam a evoluir com rapidez, e a base estabelecida por Crampton se transformaria numa estação intermediária de valor inestimável.

Series	No.	Mean value						
		Shell			Aperture			Length aperture + length shell, proportions
		Length	Width	Proportions	Length	Width	Proportions	
		mm.	*mm.*	*p. ct.*	*mm.*	*mm.*	*p. ct.*	*p. ct.*
Uhene, 1923, pallida	123	15.8061 ±0.0443	10.0366 ±0.0252	63.4350 ±0.1446	8.6740 ±0.0245	6.7975 ±0.0205	78.2968 ±0.1153	54.7601 ±0.1233
fusca	130	15.7907 ± .0518	10.0015 ± .0253	63.3067 ± .1380	8.6677 ± .0255	6.7738 ± .0205	78.1616 ± .1459	54.8307 ± .1155
fulva	61	15.6402 ± .0658	9.9393 ± .0396	63.4181 ± .1904	8.5886 ± .0402	6.7557 ± .0308	78.3655 ± .1869	54.8278 ± .1718
zonata	18	16.3333 ± .1280	10.0222 ± .0688	61.4445 ± .4121	8.7000 ± .0653	6.8888 ± .0594	78.6111 ± .3817	53.3889 ± .2422
lyra	32	15.9781 ± .0887	10.0000 ± .0523	62.5000 ± .2615	8.7562 ± .0499	6.8625 ± .0397	78.4375 ± .2439	54.7187 ± .2284
All	364	15.8140 ± .0285	10.0038 ± .0152	63.2061 ± .0840	8.6660 ± .0151	6.7923 ± .0123	78.3215 ± .0834	54.2198 ± .0703
Vaihere, 1909, pallida	11	15.8581 ± .1807	9.7000 ± .0901	61.3182 ± .3860	8.6818 ± .0648	6.6637 ± .0791	77.6818 ± .4050	55.2272 ± .3478
fusca	21	16.1071 ± .0940	9.8905 ± .0421	61.8809 ± .3443	8.6905 ± .0357	6.7666 ± .0389	77.5476 ± .3130	54.1191 ± .2424
fulva	12	15.8000 ± .0854	9.8500 ± .0695	62.7500 ± .2651	8.6500 ± .0618	6.6834 ± .0625	77.4167 ± .4458	54.8333 ± .3009
zonata	4	15.9000 ± .0876	9.6500 ± .0559	61.0000 ± .5058	8.6500 ± .0876	6.6000 ± .1012	79.7500 ± .8389	54.5000 ± .7154
lyra	5	16.2900 ± .1055	9.8200 ± .0482	60.3000 ± .2955	8.8200 ± .0615	6.7800 ± .0615	76.5000 ± .5047	54.5000 ± .4266
All	53	15.9877 ± .0595	9.8170 ± .0312	61.7453 ± .1878	8.6887 ± .0289	6.7151 ± .0287	77.6132 ± .2073	54.5755 ± .1588
Vaihere, 1923, pallida	29	16.0121 ± .1027	9.9758 ± .0490	62.2931 ± .2191	8.7069 ± .0666	6.9000 ± .0558	79.0517 ± .3249	54.3276 ± .2612
fusca	49	15.8827 ± .0684	9.8143 ± .0423	61.7653 ± .1925	8.5980 ± .0393	6.7980 ± .0335	79.0102 ± .2353	54.0306 ± .1534
fulva	18	16.0000 ± .0944	9.9222 ± .0484	61.8888 ± .3899	8.7111 ± .0554	6.7333 ± .0322	77.1112 ± .3715	54.3333 ± .2962
zonata	6	16.1000 ± .1299	10.0666 ± .0587	62.3333 ± .2471	8.8000 ± .1090	7.0000 ± .0885	78.8333 ± .2596	54.5000 ± .3554
lyra	16	15.9687 ± .1151	9.8125 ± .0705	61.5625 ± .3119	8.6250 ± .0683	6.7375 ± .0599	78.3125 ± .3764	53.7500 ± .1520
All	118	15.9551 ± .0441	9.8831 ± .0267	61.9152 ± .1225	8.6560 ± .0271	6.8153 ± .0226	78.6271 ± .1531	54.1356 ± .1055
Vaihiaiia north, 1924, pallida	29	15.2259 ± .0774	9.6241 ± .0540	63.1552 ± .2757	8.2862 ± .0526	6.5138 ± .0410	78.3621 ± .2563	54.3621 ± .2455
fusca	53	15.1575 ± .0556	9.6169 ± .0353	63.3868 ± .2316	8.2698 ± .0342	6.4925 ± .0283	78.5000 ± .2106	54.3679 ± .1955
fulva	25	15.0500 ± .0715	9.5720 ± .0539	63.5800 ± .2470	8.2840 ± .0444	6.4840 ± .0388	78.4200 ± .2016	54.9800 ± .2196
zonata	10	15.3800 ± .1443	9.5800 ± .0744	62.1000 ± .3719	8.4400 ± .0384	6.4800 ± .0554	76.5000 ± .5224	54.5000 ± .3984
lyra	14	14.7715 ± .1109	9.4000 ± .0664	63.6428 ± .3185	8.2000 ± .0678	6.4286 ± .0444	78.4286 ± .3570	55.2142 ± .2402
All	131	15.1278 ± .0364	9.5839 ± .0235	63.3015 ± .1338	8.2817 ± .0216	6.4878 ± .0176	78.2939 ± .1262	54.5916 ± .1136
Vaihiaiia middle, 1909, pallida	52	15.1481 ± .0673	9.2693 ± .0387	61.0577 ± .2173	8.0539 ± .0329	6.2231 ± .0322	77.0962 ± .2537	52.9423 ± .1483
fusca	38	15.0895 ± .0765	9.3632 ± .0417	62.2368 ± .2110	8.1947 ± .0486	6.3158 ± .0380	77.2368 ± .3091	54.4210 ± .2373
fulva	24	15.3625 ± .0979	9.4416 ± .0556	61.4166 ± .3201	8.2500 ± .0472	6.3583 ± .0368	76.9584 ± .3204	53.7916 ± .2528
zonata	22	14.9000 ± .0953	9.1728 ± .0531	61.4546 ± .2987	8.0364 ± .0478	6.1909 ± .0456	76.9091 ± .3263	53.9545 ± .2663
lyra	12	14.9500 ± .1152	9.2333 ± .0768	61.7500 ± .4843	7.9834 ± .0604	6.1500 ± .0506	76.8333 ± .3009	53.4166 ± .2916
All	148	15.0946 ± .0394	9.3040 ± .0216	61.5338 ± .1250	8.1135 ± .0211	6.2581 ± .0183	77.0608 ± .1412	53.6486 ± .1063
Vaihiaiia south, 1923, pallida	67	15.2783 ± .0539	9.5388 ± .0318	62.2762 ± .1683	8.3179 ± .0278	6.4015 ± .0249	76.7686 ± .2085	54.3060 ± .1453
fusca (D)	85	15.1876 ± .0529	9.4459 ± .0287	62.1118 ± .1370	8.3329 ± .0297	6.3611 ± .0230	76.3706 ± .1582	54.7353 ± .1196
fulva	49	15.2092 ± .0475	9.0103 ± .0346	61.8062 ± .2006	8.3285 ± .0344	6.4224 ± .0263	77.0306 ± .1888	54.6428 ± .1697
zonata	20	15.3200 ± .0959	9.4500 ± .0485	61.7000 ± .2963	8.4100 ± .0560	6.5000 ± .0437	77.3000 ± .4063	54.8000 ± .2389
lyra	16	15.0875 ± .1129	9.2375 ± .0712	61.4375 ± .3495	8.2125 ± .0571	6.3125 ± .0453	77.0625 ± .3525	54.3125 ± .2746
All	237	15.2221 ± .0287	9.4595 ± .0170	62.0148 ± .0878	8.3261 ± .0163	6.3937 ± .0132	76.7447 ± .1016	54.5717 ± .0747
Matapoopoo middl., 1919, pallida	171	15.9289 ± .0394	9.2566 ± .0213	58.0965 ± .1094	8.6860 ± .0237	6.4427 ± .0170	74.1625 ± .1120	54.3948 ± .1083
fusca	125	15.8180 ± .0502	9.2264 ± .0243	58.2760 ± .1317	8.6920 ± .0273	6.4408 ± .0196	73.9800 ± .1535	54.7880 ± .1118
fulva	69	16.0195 ± .0556	9.2392 ± .0312	57.6739 ± .0914	8.7348 ± .0308	6.4913 ± .0220	74.3551 ± .2293	54.4710 ± .1437
phasa-purpurea	49	15.7296 ± .0678	9.1164 ± .0457	57.8266 ± .1901	8.6265 ± .0417	6.3531 ± .0327	73.4388 ± .3165	55.0102 ± .1785
frenata	5	15.8900 ± .1502	9.1800 ± .0615	57.3000 ± .4433	8.7800 ± .0818	6.4600 ± .0703	73.5000 ± .5047	55.1000 ± .5594
zonata	86	15.7616 ± .0617	9.1419 ± .0298	57.9419 ± .1575	8.6651 ± .0333	6.4093 ± .0234	73.8954 ± .2188	54.7558 ± .1400
lyra	47	15.7266 ± .0806	9.1085 ± .0349	57.8830 ± .2619	8.5341 ± .0428	6.3383 ± .0268	74.2447 ± .2327	54.0532 ± .2097
All	553	15.8540 ± .0226	9.2042 ± .0118	58.0118 ± .0626	8.6729 ± .0128	6.4266 ± .0091	74.0443 ± .0750	54.5814 ± .0566

Uma das quase cem tabelas, todas de extensão semelhante e igualmente repletas de números, extraídas da monografia de Crampton sobre os Partula *de Moorea. Cada número da tabela é a média calculada com base na medição de vários espécimes, e não uma simples medida.* (Carnegie Institution, Washington.)

Nenhum cientista poderia ver com outros olhos a dedicação de Crampton. As mudanças futuras têm muito mais valor que as impressões atuais.

E o plano de Crampton deu certo — ou pelo menos foi a impressão que se teve num primeiro momento. Três dos melhores biólogos do mundo dedicados ao estudo dos caracóis terrestres retomaram o estudo do *Partula* na geração seguinte, baseando-se explicitamente na obra de Crampton — Bryan Clarke, da Universidade de Nottingham, Jim Murray, da Universidade de Virginia, e Mike Johnson, da Universidade da Austrália Ocidental. Publicaram inúmeros artigos conjuntos, em combinações variadas de autoria, entre o início da década de 1960 e os dias de hoje. Trabalhando basicamente na ilha de Moorea, a favorita de todos, promoveram importantes revisões das conclusões de Crampton e acrescentaram grande sofisticação a seus processos matemáticos (hoje computadorizados), além de métodos genéticos que não eram disponíveis em seu tempo. Em 1980, Murray e Clarke encerraram um importante artigo, "O gênero *Partula* em Moorea: a especiação em progresso", com as seguintes palavras:

> Embora não possamos reconstituir de maneira exata a história evolutiva dos *taxa* de Moorea, eles já revelaram em detalhe excepcional o padrão de interações existente entre as espécies incipientes, e apresentaram alguns paradoxos fascinantes. Constituem-se ao mesmo tempo num museu e num laboratório de especiação.

Acrescentemos portanto os caracóis à litania de Burns sobre os projetos mais bem arquitetados de ratos e homens. As grandes esperanças morrem depressa nas fogueiras das vaidades humanas. Apenas uma década se passou desde estas bravas palavras de 1980, mas Moorea não é mais um laboratório para o estudo da especiação ativa do gênero *Partula.* Transformou-se num mausoléu.

Pensem em todas as metáforas que conhecem para problemas pequenos que se tornam maiores devido a tentativas de solução que resultam em problemas cada vez mais graves, porque é disto que vão precisar para entender como ocorreu a extinção do gênero *Partula* em Moorea. Pensem na caixa de Pandora. Pensem na canção folclórica que fala de uma velha que engoliu uma mosca. (Depois ela engole uma aranha para pegar a mosca, um pássaro para pegar a aranha, um gato para pegar o pássaro... e vai subindo na escala de tamanho do reino animal. Cada verso sucessivo vai ficando mais comprido enquanto quem canta rememora toda a seqüência de ingestões, mas o último é inesperadamente breve: "Era uma vez uma velha que engoliu um cavalo. E morreu, é claro".)

Os caracóis do gênero *Partula* se alimentam de fungos que crescem na vegetação morta e não constituem nenhuma ameaça para a agricultura. Seu único, e débil, impacto sobre a economia nativa é inteiramente positivo, porque as mulheres usam suas conchas para a fabricação de colares que vendem aos turistas. Mas os animais introduzidos em ilhas isoladas muitas vezes causam grandes problemas tanto aos organismos nativos quanto à agricultura, como ocorreu por exemplo com os coelhos da Austrália e, para citar a mais perigosa de todas as criaturas, com os seres humanos que aniquilaram tantas espécies de *moas* na Nova Zelândia. Foi um caracol introduzido pelo homem que deu início à triste cadeia de destruição em Moorea.

Em marcado contraste com o benigno *Partula*, os caracóis arborícolas africanos do gênero *Achatina* são, em quase todos os casos, uma verdadeira calamidade. Em primeiro lugar, são gigantescos (em matéria de caracol); segundo, são herbívoros vorazes que comem plantas vivas, entre elas muitas importantes espécies cultivadas. Diante de sua história de destruição desenfreada em ilha após ilha, fico surpreso ao ver que ainda existe gente disposta a introduzi-los intencionalmente. (A idéia é utilizá-los como alimento; dizem que são suculentos, e fornecem grande quantidade de carne por indivíduo.) O *Achatina* foi importado pela primeira vez para a região indo-pacífica em 1803 por um governador da ilha de Reunião, que os trouxe de Madagascar para que uma amiga pudesse continuar a tomar sua apreciada sopa de caracóis. Acontece que os animais escaparam de seu jardim e devastaram toda a ilha. Em 1847, já haviam chegado à Índia. Na década de 1930, começaram a alastrar-se pelas ilhas do Pacífico, em geral mediante a introdução intencional para servir de alimento.

O *Achatina fulica* chegou ao Taiti em 1967 e em pouco tempo se espalhou pelas ilhas vizinhas. Em meados da década de 1970, a infestação se tornara especialmente séria em Moorea. Estes caracóis chegaram até a invadir habitações humanas; contam a história de um agricultor que tirou dois barris carregados de *Achatina* das paredes de sua casa. Não há dúvida de que algo precisava ser feito. Mas *que faire*, como dizem na língua local?

A solução imaginada foi do mesmo tipo do cavalo engolido para pegar a mosca e gerou uma destruição muito maior que o problema original. Em princípio, o controle biológico de pragas é uma boa idéia — antes usar um predador natural que um veneno químico. Mas os predadores, sobretudo quando trazidos de outras áreas e outros ecossistemas, podem engendrar problemas maiores do que a criatura que inspirou sua introdução. Como saber se o novo predador irá comer apenas o animal problemático? E se ele por acaso preferir outras criaturas benignas ou úteis? E, acima de tudo, se resolver atacar espécies endêmicas (muitas vezes tão vulneráveis, devido à ausência de defesas ante a inexistência de predadores nativos)?

Assim, o controle biológico é um recurso de que só se deve lançar mão com o máximo de cautela. Mas para continuar lembrando canções folclóricas e para citar uma composição mais recente do que a da velha e da mosca, "quando é que eles vão aprender?". Em meu panteão pessoal de animais a detestar e temer, não há criatura em posição superior à do *Euglandina*, o caracol "assassino" ou "canibal" da Flórida. O *Euglandina* se alimenta de outros caracóis — com extrema eficiência e voracidade. Detecta os rastros de gosma deixados pelo animal e os segue de maneira implacável, deixando que a pista o leve até a presa, que mata e devora imediatamente.

O *Euglandina*, assim, adquiriu considerável reputação mundial como agente potencial do controle biológico de outros caracóis. No entanto, a despeito de uns poucos êxitos duvidosos, a maioria das tentativas fracassou, muitas vezes com efeitos colaterais desastrosos e indesejados, sempre que o *Euglandina* decide deixar em paz a presa que lhe destinavam e volta sua atenção para uma vítima indefesa.

Desculpem meu preconceito, mas tenho um conhecimento muito pessoal dos resultados possíveis da atuação do *Euglandina* (os biólogos tendem a se envolver emocionalmente com a sorte dos objetos de suas pesquisas). Dediquei a primeira parte de minha carreira, inclusive minha dissertação de doutoramento, a pesquisas sobre um notável caracol terrestre de Bermuda chamado *Poecilozonites.* (Este tentilhão de Darwin entre os moluscos é o único caracol terrestre de maior porte que conseguiu chegar às ilhas Bermudas. Irradiou-se em inúmeras espécies, com grande variação de tamanhos e formas. Os registros fósseis são bastante ricos, mas pelo menos três espécies haviam sobrevivido, e prosperavam em Bermuda quando comecei minhas pesquisas em 1963.) O *Euglandina* havia sido introduzido na ilha em 1958 com a finalidade de controlar o *Otala*, mais um caracol comestível importado que fugira de um jardim e se espalhara por toda a ilha, transformando-se numa praga agrícola (a mesma história do *Achatina* e do *Partula* em Moorea). No meu entender, o *Euglandina* jamais chegou a se interessar pelo *Otala*, mas em compensação devastou os *Poecilozonites* nativos. Eram animais que eu encontrava aos milhares por toda a ilha. Quando voltei em 1973 disposto a localizar algumas populações para um aluno que queria estudá-las do ponto de vista genético, não consegui encontrar sequer um animal vivo. (Ano passado, reencontrei uma espécie, a menor e mais enigmática de todas, mas é provável que o grande *Poecilozonites bermudensis*, tema principal de minha pesquisa, esteja extinto.)

Assim, sei muito bem como é intensa a dor de Jim Murray, Bryan Clarke e Mike Johnson. Eles vinham publicando textos sobre o *Partula* de Moorea desde meados da década de 1960. Nunca esperaram que seus dois últimos artigos fossem um epitáfio.

O *Euglandina* foi introduzido em Moorea no dia 16 de março de 1977, com a indicação e a aprovação oficiais do Service de l'Economie Rurale e da Division de Recherche Agronomique — a despeito de um conhecimento amplamente disponível acerca de experiências fracassadas e de devastações que estas criaturas promoveram em outras áreas.*

(*) Depois que este artigo foi publicado na revista *Natural History*, Bryan Clarke escreveu-me uma carta com as seguintes informações, de grande interesse, sobre suas frustrações e esperanças:

O *Euglandina* ignorou o *Achatina* e começou uma verdadeira *blitzkrieg* contra o *Partula* — mais sistemática, rápida e eficiente que qualquer campanha promovida pelos exércitos de Hitler. Quando meus colegas escreveram seu primeiro artigo sobre esta calamidade, em 1984 (ver bibliografia), o *Euglandina* já havia aniquilado uma das sete espécies de *Partula* existentes em Moorea e se espalhava pela ilha a uma velocidade de 1,2 km por ano. Moorea tem cerca de doze quilômetros de diâmetro no ponto mais largo, e a este ritmo logo se chega ao fim da ilha. Meus colegas formularam a triste previsão de que o *Partula* estaria completamente extinto em 1986.

Dá raiva ter razão em certas coisas. Em 1988, Jim, Bryan e Mike publicaram outra nota com um título sumário e definitivo: "A extinção do *Partula* em Moorea". O *Partula* não existe mais na ilha. Meus colegas conseguiram coletar exemplares de seis ou sete espécies antes do fim e criaram um programa de reprodução em cativeiro em zoológicos e estações de pesquisa biológica de várias nações. Um dia, talvez, o *Partula* poderá ser reintroduzido em Moorea. Mas antes o *Euglandina* precisa ser eliminado, e ninguém sabe como fazê-lo. É difícil extirpar as mudanças profundas, sejam físicas ou emocionais — como descobriu Mary Martin em suas tentativas frustradas de se ver livre daquele homem lavando os cabelos, em *South Pacific.* A caixa de Pandora também contém a esperança, mas como fazer os males voltarem para dentro dela?

Moorea pode ser a Bali Ha'i de nossos sonhos, mas a vida para o *Partula* transformou-se num anoitecer desencantado. E a noite fechada caiu.

A história já seria suficientemente triste se apenas Moorea (e Bermuda) tivesse sido atingida. Mas o *Euglandina* se difundiu rapidamente pela ilha vizinha do Taiti, e embora ela seja bem maior hoje, o *Partula*

A história é mais deprimente ainda. Escrevi para o Service de l'Economie Rurale francês antes da introdução do *Euglandina* na área, pedindo-lhes que não o fizessem. Responderam dizendo que ainda não tinham chegado a uma decisão, mas que me manteriam informado. É claro que isto não ocorreu. Uma troca semelhante de correspondência ocorreu entre Jack Burch, de Michigan, e o Departamento de Agricultura dos EUA acerca da introdução desses mesmos animais (referidos pelo autor na carta, de maneira abreviada, como *Uglies*, "feiosos") no Havaí, e acabou muito acalorada.

Há algumas pequenas centelhas de esperança. Primeiro, parece que o *Euglandina* ainda não chegou a Huahine, Raiatea ou Tahaa, onde dizem ainda haver *Partula* sobreviventes. Vou lá este verão para verificar. Segundo, os franceses estão propondo a criação de um centro de conservação e estudo de caracóis em Moorea (fechando a porta do estábulo...), e estamos estudando maneiras de construir "jaulas" nas florestas. Também há uma fraca esperança de um refúgio no interior da cratera do Mehetia (um vulcão extinto cerca de 60 milhas a sudeste do Taiti).

só sobrevive em dois de seus vales. O *Achatinella*, ainda mais diversificado, extinguiu-se (ou quase) na ilha de Oahu, basicamente pela mesma razão, embora o crescimento urbano de Honolulu também não tenha ajudado muito. E mais da metade das espécies de bulimulídeos está extinta no arquipélago das Galápagos.

É tão difícil para um biólogo dedicado ao estudo da evolução escrever sobre extinções provocadas pela estupidez humana! As emoções tendem a se acumular, e sufocam a racionalidade e a fluência. O que se pode dizer que já não tenha sido dito — com grande eloqüência, e pequenos resultados? Até mesmo os bons argumentos se transformaram em clichês pouco convincentes.

Prefiro tentar então um apelo nada convencional, o inverso do argumento costumeiro. As inversões têm o efeito salutar de abrir novos caminhos para a reflexão. Um amigo, meu aluno durante o ano que passei lecionando na Inglaterra, brilhante argumentador, participou certa vez de um debate em torno de uma questão muito surrada em seu país: "Deve a monarquia ser eliminada?". Em vez de encaminhar sua posição a favor da abolição da monarquia usando os argumentos mais freqüentes, que falam das verbas de representação destinadas à rainha e do símbolo negativo que a realeza representa numa era democrática, meu amigo preferiu afirmar que a monarquia deveria ser abolida porque era uma instituição extremamente injusta para com os monarcas e suas famílias. Qualquer possibilidade de uma vida particular normal se evapora. Não se pode sair com alguém, tomar uma cerveja ou, Deus nos livre, nem mesmo arrotar em público sem provocar as manchetes dos jornais escandalosos do dia seguinte.

A extinção do gênero *Partula* é evidentemente injusta para com os caracóis do gênero *Partula*. Este é o argumento convencional, e não contesto sua primazia. Mas precisamos também de uma ecologia humanista, pela razão prática de que as pessoas se comovem mais com o que ocorre com outras pessoas do que com o que atinge os caracóis, e ainda pela razão moral de que os seres humanos são, com toda a legitimidade, a medida de todas as questões de fundo ético — porque essas questões dizem respeito a nós, e não à natureza.

E é por isso que digo que, quando pensamos nos *Partula* de Moorea, devemos deplorar o que ocorreu com Henry Edward Crampton — porque o *Euglandina* e a estupidez humana acabaram destruindo a causa a que dedicou toda a sua vida. Crampton cruzou o Pacífico uma dúzia de vezes numa época em que este deslocamento não era um mero passeio aéreo. Percorreu a pé vales inóspitos, beirando precipícios perigosos, enfrentando o intenso calor dos trópicos. Passou meses e meses medindo caracóis e calculando colunas e mais colunas de números sem a ajuda do computador — o pior tipo de trabalho intelectual enfadonho. E publicou três monografias extraordinárias sobre os *Partula*.

Sua obra tem, por seus próprios méritos, um valor imenso e permanente. Mas Crampton não escreveu em benefício de sua glória pessoal, nem para fixar um instantâneo da evolução de seus próprios estudos. Labutou toda a vida com a finalidade de criar um ponto de partida para estudos futuros sobre a evolução. O caso do gênero *Partula* era um laboratório natural, e ele se esforçou por definir um ponto de partida, com o maior cuidado e precisão, para que outros pudessem levar o trabalho adiante e continuar a aprender sobre a evolução, acompanhando a história futura dos *Partula*. O que pode ser mais nobre do que a dedicação intelectual de um homem — uma vida inteira de perseverança às voltas com a Cila e a Caribde de toda a biologia: o perigo ocasional e o tédio prolongado? A obra de Crampton foi totalmente desfeita, e até mesmo pisoteada. Só podemos lamentar que seus altos objetivos se tenham perdido.

No entanto, sei também que não podemos vencer esta luta em prol da salvação das espécies e de certos meios ambientes sem forjar um elo emocional que nos ligue também à própria natureza — porque dificilmente seremos capazes de lutar em prol da salvação de alguma coisa que não amemos (mas apenas apreciemos de maneira abstrata). E por isso, espero que continuem a produzir muitos filmes, livros e programas de televisão, a construir zoológicos e pequenas reservas ecológicas em cada comunidade, a dar aulas de ecologia nas escolas primárias, a organizar exposições nos museus, e até mesmo (embora eu próprio nunca vá participar de iniciativas do tipo) a promover caminhadas para observar pássaros às seis da manhã.

Que estas iniciativas continuem e se multipliquem, porque precisamos de um contato visceral para desenvolver o amor. Precisamos abrir espaço para a natureza em nossos corações. Basta pensar na última imagem de Ezio Pinza no papel de Emil De Becque em *South Pacific*, e aceitar a caracterização tradicional da natureza como um ser feminino (se esta convenção ofender algum leitor ou leitora, que ele ou ela considere que a natureza é masculina). A letra da canção pode ser banal (e na verdade Ezio Pinza só fala nela de seu amor por Mary Martin; a extrapolação para toda a natureza é minha), mas a interpretação do grande cantor é emocionante e ainda capaz de trazer lágrimas aos olhos mais empedernidos. Basta lembrar esse maior de todos os baixos quando ele sobe até chegar à tônica de seu acorde:

> *Once you have found her, never let her go.*
> *Once you have found her, NEVER LET HER GO!*
> [Uma vez que a encontrou, não a deixe partir.
> Uma vez que a encontrou, NÃO A DEIXE PARTIR!]

2

A REGRA DE OURO
Uma escala adequada para nossa crise ambiental

Muito tem sido dito em favor da paciência. Nas palavras de Chaucer, era uma "alta virtude, com certeza" (em "The Franklin's tale"), e o Novo Testamento já transformara em divisa a mais famosa representação desta virtude no Antigo Testamento: "Ouvistes da paciência de Jó" (Tiago 5:11). No entanto, certos casos parecem estender-se tanto no tempo que deve haver outro fator, além da mera persistência, por trás da espera. Quando Alberico, tendo perdido o anel dos Nibelungos três óperas atrás, reaparece no segundo ato do *Gotterdämmerung* recomendando a seu filho Hagen estratégias para recuperá-lo, mal conseguimos conter um lampejo de admiração por esta personagem que, fora isso, é bastante antipática. (A propósito, adoro Wagner, mas reconheço que uma espera que se estenda por quase todo o ciclo do anel seria equivalente, para certos indivíduos não iniciados, à própria definição de uma eternidade no Hades.)

Uma paciência desta magnitude em geral supõe uma profunda compreensão de um princípio fundamental, central em minha atividade de geólogo, mas raras vezes levado em conta na vida cotidiana — os efeitos da escala. Cada fenômeno ocorre em sua própria escala de espaço e tempo, e alguns deles podem ser invisíveis em nosso mundo míope, onde as dimensões tomam como base a altura humana e os tempos são medidos tendo por referência a duração da vida humana. Uma parte imensa dos fenômenos de importância cumulativa em escala planetária — como os resultados da erosão geológica ou as mudanças ocorridas em certas linhagens ao longo da evolução — é invisível se formos usar, para detectá-los, o metro da vida humana. Uma parte imensa do que afeta a existência das partículas no mundo microscópico das moléculas — a história de um grão de areia submetido ao movimento browniano ou o destino das personagens miniaturizadas em *Viagem fantástica* —

assemelha-se ao que é percebido como estabilidade em nossa escala, ou simplesmente se situa aquém do limiar da nossa percepção.

É necessário um tipo especial de genialidade, ou então uma compreensão muito profunda, para transcender este mais difundido de todos os vieses conceituais e conseguir captar um fenômeno percebendo sua escala própria, independente dos instrumentos de medida que empregamos rotineiramente em nosso mundo. Alberico e Wotan sabem que a procura do Anel não é um empreendimento pessoal, mas de toda uma dinastia ou geração. Frei William de Baskerville (no romance *O nome da rosa*, de Umberto Eco) consegue solucionar seu mistério medieval porque é o único a compreender que, na perspectiva dos séculos, os acontecimentos convulsivos de seus dias (a disputa entre os papados de Roma e Avignon) seriam esquecidos, enquanto o único exemplar sobrevivente de um livro de Aristóteles poderia exercer influência por milênios a fio. Os arquitetos das catedrais medievais precisavam ter uma concepção de sua satisfação em escalas que ultrapassassem suas próprias existências, porque não tinham como viver para testemunhar o final da edificação do que haviam projetado.

Será que posso contar uma anedota pessoal a respeito da questão da escala? Eu adorava memorizar acontecimentos quando criança, mas me revoltava quando tinha de decorar fatos que considerava de importância menor (as estatísticas dos jogos de beisebol eram fundamentais, mas a sucessão dos papas ou dos reis da Inglaterra era uma informação absolutamente desprezível). Na sexta série, precisei decorar a seqüência das aquisições de terras que constituíram o território dos Estados Unidos. Percebia motivos suficientes para decorar os fatos relacionados à Compra da Louisiana ou à Cessão Mexicana, porque estes eventos acrescentaram grandes extensões à totalidade do território americano. Mas me lembro de ter rejeitado, em desafio à pobre sofredora que era a sra. Stack, a chamada Compra de Gadsden, ocorrida em 1853. Por que haveria eu de me preocupar com a aquisição de uma fina fatia de terra ao sul do Arizona e do Novo México?

Hoje, por fim, posso ver o quanto minha revolta era vã. Depois de toda uma vida intocada por qualquer efeito da Compra de Gadsden, acabei inadvertidamente envolvido numa acirrada controvérsia acerca de uma pequena extensão de terra situada justamente nesta que é a menor de todas as áreas acrescidas ao território americano — e que isto me sirva de lição quanto aos efeitos de escala, e quanto aos castigos que podem atingir a ignorância alvar.

O caso é um exemplo clássico de um gênero de controvérsia (ambientalistas *versus* desenvolvimentistas) que se tornou familiar em torno de campanhas recentes para a salvação de populações em risco — como o *snail darter*, um peixe ameaçado de extinção alguns anos atrás, ou a coruja pintada ameaçada pelos interesses das empresas madeireiras. A Universidade do Arizona, com o apoio de um consórcio internacional de astrônomos, planeja construir um complexo de telescópios no alto do monte Graham, na região sudeste do estado (em pleno território da Compra de Gadsden). Mas o habitat do alto da montanha, composto basicamente de coníferas ancestrais, constitui-se no centro da área onde vive o *Tamiasciurus hudsonicus grahamensis*, o esquilo vermelho do monte Graham — uma subespécie singular que não vive em nenhum outro ponto do planeta e é, de toda a espécie, a população radicada mais ao sul. Já se encontra reduzida a mais ou menos cem remanescentes, e a destruição de cerca de cinqüenta hectares de bosques de coníferas (para a construção dos telescópios), em meio aos menos de trezentos hectares que ainda restam do habitat ideal, pode muito bem representar o golpe de misericórdia para esta frágil população.

Não tenho como manifestar uma opinião de especialista acerca dos detalhes desta controvérsia (e já confessei aqui minha ignorância em relação a tudo que diz respeito à Compra de Gadsden e ao legado que ela pode representar para nós). Mas muitas perguntas precisam ser respondidas. Não será a população pequena demais para sobreviver de qualquer maneira? Caso contrário, será que a população atual, adequadamente administrada, não conseguiria coexistir com os telescópios no habitat que lhes resta?

Não acredito que seja possível, do ponto de vista prático ou moral, defender uma política que dê prioridade à salvação de todas as populações locais e diferenciadas de organismos. Posso enumerar boas razões para a preservação das espécies, porque cada uma delas é um objeto natural único e singular que, depois de se perder, nunca mais pode ser reconstituído. Mas as subespécies são populações locais diferenciadas de espécies que têm distribuição geográfica mais ampla: são dinâmicas, podem cruzar-se entre si e estão em constante mudança. Diante disto, será que vale a pena decidirmos que são intocáveis? Confesso, portanto, que não concordo com todos os argumentos apresentados pelos defensores do esquilo vermelho do monte Graham. Um dos panfletos, por exemplo, traz o seguinte argumento: "Ficou recentemente demonstrado que esta população possui um alelo fixo, homozigoto, que é único em todo o oeste da América do Norte". Sinto muito, meus amigos. Estou disposto a empregar todas as minhas energias na defesa das espécies, mas não podemos lutar pela preservação de todo e qualquer gene, a menos que encontremos algum modo de abolir a própria morte (porque muitos organismos individuais apresentam mutações singulares).

Não, acho que em relação às populações locais de espécies com distribuição mais ampla a luta pela preservação deve ser travada com base no exame de cada caso, e não num princípio geral de preservação (caso contrário o movimento ambientalista pode acabar perdendo o apoio popular, por tentar congelar *in statu quo* um mundo que se encontra em evolução dinâmica). E é com a devida base no exame dos méritos individuais que estou inteiramente convencido de que o esquilo vermelho do monte Graham precisa ser protegido, e por duas razões.

Primeiro, o esquilo propriamente dito: o esquilo vermelho do monte Graham é uma população local especialmente interessante em meio a uma espécie de considerável importância. Está isolado de todas as outras populações da espécie e ocupa o extremo mais ao sul de sua distribuição geográfica. Essas populações periféricas, vivendo em habitats marginais, apresentam um interesse especial para os estudiosos da evolução.

Segundo, o seu habitat: muitas vezes, os ambientalistas se vêem diante de uma realidade política em que é fácil conseguir apoio e financiamento para a preservação de animais fofinhos, aconchegantes e charmosos, mas não de criaturas gosmentas, rastejantes ou simplesmente feias (ainda que estas possam ter interesse científico e importância prática muito maiores) ou de seus habitats. Esta situação levou, na prática, ao surgimento do conceito de espécie "guarda-chuva" ou "indicadora" — espécies que funcionam como representantes de uma entidade ecológica mais ampla que se quer preservar. É assim que o panda gigante (na verdade uma criatura tediosa e intratável, a despeito de sua boa aparência) consegue dinheiro para salvar as florestas de bambu que ainda restam na China (e uma pletora de outras criaturas ameaçadas de extinção mas desprovidas de apelo político); é assim que a coruja pintada do norte dos Estados Unidos acabou salvando magníficas matas primárias de cedros gigantes, abetos e sequóias (e eu só posso saudar este resultado); e é assim que o esquilo vermelho do monte Graham pode vir a salvar um habitat raro e precioso, de extraordinário interesse para o estudo da evolução.

Os montes Pinaleno, que chegam a 3267 metros de altitude no monte Graham, são uma cadeia isolada de montanhas separadas de outras elevações por vales aluviais e desérticos que descem a altitudes inferiores a mil metros. Os altos picos dos Pinaleno possuem uma fauna importante e incomum por duas razões. Primeiro, eles abrigam a junção de duas províncias biogeográficas: a Neártica ao norte, ao longo do platô do Colorado, e a Neotropical ao sul, ao longo do platô do México. O esquilo vermelho do monte Graham (uma espécie setentrional) só consegue viver tão ao sul porque as altas elevações dos montes Pinaleno reproduzem o clima e o habitat encontrados perto do nível do mar nas latitudes mais adequadas do norte. Em segundo lugar, e mais importante para os estudiosos da evolução, os habitats de matas primárias de coníferas dos altos picos dos montes Pinaleno são "ilhas altas" isoladas — com 10 mil anos de idade, remanescentes de um habitat que tinha distribuição bem mais ampla por toda a região da Compra de Gadsden no auge da última idade do gelo. Do ponto de vista da evolução, esses fragmentos isolados de habitat são verdadeiras ilhas — manchas de um microclima típico de regiões mais ao norte cercadas pelo deserto do sul. Funcionalmente, equivalem a trechos de terra firme encontrados em pleno oceano. Basta pensar no papel que as ilhas (como as Galápagos) desempenharam na elaboração dos conceitos da teoria da evolução, funcionando (graças ao isolamento) como berços de origem ou conservação de vestígios de novidades biológicas.

Assim, quer os telescópios levem ou não à extinção do esquilo vermelho do monte Graham (uma questão que ainda não foi decidida e se encontra fora de minha área de especialização), as ilhas altas dos montes Pinaleno são habitats preciosos que devem ser salvaguardados de qualquer risco. Que o esquilo vermelho do monte Graham, tão merecedor de preservação por seus próprios méritos, sirva também como espécie indicadora para o habitat frágil e singular que ocupa.

Mas por que deveria eu, um habitante urbano do Leste que já deixou clara aqui sua falta de interesse pela Compra de Gadsden, envolver-me no caso do esquilo vermelho do monte Graham? A resposta é que na verdade fui convocado à força para a batalha — contra a minha vontade e, ainda por cima, do lado errado. Isso me fez entrar na luta furioso, e vou logo avisando que pretendo responder à altura.

O *Wall Street Journal* de 7 de junho de 1990 publicou uma matéria de opinião pró-desenvolvimentista e contrária aos esquilos assinada por Michael D. Copeland (identificado como "diretor executivo do Centro de Pesquisas de Política Econômica de Bozeman, Montana") com o título patentemente absurdo de "Fim dos esquilos vermelhos? Pode ser melhor para a Mãe Natureza". (Sou capaz de aceitar, embora ainda assim rejeite, a afirmação de que a natureza não viesse a sofrer prejuízos graves com a morte desses esquilos, mas fico revoltado ao ver alguém apresentar um argumento segundo o qual os esquilos podem ser de algum modo nocivos à mãe de todos nós!) De qualquer maneira, o fato é que o sr. Copeland apresenta uma compreensão errada dos meus textos na formulação de um argumento supostamente científico em favor de sua posição.

Hoje, dificilmente se passa um dia sem que eu leia alguma deformação das minhas opiniões (em geral promovidas pelos criacionistas, os racistas, ou os apreciadores do futebol americano, nesta ordem). Minha reação a quase todas essas citações incorretas é a resposta que prefiro por sua eficiência: o silêncio. (A discordância intelectual respeitável sempre merece resposta; as citações incorretas, porém, devem ser ignoradas, sempre que isto for possível e politicamente praticável.) Abro uma exceção neste caso porque o sr. Copeland me citou a serviço de um falso argumento clássico — o uso indevido, freqüente e quase canônico de minha disciplina, a paleontologia, em debates sobre a extinção. Nós, os paleontólogos, somos invocados vezes sem conta, ao arrepio de nossas verdadeiras opiniões e em apoio a atitudes que a maioria de nós considera anátema, para fornecer aos desenvolvimentistas argumentos sobre a irrelevância (ou até mesmo, no presente caso, a benevolência) da extinção antropogênica moderna. Este erro clássico é um exemplo de nossa incapacidade de compreender a importância da escala — e volto assim à premissa e à estrutura de meus parágrafos iniciais (ou vocês estavam pensando que eu me estenderia tanto sobre a escala só para poder falar da Compra de Gadsden?).

É verdade que os paleontólogos falam da inevitabilidade da extinção de todas as espécies — a longo prazo, e na vasta escala do tempo geológico. Costumamos dizer que 99% ou mais de todas as espécies que jamais viveram estão hoje extintas. (Meu colega Dave Raup muitas vezes começa suas conferências sobre a extinção com uma frase de grande efeito: "Numa avaliação aproximada, todas as espécies estão extintas".) Apontamos portanto a extinção como o destino normal de todas as espécies. Também falamos muito — e mais ainda nos anos recentes, já que dados novos tornaram este campo tão estimulante — sobre os episódios de extinção em massa que pontuam a história da vida de tempos em tempos. Discutimos ainda a questão do "restabelecimento" a longo prazo que acaba compensando os efeitos desses episódios de extinção, pois a vida acaba reconstituindo ou até mesmo ultrapassando sua diversidade anterior alguns milhões de anos depois das grandes mortandades. Por fim, admitimos que os episódios de extinção em massa provocam a ruptura de faunas estáveis e, neste sentido, permitem ou até mesmo favorecem inovações evolucionárias posteriores (inclusive o predomínio dos mamíferos e, ao cabo de algum tempo, a origem dos seres humanos, depois da morte dos dinossauros).

A partir dessas afirmativas sobre a extinção na vasta perspectiva do tempo geológico (em escalas de milhões de anos), alguns apologistas do desenvolvimento argumentam que a extinção em qualquer escala (mesmo a extinção de populações locais em espaços de anos ou décadas) não representa qualquer risco biológico mas, ao contrário, deve ser vista como parte integrante de uma ordem natural inevitável. Pelo menos é o que diz o sr. Copeland:

> Vamos supor que uma espécie se perca. Será isso um fenômeno devastador? "Episódios de extinção em massa vêm sendo registrados desde o surgimento da paleontologia", escreveu o paleontólogo de Harvard Stephen Gould [...] A mais grave delas ocorreu há cerca de 250 milhões de anos [...] com a extinção de aproximadamente 96% das espécies, afirma o sr. Gould [...] Os cientistas em geral concordam que as espécies hoje existentes representam uma pequena proporção de todas as espécies que jamais existiram — provavelmente menos de 1%. Isto significa que mais de 99% de todas as espécies que jamais existiram tornaram-se extintas.

A partir desses fatos, amplamente irrelevantes para os esquilos vermelhos do monte Graham, Copeland faz inferências acerca da benevolência da extinção de maneira geral (embora o argumento original só se aplique a escalas geológicas):

> No entanto, apesar dessas extinções, tanto o sr. Gould quanto o paleontólogo Jack Sepkoski, da Universidade de Chicago, afirmam que é provável que o número total de espécies vivas tenha aumentado ao longo do tempo [É verdade, mas não como resultado dos episódios de extinção em massa, ao contrário do que afirma a frase seguinte de Copeland.] Os "nichos" criados pelos episódios de extinção propiciam uma oportunidade para o desenvolvimento vigoroso de novas espécies [...] Assim, a história da evolução parece ter sido sempre caracterizada por milhões de extinções de espécies e aumentos subseqüentes do número delas. Na verdade, com a tentativa de preservar espécies que vivem à beira da extinção, podemos estar desperdiçando nosso tempo, esforço e dinheiro com animais que acabarão desaparecendo com o passar do tempo, independentemente de nossos esforços.

Mas tudo acabará "desaparecendo com o passar do tempo, independentemente de nossos esforços" — no caso da maioria das espécies, dentro de alguns milhões de anos, se não interferirmos. A duração média da vida das espécies de invertebrados marinhos é de 5 a 10 milhões de anos; as espécies de vertebrados terrestres têm vida mais curta, mas ainda assim chegam a atingir alguns milhões de anos. Em contraste, o *Homo sapiens* pode ter apenas cerca de 200 mil anos de idade, e ainda tem um futuro considerável pela frente se não nos autodestruirmos. De maneira similar, o restabelecimento depois de uma extinção em massa também se mede em milhões de anos — pelo menos 10 milhões de anos são necessários para o pleno reflorescimento da diversidade, depois de grandes acontecimentos catastróficos.

São essas as escalas naturais de tempo para a evolução e a geologia em nosso planeta. Mas o que pode significar esta vastidão para nosso interesse legitimamente paroquial por nós mesmos, nossos grupos étnicos, nossas nações, nossas tradições culturais, nossas linhagens? Que importância concebível tem para nós o projeto de um restabelecimento dos efeitos de uma extinção em massa 10 milhões de anos mais adiante se toda a nossa espécie, para não falar de nossa linhagem pessoal, tem tão poucas possibilidades de sobreviver por tanto tempo?

A capacidade de restabelecimento da vida em escalas geológicas não afeta em nada o significado da extinção que possa ocorrer hoje. Não resolvemos proteger os esquilos vermelhos do monte Graham porque estejamos preocupados com a estabilidade planetária num futuro distante que provavelmente não vai nos incluir. Estamos tentando preservar populações e certos meios ambientes porque o conforto e a decência presentes de nossas vidas, bem como das vidas das espécies que conosco compartilham o planeta, dependem desta estabilidade. As extinções em massa podem não ameaçar o futuro distante, mas são decididamente desagradáveis para as espécies por elas vitimadas. Na escala adequada de nossas vidas, somos apenas mais uma espécie vivendo um momento assim. E dizer que devemos aceitar a morte dos esquilos (em nossa escala imediata) porque todas as espécies acabam morrendo (em escalas geológicas) faz tanto sentido quanto afirmar que não devemos tratar de uma infecção infantil curável com facilidade porque todos os seres humanos são, em última instância, inevitavelmente mortais. Pessoalmente, tenho grande paixão pelo tempo geológico — uma noção fantástica que expande nossa percepção e se encontra na base da profissão que escolhi —, mas, mesmo assim, a imensidão de suas perspectivas não é a escala apropriada para minha vida pessoal.

A mesma questão da escala se encontra por trás da maior contribuição que minha profissão de paleontólogo pode trazer para nossa busca mais geral de uma ética capaz de reger nossa relação com o meio ambiente. Esta década, prelúdio ao novo milênio, é ampla e corretamente vista como um ponto de inflexão que levará seja à perdição, seja à estabilização do meio ambiente. Já destruímos outros nichos locais no passado, levando faunas regionais à extinção, mas nunca fomos capazes de desencadear efeitos planetários antes deste século, que nos ameaça com a precipitação nuclear, os buracos na camada de ozônio e o aparente aquecimento global. Neste contexto, ainda estamos à procura da linguagem e dos temas apropriados para exprimir nossas inquietações ambientais.

Não sei se a paleontologia tem muito a oferecer, mas gostaria de adiantar uma percepção geológica para combater uma posição bem-intencionada, mas seriamente equivocada (e muito comum), e concentrar nossa atenção na questão correta e na escala apropriada. Dois argumentos ligados entre si são em geral apresentados como base para uma ética em relação ao meio ambiente:

1) Vivemos num planeta frágil, sujeito hoje a um permanente desencaminhamento e correndo o risco de destruição pelo efeito da intervenção humana.

2) Os seres humanos precisam aprender a assumir o papel de intendentes deste mundo ameaçado.

Estas opiniões, por mais bem-intencionadas que sejam, têm suas raízes no antigo pecado do orgulho e da superestimação de nossa importância. Somos apenas uma entre milhões de espécies, e não somos intendentes de coisa nenhuma. Qual o argumento que poderia afirmar que nós, surgidos há apenas um microssegundo geológico, somos responsáveis pelo que ocorre num mundo com 4,5 bilhões de anos de idade, abrigando uma vida que vem evoluindo e se diversificando há pelo menos três quartos deste tempo imenso? A natureza não existe para o nosso desfrute, não tinha a menor idéia de que estávamos a caminho e pouco se importa conosco. Omar Khayyam tinha razão, exceto quando disse que a terra estava em ruínas, ao escrever sua brilhante comparação de nosso mundo com um hotel oriental:

> *Pensem, neste arruinado caravançará*
> *Cujos portais são alternadamente a noite e o dia,*
> *Como sultão após sultão, com sua pompa,*
> *Enfrentou sua hora aprazada, e partiu.*

Esta declaração de nossa extrema impotência poderia ser contestada se nós, a despeito de termos chegado tarde, tivéssemos hoje algum poder sobre o futuro do planeta. Mas não temos poder nenhum, apesar da imagem distorcida que fazemos de nossa própria força. Não temos, na prática, nenhum poder sobre a Terra, em termos da escala de tempo geológico de nosso planeta. Toda a megatonelagem de todos os nossos arsenais nucleares soma apenas um décimo de milésimo da força do asteróide de dez quilômetros que pode ter desencadeado a extinção em massa do Cretáceo. Ainda assim, a Terra sobreviveu àquele choque e, com a extinção dos dinossauros, abriu-se o caminho para a evolução dos mamíferos maiores, entre eles os seres humanos. Tememos o aquecimento global, mas nem mesmo o mais radical dos modelos fala de uma Terra tão quente quanto a que havia em muitas etapas prósperas e felizes do passado pré-humano. Não há dúvida de que podemos nos destruir, e levar conosco muitas outras espécies, mas mal temos como causar mossa à diversidade bacteriana, e com certeza não conseguiríamos acabar com muitos milhões de espécies de insetos e ácaros. Na escala geológica, nosso planeta tem como se cuidar, e o tempo acabaria por livrá-lo dos resultados de qualquer malfeito humano.

As pessoas que não percebem o princípio fundamental das escalas apropriadas muitas vezes compreendem esta afirmação do modo errado, julgando que ela justifique que deixemos de nos preocupar com a deterioração ambiental, da mesma forma como Copeland argumenta falsamente que não temos por que criar tanto caso só por causa da extinção de uma determinada subespécie. Nos dois casos, proponho o mesmo contra-argumento. O homem não tem como se constituir em ameaça ao planeta em escala geológica, mas a vastidão desta escala não tem nenhum impacto sobre nós. Temos um interesse paroquial legítimo por nossas próprias vidas, pela felicidade e a prosperidade de nossos filhos, pelo sofrimento de nossos semelhantes. É verdade que o planeta pode se recobrar de um holocausto nuclear, mas é verdade também que teremos sido mortos e mutilados aos bilhões, e que nossas culturas terão desaparecido. É verdade que a Terra pode continuar prosperando mesmo que as calotas polares se derretam numa estufa global, mas é verdade também que a maioria de nossas principais cidades, construídas ao nível do mar em torno de grandes portos e ancoradouros, terão sido engolidas pelas águas, e que a mudança do padrão de ocupação agrícola terá deixado desarraigadas nossas populações.

Não temos como deixar de encarar um fato histórico desconfortável. O movimento conservacionista surgiu, em grande parte, como uma tentativa elitista dos líderes sociais ricos no sentido de preservar áreas naturais como domínios para o lazer e a contemplação dos privilegiados (em contraste com a imagem, por assim dizer, de imigrantes pobres percorrendo em hordas as florestas e os bosques, carregando suas cestas de piquenique). Nunca conseguimos nos livrar inteiramente desta visão do ambientalismo como uma coisa oposta às necessidades humanas imediatas, sobretudo as necessidades dos pobres e desafortunados. Mas o Terceiro Mundo está em expansão, e abriga a maior parte do habitat intocado que desejamos preservar. Os movimentos ambientais não têm como prevalecer enquanto não conseguirem convencer as pessoas de que a limpeza do ar e da água, a energia solar, a reciclagem e o reflorestamento são as melhores soluções de que dispomos no momento para as necessidades humanas numa escala humana — e não para algum futuro planetário distante.

Tenho uma sugestão decididamente não radical a fazer em relação a uma ética do meio ambiente — sugestão que, a exemplo de todo este ensaio, tem raízes na questão da oposição entre as escalas humanas e a imponência, mas irrelevância, do tempo geológico. Na busca de uma ética, nunca me senti muito atraído pelo imperativo categórico de Kant — leis morais que sejam absolutas e incondicionais, sem levar em conta qualquer outra motivação ou finalidade. O mundo é complexo e imperfeito demais para atitudes tão inflexíveis (e Deus nos ajude se adotarmos o princípio errado e depois acabarmos travando guerras, matando e aleijando em nossa certeza absoluta). Prefiro os "imperativos hipotéticos" mais imperfeitos que recorrem ao desejo, à negociação e à reciprocidade. Entre esses princípios "menores", mas ainda assim mais sensatos e profundos, um se destaca por sua derivação independente, com expressões diferentes mas com o mesmo efeito, em inúmeras culturas. No meu entender, nossas várias sociedades acabam adotando este princípio porque a estabilidade estrutural (e a decência básica necessária a qualquer vida tolerável) exige o respeito a esta máxima. Os cristãos chamam este princípio de "regra de ouro"; Platão, Hillel e Confúcio conheciam a mesma máxima por outros nomes. Não consigo imaginar um princípio melhor baseado no interesse próprio esclarecido. Se todos tratarmos os outros da maneira como queremos ser tratados, a decência e a estabilidade terão de prevalecer.

Sugiro que travemos um pacto semelhante com nosso planeta, a Terra. Ela tem todas as cartas na mão e detém um imenso poder sobre nós — tanto que a aliança de que falo, uma aliança de que necessitamos desesperadamente, ao contrário dela em sua própria escala de tempo, seria uma bênção para nós e, para ela, apenas uma indulgência. Devemos nos apressar em assinar os papéis e fechar negócio enquanto ela ainda se mostra disposta a um acordo. Se a tratarmos com decência, ela continuará a nos sustentar por algum tempo. Se nós a ferirmos, ela vai sangrar um pouco, livrar-se de nós, curar-se e depois seguir cuidando de sua vida em sua própria escala. O almanaque de Benjamin Franklin já dizia que "a necessidade nunca fez um bom negócio", mas a terra é mais generosa do que os agentes humanos na "arte da negociação". Ela há de respeitar sua parte do acordo; cabe a nós fazer o mesmo.

3

UMA LAPA A MENOS

Darwin maravilhou-se com a abundância de tartarugas gigantes das Galápagos quando visitou o arquipélago em setembro de 1835, mas também notou um acentuado declínio da população devido à facilidade com que eram capturadas pelos seres humanos a fim de servir de alimento. (Muitas vezes, os navios capturavam as tartarugas às centenas, armazenando-as vivas no porão para contar com meses de carne fresca. As tartarugas eram criaturas essencialmente indefesas. Como único limite à captura, Darwin assinala que os navios costumavam enviar grupos de caça aos pares, e dois homens não bastavam para tirar da água os animais maiores.) E escreveu Darwin em *A viagem do Beagle*:

> Dizem que antigamente um simples navio chegava a carregar setecentos desses animais, e que a guarnição de uma fragata chegou a capturar duzentos deles num só dia alguns anos atrás.

A espécie, embora não esteja ameaçada como tal, conta hoje com poucos indivíduos, e algumas de suas formas características, antes limitadas a certas ilhas, desapareceram de todo. Eu vi de perto o mais triste testemunho dessa história — Lonesome George, o último sobrevivente da raça de casco selado da ilha Pinta. Nunca encontraram uma companheira para George, embora a ilha tenha sido vasculhada de alto a baixo. Por segurança (e na esperança aparentemente vã de salvar sua raça), o animal foi transferido para um posto de pesquisa na ilha de Santa Cruz, onde pude vê-lo de perto alguns anos atrás. É bem alimentado e alvo de muita atenção, e pode ser que ainda venha a viver cem anos ou mais; no entanto, sua linhagem, pelo menos como *pedigree* puro, já se extinguiu.

Todo George precisa de sua Martha. O último *passenger pigeon*, espécie de pombo selvagem, também remanescente solitário de uma raça condenada, morreu no Jardim Zoológico de Cincinnati em 1º de setembro de 1914. O corpo de Martha foi levado para uma fábrica de gelo da cidade, mergulhado num tanque de água e imobilizado no interior de um bloco de gelo de 150 quilos; depois o enviaram para a Smithsonian Institution, onde foi extraído do gelo e empalhado: é lá que mora hoje.

As tartarugas das Galápagos eram vulneráveis e tinham uma distribuição geográfica restrita; não deve provocar surpresa especial que sua população tenha sofrido uma redução extrema, e que a espécie tenha sido submetida a uma extinção parcial. Mas como pôde o superabundante *passenger pigeon* escassear e morrer no espaço de apenas um século? Segundo algumas estimativas, chegou a ser a ave mais comum da América do Norte. Migravam em imensos bandos, sobrevoando a região leste e a porção central do continente. Alexander Wilson, um dos pioneiros da ornitologia, avaliou que um desses bandos continha mais de 2 bilhões de aves. Uma de suas colônias, em Wisconsin, se estendia por quase 2 milhões de metros quadrados. O famoso testemunho do próprio Audubon, registrado em Ohio apenas cem anos antes da morte de Martha, além de identificar a rapacidade humana como causa do declínio final da espécie, também retratava sua fabulosa abundância:

> À medida que se aproximava o momento da chegada dos *passenger pigeons*, seus inimigos se aprontavam com ansiedade para recebê-los. Alguns preparavam caldeirões de ferro cheios de enxofre, outros fabricavam archotes de galhos de pinheiro; muitos se muniam de pedaços de pau, e o resto de armas de fogo [...] Tudo estava pronto e todos os olhos se fixavam nas nesgas de céu claro que se vislumbravam por entre as copas das árvores [...] De repente, ouve-se um clamor geral: ''Estão chegando!''. O barulho que as aves faziam, embora ainda distante, lembrava uma forte rajada de vento passando pelo cordame de um barco em alto-mar. As aves chegaram e passaram voando por sobre a minha cabeça. Senti uma corrente de ar cuja força me surpreendeu. De saída, milhares de pombos foram abatidos pelos caçadores munidos de pedaços de pau, enquanto continuavam a chegar em número cada vez maior. As fogueiras foram acesas, e então se revelou aos nossos olhos uma visão magnífica, espetacular e quase aterrorizante. Os pombos que chegavam aos milhares pousavam em toda parte, uns por cima dos outros, até formar massas sólidas nos galhos de toda a área. Aqui e ali esses poleiros desabavam ao peso das aves, caindo no chão, matando centenas de pombos pousados no solo [...] A cena era de tumulto e confusão [...] Mesmo os tiros só eram ouvidos com dificuldade, e eu só percebia os disparos porque via os atiradores recarregando as armas [...].
>
> A coleta dos animais mortos e feridos era adiada para a manhã seguinte. Os pombos continuavam a pousar, e já passava de meia-noite quando per-

cebi uma redução na quantidade das aves que chegavam. A confusão continuou noite afora [...].

Perto do amanhecer, o alarido se acalmou um pouco. Muito antes que eu conseguisse distingui-los com clareza, os pombos começaram a partir [...] Quando amanheceu, todas as aves que ainda conseguiam voar tinham desaparecido [...] Águias e falcões, acompanhados por bandos de abutres, apareceram e começaram a dividir os despojos com os caçadores. Então, os autores dessa devastação começaram a perambular em meio aos mortos, agonizantes e feridos, reunindo os pombos e acumulando os animais em pilhas. Quando cada um dos homens já tinha juntado tantos quanto podia, os porcos foram soltos para comer os restantes.

Em 1805, os *passenger pigeons* eram vendidos nas feiras de Nova York a um *penny* cada. Em 1870, essas aves só se reproduziam na região dos Grandes Lagos. Os caçadores utilizavam o recém-inventado telégrafo para transmitir aos demais informações sobre a localização das populações cada vez mais escassas. Talvez o último bando selvagem, com cerca de 250 mil aves, tenha sido visto em 1896. Um grupo de caçadores, alertado pelo telégrafo, convergiu para seu ponto de pouso; menos de 10 mil aves conseguiram fugir. O último *passenger pigeon* visto em liberdade foi morto no Ohio, em 1900. As poucas colônias mantidas em jardins zoológicos foram diminuindo de tamanho, já que seus guardadores jamais conseguiram induzir as aves a se reproduzir regularmente. Em 1914, só restava Martha.

Essas histórias tristes e tantas vezes repetidas são relatos canônicos da saga da extinção: a dizimação de populações indefesas compostas de indivíduos fáceis de encontrar e cujo abate trazia lucro. A existência restrita a uma ilha é o caminho mais seguro para a destruição — modelo que se aplica ao dodó ou à tartaruga. Mas mesmo uma ampla distribuição difundida por todo um continente não é capaz de salvaguardar uma população vulnerável — modelo que se aplica ao *passenger pigeon*.

No entanto, existe um tipo de meio ambiente que é visto como refúgio seguro para a maioria dos tipos de organismos — o oceano. Aqui, pelo menos segundo se diz, as distribuições geográficas são em geral muito amplas, e a tolerância ecológica muito grande, o que impede que a rapacidade humana (ou qualquer outro agente da extinção) consiga acabar com todos os representantes de uma espécie ou subespécie. As populações podem ser atingidas, mas alguns sobreviventes sempre conseguem se pôr a salvo.

Esta convicção é tão antiga quanto a biologia moderna. No primeiro grande estudo que se conhece sobre a teoria da evolução, publicado em 1809, Lamarck tentou negar totalmente a extinção. (Nos termos de sua teoria da resposta criativa às necessidades e da transmissão hereditária dos caracteres assim adquiridos, os organismos deveriam evoluir com velocidade suficiente para superar qualquer perigo a que seu meio ambiente os submetesse.) Ainda assim, o próprio Lamarck admitia que as espécies terrestres visíveis eram uma exceção. Mesmo a resposta "lamarckiana" pode não ser rápida ou abrangente o bastante para superar o agente mais poderoso e eficaz de todas as perturbações ambientais — a depredação humana. Escreveu Lamarck: "Se de fato existem espécies perdidas, isto com certeza só pode ter ocorrido com os animais de grande porte que vivem em terra firme, onde o homem exerce seu domínio absoluto e pode ter decidido pela destruição de todos os indivíduos de algumas espécies que não quis preservar ou domesticar". Mas as espécies oceânicas de pequeno porte, sendo pouco visíveis, deveriam ser imunes à nossa influência: "Os animais que vivem nas águas, sobretudo as águas do mar [...] estão a salvo da destruição de sua espécie pelo homem. Sua multiplicação é tão rápida, e tão variados seus meios de evitar a perseguição ou as armadilhas, que não existe a possibilidade de que o homem venha a ser capaz de destruir toda a espécie de qualquer desses animais".

Hoje, veríamos com cautela o otimismo de Lamarck quanto aos oceanos. As espécies mais visíveis de grandes organismos com populações pequenas são vulneráveis — e vários peixes e mamíferos marinhos, entre eles a vaca-marinha de Steller, já sucumbiram. Ainda assim, mantêm-se a distinção e o prognóstico de Lamarck. Nas listas de desaparecidos dos tempos históricos, não se encontra nenhuma espécie de invertebrados marinhos.

Não há dúvida de que a extinção tem merecido bastante atenção em nossos jornais e programas especiais de televisão. Estamos tão acostumados aos relatos de destruição, tão calejados ou até indiferentes, que achamos possível que qualquer espécie, em qualquer lugar do mundo, venha a ser a próxima vítima. A noção da fragilidade das espécies animais foi incorporada ao nosso espírito.

Mas devemos procurar um certo afastamento em relação a esses relatos de morte, e refletir um pouco. Alguém já ouviu falar da extinção de alguma espécie de invertebrado marinho, mesmo entre as lagostas ou os moluscos mais intensamente explorados pelo homem? Podemos aniquilar uma população local de invertebrados marinhos, mas nunca uma espécie inteira. Em *O polegar do panda*, livro que publiquei em 1980, contava a triste história do *Cenobita diogenes*, um tipo de bernardo-eremita de grande porte de Bermuda que estava aparentemente ameaçado de extinção porque a única concha com tamanho suficiente para abrigar seu corpo, a *Cittarium pica*, havia desaparecido na área, onde o animal é muito apreciado como alimento. (Hoje, o *Cenobita* vive em condições precárias, abrigando-se em conchas fósseis de *Cittarium* que se desprendem pela erosão das costas de Bermuda.) Depois da publicação do artigo, fui praticamente soterrado por sugestões para a salvação da espécie. Um homem se prontificava a projetar uma concha de plástico idêntica à do *Cittarium* e distribuí-la aos milhares pelas praias das Bermudas. Fiquei comovido com sua criatividade e com a generosidade de seu impulso, mas existe uma solução muito mais simples e eficaz. A *Cittarium pica* está extinta em Bermuda, mas não em outras áreas. É uma espécie bastante capturada e apreciada como iguaria em quase todo o Caribe, e pilhas de conchas vazias se acumulam nas praias e em outros pontos das ilhas. Qualquer pessoa empreendedora que se disponha a salvar o *Cenobita* poderia facilmente encher um navio com elas e transportar a concha certa para Bermuda.

Em suma, Lamarck tinha razão, e sua distinção entre o mar e a terra pode nos ensinar muito sobre o fenômeno geral do desaparecimento das espécies. De acordo com os registros e as observações de que dispomos, nenhuma espécie de invertebrado marinho tornou-se extinta em tempos históricos. (Episódios de extinção geológica ocorreram, naturalmente, em seu ritmo característico, ao longo de milhões de anos — ilustrando assim a imensa diferença que existe entre a nossa escala de tempo e a escala de tempo do planeta.) Geerat Vermeij, grande especialista no estudo da vida oceânica e de sua vulnerabilidade, escreveu em 1986 que "os invertebrados marinhos são relativamente imunes à extinção". O que quer dizer que Lamarck tinha razão — pelo menos até o ano de 1991.

O primeiro número de 1991 do *Biological Bulletin*, revista técnica publicada pelo Laboratório de Biologia Marinha de Woods Hole, traz um artigo escrito por James T. Carlton e quatro outros autores (entre eles meu bom amigo Gary Vermeij, que hoje se vê na contingência de engolir o que disse ou contentar-se com o fato de ter incluído uma atenuante em sua frase: "*relativamente* imunes à extinção"), intitulado "A primeira extinção histórica de um invertebrado marinho numa bacia oceânica: O desaparecimento da lapa da zóstera, *Lottia alveus*" (ver bibliografia).

As lapas são moluscos que apresentam um estranho modo de crescimento. As conchas da maioria dos caracóis são cones que se desenvolvem lentamente, girando em torno de um eixo durante o crescimento e produzindo o costumeiro padrão de um redemoinho de largura cada vez maior. Mas o cone da lapa cresce tão depressa que a concha só tem

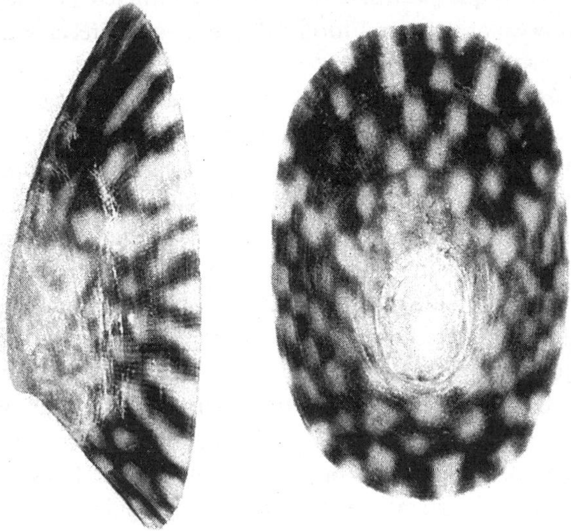

Um espécime de Lottia alveus, *primeira espécie de organismo marinho invertebrado a se tornar extinta nos tempos históricos.* À esquerda: *vista lateral.* À direita: *vista do alto.*

tempo de girar uma fração de volta em torno de seu eixo. Assim, a concha das lapas lembra os chapéus dos chineses nas antigas caricaturas. A extremidade mais larga e aberta adere com força a uma pedra ou a alguma fonte de alimento, e este poder de adesão transformou a lapa num símbolo de tenacidade e obstinação em muitas línguas e culturas. Na Inglaterra, por exemplo, chama-se de lapa (*limpet*), segundo o *Oxford English Dictionary*, "funcionários supostamente supérfluos, mas aferrados a seus cargos".

A *Lottia alveus*, a lapa da zóstera do Atlântico ocidental, era encontrada em considerável abundância em toda a área que vai da península do Labrador a Long Island. Embora esta ampla distribuição geográfica pudesse ser suficiente para lhe garantir a costumeira imunidade marinha à extinção, dois traços peculiares incluíram a lapa da zóstera numa rara categoria de vulnerabilidade. Primeiro, como seu nome indica, a lapa da zóstera vivia numa única espécie de planta, da qual se alimentava: a *Zostera marina* (a *Zostera*, por sua vez uma fascinante anomalia biológica, é um dos poucos gêneros marinhos das angiospermas, ou plantas que normalmente produzem flores. A maioria das pessoas supõe erradamente que todas as plantas marinhas sejam algas, mas algumas plantas que produzem flores, em seu "avanço", conseguiram invadir os oceanos, em geral formando campos de "relva marinha" em águas rasas).

A *Lottia alveus* tinha uma concha longa e estreita, exatamente da largura certa para se prender a uma folha de *Zostera*. O destino da *Lottia*, assim, dependia da saúde da *Zostera*. Além disso, a *Lottia* tinha limites muito estreitos de tolerância fisiológica, especialmente no que diz respeito às variações da salinidade da água do mar. A lapa não podia sobreviver a qualquer mudança da salinidade normal do oceano, de cerca de 33 partes por mil, enquanto a *Zostera* apresenta uma distribuição muito mais ampla e consegue viver até em águas salobras de salinidade muito inferior.

Tanto a *Zostera* quanto a *Lottia* são originárias do oceano Pacífico e invadiram o norte do Atlântico em fins do Terciário (pouco antes das eras glaciais), como muitas outras espécies, através do estreito de Bering e do oceano Ártico. Ainda se encontram populações de *Lottia* tanto no leste como no oeste do Pacífico, de maneira que o gênero não se perdeu por completo. (Os taxonomistas ainda debatem a maneira de enquadrar a *Lottia*. Alguns consideram que as três populações — a do Pacífico oriental, a do Pacífico ocidental e a do Atlântico, hoje extinta — são espécies totalmente diversas, e outros que são subespécies de um grupo único e coerente. De qualquer maneira, as populações do Atlântico eram distintas na forma e na cor e representavam claramente algum grau de diferenciação genética.)

Todos os estudiosos que coletavam conchas, das primeiras descrições do século XIX até a década de 1920, afirmam que a *Lottia* era abundante no Atlântico. Os últimos espécimes vivos foram registrados em 1933. Os cinco autores do artigo referido acima procuraram diligentemente a *Lottia alveus* por toda a extensão da área por onde se distribuía, do início da década de 1970 até 1990. Também procuraram espécimes que tivessem sido encontrados ao longo dos últimos cinqüenta anos nas coleções de catorze grandes museus — e não encontraram nada. Procuraram ainda entre as coleções de *Zostera* de vários herbários, acreditando que conchas secas da lapa pudessem ser encontradas entre as folhas prensadas. (Os museus muitas vezes conservam coleções de plantas para referência prensando-as entre folhas de papel que depois são encadernadas em livros.) Novamente, não encontraram nenhuma *Lottia*. Esta diligência nos leva a acreditar na conclusão preliminar dos autores, segundo a qual a *Lottia* está efetivamente extinta no Atlântico.

Mas por que teria cabido à *Lottia* a dúbia honra de ser a primeira espécie de invertebrado marinho a se extinguir nos tempos históricos? Carlton e seus co-autores também nos fornecem uma explicação coerente e satisfatória, que combina um fato histórico específico com a biologia geral da *Lottia*. Entre 1930 e 1933, a *Zostera* praticamente desapareceu do oceano Atlântico, tanto a leste quanto a oeste. (Esta espécie de planta marinha sofreu vários declínios ao longo de sua história registrada, mas nenhum tão grave quanto este.) A causa desta quase extinção vem sendo debatida há anos, e as explicações mais freqüentes são a doença e a variação do meio ambiente. Uma série de artigos publicados durante a década de 1980 implica decisivamente como principal suspeito um microorganismo marinho, o fungo *Labyrinthula* (criatura unicelular que se agrega para formar colônias temporárias). A infestação pelo fungo leva à formação de manchas negras nas folhas da *Zostera*. As manchas vão aumentando até causar a morte e a queda da folha.

Esta mortandade maciça da *Zostera* levou a fortes mudanças nos ecossistemas associados, entre elas uma grande redução nas populações de aves marinhas e a perda de zonas de pesca de vieiras e outros mariscos. Mas nem a *Zostera*, nem os organismos que apresentam uma dependência ecológica desta planta marinha se extinguiram por completo. A *Zostera* é capaz de tolerar variações muito mais importantes da salinidade que o fungo *Labyrinthula*. Todas as populações de *Zostera* que viviam em meios de salinidade marinha normal foram completamente destruídas, mas a *Zostera* também consegue viver em água salobra, o que não ocorre com o *Labyrinthula*. Populações remanescentes de *Zostera* resistiram assim em refúgios de baixa salinidade, e a espécie conseguiu sobreviver. Outras espécies associadas com a *Zostera* também sobreviveram, fosse porque também conseguiam suportar as baixas salinidades dos refúgios de *Zostera*, ou porque foram capazes de subsistir à custa de outros recursos, ainda que muitas vezes tivessem suas populações muito reduzidas na ausência da *Zostera*. Quando a *Zostera* retornou, ao final da epidemia de *Labyrinthula*, essas outras espécies também voltaram a prosperar.

Não foi esta, porém, a sorte da pobre *Lottia alveus*. Faltava a este molusco a flexibilidade das demais espécies associadas à *Zostera*. A *Lottia* não tinha como acompanhar a *Zostera* em sua fuga para refúgios de baixa salinidade, porque era uma lapa que só conseguia viver em águas marinhas normais. E também não tinha como encontrar outra espécie anfitriã, porque só comia as células epiteliais de folhas de *Zostera*. Para a *Lottia*, o desaparecimento total da *Zostera* nas águas de salinidade normal era uma perda irremediável, e significava a destruição total. A *Zostera* acabou voltando, mas àquela altura não havia mais nenhuma *Lottia* para fartar-se com sua abundância.

Será que a história da *Zostera* e da *Lottia* nos diz alguma coisa acerca do que nos interessa mais de perto em relação à questão da extinção — os danos antropogênicos à biosfera e a conseqüente perda da biodiversidade? No sentido literal, a resposta deveria ser "muito pouco". A *Lottia* não era a tartaruga das Galápagos ou o pombo selvagem americano conhecido como *passenger pigeon* — criaturas caçadas até a morte por implacáveis perseguidores humanos. A *Lottia* nem sequer foi vítima de alguma conseqüência imprevista de atentados humanos a seu habitat natural. Na verdade, é possível que o *Homo sapiens* não tenha desempenhado nenhum papel no processo de extinção da *Lottia* (duvido que exista mais de uma pessoa em um milhão que jamais tenha sequer visto a criatura). A extinção da *Lottia* foi um acontecimento natural comum, do tipo daqueles que, acumulando-se ao longo das eras geológicas, produz o padrão básico da história da vida. Dificilmente esses acontecimentos chegam a provocar a extinção de toda uma espécie (assim como a epidemia de *Labyrinthula* não conseguiu dizimar a *Zostera*). No entanto, é evidente que as espécies apresentam graus diversos de suscetibilidade à extinção, e que alguns fatores de fragilidade aumentam a possibilidade de aniquilação na ocorrência de epidemias. A seleção natural só pode funcionar levando em conta certas vantagens reprodutivas imediatas, e não tem como proteger uma determinada espécie contra vicissitudes inesperadas. Muito do que num momento pode se constituir numa força pode representar um potencial para a destruição posterior, como conseqüência inesperada e detrimental. Enquanto a *Zostera* prosperava e os mares conservavam sua salinidade normal, a intensa especialização pode ter colaborado para a sobrevivência individual das *Lottia*. Mas as formas estreitamente dependentes, como ela, são em geral as primeiras a morrer quando circunstâncias incomuns alteram um habitat muito específico, ainda que seus efeitos sejam temporários. As espécies marinhas são "relativamente imunes" à extinção porque poucas delas apresentam relações de dependência tão estreitas, mas a *Lottia*, uma exceção devido à sua intensa especialização, pagou um preço alto por ela.

De qualquer maneira, o caso da *Lottia* traz um mensagem simbólica que se aplica ao tema da extinção antropogênica. Na qualidade de primeira espécie a desaparecer (durante os tempos históricos) no único habitat que, de Lamarck a 1991, parecia livre desse perigo, a *Lottia* deve ser vista como advertência e emblema de uma onda que pode vir a ocorrer até na mais protegida das arenas, caso nossos atentados ao meio ambiente venham a se intensificar. A maioria das crises começa com pequenos acontecimentos, fatos na prática imperceptíveis. Mas os murmúrios crescem, e as brisas se transformam em furacões. As lapas, com seu perfil baixo e suas aberturas largas (que muitas vezes servem de ventosas para aderir a alguma superfície), servem de metáfora para a tenacidade, para a resistência à adversidade em tempos difíceis. É muito apropriado, assim, que funcionem como um aviso contra a complacência, e que uma versão concreta deste símbolo tenha sido a primeira espécie a sucumbir num território supostamente invulnerável.

II

FRAGMENTOS DE ANATOMIA DOS VERTEBRADOS

4

DEDO MINDINHO E SEUS VIZINHOS

Richard Owen, o maior anatomista de vertebrados da Inglaterra na geração de Darwin (ver ensaio 5), desenvolveu o conceito de um arquétipo para explicar as evidentes semelhanças existentes entre nós e os sapos, os flamingos e os peixes. (Um arquétipo é um modelo abstrato imaginado de tal maneira que possa ter gerado todo o espectro de variações existentes entre os vertebrados a partir de transformações simples do protótipo único.) Owen ficou tão satisfeito com sua concepção que chegou a desenhar a figura de seu arquétipo, mandando gravá-la num sinete como seu emblema pessoal. Em 1852, escreveu uma carta à sua irmã Maria, tentando explicar este conceito misterioso em termos leigos:

> Ele representa o arquétipo, ou padrão básico original — o que Platão chamaria de "idéia divina" em que se baseia a constituição óssea de todos os animais vertebrados — isto é, todos os animais que têm ossos. A divisa é "*the one in the manifold*" [o uno no múltiplo], referindo-se à unidade de projeto que pode ser encontrada por trás de todas as modificações do padrão básico, mudanças por meio das quais ele se adaptou aos hábitos e modos de vida dos peixes, dos répteis, das aves, dos outros animais e dos seres humanos.

Darwin tinha uma visão bem mais concreta do mesmo conceito, substituindo a abstração platônica pertencente ao mundo das idéias por um ancestral de carne e osso. Os vertebrados apresentam uma arquitetura unificada, dizia Darwin, porque todos evoluíram a partir de um ancestral comum. As semelhanças nas formas dos ossos e suas similaridades de distribuição são vestígios da persistência histórica de uma forma ancestral, herdada por todas as espécies posteriores da linhagem — e não da perfeição abstrata de uma forma ideal existente no mundo das idéias de Deus. Darwin modifica o caráter da concepção de Owen com uma nota escrita à margem de seu exemplar da principal obra deste, *On the nature of limbs* [Sobre a natureza dos membros]. Escreveu Darwin: "Vejo no arquétipo de Owen mais que uma idéia, vejo uma representação real, na medida em que o talento mais consumado e a generalização mais ampla forem capazes de representar a forma ancestral dos Vertebrata".

Seja qual for a maneira de concebermos o princípio organizador da configuração anatômica dos principais ramos da árvore da evolução — e a versão de Darwin tem muito mais aceitação moderna que a de Owen —, esta idéia continua a ser fundamental para toda a biologia. Vamos examinar o subconjunto dos vertebrados terrestres, o grupo tecnicamente chamado Tetrapoda, ou "animais de quatro pés" (englobando os anfíbios, os répteis, as aves e os mamíferos das classificações convencionais). Alguns deles voam, outros nadam, e outros ainda se arrastam. Em matéria de aparência externa e de papel funcional, as dessemelhanças existentes entre uma baleia e um beija-flor, por exemplo, parecem suficientes para justificar uma separação absoluta. No entanto, estão reunidos neste mesmo grupo graças a características esqueletais comuns a todos os tetrápodes, traços que determinaram nosso conceito moderno de um arquétipo. Acima de tudo, o tetrápode arquetípico tem quatro membros, cada um dos quais com cinco dedos — o chamado membro pentadáctilo ("dotado de cinco dedos").

O conceito de um arquétipo não exige que todos os vertebrados existentes apresentem todas as características canônicas, mas apenas que sua singularidade possa ser reconhecida como resultado de transformações extremas da forma primal. Assim, a baleia pode conservar apenas um vestígio ínfimo de fêmur, com apenas alguns milímetros de comprimento e inteiramente invisível em sua forma externa hidrodinâmica, para nos lembrar os membros traseiros ancestrais. E embora os beija-flores possuam apenas três dedos em seus pés, um estudo de seu desenvolvimento embrionário demonstra que eles correspondem ao segundo, terceiro e quarto dedos do complemento ancestral completo. Os elementos canônicos não precisam ser presenças universais: eles são pontos de partida, padrões básicos de desenvolvimento.

Nenhuma das características do arquétipo tetrápode tem aceitação tão generalizada quanto o membro pentadáctilo, fonte à qual se atribuem tantas das atividades humanas mais importantes ou efêmeras, do desempenho de um pianista à datilografia, do tiro ao pombo aos cumprimentos ritualizados dos jogadores de basquete, para não falar da contagem de base decimal (percorrendo duas vezes a seqüência dos "cinco porquinhos", os dedos de cada mão). Ainda assim, este ensaio pretende contestar a visão consagrada acerca deste número canônico de dedos, sem contudo querer negar a influência decisiva que exerce em nossas vidas.

O grande paleontólogo sueco Erik Jarvik encerra sua *magnum opus* em dois volumes sobre a estrutura e a evolução dos vertebrados com uma afirmação reveladora sobre a relação entre o membro pentadáctilo e as possibilidades humanas. Assinala que, em muitos mamíferos ''avançados'', o padrão original se modificou através da perda e da especialização dos dedos — nos cavalos, apenas um deles se conserva na forma de casco; as baleias perderam praticamente todo o membro posterior. Jarvik assinala ainda que foi a combinação essencial da mão multidigitada, adequada ao uso de ferramentas, com um cérebro cada vez maior, capaz de imaginar novos e melhores usos para esta tecnologia, que criou a base e a possibilidade da evolução humana. Se o ancestral de nossa linhagem tivesse perdido a flexibilidade original do membro pentadáctilo ''primitivo'', adotando em sua evolução alguma redução moderna e especializada, a inteligência humana nunca se teria desenvolvido. Neste sentido fundamental, só conseguimos chegar até aqui porque nossos ancestrais conservaram a totalidade do complemento arquetípico dos cinco dedos, sem substituí-lo por alguma configuração inovadora, mas em última instância limitadora. Escreve Jarvik:

> A característica mais proeminente do homem é, sem dúvida, o tamanho e a sofisticação de seu cérebro. No entanto, um cérebro deste tamanho com certeza nunca teria surgido — a que fim poderia servir? — se nossos braços e mãos se tivessem tornado tão extremamente especializados como, por exemplo, a pata dianteira de um cavalo ou a asa de uma ave. É o fato notável de esta ser a condição primitiva, herdada de nossos antepassados osteolepiformes [os peixes que foram ancestrais imediatos dos tetrápodes] e conservada com mudanças relativamente pequenas em nossos braços e mãos, que abriu caminho para o surgimento do homem. Temos alguma justificativa para dizer que o pré-requisito para a origem do homem e da cultura humana surgiu quando o padrão básico de nossa mão de cinco dedos se formou, por alguma razão inexplicável, entre os ancestrais dos osteolepiformes.

Não contesto a afirmação geral de Jarvik: a manutenção da flexibilidade ''primitiva'' é muitas vezes crucial para a novidade evolutiva e para sua irradiação. Mas será este membro de cinco dedos um arquétipo tetrápode universal e constante, entendido à maneira evolucionista de Darwin como um padrão ancestral preservado em todas as linhagens descendentes?

Erik Jarvik está especialmente bem qualificado para abordar esta questão (razão, é claro, pela qual ele a trouxe à baila), porque é de longe o autor da pesquisa mais abrangente e importante sobre os primeiros fósseis tetrápodes — os portadores e perpetradores do arquétipo de cinco dedos, no entender de qualquer das interpretações evolutivas. (As nadadeiras dos peixes obedecem a um princípio diverso de construção, embora os ancestrais dos tetrápodes, dotados de barbatanas lobadas, apresentassem uma estrutura óssea que se poderia facilmente transformar nos membros traseiros e dianteiros dos vertebrados terrestres. De qualquer maneira, os peixes não exibem o padrão pentadáctilo, e este traço central do modelo canônico só viria a surgir com a evolução dos Tetrapoda.)

Os tetrápodes mais antigos que se conhece foram descobertos na Groenlândia oriental por uma expedição dinamarquesa de 1929. Datam da última fase do período Devoniano, um intervalo geológico (cerca de 390 a 340 milhões de anos atrás) muitas vezes chamado de "idade dos peixes" nos livros e nas exposições de museu que obedecem ao tolo costume chauvinista de batizar os períodos geológicos de acordo com o vertebrado que tenha sido mais proeminente na época. O paleontólogo sueco Gunnar Säve-Söderbergh reuniu material mais abundante em 1931, e dirigiu o projeto até sua morte prematura em 1948. Foi a partir de então que Erik Jarvik assumiu o comando do projeto e, na década de 1950, publicou seus extensivos estudos anatômicos de dois gêneros que compartilham a condição de mais antigos dos tetrápodes — o *Ichthyostega* e o *Acanthostega*. Embora nenhum dos espécimes encontrados tenha conservado parte suficiente dos dedos dos membros dianteiros ou traseiros para permitir uma contagem incontestável, Jarvik (ver a figura) reconstituiu os primeiros tetrápodes atribuindo-lhes o número canônico de dedos: cinco em cada membro.

No entanto, nossa confiança nesta pressuposição sem provas de que desde o início cada membro apresentasse cinco dedos começou a desmoronar em 1984, quando o paleontólogo soviético A. Lebedev relatou

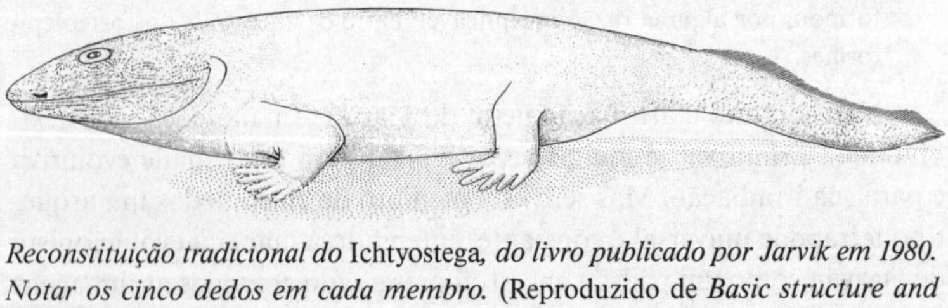

Reconstituição tradicional do Ichtyostega, *do livro publicado por Jarvik em 1980. Notar os cinco dedos em cada membro.* (Reproduzido de *Basic structure and evolution of vertebrates*, vol. 1, p. 235.)

que um tetrápode recém-descoberto, o *Tulerpeton*, também do fim do Devoniano, apresentava seis dedos em seus membros. Este achado levou o anatomista e embriologista J. R. Hinchliffe a sugerir em 1989 — profeticamente, como foi constatado em seguida — que o padrão de cinco dedos corresponderia a uma estabilização secundária, e não a um estado original. Hinchliffe deu a seu artigo o título de "A reconstrução de um arquétipo: evolução do membro pentadáctilo", e encerrava seu texto com as seguintes palavras: "A restrição à forma pentadáctila pode ter sido posterior a uma fase evolucionária experimental".

A suspeita de Hinchliffe seria confirmada mais tarde — e em grande estilo. Em outubro de 1990, M. I. Coates e J. A. Clack descreveram seus estudos de novos achados de *Ichthyostega* e *Acanthostega*, recolhidos por uma expedição conjunta Cambridge-Copenhague à Groenlândia oriental em 1987 (ver bibliografia). Alguns dos novos espécimes eram notáveis — havia um membro posterior completo de *Ichthyostega* e um membro anterior de *Acanthostega* — e permitiram que, pela primeira vez, fosse feita uma contagem direta do número de seus dedos.

Obedecendo a uma admirável convenção dos textos científicos, que determina a maximização do louvor aos trabalhos bem-feitos do passado e a minimização do impacto perturbador da novidade, Coates e Clack escrevem: "A região proximal [mais próxima do corpo] do membro posterior do *Ichthyostega* corresponde muito de perto à descrição já publicada, mas o tarso [pé] e os dedos diferem". Na verdade, as patas traseiras do *Ichthyostega* exibem — pasme, leitor! — sete dedos, três dos quais, menores e muito próximos entre si, correspondem ao hálux (o "dedão do pé", em termos humanos) dos tetrápodes comuns dotados de cinco dedos (ver figura). O *Acanthostega*, por sua vez, desvia-se ainda mais de um modelo supostamente comum a todos; seu membro anterior apresenta oito dedos, dispostos num amplo arco de tamanho crescente e depois decrescente (ver figura).

A conclusão parece inescapável, e uma antiga "certeza" precisa ser implacavelmente revista. Só conhecemos três tetrápodes do Devoniano, e nenhum deles tem cinco dedos! Apresentam respectivamente seis, sete e oito dedos em seus membros preservados. A presença de cinco dedos não é canônica, ou arquetípica, entre os tetrápodes — pelo menos não no sentido primário, entendida como "existente desde o início". Na melhor das hipóteses (melhor para os adeptos da pentadactilia), a presença de cinco dedos corresponderia a uma estabilização posterior, e não a uma condição inicial.

Além disso, à luz dessas novas informações, um fato que já se conhece há muito pode lançar ainda mais dúvidas sobre a primazia da pre-

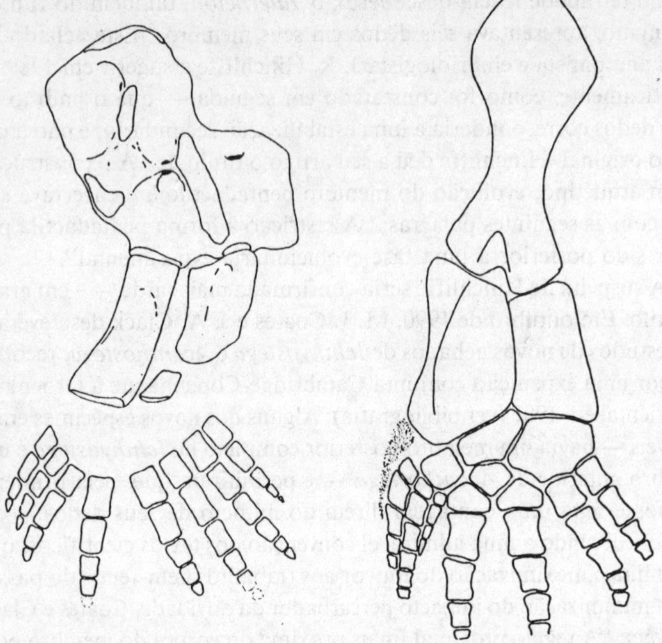

À esquerda: *membro dianteiro de* Acanthostega, *com oito dedos.* À direita: *membro traseiro de* Ichtyostega, *com sete dedos.* (Reproduzido com permissão da revista *Nature*, vol. 347, p. 67; copyright © Macmillan Magazines Limited.)

sença de cinco dedos. A visão ingênua de uma "escada da vida" representa a evolução dos vertebrados como uma série linear ascendente em que se sucedem os anfíbios, os répteis, os mamíferos e o ser humano (e na qual as aves são o único ramo divergente reconhecido). Mas essas escadas não passam de uma ficção culturalmente reconfortante, e o verdadeiro caminho da evolução é a ramificação copiosa. Os tetrápodes tiveram um ancestral comum, é verdade, mas os anfíbios modernos (as rãs e as salamandras) representam o ponto terminal de um grande ramo, e não o ponto de origem de uma série. Além disso, não se conhece nenhum anfíbio fóssil que possa ser apontado, sem a menor dúvida, como ancestral de toda a linhagem de vertebrados totalmente terrestres (os répteis, as aves e os mamíferos), chamados Amniota em homenagem ao ovo "amniótico" (dotado de casca dura e "caldo interno"), a invenção evolucionária que permitiu, como dizem as metáforas costumeiras, a "conquista plena do meio terrestre" ou uma "verdadeira libertação da água". (A questão é tangencial a este ensaio, mas vamos parar um instante e refletir sobre o *parti pris* inerente a essas "descrições" habituais. Por que chamar a capacidade de pôr ovos em terra de "libertação"? A água equivaleria à escravidão? Por que a capacidade exclusiva de viver na terra seria uma "conquista"? Quem é que está travando esta guerra, e com que finalidade? Uma linguagem deste tipo só faria sentido se a vida tivesse sido desde o início uma luta incessante em sentido ascendente, resultando afinal no apogeu humano — e não consigo imaginar uma visão mais tola e egocêntrica da evolução.)

Os primeiros répteis fósseis têm mais ou menos a mesma idade dos primeiros anfíbios que podem ser claramente enquadrados no grupo que acabaria gerando as rãs e as salamandras de hoje. Assim, no lugar de uma escada em que os répteis viriam um degrau acima dos anfíbios, tanto os registros fósseis quanto o estudo da anatomia dos vertebrados modernos sugerem a existência de uma divisão primordial do tronco tetrápode, produzindo dois ramos primários — de um lado os Amphibia e do outro os Amniota (répteis, aves e mamíferos).

E, por fim, a questão relativa à pentadactilia e seus limites: os Amniota exibem, de fato, o padrão canônico de cinco dedos em cada membro (ou então alguma modificação desse estado inicial). Mas os Amphibia, tanto os existentes quanto os fósseis, apresentam cinco dedos nos membros posteriores e *apenas quatro* nos anteriores. É claro que os anatomistas já sabem deste fato há anos, mas sempre preferiram presumir que esta redução a quatro dedos derivava de uma quantidade inicial de cinco, devidamente canônica. No entanto, hoje esta conclusão precisa ser questionada. Se todos os primeiros tetrápodes tinham mais de cinco dedos, e se os anfíbios já estavam separados dos amniotas desde o início da vida terrestre, por que presumir que os quatro dedos do membro anterior dos anfíbios descenderiam de uma quantidade primária de cinco? É provável que todas as estabilizações modernas tenham procedido de uma quantidade superior. É possível que, no membro anterior dos anfíbios, esta quantidade maior tenha passado diretamente a quatro, sem qualquer estágio pentadactílico intermediário. Neste caso, a pentadactilia desmorona por duas razões: 1) ela não representa o estado original dos tetrápodes (como é demonstrado por formas anteriores dotadas de seis, sete e até oito dedos); e 2) ela pode não ser uma das marcas do estado canônico numa das duas grandes linhagens existentes de tetrápodes.

Uma chave para a compreensão dessas novas visões pode ser encontrada no brilhante artigo (ver bibliografia) sobre a evolução embrio-

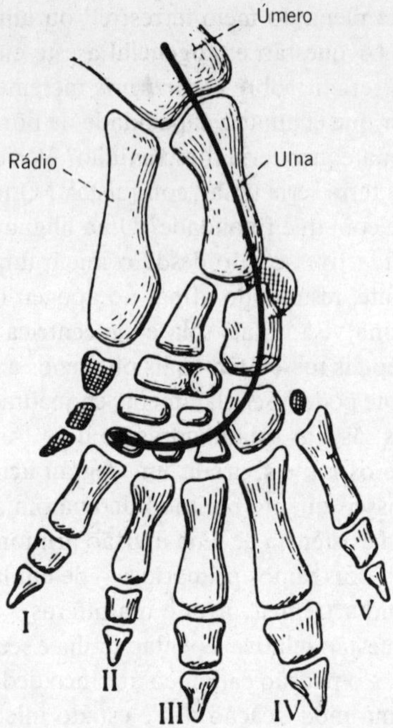

Anatomia padrão dos membros dianteiros dos tetrápodes, exibindo o eixo do desenvolvimento embrionário segundo Shubin e Alberch. (Reproduzido de *Basic structure and evolution of vertebrates*, vol. 1, p. 235.)

nária dos membros, baseado em trabalho desenvolvido ao lado de minha sala e publicado em 1986 por Neil H. Shubin (hoje na Universidade da Pensilvânia) e Pere Alberch (hoje diretor do Museu de História Natural de Madri). Shubin e Alberch tentam apresentar a complexidade do membro tetrápode como resultado de interações entre três processos básicos: a ramificação (que cria duas séries a partir de uma), a segmentação (que cria novos elementos numa mesma série) e a condensação (a união entre elementos diversos). O membro se desenvolveria a partir do corpo — do ombro para os dedos da mão e da coxa para os dedos dos pés. O processo começaria com um único elemento que se estende a partir do tronco — o úmero no caso do braço, o fêmur no caso da perna. Um evento ramificador produziria os elementos seguintes da seqüência — o rádio e a ulna no caso do braço, a tíbia e a fíbula no caso da perna.* E a ramificação (até chegar aos ossos do pulso) estabeleceria o padrão singular que acaba resultando no surgimento dos dedos. Esta bifurcação crucial é marcadamente assimétrica, já que um dos ossos pára de se ramificar (e só desenvolve uma única fileira de segmentos no restante do desenvolvimento do membro), enquanto o outro serve de foco para toda a multiplicação subseqüente de elementos, inclusive a produção de dedos. Por mais estranho que possa parecer, o osso que não se ramifica é o maior dos dois elementos — o rádio no caso do braço e a tíbia no caso da perna. A mão e o pé se desenvolvem a partir da ramificação do elemento menor — a ulna, no braço, e a fíbula, na perna. (Uma rápida olhadela na figura anexa pode esclarecer esses mistérios anatômicos.)

Esses fatos básicos são conhecidos há muito. A contribuição notável de Shubin e Alberch foi introduzir uma nova explicação para ramificações subseqüentes. De acordo com a visão clássica, a ulna (ou a fíbula) se prolonga em um eixo central, e os ramos subseqüentes se projetam a partir deste eixo (como ocorre na folha, por exemplo, com o veio central e os veios laterais divergentes). Para esta visão, as raízes dos dedos representam ramos diversos. Sob o domínio deste modelo, amplamente aceito sem questionamento por mais de cem anos, a discussão sempre se concentrou nas questões da identidade do eixo principal e da sua posição em relação aos dedos. T. H. Huxley, por exemplo, afirmava que o eixo principal passava pelo terceiro dedo; o paleontólogo de vertebrados britânico D. M. S. Watson preferia o quarto, enquanto o americano W. K. Gregory defendia uma posição intermediária entre o primeiro e o segundo dedos.

Shubin e Alberch não negam a existência de um eixo central, mas reorientam radicalmente a posição que ele ocupa. Em vez de passar por um determinado dedo (caso em que os dedos restantes ramificar-se-iam para os dois lados), o eixo de Shubin e Alberch passa através dos ossos basais de *todos* os dedos em seqüência, de trás para a frente (de novo, uma rápida consulta à figura pode tornar clara esta argumentação).

A elegante novidade desta mudança pode não ficar evidente se só levarmos em conta o deslocamento da posição do eixo. Vamos pensar, então, na questão da sucessão temporal. Nos termos da visão tradicional, podia-se falar de um dedo dominante (foco do eixo central) e de elementos a ele subordinados (produtos de uma ramificação que se distanciava cada vez mais daquele eixo), mas não era possível inferir uma

(*) Preferi adotar aqui, em favor de uma universalização terminológica, as formas *ulna* e *fíbula*, em lugar, respectivamente, de *cúbito* e *perônio*. (N. T.)

determinada sucessão dos acontecimentos no tempo. A partir da revisão de Shubin e Alberch, a distribuição espacial dos dedos se transforma numa seqüência temporal: a posição de cada dedo assinala a ordem temporal de sua formação. Quanto mais traseiro, mais antigo; quanto mais frontal, mais moderno. O dedo mínimo seria o primeiro a se formar, e o polegar, o último. Em termos funcionais, o polegar e o dedão do pé podem ser os mais importantes nos seres humanos, mas são os últimos a se formar.

Como sempre ocorre na história natural, nada é tão simples, ou livre de exceções, como dá a entender a formulação mais despojada e elegante a que se consegue chegar. Na verdade, o dedo que se forma primeiro é sempre o penúltimo — ironicamente, apenas o "seu vizinho" — e a seqüência se desdobra a partir daí de trás para a frente, com a exceção de um ramo reverso que forma o quinto dedo. Além disso, esta regra geral apresenta uma fascinante exceção entre os urodelos (o grupo anfíbio dos tritões e das salamandras, embora a outra grande linhagem dos anfíbios, os Anura [sapos e rãs], formem seus dedos na seqüência habitual, de trás para a frente.) Os urodelos são os únicos tetrápodes em que os dedos se formam da frente para trás (embora também obedeçam à regra da primazia do penúltimo, começando com o segundo dedo e depois indo até o quinto). Alguns zoólogos usam esta diferença básica como argumento para afirmar que os urodelos constituem uma linha evolucionária totalmente independente de tetrápodes, talvez até descendentes de outro grupo de peixes ancestrais. Mas a maioria dos estudiosos (na qual eu me incluo) responde que os padrões de desenvolvimento embrionário encontram-se tão sujeitos à mudança evolutiva quanto a forma adulta, e que um ancestral da linhagem dos urodelos — por alguma razão desconhecida e fascinante — desviou-se do sistema universal dos tetrápodes e desenvolveu este caminho "invertido" para a formação de seus dedos.

Mas por que falar deste modelo inovativo de formação embrionária dos dedos no contexto dos novos dados sobre a multiplicidade de dedos entre os primeiros tetrápodes? Falo disso (como falaram Coates e Clack em seu artigo original) porque o modelo de Shubin e Alberch sugere um mecanismo simples e óbvio para explicar a estabilização posterior em cinco dedos a partir de uma labilidade inicial que permitiria a variação da quantidade de dedos supranumerários. Se os dedos se formam de trás para a frente na ordem temporal, o meio mais fácil de se chegar a uma redução pode ser encerrar sua formação num momento anterior. O princípio é óbvio, e se aplica a qualquer coisa: basta parar mais cedo. Poderíamos reduzir o crescimento da população se as famílias se limitassem a dois filhos. Poderíamos reduzir a bebida ou os cigarros que consumimos estabelecendo um limite e parando todo dia ao chegarmos a este número (é mais fácil falar do que fazer, mas de qualquer maneira o princípio é simples de se formular). Da mesma forma, a evolução poderia ter reduzido o número de dedos interrompendo o funcionamento da máquina geradora e parando no número cinco. O que hoje chamamos de primeiro dedo (e concebemos como o limite necessário de um arquétipo invariante) pode ser apenas o ponto final estabilizado de uma seqüência potencialmente ampliável.

Esta perspectiva tem o benefício imediato de dar sentido a alguns dados antigos para os quais a história natural não tem outra explicação. Em todos os grupos dos tetrápodes, muitas linhagens apresentam a quantidade original de cinco dedos reduzida a um número menor — às vezes apenas um, como no caso do cavalo. Como princípio geral da redução, conhecido desde o tempo de Richard Owen, o primeiro dedo é também o primeiro que se perde. Owen escreveu em 1849:

> Em suma, então, quanto às modificações dos dedos: eles nunca excedem o número de cinco em cada membro de todos os animais vertebrados existentes acima da condição de Peixes [...] O primeiro dedo, o mais interno, é, geralmente, o primeiro a desaparecer.

Nos termos do modelo de Shubin e Alberch, a razão desta regra é óbvia: último a se formar, primeiro a desaparecer (analogia natural da conhecida máxima econômica: o último a ser contratado é sempre o primeiro a ser demitido).

O fenômeno oposto, as mutações polidáctilas (mutações que produzem mais que cinco dedos), também dá apoio ao modelo de Shubin e Alberch. Entre os seres humanos, a maioria das mutações polidáctilas produz um sexto dedo como simples duplicação (posterior à ramificação inicial) de um dos elementos da seqüência habitual de cinco — fenômeno que não apresenta interesse para as preocupações de Shubin e Alberch. No entanto, em várias outras espécies, os elementos excedentes dos mutantes com dedos a mais surgem por extensão, como se os dedos continuassem a se formar depois da ramificação do primeiro dedo, em geral o último da série. J. R. Hinchliffe escreveu em 1989: "Muitos mutantes polidáctilos [...] apresentam uma série de cinco dedos normais, com um acréscimo pré-axial [ou seja, posterior à formação do primeiro dedo] dos dedos excedentes". Além disso, Hinchliffe cita dados experimentais referentes à inibição da síntese de ADN durante o desenvolvimento embrionário do lagarto *Lacerta veridis*. Com a redução do material disponível para a construção das partes do corpo, os dedos podem se perder, e o primeiro dedo, o último a se formar, é sempre o primeiro a desaparecer. Os dados dos dois lados, portanto, dão apoio à idéia de que os dedos se formam numa determinada seqüência temporal, de trás para a frente — e de que sua posição espacial assinala a ordem em que se formaram na seqüência do desenvolvimento embrionário: os dedos excedentes são acrescentados, e os dedos antigos se perdem, a partir do ponto final temporal da seqüência canônica — o primeiro dedo.

O prazer da descoberta na ciência não deriva apenas da satisfação que as novas explicações podem nos dar, mas também, ou talvez mais ainda, do surgimento de enigmas novos (e muitas vezes mais difíceis) engendrados pelas novas situações. É o que ocorre com o modelo de Shubin e Alberch, e com nossas recentes descobertas da multiplicidade dos dedos entre os primeiros tetrápodes. Pensávamos que a quantidade de cinco dedos era invariável e canônica, e nossa principal pergunta era sempre: por que cinco? Mas se este número de cinco for apenas uma estabilização secundária, um ponto de parada numa seqüência temporal com outras terminações potenciais (mas não realizadas), precisamos formular uma pergunta muito diferente, e em muitos aspectos mais interessante: por que parar logo nesse ponto? O que há de especial no número cinco, se é que ele tem alguma coisa de especial?

Já que a quantidade de cinco parece um tanto arbitrária à luz das novas visões da questão, a persistência dessa estabilização entre os tetrápodes passa a parecer ainda mais enigmática. O aparato embrionário continua capaz de produzir mais que cinco dedos (pelo menos em muitas espécies), como é demonstrado pelas mutações e pelos dados experimentais. Mas essas mutações polidáctilas são sempre anomalias, presentes em alguns indivíduos ou em pequenas e evanescentes linhagens familiares. Nunca se estabilizam entre um grupo maior, e nenhuma espécie de vertebrados apresenta mais de cinco dedos gerados a partir do eixo de trás para a frente do modelo de Shubin e Alberch.

A melhor prova desta afirmativa reside nas exceções aparentes (mas não efetivas): as várias espécies de tetrápodes dotadas de seis dedos funcionais. De fato, é verdade que algumas espécies apresentam seis dedos como regra geral, e não como um estado excepcional em indivíduos mutantes. No entanto, este sexto dedo é sempre gerado de maneira diferente, e não de acordo com a mecânica óbvia (e aparentemente fácil) da simples extensão para além do primeiro dedo na série de Shubin-Alberch. As rãs, por exemplo, muitas vezes têm seis dedos em suas patas traseiras (ou cinco em suas patas dianteiras, normalmente dotadas de quatro dedos). Mas este dedo extra se forma de maneira singular, por extensão da seqüência não ramificada de ossos que se projeta do rádio ou da tíbia — os ossos que nunca servem como foco para a ramificação e portanto não participam da produção de dedos em qualquer outra espécie de tetrápodes. Já faz algum tempo que os anatomistas reconhecem o caráter anômalo desses dedos singulares, dando-lhes o nome de *prepólux* (para os membros dianteiros) ou *prehálux* (para as patas traseiras). (*Pólux* e *hálux* são os nomes técnicos dos primeiros dedos — o polegar e o dedão do pé. *Prepólux* e *prehálux*, assim, designam um dedo anômalo, situado adiante do dedo, em geral mais à frente e formado de maneira diversa.)

Alguns mamíferos também possuem um sexto dedo funcional — o panda, cujo falso "polegar" transformou-se em ponto de partida destes ensaios, e várias espécies de toupeiras. Mas esses falsos polegares se formam a partir da extensão dos ossos do pulso, e não são de modo algum dedos verdadeiros. Estes fatos parecem realçar a estranheza (e a rigidez) da estabilização em cinco numa seqüência que no passado podia se estender e que ainda hoje se estende no caso de mutações ou manipulações experimentais, mas parece obstinar-se em observar a quantidade máxima de cinco como o estado normal entre todas as espécies de tetrápodes. Sempre que se encontram seis dedos funcionais, o dedo extra é formado de alguma outra maneira.

Por que cinco, então? Das duas principais abordagens da questão, a estratégia darwiniana convencional, ou adaptacionista, esforça-se por discernir uma vantagem clara, ou mesmo uma inevitabilidade, para o número de cinco em termos de sua utilidade para um organismo em seu habitat (vantagem que pode ter consagrado esta configuração por força da seleção natural). Uma argumentação plausível pode ser desenvolvida em termos dos benefícios para a vida no meio terrestre. As criaturas que, em sua evolução, saem da água para viver na terra precisam enfrentar muitos desafios novos, o mais sério dos quais é a força da gravidade e a conseqüente necessidade de apoio para o corpo na ausência da flutuação antes provida pela água. A base para esta sustentação surgiria com a transformação das nadadeiras em membros, e uma velha teoria afirma que a existência de cinco dedos pode constituir a configuração ideal para a função de sustentação do peso — um eixo central focalizado no terceiro dedo, dotado de reforços adequados e simétricos dos dois lados (se fossem um ou três dedos, poderiam não fornecer suficiente apoio lateral para compensar o balanço, e sete poderiam ser supérfluos e acabar interferindo na locomoção). De acordo com esta argumentação, os tetrápodes têm cinco dedos porque suas necessidades de apoio e locomoção exigem (ou pelo menos encorajam) esta configuração como a ideal.

A teoria não é implausível, e sem dúvida tem sua credibilidade reforçada por ser provável que a existência de cinco dedos tenha sido, em dois casos independentes, o resultado final do processo de evolução dos membros traseiros — isto é, em cada uma das duas grandes divisões de tetrápodes. A contra-argumentação mais óbvia também pode acabar dando apoio a esta teoria: se os membros com cinco dedos são a melhor configuração para a vida na terra, como se explica que os primeiros tetrápodes apresentassem respectivamente seis, sete e oito dedos? Uma resposta paradoxal afirma que, entre esses primeiros tetrápodes, os membros evoluíram adaptados à locomoção na água, e permaneceram predominantemente, se não de todo, aquáticos. O *Ichtyostega*, por exemplo, como se sabe há muito tempo, conservava uma pequena nadadeira caudal e canais laterais no crânio. (Os órgãos situados nos canais laterais do crânio "ouvem" os sons sentindo as vibrações que se propagam pela água, um método que não funciona no ar, um meio muito menos denso — ver o ensaio 6.) A restauração dos membros do *Ichthyostega* e do *Acanthostega* feita por Coates e Clack reforça esta interpretação, tendo resultado numa forma hidrodinâmica, apresentando um limite para a rotação dos membros que podia obrigá-los a manter-se na posição horizontal, como uma nadadeira, em vez de submetidos a uma rotação para baixo a fim de poder sustentar o peso de um corpo num meio terrestre (pelo menos no caso do *Acanthostega*, embora o membro dianteiro do *Ichthyostega* dê a impressão de ter sido inteiramente dedicado à função de suportar o peso do animal).

No entanto, fortes elementos de dúvida também assolam esta visão adaptacionista. Primeiro, como já dissemos, os membros de uma das linhagens de tetrápodes, os anfíbios, só apresentam quatro dedos em suas patas dianteiras, e não dispomos de indícios que nos convençam de que o número inicial de seus dedos tenha sido cinco — e que portanto a pentadactilia tenha sido necessariamente um estágio universal no caso de todos os vertebrados terrestres. Segundo, se o número de cinco (com a distribuição simétrica em torno de um dedo central mais forte) representar alguma vantagem, como se explica que nossa espécie favorita, a medida tradicional de todas as coisas — o *Homo sapiens* — conserve a quantidade de cinco e empregue grande força a fim de usar apenas dois membros para se opor à força da gravidade, mas construa o primeiro dedo da terminação desses membros de modo a ser o principal responsável pela sustentação de seu peso?

A segunda abordagem — a da contingência histórica, segundo a terminologia que prefiro (ver meu livro recente, *Vida maravilhosa*) — afirma que a quantidade de cinco não se impôs necessariamente; simplesmente aconteceu. Outras configurações também teriam funcionado e poderiam ter-se desenvolvido, mas acontece que não surgiram — e a quantidade de cinco dá conta do recado. Os argumentos óbvios em favor desta visão alternativa estão espalhados ao longo deste ensaio. Se a quantidade de cinco é tão boa assim, por que então tantas espécies desenvolveram meios curiosos e tortuosos de produzir seis dedos (com a conversão de um dos ossos do pulso em prepólux)? Se a quantidade de cinco é tão previsível, por que então uma das duas linhagens só apresenta quatro dedos? (Devo dizer desde já que nenhuma dessas duas posições — a adaptação ou a contingência — é de fato suficiente para explicar o maior enigma de todos: a persistente estabilização em cinco dedos, depois que ela se desenvolve. Suspeito que esta seja uma questão para os embriologistas e geneticistas; a história filogenética pode ser pouco pródiga em pistas. Como se explicaria que esta quantidade de cinco, depois de atingida pelo caminho ou pela razão que for, seja tão obstinadamente inalterável como limite máximo, ao ponto de obrigar qualquer linhagem que deseje desenvolver seis ou mais dedos a fazê-lo por outros caminhos? Esta pergunta é extremamente importante, porque essa questão dos dedos é uma expressão microcósmica da maior de todas as questões em relação à história da vida animal: por que, depois de um surto de exploração de alternativas anatômicas na explosão do Cambriano, cerca de 550 milhões de anos atrás, as anatomias se estabilizaram tanto, a ponto de nenhum novo filo [uma configuração básica para um corpo] se ter desenvolvido desde então?)

Mas o principal argumento em apoio à idéia da contingência reside na descoberta que suscitou a redação deste ensaio — a existência de sete dedos no *Ichthyostega* e de oito no *Acanthostega*. Se os tetrápodes tinham cinco dedos no início, e sempre conservaram cinco a partir de então, seria legítimo afirmar que há neste fato alguma previsibilidade ou inevitabilidade. (No mínimo, não existiriam elementos em apoio a propostas alternativas.) Mas se os primeiros membros da linhagem apresentavam seis, sete ou oito dedos, é que haveria inúmeras possibilidades alternativas, e a quantidade final de cinco dedos pode se dever a um acaso, e não a uma necessidade.

O embriologista Jonathan Cooke, num comentário publicado acompanhando o artigo de Coates e Clack, concorda comigo, afirmando que o possível caráter contingencial da pentadactilia é a implicação mais interessante das novas descobertas. Mas faz uma afirmação curiosa em sua argumentação:

Para a maioria de nós, filisteus o bastante para aceitar a natureza historicamente contingencial da evolução, não existe nada de especial no número cinco. Os pianistas podem imaginar o desafio que nosso controle motor precisaria enfrentar se Bach ou Scarlatti tivessem inefavelmente oito dedos em cada uma das mãos.

Gosto muito da idéia, mas renego o tom apologético e abnegado implícito na designação de "filisteus" para aqueles que defendem a idéia da contingência. Esta humildade desnecessária obedece à uma infeliz tradição de auto-intolerância entre os cientistas que lidam com os acontecimentos complexos, irreprodutíveis e imprevisíveis da história. Nossa formação nos leva a pensar que os modelos de quantificação, experimentação e reprodutibilidade das "ciências físicas" [*hard science*] são inerentemente superiores e exclusivamente canônicos, de tal maneira que qualquer outro conjunto de técnicas se veria obrigado a se curvar ante a sua superioridade. Mas a ciência histórica avança por meio da reconstrução de um conjunto de fatos contigenciais, explicando em retrospecto o que não seria possível prever de antemão. Se os indícios forem suficientes, as explicações a que ela chega podem ser tão rigorosas e seguras quanto qualquer resultado obtido no domínio da ciência experimental. De qualquer maneira, é assim que o mundo funciona, e ninguém precisa pedir desculpas.

A contingência é rica e fascinante: é a corporificação de uma delicadíssima tensão entre o poder que os indivíduos têm de modificar a história e os limites inteligíveis impostos pelas leis da natureza. Os detalhes das vidas dos indivíduos e das espécies não são meras minúcias supérfluas, incapazes de dar forma ao curso maior dos acontecimentos, mas pormenores que podem alterar todo o futuro, de modo significativo e para sempre.

Basta pensar num exemplo primário tirado da história dos Estados Unidos. A vitória do Norte não era inevitável na Guerra Civil, porque o Sul não estava travando uma guerra de conquista (que seria impossível de vencer, dada sua inferioridade numérica e econômica), mas uma luta destinada a levar o Norte à exaustão, obrigando o adversário a reconhecer suas fronteiras. E a Confederação quase alcançou seus objetivos em 1863. Seus exércitos tinham penetrado profundamente na Pensilvânia; motins contra o recrutamento estavam a ponto de estourar em Nova York; Massachusetts estava armando o primeiro regimento de voluntários negros livres — não devido a qualquer sentido abstrato de justiça racial, mas porque o exército do Norte tinha necessidade urgente de mais homens. Nesse contexto, a crucial Batalha de Gettysburg foi travada no início de julho. O general Robert E. Lee cometeu um erro grave ao pensar que seus canhões tivessem arrasado as baterias da União, e enviou seus homens ao pesadelo que foi a Carga de Pickett. E se pudéssemos voltar atrás na história, dando outra oportunidade ao general Lee? Dessa vez, dotado de melhores informações sobre o adversário, ele não ousaria tanto, e acabaria vencendo. Nesta versão, o Sul poderia até vencer a guerra, e toda a história americana subseqüente se tornaria radicalmente diferente. O resultado efetivo da Batalha de Gettysburg não é um mero pormenor desprezível em meio a um desenrolar inevitável dos acontecimentos, mas um ponto de partida potencial para todos os desdobramentos posteriores a ele.

Nunca devemos nos desculpar por uma explicação que seja "apenas" contingencial e não determinada por leis invariáveis da natureza, porque foram as contingências que forjaram nosso mundo e nossas vidas. Se sentirmos qualquer impulso que nos leve a tomar esta direção dúbia, basta pensarmos no pobre Heathcliff, que teria sido poupado de tantos tormentos se tivesse ficado mais alguns minutos e ouvido a conversa entre Catherine e Nelly (eu sei que o livro não seria tão bom, mas pensem no sofrimento do pobre coitado). Pensemos em Bill Buckner, que nunca mais deixaria a bola fácil de Mookie Wilson passar por entre suas pernas — se lhe dessem outra oportunidade. Pensemos nos descendentes alternativos do *Ichthyostega*, com apenas quatro dedos em cada mão. Pensemos numa aritmética de base oito, na dificuldade de tocar fugas tríplices no piano, e na conversão deste ensaio numa ilegível pedra tumular romana, porque como é que eu poderia separar as palavras semumpolegarparaapertarabarradeespaçonestamáquinadeescrever?

5
A FLEXÃO QUE MUDA A FORMA

Todos sonhamos com projetos de aposentadoria que nos permitam recuperar os prazeres perdidos da mocidade, ou aperfeiçoar o que talvez tenhamos abandonado por força das exigências práticas do dia-a-dia e do sustento da família. Um dia, num futuro róseo que virá depois da passagem do milênio, vou pegar de novo meu álbum de selos ou sentar ao piano e finalmente passar da primeira das invenções de Bach e do Prelúdio em Dó Maior do Livro 1 do Cravo Bem-Temperado.

Charles Darwin, meu herói e modelo, teve este raro prazer, de modo que posso ter esperanças. Seu último livro, publicado um ano antes de sua morte, tratava do tema aparentemente obscuro, mas cuja importância é capital, das minhocas e de seu papel na formação da camada superior do solo da Inglaterra. Este livro magnífico e desconcertante promove a união entre o fim de Darwin, na calma da velhice, seguro de suas realizações, e sua juventude mais tumultuada, aquecida pela chama da ambição ainda não realizada. Porque Darwin escreveu o resumo de seu livro sobre as minhocas em 1838, apenas dois anos após o retorno do *Beagle* à Inglaterra — um brilhante artigo de cinco páginas, apresentando a totalidade do argumento que daria margem a todo um livro mais de quarenta anos depois. E concluía:

> A explicação desses fatos [...] embora possa parecer trivial à primeira vista, é a correta, não tenho a menor dúvida: toda a operação se deve ao processo digestivo da minhoca comum.

As justaposições estranhas sempre me deixam intrigado. Não lhes atribuo um significado profundo, e estou convencido de que não representam mais que uma coincidência. Ainda assim, chamam atenção, mesmo que apenas por nos fornecer pretextos para contar histórias. Darwin publicou seu artigo no quinto volume da segunda série das *Tran-*

sactions of the Geological Society of London em 1838. Eu estava lendo este artigo alguns meses atrás, e depois de virar a última página não pude deixar de reparar no artigo seguinte, um texto de quatro páginas: ''Nota sobre o deslocamento da cauda num certo ponto observado nos esqueletos de muitos Ictiossauros'', escrito por Richard Owen.

Richard Owen, jovem na época, tornou-se o maior especialista em anatomia comparada da Inglaterra, e foi o primeiro diretor da divisão de História Natural do Museu Britânico, quando as coleções afinal deixaram as sombras dos Elgin Marbles, em Bloomsbury, e ganharam seu magnífico prédio próprio em South Kensington (um dos mais belos edifícios do período vitoriano, e parada obrigatória em qualquer visita a Londres).

Owen e Darwin tiveram uma relação longa e problemática. Num primeiro momento, Darwin cortejou a amizade e o apoio de Owen. (Owen, a pedido de Darwin, descreveu formalmente para publicação os mamíferos fósseis que Darwin coletara ao longo da viagem do *Beagle*. O famoso *Toxodon* de Darwin, por exemplo, foi batizado, descrito e ilustrado por Owen.) Mas a relação foi decaindo inevitavelmente, em parte porque a vaidade de Owen não podia suportar os sucessos de Darwin. Diz a lenda que a rejeição da idéia da evolução por Owen precipitou o rompimento final entre os dois, mas esta mentira apenas demonstra nossa propensão a simplificar as histórias contadas em tom heróico, atribuindo assim malevolência e estupidez ao ''vilão''. É verdade que Owen rejeitou a seleção natural, e com vigor, qualificando-a de uma teoria excessivamente materialista que atribuía importância excessiva ao meio ambiente externo e contava muito pouco com o funcionamento das leis da estrutura orgânica; mas ele adotou a idéia da evolução como um princípio condutor da história natural.

De qualquer maneira, a justaposição da minhoca e do ictiossauro data de 1838, o período inicial da amizade entre os dois cientistas. Não pude deixar de perceber a existência de outro elo, ainda mais interessante que a mera proximidade espacial. Darwin escreveu, como citei acima, que seu tema parecia trivial, mas na realidade desencadeava uma cascata de conseqüências que levava a conclusões de importância substancial. Owen dizia a mesma coisa, afirmando que uma aparente fratura na cauda de um ictiossauro podia parecer totalmente desprovida de interesse, mas que seu estudo mais aprofundado revelava questões de ordem geral e de alcance mais do que passageiro. Já que a conversão do detalhe em mensagem de ordem geral, através da cadeia da conexão tangencial, representa o cerne dos ensaios deste livro, não pude me negar a este duplo convite, que me leva a discorrer mais longamente sobre a flexão da cauda dos ictiossauros.

Os ictiossauros são um grupo de répteis marinhos cujos corpos têm uma forma externa tão semelhante aos dos peixes que se transformaram no exemplo clássico da chamada "convergência" — uma semelhança a que chegam criaturas diversas a partir de pontos iniciais muitos diferentes, devido ao desenvolvimento de respostas adaptativas independentes a um meio e a um modo de vida comuns (as asas das aves e dos morcegos, os olhos das lulas e dos peixes). Os ictiossauros não têm parentesco próximo com os dinossauros, embora tenham surgido mais ou menos na mesma época e tenham se tornado extintos antes da grande aniquilação que pôs fim ao reinado dos dinossauros, cerca de 65 milhões de anos atrás.

Quando examinamos a convergência entre o ictiossauro e os peixes, ficamos admirados com a forma e a localização das nadadeiras e das barbatanas — o aparato da natação e do equilíbrio. As barbatanas posteriores e anteriores são, talvez, menos notáveis, porque suas estruturas ancestrais estão claramente presentes na forma dos membros posteriores e anteriores dos ancestrais terrestres — e podem ser modificadas, como ocorreu entre as baleias e os golfinhos, assumindo formas mais adequadas para remar do que para andar. Mas as nadadeiras dorsal (das costas) e caudal (da cauda) são incríveis pela precisão de sua convergência e pela analogia de sua estrutura com as dos peixes. É evidente que os ancestrais terrestres dos ictiossauros não possuíam nadadeiras nem nas costas, nem na cauda, e é óbvio, portanto, que os ictiossauros desenvolveram essas estruturas a partir do zero — mas ainda assim elas apresentam a posição e a forma que os engenheiros hidrodinâmicos consideram ideal para a propulsão e o equilíbrio na água.

No entanto, assim como os próprios ictiossauros desenvolveram esses traços pisciformes numa transição gradual a partir de seus ancestrais terrestres, nossa compreensão de sua extensa convergência também foi crescendo pouco a pouco. Na verdade, a semelhança básica com os peixes nunca esteve em dúvida, e as primeiras referências publicadas sobre este animal, ambas em 1708, confundiam as vértebras de ictiossauro com a espinha de um peixe. Tanto o célebre naturalista suíço J. J. Scheuchzer, em seu *Querelae piscium* (Queixas dos peixes) quanto o alemão J. J. Baier, em sua obra sobre os fósseis da área de Nuremberg, apresentavam figuras de vértebras de ictiossauro com uma finalidade muito interessante: para afirmar que os fósseis eram vestígios verdadeiros de animais que viveram num passado distante, e não a manifestação de alguma força plástica inerente às rochas que as ordenasse imprimindo-lhes uma ordem global que evocava formas paralelas nos mundos orgânico e inorgânico (uma idéia que hoje nos parece absurda, mas que

Representação clássica de um ictiossauro, pintada por Charles R. Knight. Notar a posição das nadadeiras, semelhante à dos peixes. (Cortesia do Department of Library Services, Museu Americano de História Natural.)

fazia sentido no contexto de uma ideologia neoplatônica que ainda não havia sido totalmente dispersa pelas teorias causais de Newton e Descartes).

Tanto Scheuchzer quanto Baier afirmavam que estes fósseis de "peixes" eram vestígios da devastação provocada pelo Dilúvio de Noé. A obra de Scheuchzer é escrita na forma de um diálogo bem-humorado entre os peixes fósseis, aborrecidos com os seres humanos, que não reconheciam sua natureza orgânica e sua afinidade com os parentes vivos. Quanto a Baier, recentemente tive o prazer de adquirir um exemplar de sua rara obra, sem a menor expectativa de que viesse a ter, em momento próximo ou em qualquer outro momento, alguma aplicação prática para este esplêndido livro. Que prazer, então, ler sua discussão em duas páginas acerca das "*ichthyospondyli*" (vértebras de peixe), com sua conclusão de que devemos vê-las "*pro piscibus vere petrificatis* [...] *pro universalis Diluvii reliquiis*" — como verdadeiros peixes petrificados, como relíquias do Dilúvio universal.

Indícios de melhor qualidade, especialmente dos ossos da cabeça e das nadadeiras, revelaram a natureza reptiliana dos ictiossauros no início do século XIX, mas a forte convergência com os peixes continuou a ser o tema predominante da maioria dos textos a seu respeito. Ainda assim, embora os esqueletos revelassem que possuíam um corpo hidrodinâmico e nadadeiras semelhantes às dos peixes, a ausência de dois elementos conspirava para impedir que se percebesse totalmente a espantosa extensão da convergência — porque as barbatanas dorsal e caudal,

Caricatura de ictiossauros feita por Henry de la Beche no início do século XIX, antes da descoberta das nadadeiras dorsal e caudal. (Cortesia do Department of Library Services, Museu Americano de História Natural.)

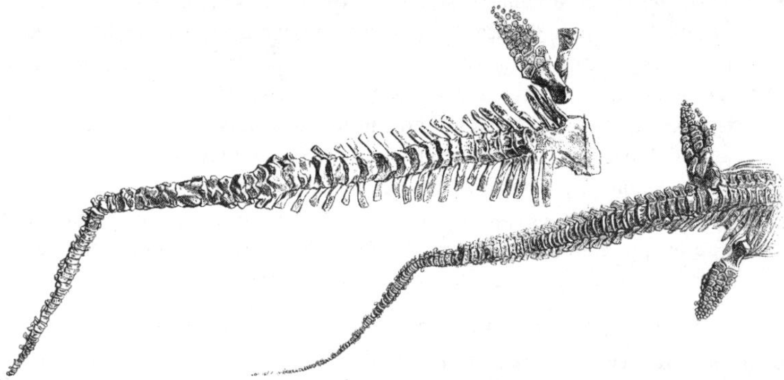

Ilustração da flexão da cauda dos ictiossauros extraída do artigo escrito por Richard Owen em 1838. (Cortesia do Department of Library Services, Museu Americano de História Natural.)

estruturas moles, ainda não haviam sido descobertas. Todas as primeiras reconstituições — feitas por Buckland, Conybeare, De la Beche, Hawkins e outros notáveis dos primórdios da geologia inglesa — mostravam uma serpente coleante desprovida de barbatanas caudal ou dorsal, e não um réptil cuja forma lembra muito a de um espadarte. Como foi então que essas duas peças cruciais se encaixaram no quebra-cabeça?

A nota escrita por Richard Owen em 1838 é o principal documento deste processo. Graças em grande parte à perspicácia e ao notável trabalho de campo de Mary Anning, e ao apoio do ensandecido e excêntrico Thomas Hawkins (cujas monografias de 1834 e 1840 figuram obrigatoriamente entre os textos mais doidos jamais escritos no campo da paleontologia), muitos esqueletos de ictiossauro em bom estado foram coletados na Inglaterra no início do século XIX. Owen percebeu uma aparente peculiaridade de um dos espécimes melhores — uma acentuada flexão para baixo na seqüência das vértebras posteriores, a cerca de dois terços da distância entre as barbatanas traseiras e o final da cauda. Owen deu pouca atenção a esta curvatura, julgando que se tratasse apenas de uma anomalia (provavelmente ocorrida *post-mortem*) de um espécime isolado. No entanto, quando todos os esqueletos começaram a revelar uma flexão da cauda na mesma posição, Owen percebeu que tinha tropeçado num fenômeno que merecia explicação, e escreveu:

> Tendo examinado recentemente vários esqueletos de sáurios hoje expostos em Londres, a maioria dos quais foi desembaraçada de sua pétrea mortalha pelo cinzel do sr. Hawkins, uma peculiaridade da cauda que, em oca-

são anterior, num único caso atraíra minha atenção, mas sem evocar nenhuma teoria para explicá-la, agora me obriga a uma reflexão mais detida, por observar que se repetia, praticamente sem variações, em cinco casos [como gostavam de escrever naquela época! Owen diz "desembaraçada de sua pétrea mortalha" quando nós, hoje, falaríamos "desencavada da rocha"]. A peculiaridade a que aludo é uma flexão ou deslocamento abrupto da cauda [...] a porção terminal continua, depois desta flexão, quase tão reta quanto a porção da cauda que a precede. Em suma, a aparência que se apresenta é exatamente a de um galho partido, com a extremidade quebrada ainda presa a ele, e pendendo em ângulo aberto.

A partir daí, Owen extrai a conclusão certa pela razão errada e infere corretamente a existência de uma nadadeira caudal. Diz ele que a posição constante da inclinação da cauda provavelmente se deve à ligação com alguma estrutura neste ponto. Conjetura com razão que este órgão deve ser uma nadadeira caudal, e chega mesmo a prever sua posição vertical (como nos peixes), em contraste com a orientação horizontal que se verifica nas baleias. Mas supôs, de maneira equivocada, que a flexão provavelmente devia-se a um deslocamento (possivelmente posterior à morte) de uma coluna vertebral originalmente reta — talvez porque a nadadeira caudal se incha devido ao gás quando o animal começa a se decompor, fraturando assim a coluna vertebral no ponto anterior de inserção da nadadeira. Owen acrescenta a seguir outras conjeturas, e escreve:

> A aparência da cauda do *Ichthyosaurus* [...] é uniforme e comum demais para se dever inteiramente a uma causa acidental e extrínseca. Tendo portanto a atribuí-la a uma influência ligada a alguma estrutura do animal; e mais provavelmente à presença de uma [...] nadadeira caudal terminal, que, seja por seu peso ou pela força das ondas contra sua superfície externa, ou pela ação de predadores com força suficiente para puxá-la sem conseguir arrancar, pode [...] ter dado origem a um deslocamento das vértebras caudais imediatamente contíguas ao ponto onde se ligava ao corpo.

O enigma teve afinal uma solução na década de 1890, quando as preces constantes, mas raramente atendidas, de todos os paleontólogos foram atendidas pelos poderes constituídos. Ictiossauros que tiveram suas partes moles preservadas foram descobertos nos depósitos de Holzmaden, perto de Stuttgart. Os sedimentos locais são tão ricos em óleos orgânicos e betume que chegam até a pegar fogo. (Um grande incêndio ocorreu no local, durando de 1668 a 1674, e outro ardeu de 1937 a 1939.) Os detalhes dos órgãos internos não se preservam nesses leitos betuminosos, mas os contornos do corpo permanecem intactos sob a forma de películas negras que se destacam contra o cinza-claro da pedra. (A maioria dos belos espécimes exibidos em museus em todo o mundo vem

Um ictiossauro fóssil com uma excelente preservação de suas características, dos depósitos de Holzmaden. Notar os contornos das nadadeiras dorsal e caudal, e também a flexão da coluna vertebral acompanhando o contorno do lóbulo inferior da cauda. (Cortesia da revista *Natural History.*)

das jazidas de Holzmaden, e muitos leitores estão com certeza familiarizados com os contornos do corpo conservados sob a forma de uma película negra na rocha por baixo e por trás dos ossos.)

Os ictiossauros de Holzmaden por fim demonstraram a que ponto extremo chegava sua convergência com a forma estereotípica de um peixe. A nadadeira dorsal, sem qualquer suporte ósseo, era revelada pela primeira vez. E a nadadeira caudal, corretamente inferida por Owen a partir da flexão da cauda, agora se revelava com clareza aos olhos de todos. Era vertical, como Owen supusera, e composta de dois lóbulos iguais e simétricos. A flexão das vértebras assinalava, de novo como conjeturara Owen, a borda anterior da nadadeira — mas como traço normal da anatomia, e não uma deformação ou deslocamento *post-mortem*. A coluna vertebral se inclinava naturalmente para baixo a fim de acompanhar a borda inferior do lóbulo inferior da cauda até a extremidade posterior do animal. Nenhum outro vertebrado apresenta esta orientação. Nos peixes, a coluna vertebral se interrompe no ponto de origem da cauda ou então se estende, como nos tubarões, para o bordo superior do lóbulo superior. Não admira que a flexão da cauda dos ictiossauros tenha provocado tanta confusão por mais de cinqüenta anos.

Quase um século já se passou desde que as descobertas de Holzmaden revelaram a verdadeira natureza da flexão da cauda do ictiossauro, mostrando que estava associada à nadadeira caudal. No entanto, esta flexão continua a suscitar comentários e controvérsias por duas razões principais, identificadas por Chris McGowan do Museu Real de Ontário, em Toronto, o maior especialista do mundo em ictiossauros (meus agradecimentos ao dr. McGowan não só por seus muitos artigos esclarecedores, mas sobretudo por sua gentil resposta a um longo interrogatório por telefone a que o submeti durante pesquisa para este artigo). Primeiro, e sem dúvida, a localização, o ângulo de inclinação e o comprimento da coluna vertebral além do ponto de flexão indicam tanto o tamanho quanto a forma da nadadeira caudal (os ictiossauros de Holzmaden são os únicos a apresentar preservada a própria nadadeira na forma de uma película carbonizada; todos os outros espécimes são apenas ossos, e a nadadeira caudal precisa ser inferida a partir da coluna vertebral).

Segundo, e representando mais um dúbio triunfo de nossas expectativas sobre a observação (talvez a mais comum das fraquezas humanas), muitos espécimes clássicos foram reconstituídos a partir da premissa de que a flexão da cauda deveria estar presente. Não estou falando de fraude ou trapaça. Em muitos espécimes, as vértebras (especialmente as menores, da extremidade posterior da coluna) se apresentam espalhadas pela superfície da rocha. Os preparadores de Holzmaden, de fantástica habilidade e profissionalismo, adotaram o costume de remover por completo da matriz rochosa estes ossos, tornando a dispô-los em seguida na posição inferida do animal vivo — ou seja, apresentando uma flexão da cauda. Não temos dúvida de que várias espécies de ictiossauros desenvolveram uma flexão pronunciada da cauda, já que espécimes perfeitos com os contornos do corpo preservados mostram de maneira evidente a curvatura das vértebras da cauda estendendo-se para dentro do lóbulo inferior da nadadeira caudal. Mas é possível que outras espécies (sobretudo as formas mais antigas) não apresentassem esta flexão, e talvez os preparadores tenham tendido a exagerar o grau de flexão na reconstrução de seus espécimes.

Se as verdadeiras flexões das caudas dos espécimes hoje exibidos dão assim margem à dúvida, como podemos confiar na existência e na forma da nadadeira caudal na maioria das espécies? E, já que esta informação é crucial para nossa compreensão do nado e das manobras dos ictiossauros, como podemos esperar reconstituir a ecologia desses animais fascinantes? Obviamente, precisamos de um critério de confirmação independente da flexão da cauda propriamente dita, e felizmente McGowan conseguiu estabelecer semelhante critério e imaginar uma engenhosa maneira de pô-lo em prática.

Como é que uma flexão angular pode ser produzida numa estrutura basicamente linear (como a coluna vertebral), constituída de uma série de discos que devem vir seguidos, um atrás do outro, sem grandes

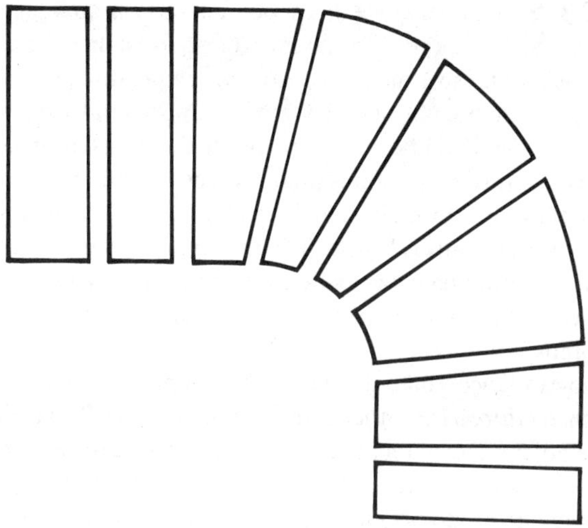

A forma dos discos vertebrais nos ictiossauros com flexão da cauda. Notar a forma de cunha que aparece necessariamente no ponto da flexão. (Ben Gamit.)

espaços intermediários? Como mostra o desenho acima, a flexão da cauda implica uma mudança na forma dos discos vertebrais cruciais no ponto da curvatura — e sua forma costumeira (com bordas superiores e inferiores da mesma largura) se transforma numa espécie de cunha, com a borda superior mais larga e uma borda inferior mais estreita. Uma sucessão de discos em forma de cunha causará inevitavelmente a flexão da cauda e, quanto maior for a diferença de largura entre as bordas superior e inferior, mais pronunciada será a flexão. De fato, por meio de uma construção simples semelhante aos problemas de geometria plana que todos precisamos resolver na escola secundária, o ângulo da flexão pode ser inferido a partir do número de discos em forma de cunha e da diferença de largura entre suas bordas.

Mas como esta diferença pode ser medida? As vértebras da maioria dos esqueletos estão ao menos parcialmente sepultadas na pedra, e é raro que as duas bordas estejam expostas de modo a permitir que tomemos a medida da diferença de largura entre elas (e os museus raras vezes recebem com boa vontade pedidos de manipulação dos espécimes que exijam a retirada das vértebras da matriz rochosa). McGowan resolveu este problema lançando mão de uma conquista da tecnologia médica moderna — a tomografia computadorizada. Esses maravilhosos aparelhos de raios X em forma de rosca são capazes de obter imagens fotográficas de qualquer corte do corpo humano em qualquer orientação (contanto que o corpo caiba no interior da rosca da máquina). Ora, se um ictiossauro preso à sua matriz é quase sempre do mesmo tamanho de um corpo humano, por que não fazer uma tomografia das vértebras no ponto em que a cauda se inclina, produzindo assim uma imagem fotográfica dos discos vertebrais ainda presos em sua matriz rochosa? (Não foi McGowan o primeiro a aplicar a tomografia a achados paleontológicos. Várias tentativas bem-sucedidas foram feitas nos últimos anos, inclusive a definição da capacidade craniana e da forma de dentes ainda não irrompidos em alguns importantes crânios humanos fósseis de que dispomos.)

McGowan lançou mão de um tomógrafo para afirmar que o *Leptopterygius tenuirostris*, um ictiossauro primitivo de flexão incerta da cauda que hoje provoca uma acesa polêmica, apresentava uma série de seis discos vertebrais em forma de cunha na região crucial — uma forma de cunha não muito pronunciada, é certo (nenhuma delas apresenta uma curvatura de mais de cinco graus), mas resultando em seu conjunto numa modesta flexão da cauda a um ângulo de 25 graus (ver o artigo de McGowan, "A flexão da cauda dos ictiossauros: um problema de verificação facilitado pela tomografia computadorizada", na bibliografia). De qualquer modo, experimento um forte sentimento de satisfação diante desta confirmação da continuidade da busca da verdade pelo homem ao longo do tempo — ao pensar que uma discussão que começou com dois tratados escritos em latim em 1708, passando pelas agudas observações do maior anatomista britânico na década de 1830 e pela descoberta de contornos corporais preservados numa famosa localidade alemã na década de 1890, acabou sendo resolvida, no momento em que começamos a contagem regressiva da última década antes da passagem do milênio, pela mais recente descoberta da aparelhagem médica!

No entanto, por mais satisfatória que esta solução parcial possa ser, esta história não teria mensagem nem sentido (para pessoas que não façam parte da pequena confraria de aficcionados por ictiossauros) se o problema da flexão da cauda dos ictiossauros não servisse para iluminar uma das questões centrais da teoria da evolução. Os ictiossauros são celebrados pela convergência de sua forma externa com a dos melhores nadadores entre os peixes. Já que a tradição inglesa em história natural atribui uma ênfase especial ao conceito da adaptação, essas semelhanças entre os peixes e o réptil marinho receberam a parte do leão da atenção dos autores da área — porque sabemos como a tríplice combinação de barbatanas laterais e nadadeiras dorsal e caudal trabalham em eficiente coordenação hidrodinâmica, e nos causa grande admiração que duas linhagens independentes tenham chegado a uma semelhança tão espantosa de configuração para desempenhar uma função aparentemente similar. Esta admiração é inclusive anterior à teoria da evolução, porque antes, atribuída aos cuidados benevolentes de Deus, esta semelhança já inspirava uma reverência equivalente ao nosso respeito atual pelo poder da seleção natural. William Buckland, colega próximo de Owen, tinha uma afeição especial pelos ictiossauros, e também foi o autor do grande manifesto da década de 1830 em favor da idéia da adaptação como prova da benevolência de Deus. Em *Geology and mineralogy considered with reference to natural theology* [A geologia e a mineralogia examinadas com referência à teologia natural], escrito em 1836, Buckland invocava a convergência precisa entre ictiossauro e peixe como prova da bondade de Deus. Buckland reconhecia que um réptil normal teria sérios problemas no mar, mas não os ictiossauros, graças ao *fiat* divino (leia-se "graças aos dotes que lhes foram conferidos pela seleção natural" e temos aqui uma versão moderna da mesma argumentação):

> [...] uma união de dispositivos compensadores, tão semelhantes em suas relações, tão idênticos em seus objetivos, e tão perfeitos em sua adaptação de cada parte à harmonia e à perfeição do todo, que não temos como deixar de reconhecer nisto tudo a obra do único e mesmo princípio eterno de Sabedoria e Inteligência, que preside do início ao fim a toda a trama da Criação.

No entanto, em nosso complexo mundo da história natural, qualquer entusiasmo mais derramado também desperta o movimento oposto. (E este acautelador banho de água fria pode então se afirmar por sua vez como tema primário, com novas implicações esclarecedoras.) Sim, as convergências do ictiossauro são notáveis; só um cretino sem alma deixaria de ficar impressionado diante da configuração claramente pisciforme deste descendente de répteis terrestres comuns. Só o mais militante dos caluniadores de Darwin e de toda a tradição inglesa poderia deixar de proferir diante disto a palavra *adaptação*, com um misto de convicção e fascínio.

Mas existe outra perspectiva que também requer nossa atenção — e Owen, o tão mal compreendido proponente de uma tradição continental que se baseava na adaptação superficial e procurava regularidades de forma por baixo da aparência imediata, discutiu os ictiossauros basicamente à luz desta alternativa. Quais são os limites impostos à adaptação pelas disparidades de configuração anatômica encobertas pela convergência (entre peixes e répteis, neste caso)? Até que ponto o ictiossauro é um escravo acorrentado a seu passado, incapaz de imitar exatamente a forma de um peixe porque o legado histórico de um corpo de réptil exclui um grande conjunto de opções favoráveis? Até que ponto, em suma, o ictiossauro precisa permanecer facilmente identificável como um réptil travestido de animal marinho?

Para a formulação primária deste tema alternativo (os limites impostos pela configuração anatômica transmitida hereditariamente), precisamos recorrer à obra em grande parte esquecida do grande paleontólogo belga Louis Dollo (1857-1931). Dollo deu seu nome a um princípio evolucionário conhecido como *irreversibilidade* (também chamado de Lei de Dollo). Numa das ironias cruéis que a história costuma nos impingir, muitos belos pensadores adquirem reconhecimento póstumo apenas pela associação de seu nome a um princípio tão amplamente mal compreendido que suas opiniões acabam se transformando em seu contrário. Muitos evolucionistas entendem a Lei de Dollo como uma afirmação antiquada acerca dos impulsos inerentes que exerceriam um papel direcional na evolução — um último suspiro de um vitalismo místico que o darwinismo teria por fim derrotado. Na verdade, porém, Dollo era um mecanicista convicto, e sua orientação básica era claramente darwiniana (com alguns interessantes pontos de divergência).

Para Dollo, a irreversibilidade era o epítome da natureza da história submetida a condições simples de probabilidade matemática (Dollo fizera extensos estudos de matemática, e atribuía a estes estudos sua formulação da idéia da irreversibilidade). As transformações evolutivas são tão complexas — envolvendo centenas de mudanças independentes — que qualquer reversão completa a um estado anterior se torna impossível devido à mesma razão pela qual nunca se pode tirar coroa mil vezes seguidas atirando para o ar uma moeda honesta. Não se trata de misticismo e nem de vitalismo: é apenas a atuação comum da lei das probabilidades num mundo complexo. Uma mudança simples (o aumento de tamanho, a mutação de um único gene) pode ser revertida, mas as transformações que constituem o pão com manteiga da paleontologia (a origem do vôo nas aves, a evolução dos seres humanos a partir de ancestrais simiescos) não podem voltar atrás e recuperar exatamente um estado ancestral.

A história é irrevogável. Depois que o plano corporal geral de um réptil é adotado, há centenas de opções que se fecham para sempre, e as possibilidades futuras só podem desdobrar-se dentro dos limites da configuração básica transmitida hereditariamente. A latitude adaptativa é impressionante, e a seleção natural (no sentido metafórico) é extremamente engenhosa. Um réptil terrestre pode voltar ao mar e convergir na direção dos peixes em todos os aspectos importantes da forma externa. Mas a semelhança só poder ser, literalmente, superficial. A convergência precisa ser constituída com partes reptilianas, e não há como apagar esta assinatura histórica de um passado evolutivo. Dollo associava explicitamente seu princípio de irreversibilidade a um conceito que chamava de "indestrutibilidade do passado".

Quando tornamos a examinar as três grandes convergências do ictiossauro — as barbatanas, a nadadeira dorsal e a nadadeira caudal —, mas dessa vez a partir da perspectiva alternativa dos limites impostos pela irrevogabilidade dos pontos de partida, descobrimos que esses traços característicos ilustram magnificamente os três princípios mais importantes da irreversibilidade como assinatura da história.

1) *As barbatanas laterais, ou é obrigatório usar partes disponíveis de contextos ancestrais, pouco adequadas aos meios presentes.* As barbatanas laterais, por sua forma externa, estão bem adaptadas à natação e ao equilíbrio. Mas sua estrutura óssea interna revela um réptil terrestre por baixo da adaptação marinha. A barbatana dianteira começa com um úmero robusto, seguido por um rádio e uma ulna encurtados e achatados, um ao lado do outro. Seguem-se os carpos e metacarpos (ossos das mãos) e as falanges (ossos dos dedos), sob a forma de modificações achatadas similares. Numa mudança interessante (e ainda ligada ao estado ancestral irrevogável), as falanges se multiplicam em longas fileiras que mimetizam os raios das barbatanas dos peixes. Os seres humanos têm três falanges por dedo (duas no caso do polegar); os ictiossauros chegam a ter vinte em cada dedo.

2) *A nadadeira dorsal, ou não dá para chegar lá partindo daqui.* A nadadeira dorsal dos peixes normalmente contém um reforço de raios ósseos. Estruturas semelhantes poderiam ter beneficiado os ictiossauros, mas acontece que seus ancestrais terrestres não desenvolveram partes corporais ao longo das costas que pudessem ser recrutadas com este fim. Assim, os ictiossauros desenvolveram uma barbatana dorsal invertebrada (que jamais teríamos conhecido se não tivéssemos descoberto os espécimes de Holzmaden).

3) *A nadadeira caudal e sua flexão da cauda, ou sempre é necessário formar uma estrutura convergente com alguma diferença marcante do modelo original, devido à ascendência irrevogável.* A coluna vertebral dos peixes, como assinalei acima, ou se detém no ponto de origem da cauda ou se estende para o lóbulo superior da nadadeira caudal. É apenas nos ictiossauros que as vértebras se inclinam para baixo, entrando pelo lóbulo inferior da cauda. Não sabemos por que os ictiossauros desenvolveram esta estrutura interna claramente diferenciada e singular

(seria necessário outro artigo para discutir as interessantes explicações estruturais e funcionais que já foram propostas), mas todas as convergências evoluem com diferenças evidentes devidas a milhares de marcas da disparidade ancestral.

Faz muito que Louis Dollo é um de meus heróis particulares. Eu pretendia citar suas opiniões sobre a irreversibilidade como fulcro central deste artigo, mas não sabia, até uma descoberta casual ao longo de minha pesquisa, que ele tinha escrito um ensaio inteiro sobre a nadadeira caudal dos ictiossauros — e num momento muito interessante, em 1892, logo depois da descoberta dos contornos das nadadeiras nos espécimes de Holzmaden. Dollo ficou muito satisfeito por esses espécimes preservados terem resolvido "*la curieuse dislocation de la colonne vertébrale, signalée depuis longtemps*" [o curioso deslocamento da coluna vertebral, assinalado há tanto tempo]. E propôs uma explicação baseada na singularidade imposta pela irrevogabilidade da história. Duvido muito que estivesse correto nos detalhes, mas sua conjetura é engenhosa e obedece inteiramente ao espírito de um princípio importante e pouco valorizado de reconstituição histórica. Dollo afirmou que a flexão da cauda surgiu porque a nadadeira caudal do ictiossauro, com seus dois lóbulos, desenvolveu-se a partir de uma dobra da pele das costas (que também teria dado origem à nadadeira dorsal). Esta dobra se estendia na direção posterior para formar o lóbulo superior da nadadeira caudal e depois impelia para baixo a coluna vertebral, a fim de formar o lóbulo inferior. Já que vários répteis modernos conservam uma dobra de pele semelhante nas costas, mas nunca ao longo da barriga, as novas nadadeiras só podiam se desenvolver ao longo da borda dorsal do corpo, e a coluna vertebral só podia ser empurrada para baixo, a fim de formar uma nadadeira caudal com dois lóbulos. Mas os peixes ancestrais tinham dobras ao longo do dorso e da barriga, e uma nadadeira caudal com dois lóbulos podia se formar a partir de um lóbulo inferior que empurrasse a coluna vertebral para cima.

Richard Owen, em contraste com seu colega adaptacionista Buckland, considerava que o primado da conservação da estrutura reptiliana era a principal lição da convergência dos ictiossauros. Em sua grande monografia sobre os répteis fósseis britânicos (publicada entre 1865 e 1881, e antecipando as preocupações de Dollo), ele escreveu:

> As modificações adaptativas do esqueleto ictiopterigiano, como as dos cetáceos [baleias], estão relacionadas ao meio em que os animais vivem; [mas] são superinduzidas, no primeiro caso sobre um tipo reptiliano, e no outro sobre um tipo mamífero.

Mais ou menos na mesma época, e num comentário mais oportuno acerca do mesmo tema da irrevogabilidade na história, o cançonetista W. S. Gilbert (em *Princess Ida*) compôs um epítome cortante para lembrar a seu público a lição principal da evolução:

Darwinian man though well behaved
At best is only a monkey shaved.
[O homem darwiniano, embora bem-comportado,
Não passa, se tanto, de um macaco barbeado.]

6
ENCHENDO OS OUVIDOS

As belezas mais sublimes muitas vezes vêm do que é mais suave, ou menor — como os pianíssimos quádruplos da "Schöne Müllerin" de Schubert, cantados por Fischer-Dieskau (e chegando com nitidez brilhante à última fila do segundo balcão, onde certa vez me sentei para assistir a um dos maiores desempenhos que jamais testemunhei), ou os minúsculos pássaros de plumagem reluzente pintados às margens de manuscritos medievais. Mas mesmo o caráter mais refinado e intelectual pode sucumbir sem pejo ao mero volume empregado às vezes pelos grandes compositores a fim de tomar as emoções de assalto à força, em vez de empregar uma beleza etérea — a orquestração de Ravel para o "Portão de Kiev" no final dos *Quadros de uma exposição* de Mussorgsky, ou a última cena dos *Mestres cantores* de Wagner.

Já tive o privilégio de cantar com a Sinfônica de Boston em Tanglewood no coro da mais atordoante de todas as peças musicais dominadas pelo volume — o "*Tuba mirum*" do *Réquiem* de Berlioz. É uma peça que ouvi durante toda minha vida adulta; ensaiamos (sem a orquestra) durante semanas. Eu sabia exatamente o que nos esperava quando começamos o ensaio geral. Os quatro naipes suplementares de metais foram entrando, um depois do outro, subindo e subindo até chegar a um clímax onde por fim os tímpanos iam a seu encontro — eram oito pares de tímpanos, acho eu, embora dessem a impressão de se estender para sempre numa fileira infinita à frente dos tablados do coro. E, contra o fundo deste crescendo, apenas os baixos (inclusive eu) cantam a grande invocação do Juízo Final:

Tuba mirum spargens sonum
Per sepulchra regionum
Coget omnes ante thronum

(O maravilhoso som do trompete percorre as tumbas de todas as regiões, conclamando todos a comparecer diante do trono.)

É assim que deve ser, e assim foi — menos para mim. Eu prorrompi em lágrimas e calafrios — não de êxtase diante da beleza, mas de espanto diante do volume. Os grandes compositores têm todo o direito de explorar assim a fisiologia de nossa resposta emocional, mas com comedimento, porque a seqüência é essencial (e a maior parte do *Réquiem* de Berlioz é suave).

Minha memória deste incidente extraordinário em minha ontogênese emocional revela uma curiosa mistura de modalidades. O som dos metais tomou meus ouvidos de assalto, mas o trovejar dos tímpanos seguiu outro caminho, dessa vez inesperado. Entrava pelas tábuas do estrado sobre o qual eu me encontrava e de lá subia, tomando todo meu corpo; o som se transformava em sensação táctil.

Não sou discípulo de Jung, e não acredito na memória ancestral da espécie. No entanto, num sentido estranho e puramente analógico, durante um instante eu me senti exatamente como um peixe. Nós (e quase todos os vertebrados terrestres) ouvimos o som que vem pelo ar através de nossos ouvidos; os peixes percebem as vibrações do som que é transmitido pela água através de seus órgãos das linhas laterais. Os peixes, em outras palavras, "ouvem" sentindo — como acontecera comigo quando percebi as vibrações sonoras através de uma plataforma de madeira cuja densidade era mais próxima da água do que do ar.

Não existe na história dos vertebrados terrestres uma saga capaz de competir com a evolução da audição, em matéria de combinação ideal de fascínio com uma excelente documentação. Duas transições fundamentais, na aparência impossíveis mas elegantemente explicadas, aparecem em extremidades opostas. Primeiro, no momento em que surgiu a vida terrestre: como é que as criaturas habituadas a ouvir através de linhas laterais que correm ao longo de todo o corpo poderiam passar a ouvir os sons através dos ouvidos? Como, em outras palavras, novos órgãos podem ter surgido sem que existissem antecedentes aparentes? Segundo, no momento da última grande inovação da configuração dos vertebrados: como é que os ossos que respondem pela articulação entre os maxilares superior e inferior dos répteis podem ter se deslocado para o ouvido dos mamíferos, transformando-se no *malleus* e no *incus* (o martelo e a bigorna) da cadeia de três ossos que conduz o som do tímpano (que lembra minha história do *Réquiem* de Berlioz) ao ouvido interno? Como, em outras palavras, os órgãos podem trocar de lugar e de função sem que, no processo, resulte destruída a integridade do animal enquanto criatura funcional? Como é que poderíamos sequer imaginar uma forma intermediária numa série como esta? Afinal, não é possível comer com mandíbulas que não se articulem. Os criacionistas usam esta diferença entre os répteis e os mamíferos para proclamar que a evolução é impossível *a priori* — como é que alguém pode querer nos impingir a história de que os ossos das mandíbulas se transformaram nos ossos do ouvido? Francamente! E no entanto, veremos, mais uma vez, que o campo do pensamento convencional pode ser muito mais estreito que as possibilidades da natureza — embora as idéias devessem ser capazes de se expandir e abrir suas asas sobre a realidade.

A chave para o enigma dessas duas transições se encontra no tema principal da minha história sobre o *Réquiem* de Berlioz — as modalidades múltiplas e os usos duais. Você pode bater na cabeça e esfregar a barriga ao mesmo tempo, andar e mascar chicletes ao mesmo tempo (a maioria de nós, pelo menos), sentir e ouvir sons, mastigar e sentir com os mesmos ossos.

Escrever sobre a natureza em tom lírico muitas vezes resulta numa exaltação da perfeição e da excelência aparentes da configuração anatômica dos organismos. No entanto, como tantas vezes afirmei nestes ensaios, esta posição acaba mergulhando a natureza num paradoxo paralisante, em termos históricos. Se tal perfeição existisse e fosse a norma, poderíamos exultar e nos regozijarmos com ela, mas só haveria um pequeno problema: a natureza não poderia existir (pelo menos na forma de organismos complexos) se os produtos da evolução fossem aquinhoados com tamanha perfeição.

Recentemente, fiz minha primeira viagem ao Japão para dar uma conferência na abertura de uma série anual que a partir de agora levará sempre um estudioso americano ao Japão e trará para cá um colega japonês para falar sobre o mesmo tema. Fiquei agradavelmente surpreso e intrigado com o tema escolhido para este primeiro ano (em grande parte a pedido dos japoneses) — a criatividade. (Aparentemente, alguns japoneses temem — embora minhas impressões superficiais não revelassem nada que pudesse justificar esta ansiedade — que seus estudiosos e industriais se destaquem em matéria de eficiência e capacidade de adaptação, mas não de impulso inovador.)

Não tenho nada a dizer sobre a vida japonesa (e nem me arriscaria a tanto, nem mesmo com base no critério segundo o qual especialistas são aquelas pessoas que vivem num país ou há mais de vinte anos ou há menos de dois dias); nem entendo bem quais sejam as fontes da criatividade na psique humana de qualquer cultura. Assim, seguindo a máxima segundo a qual cada um deve se ater ao que sabe, falei sobre o significado evolutivo da criatividade — mais especificamente, sobre os princípios que possibilitam as grandes transições e inovações na história da vida. Não sei se minha mensagem foi bem-recebida naquela terra da suprema arte do uso eficiente de um espaço limitado, porque eu disse que as palavras-chave da criatividade eram o descuido, a inadequação, as imperfeições de planejamento e, acima de tudo, a redundância.

As bactérias são maravilhas de eficiência, células simples de talento criador consumado, dotadas de programas internos livres de impurezas e superfluidades, contendo apenas cópias simples de genes essenciais. Mas as bactérias são bactérias desde que a vida deixou seu primeiro registro fóssil, 3,5 bilhões de anos atrás — e continuarão provavelmente a sê-lo até o Sol explodir. Uma tal perfeição pode nos deixar maravilhados, mas não traz em si as sementes da mudança substancial. Se cada gene cumpre o seu papel essencial, e apenas ele, de maneira soberba, como é que uma função nova ou adicional pode vir a se desenvolver? É neste sentido que a criatividade requer a imperfeição e a redundância — um pouco de excesso, não para ser aparado, mas para se converter em alguma outra coisa; um certo superemprego, de modo que um supranumerário ocioso possa ser recrutado para desempenhar um novo papel; a capacidade de desempenhar imperfeitamente vários papéis com cada uma das partes. (Não me entendam mal. As bactérias representam a maior história de sucesso do mundo. São hoje, e sempre foram, os organismos modais da Terra; não podem ser reduzidas a pó por um bombardeio nuclear, e vão certamente sobreviver a todos nós. O período em que vivemos é a "idade das bactérias", e não a "era dos mamíferos", como proclamam, imbuídos de chauvinismo, nossos livros escolares. Mas o preço que elas pagam por tal sucesso é estarem permanentemente relegadas a um micromundo; jamais virão a conhecer a alegria e a dor da consciência. Vivemos num universo de compensações; a complexidade não funciona bem em parceria com a persistência.)

Para chegar a construir um vertebrado ao longo dos tortuosos caminhos da história, a evolução precisa converter em carne e ossos a grande metáfora do poeta. "Posso ouvi-la", escreveu Yeats, "no cerne mais profundo do coração." Não quero ser excessivamente literal, mas se as criaturas não pudessem escutar ocasionalmente com seus pulmões (como ocorre com certas serpentes) ou com suas mandíbulas (como provavelmente ocorria com nossos ancestrais imediatos répteis), não teríamos hoje estes ouvidos tão bem construídos que quase chegam a nos convencer da noção atraente mas insustentável de que os organismos vivos apresentam a configuração anatômica perfeita. Basta pensar no primeiro e no último grande passo da construção anatômica do ouvido médio dos mamíferos — porque não conhecemos história melhor ou mais intrigante em toda a evolução dos vertebrados.

1) *A origem dos ossos da audição nos primeiros vertebrados terrestres.* Ouvir sons que se propagam pelo ar tênue coloca um problema físico de peso: como é que as ondas sonoras que se propagam por um meio aéreo de baixa pressão podem ser convertidas em ondas de alta pressão capazes de ser transmitidas pelos fluidos contidos na cóclea do ouvido interno? Os vertebrados terrestres usam dois recursos principais para promover a necessária conversão. Primeiro, obedecendo ao princípio do "salto alto de ponta fina" (para citar a metáfora de meu colega T. S. Kemp), coletam o som na área relativamente ampla do tímpano, mas em seguida transmitem as ondas para o ouvido interno através de uma abertura muito mais estreita chamada *fenestra ovalis* (janela oval). Segundo, transmitem as vibrações entre o tímpano e a janela oval através de um osso ou de uma série de ossos, chamados, nos mamíferos, o *malleus*, o *incus* e o *stapes* — ou martelo, bigorna e estribo, em homenagem a uma semelhança realmente incrível. Estes ossos atuam como alavancas, aumentando a pressão das ondas sonoras à medida que elas vão se deslocando na direção do cérebro.

Os peixes têm um ouvido interno, mas não têm tímpano e nem ossos do ouvido médio; "ouvem" primariamente através de seus órgãos das linhas laterais, detectando as vibrações produzidas no meio denso da água pelas ondas sonoras. Como então poderiam ter surgido os ossos do ouvido médio nos vertebrados terrestres? A partir do zero?

Os primeiros vertebrados de que temos notícia eram desprovidos de mandíbulas. As lampreias modernas sobrevivem como remanescentes desta primeira irradiação dos vertebrados; seu nome formal, Agnatha (ou desprovidos de mandíbula), diz respeito à sua anatomia (ou às lacunas de sua anatomia). Nos agnatos, uma série de fendas branquiais se abre atrás da boca sem ossos — e este arranjo prenuncia a evolução dos maxilares. Nos primeiros peixes mandibulados, as guelras são sustentadas por uma série de ossos, um conjunto para cada fenda branquial. Cada conjunto compreende uma barra superior e uma inferior, voltados para a frente e com uma dobradiça no meio. Obviamente, este arranjo, embora desenvolvido para sustentar as guelras, é extremamente semelhante ao dos maxilares superior e inferior de um vertebrado típico. Não sabemos ao certo se as mandíbulas surgiram de uma arcada branquial funcional que se tenha deslocado para a frente a fim de cercar a boca, ou se tanto as mandíbulas quanto as arcadas branquiais representam duas especializações diversas sempre isoladas, mas geradas

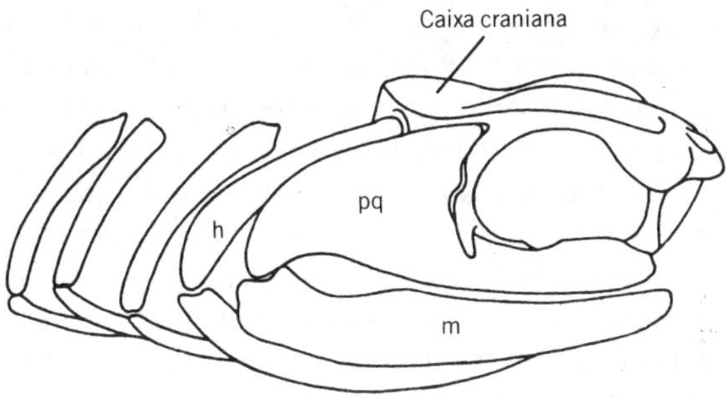

Uma figura clássica ilustrando as homologias entre as arcadas branquiais e as mandíbulas, extraída do livro Vertebrate paleontology and evolution. *Os maxilares superior e inferior* (pq *e* m) *têm a mesma posição e a mesma forma das arcadas branquiais que se vêem ao fundo. Notar também que o elemento superior da arcada branquial logo atrás das mandíbulas se articula com a caixa craniana. Entre os vertebrados terrestres, este osso se transforma no hiomandibular* (h) *e mais tarde no estribo do ouvido.* (Cortesia do Department of Library Services, Museu Americano de História Natural.)

pelo mesmo sistema de desenvolvimento embrionário. De qualquer maneira, não temos como negar que as arcadas branquiais e as mandíbulas sejam estruturas homólogas (ou seja, estruturas que se desenvolvem a partir da mesma fonte e representam o ''mesmo'' órgão em formas diferentes — como os braços e as pernas ou os dedos das mãos e dos pés). Os indícios desta homologia são abundantes e múltiplos: 1) no embrião, tanto os precursores dos maxilares quanto das arcadas branquiais se formam não a partir do mesoderma, a fonte da maioria dos ossos, mas a partir da migração de células da crista neural da cabeça em desenvolvimento; 2) as duas estruturas se compõem de barras inferior e superior, voltadas para a frente e com uma dobradiça no meio; 3) os músculos que controlam o fechamento das mandíbulas são homólogos aos responsáveis pela constrição das fendas branquiais.

Se as mandíbulas dos vertebrados representam uma arcada branquial anterior, outro elemento crucial do crânio também deriva dos elementos de sustentação das brânquias. A barra superior da arcada branquial seguinte se transforma no osso hiomandibular dos peixes mandibulados, um osso que funciona para o apoio e a coordenação, unindo as mandíbulas à caixa craniana.

Todos esses detalhes podem parecer distantes da origem dos ossos da audição, mas já estamos chegando perto (e chegaremos lá antes do fim deste parágrafo). Os mamíferos têm três ossos no ouvido médio — o martelo, a bigorna e o estribo. E o estribo é homólogo ao hiomandibular dos peixes. Em outras palavras — mas como pode ser? —, um osso que se originou como apoio para as brânquias deve ter evoluído para prender as mandíbulas à caixa craniana, e depois se transformou de novo para funcionar na transmissão do som quando os animais trocaram a água pelo ar, um meio tênue demais para permitir que "escutassem" através de sua linha lateral.

Como é costumeiro num mundo cheio de imperfeições, precisamos nos livrar de um conceito antigo e convencional antes de conseguirmos compreender como uma transição tão "inconcebível" pode ter de fato ocorrido sem impedimentos, na teoria e na prática. Precisamos esquecer os antigos modelos que trazem os cavalos e os homens no topo de uma cadeia de aperfeiçoamentos em continuidade funcional — partindo do pequeno, simples e menos bem-acabado para o maior, o mais elaborado e o lindamente torneado. Para esses modelos, os cérebros são sempre cérebros e os dentes são sempre dentes, e apenas ficam cada vez melhores em suas respectivas especialidades. Esses esquemas podem funcionar para explicar o aperfeiçoamento de alguma coisa que já exista, uma espécie de continuação constante da evolução. Mas como é que alguma coisa original pode surgir? Como é que os animais podem se transferir para um meio ambiente de fato inédito, o que cria a necessidade de funções que até então simplesmente não existiam? Precisamos de um modelo diferente para explicar as grandes transições e inovações, porque o rei Lear estava certo ao dizer que "nada se cria a partir de nada".

Precisamos, em outras palavras, de um mecanismo que dê conta do recrutamento e da mudança funcional. A evolução nem sempre funciona ampliando algo que já existia sob forma rudimentar. Muitas vezes precisa pegar uma estrutura que funciona muito bem para determinada finalidade e destiná-la a outro uso. O osso original do ouvido médio, o estribo, evoluiu ao longo de um caminho assim, em que um robusto osso de reforço estrutural acabou se transformando num delgado ossinho da audição.

Se a cada órgão correspondesse apenas uma função (desempenhada com perfeição total), a evolução não seria capaz de gerar estruturas elaboradas, e as bactérias dominariam o mundo. As criaturas complexas só existem em virtude do excesso, do uso múltiplo e da redundância. O hiomandibular, que no início funcionava para dar sustentação às brânquias, evoluiu para responder pela ligação entre as mandíbulas e a caixa craniana. Mas ocorre que este osso está perto da cápsula ótica do ouvido interno — e os ossos, por motivos evolutivos incidentais, são capazes de transmitir o som com eficiência razoável. Assim, embora funcionasse primariamente como reforço estrutural, o hiomandibular também foi adquirindo outras utilidades. As arraias aspiram a água através de uma abertura redonda chamada espiráculo, localizada adiante das outras fendas branquiais. Então, o hiomandibular ajuda a bombear esta água para a cavidade bucal, e daí para fora através das fendas branquiais. Mais perto das características de nosso filo, o hiomandibular pode ajudar a ventilar os pulmões dos peixes pulmonados modernos.

Venho desejando escrever sobre a origem dos ossos do ouvido médio desde que comecei esta série de ensaios, porque não existe história mais interessante na evolução dos vertebrados. Mas gosto de esperar por informações novas que justifiquem a escolha do tema, e acabei de tomar conhecimento de uma (ver J. A. Clack, na bibliografia, sobre a descoberta dos estribos mais antigos que se conhece). Os primeiros tetrápodes (vertebrados terrestres de quatro patas) que se conhece foram encontrados em rochas com 360 milhões de anos de idade, na Groenlândia oriental (ver ensaio 4). São conhecidos há algum tempo pelos nomes de *Ichthyostega* e *Acanthostega*, mas seus estribos ainda não haviam sido localizados claramente. Clack encontrou seis estribos de *Acanthostega*, quatro deles preservados nas posições que ocupavam em vida no animal.

Clack sugere que os estribos desses primeiros vertebrados terrestres tinham uma função não apenas dupla, mas tríplice. O osso é robusto e denso, e não delgado e delicado como nos estribos adaptados fundamentalmente à audição. Estes estribos originais ainda devem ter funcionado também cumprindo seu papel anterior de reforço (outros tetrápodes primitivos, entre eles ancestrais de mamíferos, também apresentavam estribos robustos). Clack afirma que esses ossos desempenhavam ainda um papel suplementar na respiração. Por fim, ela nos faz uma observação crucial baseada na localização do estribo nesses animais: "É provável que o estribo já tivesse alguma função auditiva, devido à associação próxima entre sua base e a cápsula ótica [do ouvido]".

Um osso com tantas utilidades tem um potencial explosivo para a evolução. O estribo pode ter servido de reforço por 100 milhões de anos, mas também funcionava para a respiração e a audição, ainda que apenas de maneira incipiente ou suplementar. Quando o crânio, mais tarde, perdeu sua mobilidade anterior e a caixa craniana foi firmemente suturada ao crânio — como ocorreu, de maneira independente, em várias linhagens de vertebrados terrestres —, o estribo, não mais necessário para servir de reforço, recorreu a seu potencial e amplificou seu papel até então secundário na audição, transformando-a numa ocupação exclusiva.

2) *A origem dos ossos do ouvido médio entre os mamíferos.* A odisséia do estribo já é extraordinária, um relato digno de Cila, Caribde e todas as artimanhas de Circe — de apoio das brânquias à ligação entre maxilares e caixa craniana, e daí ao osso auditivo para amplificar os sons transmitidos pelo ar. No entanto, os dois outros ossos do ouvido médio dos mamíferos, batizados tempos atrás, numa época que ainda conhecia a forja do ferreiro, têm uma história ainda mais curiosa. O martelo e a bigorna (*malleus* e *incus*), elementos da arcada branquial situada à frente do hiomandibular, transformaram-se em partes do maxilar nos primeiros vertebrados. Na verdade, assumiram o papel crucial de responder pela ligação e articulação entre os maxilares superior e inferior — papel que ainda hoje desempenham entre os anfíbios, as aves e os répteis modernos. O osso quadrado do maxilar superior dos répteis transformou-se na bigorna dos mamíferos, enquanto o osso articular do maxilar inferior transformou-se no martelo. A transição, tão improvável em palavras, está lindamente documentada nos registros fósseis e no desenvolvimento embrionário de qualquer mamífero moderno.

A homologia entre os ossos das mandíbulas dos répteis e os ossos dos ouvidos dos mamíferos foi descoberta por anatomistas e embriologistas alemães muito antes do advento da teoria da evolução. Em 1837, C. B. Reichert fez as observações mais importantes e manifestou a mesma surpresa que seu achado vem suscitando desde então. Com essas palavras, Reichert apresentou a parte de seu livro sobre a *Entwicklungsgeschichte der Gehörknöchelchen* [História do desenvolvimento dos pequenos ossos da audição]. (O alemão parece incompreensível por causa de suas palavras enormes. Mas elas são em geral compostas pela aglutinação de palavras menores, e o sistema se torna transparente, e até mesmo encantador, quando se decompõem esses gigantes em suas partes constituintes. Os alemães preferem construir seus termos técnicos a partir da reunião de palavras comuns da língua, em vez de recorrer ao latim e ao grego. Um rinoceronte se chama *Nashorn*, ou "chifre no nariz", o que de fato rinoceronte quer dizer em grego; quadrado se chama *Viereck*, ou quatro cantos. Nossa literatura técnica fala do martelo, da bigorna e do estribo como "ossículos auditivos"; não será preferível o alemão *Gehörknöchelchen*, ou ossinhos da audição?) De qualquer maneira, Reichert escreveu: "Raramente encontramos, em qualquer parte da organização animal, um caso em que a forma original de uma condição primitiva [embrionária] sofra mudança tão extensa quanto nos

4.

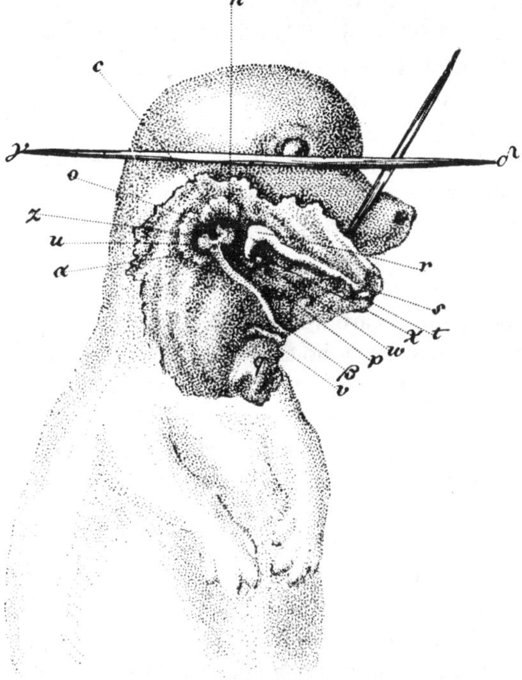

Duas ilustrações do artigo clássico escrito por Reichert em 1837, contendo sua descoberta da homologia dos ossos do ouvido médio dos mamíferos. Ver a explicação no texto. (Cortesia do Department of Library Services, Museu Americano de História Natural.)

16.

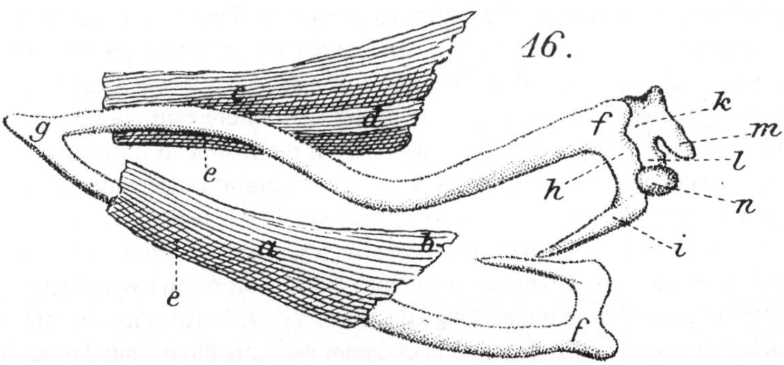

ossos da audição dos mamíferos. Mal conseguimos acreditar [...] Mas ainda assim, é o que acontece".

Reichert estabeleceu todas as principais linhas-mestras do caso: que todos os ossos da audição derivam dos primeiros dois conjuntos de ossos de sustentação das arcadas branquiais, o martelo e a bigorna da primeira arcada (que forma as mandíbulas dos vertebrados) e o estribo da segunda arcada (que forma o hiomandibular dos peixes). Assinalou que o maxilar inferior começa a formar-se com uma estrutura precursora chamada cartilagem de Meckel (em homenagem a outro grande anatomista alemão da geração anterior, J. F. Meckel). Depois, o maxilar superior se ossifica ao lado da cartilagem de Meckel. Enquanto isso, a extremidade posterior da cartilagem de Meckel, que forma a extremidade traseira do maxilar superior no embrião jovem do porco, sofre um processo de ossificação e se destaca para se transformar no martelo do ouvido médio. Não se poderiam desejar provas mais diretas, e as observações de Reichert foram confirmadas mais de mil vezes desde então.

(Como um comentário tangencial em minha campanha permanente contra a cópia nos manuais de estudo, a ilustração anexa traz a figura original de Reichert mostrando o desenvolvimento do maxilar inferior no embrião do porco: *h* e *i* representam partes do futuro martelo sendo formadas na extremidade posterior da cartilagem de Meckel (*g*); o maxilar superior em processo de ossificação (*a*) começa a cercar e suplantar a cartilagem. Enquanto isso, a bigorna (*k*) e o estribo (*n*) começam a formar-se como ossos separados do maxilar inferior. Esta figura foi repetidamente copiada e degradada, como cópias xerox de cópias xerox, desde sua publicação original em 1837. O último clone que vi aparecia em um livro de anatomia publicado em 1971. Aposto que o autor deste volume [que sem dúvida copiou a figura de um livro pouco anterior ao seu] ficaria chocado se soubesse que sua figura data de 1837. Desta vez, todo mundo está com sorte, porque Reichert era um grande anatomista e sua figura está basicamente correta; mas basta pensar no potencial de erro acumulado inerente a esse processo inconseqüente de cópia. Também incluo aqui, para transmitir o interessante [ainda que um tanto macabro] sabor do estilo comum de ilustração do início do século XIX, um dos desenhos de Reichert mostrando a preparação de um embrião de porco, incluindo as agulhas de dissecção.)

Assim, todo mamífero revela em seu crescimento embrionário o caminho percorrido pelo desenvolvimento que transformou ossos do maxilar em ossos do ouvido ao longo da história de sua evolução. Nos mamíferos placentários, o processo já está completo quando o animal nasce, mas entre os marsupiais a história é revivida depois do nascimento, porque o pequeno canguru ou gambá entra na bolsa da mãe com os futuros ossos do ouvido ainda presos às mandíbulas e respondendo por sua articulação. Os ossos se separam, deslocam-se para o ouvido, e uma nova junta se forma para as mandíbulas — tudo durante o início da vida no interior da bolsa materna.

Indícios paleontológicos e funcionais se reúnem aos dados embriológicos, construindo um firme tripé de apoio, dando a esta narrativa um lugar de honra entre todas as transições na evolução dos vertebrados, combinando a força da documentação com o fascínio do conteúdo. Um tema se destaca como o traço coordenador básico desta narrativa (e de todo este artigo): a redundância e a utilidade múltipla são as grandes propiciadoras da criatividade.

Poderíamos aproveitar este tema para formular uma previsão abstrata sobre o caráter das formas intermediárias do registro fóssil. Ao contrário do que afirmam os criacionistas, convencidos de que uma transição deste tipo não poderia ocorrer em princípio, porque os pobres intermediários ficariam desprovidos de articulação das mandíbulas, o princípio de redundância sugere uma solução óbvia. A articulação das mandíbulas dos mamíferos modernos se dá entre os ossos escamosal ou esquamosal (maxilar superior) e dentário (maxilar inferior); nos outros vertebrados, se dá entre os ossos quadrado (maxilar superior) e articular (maxilar inferior), destinados a se transformar na bigorna e no martelo do ouvido dos mamíferos. Suponhamos que os ancestrais dos mamíferos tenham desenvolvido uma articulação entre o dentário e o escamosal num momento em que a antiga articulação entre o quadrado e o articular ainda era funcional — produzindo uma forma intermediária com duas juntas das mandíbulas. Nesse momento, a antiga articulação entre o quadrado e o articular podia ser abandonada e seus elementos começavam a se deslocar para o ouvido, enquanto as mandíbulas continuavam a funcionar perfeitamente bem com a nova articulação já instalada.

O registro fóssil que conhecemos é dolorosamente insuficiente, e não revela muitas formas intermediárias, por motivos discutidos com freqüência nestes ensaios. Mas a origem dos mamíferos representa um caso feliz em que os indícios são abundantes. As previsões abstratas do parágrafo anterior (de fato formuladas pelos paleontólogos antes das descobertas efetivas, de modo que não estou apenas usando um recurso de retórica) foram abundantemente confirmadas por ossos fósseis. Os terapsídeos cinodontes, nosso grupo ancestral entre os chamados répteis mamiferiformes, apresentam várias tendências à redução e à independência tanto do quadrado quanto do articular da antiga junção mandibular reptiliana. Enquanto isso, o dentário do maxilar inferior aumenta e se estende para trás, entrando em contato com o maxilar superior. (Nos mamíferos, o dentário forma todo maxilar inferior; as mandíbulas dos répteis contêm vários elementos pós-dentários, todos reduzidos e depois suprimidos ou dispersos nos mamíferos.) Muitos cinodontes desenvolvem uma segunda articulação entre o escamosal e um elemento pós-dentário do maxilar inferior chamado sobreangular. (Esta junta não é a ligação entre o dentário e o escamosal que se formaria mais tarde nos mamíferos, mas sua formação ilustra uma evolução múltipla de formas intermediárias que os criacionistas afirmam ser impossíveis.) Por fim, dois ou três gêneros de cinodontes mais avançados desenvolvem uma segunda articulação de caráter verdadeiramente mamífero entre o dentário e o escamosal. Um desses gêneros (embora os indícios sejam controversos) recebeu o lindo e característico nome de *Diarthrognathus*, ou mandíbula com duas articulações.

Além disso, os primeiros mamíferos verdadeiros ainda não apresentam um martelo e uma bigorna totalmente independentes. Os ossos permanecem presos às mandíbulas e continuam a participar da articulação, tanto no *Morganucodon* quanto no *Kuehneotherium*, os dois mamíferos primitivos que conhecemos melhor. ''Neste sentido'', escreveu Edgar F. Allin em 1975, ''os primeiros mamíferos ainda não possuíam um 'ouvido médio mamífero' ''. À altura do Jurássico Superior, ainda nos primeiros tempos da vida dos mamíferos num mundo dominado pelos dinossauros, esses ossos já haviam migrado para o ouvido, e se formara uma articulação exclusiva entre o dentário e o escamosal.

A embriologia e a paleontologia nos fornecem uma documentação adequada em relação ao ''como'', mas também queremos compreender melhor o ''porquê''. Em especial, por que esta transição ocorreu — sobretudo quando o ouvido com apenas um osso, o estribo, parece funcionar de maneira perfeitamente adequada (e, ao menos em algumas aves, tão bem quanto o ouvido dos mamíferos com seus três ossos)? Ainda estamos longe de uma resposta satisfatória para esta pergunta complexa, mas uma possível solução tem interesse especial, e também ilustra mais uma vez o princípio da redundância.

Os pelicossauros, criaturas com uma crista nas costas que aparecem em todos os conjuntos de dinossauros de brinquedo e em todas as ilustrações sobre a época dos dinossauros, não são dinossauros, mas nossos ancestrais distantes — antepassados dos répteis terapsídeos que acabaram se transformando em mamíferos. O estribo do pelicossauro está próximo do maxilar superior (ancestral da bigorna, que hoje se articula com o estribo no ouvido médio dos mamíferos). Esta ligação persiste e às vezes aparece mais intensa nos terapsídeos descendentes — antepassados mais imediatos dos mamíferos. Esta ligação anatômica é forte indício de que o osso quadrado dos mamíferos ancestrais, funcionando primariamente na articulação das mandíbulas, já desempenhava um papel subsidiário na transmissão do som. Afirma Allin: "Devido à natureza de sua junção com o estribo, é evidente que o osso quadrado do cinodonte participava da condução do som".

Infelizmente, não temos como fazer experiências com animais extintos, nem dispomos de indícios diretos de que o osso quadrado participasse da audição nos ancestrais dos mamíferos. No entanto, sabemos que os ossos quadrados dos répteis são capazes de transmitir o som, ao mesmo tempo em que funcionam como parte da articulação das mandíbulas, porque vários répteis modernos apresentam uma importante ligação entre o osso quadrado e seu ouvido interno. (Essas criaturas não são ancestrais dos mamíferos, mas demonstram a possibilidade, na verdade o funcionamento real, desta crucial modalidade múltipla na evolução da audição dos mamíferos.) As serpentes, por exemplo, não têm ouvido externo nem tímpano, e muitos cientistas acreditaram que eram inteiramente surdas, até ser demonstrado por estudos recentes que têm sensibilidade ao som em quase todo o corpo, especialmente em torno dos pulmões, capazes de transmitir as vibrações sonoras para o ouvido interno. Mas outro caminho oferece vantagens especiais para uma criatura tão próxima do substrato por decisão direta de Deus: "[...] sobre o teu ventre andarás; e pó comerás todos os dias da tua vida". As serpentes ouvem primariamente apoiando a cabeça no chão e transmitindo as vibrações do maxilar inferior para o osso quadrado e de lá finalmente para o estribo — seguindo assim de perto a trajetória que acabou sendo percorrida pelos mamíferos em sua evolução. Além disso, experiências diretas com vários lagartos e, em especial, o *tatuara* da Nova Zelândia demonstraram que as vibrações dirigidas ao osso quadrado são transmitidas ao estribo e registradas pelo cérebro.

Posso confessar agora, na conclusão deste ensaio, um motivo ulterior para sua composição — porque as excursões complexas e abstratas podem ser meros adornos que na verdade encobrem finalidades mais simples. As piadas para iniciados têm uma qualidade deliciosa porque só são acessíveis aos membros da confraria. Mas às vezes as piadas para iniciados são tão boas que sentimos vontade de contá-las aos demais, mas desistimos diante do volume de informações prévias necessárias à sua compreensão. Este artigo pode ser considerado apenas um intróito extenso mas necessário para que o leitor possa compreender um dos meus poemas jocosos favoritos. Meu colega John Burns, especialista em lepidópteros que hoje vive em Washington mas passou vários anos em Harvard, costumava iniciar seus seminários com versinhos humorísticos. Adorávamos seus poemas, e freqüentávamos seus seminários mais para ouvi-los do que para acompanhar as palestras subseqüentes. Finalmente, John publicou seus versos num volume chamado *Biograffiti* (Demeter Press, 1975), com uma introdução escrita por este vosso criado. Dentre todos, meu favorito é um resumo radical da evolução do ouvido dos mamíferos, inteiramente incompreensível para 99% da população, mas agora decifrado para vocês, queridos leitores, como prêmio por sua persistência e como sobremesa depois desta densa dissertação:

Evolution of Auditory Ossicles

With malleus
Aforethought
Mammals
Got an earful
of their ancestors'
Jaw.

[Evolução dos Ossículos Auditivos

Com o martelo
Premeditadamente
Os mamíferos
Encheram os ouvidos
com a mandíbula
de seus ancestrais.]

7
ERROS E MENTIRAS

Fiorello La Guardia pode estar destinado a entrar para a história basicamente como o padrinho de um aeroporto. Mas foi um grande prefeito de Nova York nos anos duros da Depressão e da Segunda Guerra. (Minha certidão de nascimento traz sua assinatura — pelo menos na forma de carimbo.) Também possuía em abundância a característica que apreciamos muito, mas raras vezes encontramos em pessoas que assumem uma posição de destaque — a disposição de admitir seus erros ocasionais e inevitáveis. Em sua tirada mais famosa, La Guardia disse certa vez: "Quando eu erro, erro bem!".

Os "desvios de conduta" científicos são um tema de grande atualidade, tanto para os jornalistas quanto para os congressistas americanos. Neste clima um tanto agitado, devemos parar para refletir sobre a distinção essencial entre a fraude e o erro — porque os dois conceitos são diametralmente opostos, embora pessoas que se constituem em vigilantes às vezes cometam o trágico erro de considerá-los graus diferentes de contravenção. A fraude é patológica do ponto de vista social e psicológico, embora a ciência deva aprender a policiar-se. O erro é um subproduto inevitável da ousadia — ou de qualquer esforço concentrado. Querer combatê-lo seria o mesmo que aprovar uma lei proibindo as pessoas de urinar depois de beber cerveja.

Nenhuma das grandes obras da ciência jamais foi isenta de erro, e qualquer obra mais extensa ou revolucionária contém necessariamente alguns dos "erros bons" de La Guardia. O progresso intelectual é uma rede complexa de fintas, maus começos e experiências de tentativa e erro. A *Origem das espécies*, de Darwin, por exemplo, apresenta inúmeros erros salpicando sua massa oceânica de validade reformadora. Os erros são tão freqüentes, e tão variados, que podemos até tentar dividi-los em categorias.

Primeiro, Darwin comete vários erros factuais. Aqui, vou deixar de lado os erros tediosos e cotidianos cometidos no registro de informações, concentrando-me nos erros muito mais interessantes baseados em previsões feitas a partir de premissas teóricas que se revelaram falsas ou exageradas. O apego de Darwin ao gradualismo, por exemplo, levou-o a fazer duas conjeturas portentosas e extraordinariamente erradas: 1) Afirmou que já se tinham passado mais de 300 milhões de anos desde o ''desnudamento do Weald'' (a erosão da região, com cerca de sessenta quilômetros de largura, situada entre Chalk Downs do norte e do sul, no sul da Inglaterra), baseado em sua convicção de que a erosão geológica se dá aos poucos, grão por grão. Mas a alteração não precisa proceder com tanta lentidão e nem de forma tão contínua, e o tempo transcorrido foi de um terço a um quinto da generosa avaliação de Darwin. 2) A vida animal multicelular começa abruptamente, do ponto de vista geológico, na Explosão do Cambriano, há cerca de 550 milhões de anos. Darwin, que rejeitava a rapidez biológica com mais energia ainda que a variedade geológica, previu que a ''explosão'' devia ter sido ilusória, e que a história pré-cambriana da vida animal multicelular devia ter pelo menos mais outros 570 milhões de anos de sucesso. Dispomos hoje de um excelente registro da vida pré-cambriana — e nenhum animal multicelular aparece até pouco antes da Explosão do Cambriano.

Uma segunda categoria podia ser rotulada de erros de julgamento: trata-se, na verdade, de erros de cálculo político. Darwin, que era muito esperto, cometeu poucos erros desta ordem, mas incorreu ocasionalmente neles ao dar rédeas a especulações insensatas num tratado que devia sua força à âncora de sobriedade que o prendia aos fatos, evitando as conjeturas fantasiosas das obras anteriores sobre a evolução. Numa passagem que mais tarde renegaria, e que rendeu muita ajuda, consolo, vantagem retórica e motivos de gargalhadas para seus inimigos, escreveu:

> Na América do Norte, o urso preto já foi visto por Hearne nadando horas a fio com a boca aberta, capturando assim, como as baleias, insetos que flutuavam na água [...] Se o suprimento de insetos fosse constante, e se competidores melhor adaptados já não existissem na área, não vejo dificuldade que se oponha à transformação gradual, pela seleção natural, de uma raça de ursos num animal cada vez mais aquático em sua estrutura e seus hábitos, com bocas cada vez maiores, até resultar numa criatura tão monstruosa como a baleia.

(As edições posteriores da *Origem das espécies* conservaram apenas a primeira frase, baseada nos fatos, e eliminaram todo o resto.) Uma afirmação como esta não precisa ser falsa (e na verdade, já que se trata de uma especulação, não temos como saber); o importante, como teria dito Maquiavel, é evitar dar a impressão de estupidez.

Uma terceira categoria, que talvez seja a mais reveladora, compreende os erros que a maioria de nós não reconhece porque nós próprios também costumamos cometê-los. Vamos chamá-los de erros da convenção impensada. Incluo aqui a repetição passiva de suposições culturais generalizadas feita de modo tão automático, ou tão profunda e silenciosamente incorporada à estrutura de um argumento, que mal conseguimos detectar sua presença. Darwin pode ter promovido a maior revolução intelectual do século XIX, mas cometeu alguns erros notáveis nesta categoria, a maioria deles relacionada com sua ambigüidade em relação ao progresso — um conceito que não cabia na mecânica básica da seleção natural, mas que Darwin, na qualidade de vitoriano eminente, não conseguiu abandonar por completo.

Basta lembrar a forma como Darwin trata a evolução dos pulmões dos vertebrados e a relação entre eles e as bexigas natatórias dos peixes teleósteos — um exemplo que Darwin obviamente considerava importante para sua argumentação mais geral, porque repete a história meia dúzia de vezes na *Origem*. Darwin começa assinalando, corretamente, que os pulmões e as bexigas natatórias são órgãos homólogos — versões diferentes da mesma estrutura básica, assim como as asas dos morcegos e as patas dianteiras dos cavalos têm uma origem comum, indicada pelo arranjo similar dos ossos em partes do corpo que hoje atuam de maneira tão diferente. Mas Darwin extrai uma falsa inferência da homologia. Afirma, com uma confiança que vai aumentando e acaba se transformando em certeza, que os pulmões se desenvolveram a partir das bexigas natatórias:

> Todos os fisiologistas afirmam que a bexiga natatória é homóloga [...], em posição e estrutura, aos pulmões dos animais vertebrados superiores; portanto, não me parece haver muita dificuldade em acreditar que a seleção natural tenha de fato convertido uma bexiga natatória num pulmão, ou órgão usado exclusivamente para a respiração. Na verdade, não duvido que todos os animais vertebrados dotados de verdadeiros pulmões sejam descendentes de um antigo protótipo, do qual nada sabemos, dotado de um aparelho de flutuação ou bexiga natatória.

Muitos leitores ficarão admirados a esta altura, o que sei porque já deixei perplexas várias gerações de estudantes ao apresentar o argumento desta forma. O que há de errado na afirmação de Darwin? Os dois órgãos são homólogos, não são? Certo. Os vertebrados terrestres evoluíram a partir dos peixes, não foi? Certo. Então os pulmões devem ter evoluído a partir da bexiga natatória, não é? Não. Totalmente errado. Na verdade, as bexigas natatórias é que evoluíram a partir dos pulmões.

Adoro este exemplo, de especial valor como instrumento pedagógico, porque uma afirmativa extraordinariamente contrária à intuição — a evolução das bexigas natatórias a partir dos pulmões — se torna a hipótese melhor com uma clareza súbita e atordoante a partir do momento em que abandonamos uma suposição comum que nos impede de pensar corretamente e passamos a examinar a questão à luz de uma visão diferente. O problema está na confusão crônica — favorecida neste caso pelo preconceito cultural — que costuma ocorrer entre seqüência estrutural e ordem de ramificação.

A literatura da psicologia experimental muitas vezes revela dados comparativos sobre o desempenho em vários testes de aprendizado de, digamos, uma minhoca, um caranguejo, uma carpa, uma tartaruga e um cão. Estes animais são muitas vezes usados como representantes de uma ''seqüência evolutiva'' do progresso mental. Este tipo de afirmativa deixa os biólogos estudiosos da evolução urrando de raiva ou, se estivermos de melhor humor, apenas nos faz rolar de rir. Este elenco heterogêneo de animais não representa qualquer seqüência evolutiva: os vertebrados não se originaram dos artrópodes; os mamíferos não se desenvolveram a partir das tartarugas; e as carpas estão mais distantes dos peixes, que de fato deram origem aos descendentes terrestres, do que os *aardvarks* dos seres humanos. No entanto, embora os psicólogos estejam totalmente enganados na terminologia que empregam ao falar de uma ''ordem evolutiva'', a seqüência pode ter alguma validade como série estrutural — a seqüência verme, inseto, peixe, tartaruga e cão pode apresentar o aumento de alguma propriedade do funcionamento neurológico.

Quando examinamos outra seqüência comum — peixe, anfíbio, réptil, mamífero, símio, humano — os problemas se avolumam, porque neste caso não se pode falar de seqüência estrutural legítima. As rãs vivem em lugares diferentes, mas serão ''superiores'' aos espadartes ou aos cavalos-marinhos? O quanto você se disporia a apostar numa disputa entre uma preguiça e um *Triceratops*? Certo, diria você; não existe necessariamente um progresso, mas não há dúvida de que esta respeitável linhagem indica *o* caminho que foi seguido pela evolução dos vertebrados. E agora estamos chegando ao cerne do erro no que diz respeito aos pulmões e às bexigas natatórias. Se é verdade que esta seqüência é *o* caminho seguido pela evolução dos vertebrados, é obrigatório que as bexigas natatórias se tenham transformado em pulmões, como disse

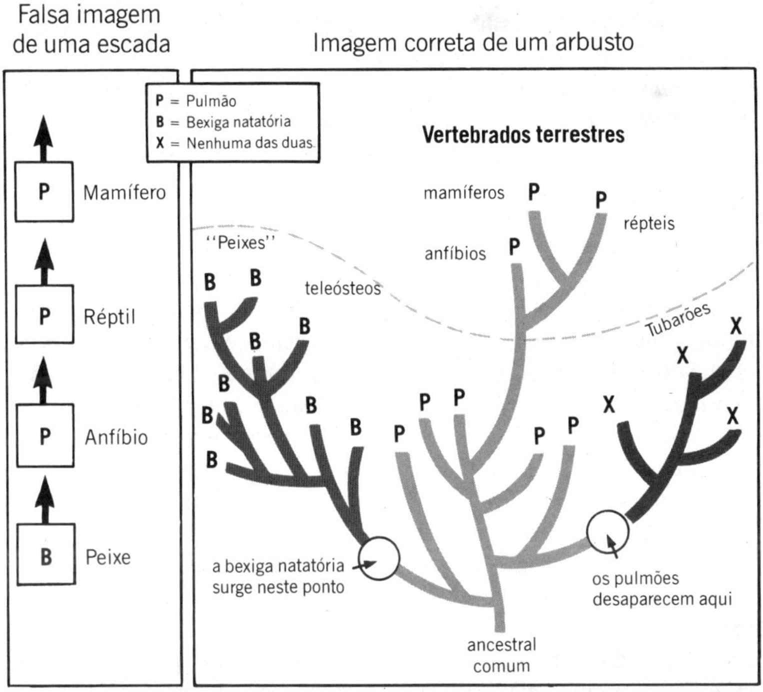

Segundo a seqüência correta, foram os pulmões que se transformaram em bexiga natatória. Isto é inconcebível nos termos do falso modelo que apresenta a evolução dos vertebrados como uma escalada ascendente. Se utilizarmos a ilustração correta de um arbusto, porém, a seqüência fica clara. (Joe LeMonnier. Cortesia da revista *Natural History*.)

Darwin — porque o peixe canônico, o primeiro membro da série, tinha uma bexiga natatória, enquanto todos nós, que estamos no topo, somos dotados de pulmões.

Mas incorremos numa dupla confusão quando proferimos esta afirmativa ''intuitivamente óbvia'': primeiro, partimos da premissa falsa de que tenha havido um progresso, o que faria dos pulmões um órgão ''superior'' a uma bexiga natatória e, assim, inadequado a criaturas situadas na faixa ''inferior''; segundo, o que é mais grave, estamos confundindo escadas e arbustos, ou seqüências e ordens de ramificação. A trajetória peixe-anfíbio-réptil-mamífero não é *o* caminho da mudança percorrido pelos vertebrados; só representa um dos caminhos possíveis, entre milhares de outros, no arbusto complexamente ramificado da evolução dos vertebrados (a figura ao lado pode esclarecer meu argumento). Todos os outros caminhos levam a criaturas que continuamos a chamar de "peixes" na linguagem comum. Em termos da variedade da configuração anatômica, encontramos uma diversidade muito maior entre as criaturas chamadas de peixe do que entre todos os vertebrados terrestres juntos. A linha terrestre é um único ramo, notavelmente bem-sucedido, é certo, mas com uma diversidade limitada na estrutura anatômica subjacente (por maior que possa ser a variedade externa existente entre as aves voadoras, as serpentes rastejantes e as pessoas pensantes). Em contraste, os peixes são extraordinariamente díspares em termos da estrutura básica, e abrangem linhagens que se separaram 100 milhões de anos antes do surgimento de qualquer vertebrado terrestre. Basta pensar nas lampreias, desprovidas de mandíbulas; nos tubarões, que não têm ossos (e que também não têm nem pulmões, nem bexigas natatórias) e no estranhíssimo celacanto; não se pode ter uma imagem de peixe limitada à criatura canônica fisgada num anzol na ponta de sua linha de pesca.

Sim, é verdade: esta criatura canônica — chamada de teleósteo, ou membro do vasto grupo dos peixes ósseos "superiores" — geralmente é dotada de bexiga natatória. Mas os teleósteos, embora abranjam quase todos os peixes comuns atuais, só apareceram ao cabo de muito tempo no curso da evolução, surgindo no mar bem depois que os primeiros mamíferos surgiram em terra. Sim, é verdade que eles possuem bexigas natatórias e são peixes — mas não são ancestrais de nenhum vertebrado terrestre. São formas tardias e derivadas, o que deixa sem solução o problema de saber quem veio primeiro: as bexigas natatórias ou os pulmões.

Uma reconstituição da ordem em que se deu a ramificação dos vertebrados fornece uma resposta clara a esta pergunta: Darwin estava errado; os vertebrados ancestrais eram dotados de pulmões. (Para detalhes a respeito desta questão, ver o artigo de Karel F. Liem citado na bibliografia.) Os primeiros vertebrados possuíam um duplo sistema de respiração: brânquias para extrair os gases da água do mar e pulmões para respirar na superfície. Alguns peixes atuais — entre eles o celacanto, o *Polypterus* africano e mais três gêneros de peixes — ainda conservam pulmões. Um grupo importante, os tubarões e seus aliados, perderam inteiramente o órgão. Em duas grandes linhagens de peixes ósseos derivados — os condrósteos e os teleósteos — os pulmões se transformaram em bexigas natatórias pela atrofia do tecido vascular, criando uma cavidade mais ou menos vazia e, em alguns casos, pela perda do tubo que o ligava ao esôfago (chamado de traquéia nos seres humanos e em outras criaturas dotadas de pulmões). Alguns peixes conservam a ligação entre a bexiga natatória e o esôfago; são capazes de inflar suas bexigas natatórias engolindo ar na superfície. Os peixes que têm bexigas natatórias isoladas em geral extraem os gases para inflá-la do sangue que flui através de um sistema extremamente rico e fino de vasos que cercam a bexiga e possui um dos mais belos nomes técnicos de toda a biologia — a *rete mirabile*, ou "rede admirável".

Eu não gostaria de fazer elogios declarados a erros, mas o erro de Darwin acerca da bexiga natatória recai na categoria que consideramos particularmente instrutiva, porque a correção exige trocarmos uma reação inicial de incredulidade ("não pode ser!") a uma total obviedade — a sensação extraordinária de ter os antolhos removidos. O agente da correção, além do mais, não é um fato novo e primordial, mas apenas uma modificação na estrutura conceitual subjacente.

Louvemos então o frutífero erro de Darwin por esta razão, mas também por outra, bem mais importante. Darwin pode ter invertido a seqüência, mas usou o episódio para ilustrar um princípio vital e em geral malcompreendido da teoria da evolução — e a ilustração continua funcionando, ainda que as bexigas natatórias não se desenvolvam para produzir os pulmões, mas sejam um produto da evolução daqueles. Afinal, por que Darwin se mostrava tão interessado por esta questão?

Um argumento comum usado contra a idéia da evolução afirmava (e continua a ser empregado pela oposição mais renitente) que pequenas mudanças podiam ocorrer no interior de um "tipo básico", produzindo as variedades que vão do chihuahua ao dogue alemão, ou do minúsculo pônei aos alentados cavalos percherons. Mas as transições de um "tipo" a outro são impossíveis, porque a evolução não pode produzir novidades fundamentais. A forma clássica desta argumentação afirma que se as estruturas "novas" quase sempre surgem (como dizem os evolucionistas) a partir de órgãos ancestrais que tinham funções marcadamente diversas, as formas de transição seriam inviáveis porque existiriam num mundo de faz-de-conta da total impraticabilidade, com uma função crucial que já se degenerou e outra nova que ainda não se instalou. Para citar um caso clássico (e com uma contestação elegante, como veremos), como é que os répteis poderiam evoluir transformando-se em mamíferos se os ossos que articulam os maxilares dos répteis precisam transformar-se no martelo e na bigorna do ouvido médio dos mamíferos (ver ensaio 6)? Nenhuma forma intermediária poderia viver sem a articulação dos maxilares, à medida que ocorria a transição em direção ao ouvido. Em outras palavras, tanto o "antes" quanto o "depois" fazem sentido como organismos funcionais, mas o "durante", a forma intermediária, não.

Os pulmões e a bexiga natatória representam um exemplo clássico deste dilema, qualquer que tenha sido a seqüência. Os órgãos são homólogos, e presumimos que um tenha evoluído a partir do outro. Mas como poderia ter sobrevivido a forma transicional, afundando como um peso morto por lhe faltar flutuação quando a respiração exigia o acesso à superfície, ou então com toda a facilidade para boiar, mas sufocando por não ter como respirar?

Darwin começa advertindo que devemos duvidar de todas afirmações apriorísticas que falam de uma impossibilidade em princípio, porque a natureza multiforme muitas vezes é quem ri por último desta forma particular da vaidade humana: "Devemos tomar extremo cuidado antes de concluir que um órgão não poderia ter se formado por algum tipo de transição gradativa". A engenhosa solução de Darwin envolve um encadeamento do princípio do dois-em-um com o do um-em-dois — misterioso quando formulado assim, de forma abstrata, mas lindamente simples por ilustração, em que os pulmões e as bexigas natatórias servem de exemplo primário. Em primeiro lugar, diz Darwin, órgãos únicos muitas vezes desempenham mais de uma função — o dois-em-um:

> Poderia citar inúmeros exemplos [...] do caso de um mesmo órgão que desempenha a um só tempo funções completamente diversas [...] Nessas situações, a seleção natural pode ter facilmente determinado uma especialização, caso isto resultasse em alguma vantagem, fazendo com que uma parte ou um órgão que executava duas funções passasse a desincumbir-se de apenas uma delas, modificando assim totalmente sua natureza ao longo de estágios imperceptíveis.

A bexiga natatória primitiva, afirma Darwin (e podemos inverter a argumentação, aplicando-a também aos pulmões), pode também ter funcionado, subsidiariamente, na troca de gases — e este segundo papel pode ter sido intensificado à medida que o emprego original foi decaindo, com a evolução dos pulmões. Mas o princípio do dois-em-um não responde ao problema dos estágios intermediários — como é que o peixe conseguiu continuar respirando depois que os pulmões originais perderam sua função primária?

E é aí que Darwin recorre ao seu segundo princípio associado ao primeiro, o princípio do um-em-dois. Muitas funções vitais são desempenhadas por dois ou mais órgãos, e um deles pode mudar de função se o outro continuar a desempenhar o papel necessário. Somos capazes de respirar tanto pelo nariz quanto pela boca — felizmente, senão qualquer resfriado poderia nos matar:

> Às vezes, a mesma função é desempenhada ao mesmo tempo no mesmo indivíduo por dois órgãos distintos [...] Nesses casos, um dos dois órgãos pode ser facilmente modificado e aperfeiçoado de maneira a responder sozinho pela função [...] e assim o outro órgão pode ser modificado para responder a alguma outra finalidade muito diversa.

Podemos entender hoje por que Darwin gostava tanto do exemplo dos pulmões e das bexigas natatórias. Ele fizera uma conjetura razoável acerca do princípio do dois-em-um, afirmando que as bexigas natatórias também eram órgãos respiratórios suplementares, e dispunha de indícios definitivos de que o princípio do um-em-dois funcionava nos casos dos muitos peixes existentes que apresentavam dois sistemas respiratórios — tanto brânquias quanto pulmões. (A classificação taxonômica oficial dos peixes dotados de pulmões, *Dipnoi*, ou dipnóicos, significa "duas respirações".) Assim, usando os pulmões e as bexigas natatórias como seu exemplo-chave numa defesa central da evolução em larga escala, Darwin concluía:

> Por exemplo, a bexiga natatória foi aparentemente convertida num pulmão adaptado à respiração. O mesmo órgão desempenhava simultaneamente duas funções muito diversas, e depois se especializou numa delas; e a existência de dois órgãos muito diversos que desempenhassem ao mesmo tempo a mesma função, um deles aperfeiçoado enquanto o outro o coadjuvava, deve ter muitas vezes facilitado bastante a transição.

A essa altura, os leitores poderão estar torcendo o nariz. A argumentação que associa o dois-em-um ao um-em-dois é logicamente inatacável, mas pode parecer um tanto forçada e extremamente improvável. Com que freqüência podemos nos deparar com semelhante combinação? As duas situações podem ser incomuns; neste caso, sua conjunção seria quase inconcebível. Raro vezes raro é igual a raro ao quadrado, ou impossível na prática.

Mas é agora que chegamos à qualidade especial da argumentação de Darwin. Acontece que nenhuma dessas duas situações é rara, e os dois fenômenos — o dois-em-um e o um-em-dois — nunca aparecem separados. Na verdade, os dois são manifestações de um princípio mais profundo e extremamente importante — a *redundância* como ponto de partida para qualquer forma de criatividade. São os dois lados da mesma moeda — e a moeda, embora preciosíssima em matéria de valor intelectual, é tão comum quanto as pratas de dez centavos.

A noção de que os órgãos foram criados "para" fazer determinadas coisas, sendo idealmente adequados a uma certa função, e apenas a ela, é um vestígio do criacionismo arcaico — a idéia de que todas as criaturas foram produzidas por Deus, já totalmente formadas e aperfeiçoadas em seu funcionamento. Se cada órgão existisse explicitamente para desempenhar um único papel, admito que um órgão capaz de fazer mais de uma coisa seria raro, e que a presença de dois órgãos fazendo a mesma coisa seria mais rara ainda. Mas os órgãos não foram criados com nenhum desígnio; eles evoluíram — e a evolução é um processo confuso, em que a redundância é muito freqüente. Um órgão pode ter sido moldado pela seleção natural de modo a apresentar certas vantagens num determinado papel, mas tudo que seja complexo apresenta uma série de outros usos potenciais em virtude de sua estrutura herdada — o que todos podemos descobrir ao usar uma moeda como chave de fenda, um cartão de crédito para forçar uma fechadura ou um cabide de arame para conseguir abrir o carro que trancamos com a chave dentro (e não o de outra pessoa, esperemos, e nem — supliquemos — para pôr fim à gravidez indesejada na era de profundas restrições que vem se anunciando). Qualquer função vital que esteja restrita a apenas um órgão dá à linhagem em que isto ocorre poucas perspectivas de persistência evolutiva a longo prazo; a redundância, por si só, já representa uma vantagem enorme. (É deste modo que a redundância resolve, como apresentei sumariamente acima, o problema da evolução dos maxilares dos mamíferos, que de outra forma seria insolúvel. As formas intermediárias, cuja existência foi demonstrada por indícios fósseis diretos e não por meras conjeturas abstratas, desenvolveram uma segunda articulação entre os ossos dentário e escamosal [a atual articulação mandibular dos mamíferos], e então certos elementos da antiga articulação puderam abandonar sua função anterior e transferir-se para o ouvido.)

Na verdade, a bexiga natatória se constitui num excelente exemplo de que as possibilidades múltiplas são a norma. Primariamente, é um órgão de flutuação nos peixes teleósteos. Enchendo a bexiga de gás, o animal que de outra forma afundaria adquire uma flutuação neutra e pode permanecer em repouso, sem despender energia, no meio de uma coluna de água. (Numa função correlata, os peixes com flutuação neutra adquirem maior eficiência em seu deslocamento para a frente, porque não precisam empregar energia na criação de uma força ascensional que se contraponha à submersão — ver R. McNeill Alexander na bibliografia.) Um fato interessante é que alguns tubarões são, por hábito, pelágicos (flutuantes); como é que conseguem manter-se à flor d'água, se toda a sua linhagem perdeu o órgão que se transforma em pulmões ou em bexiga natatória nos outros peixes? Ocorre que esses tubarões são dotados de fígados imensos, constituídos em grande parte de um carboidrato com densidade consideravelmente inferior à da água do mar — outro bom exemplo de que a utilidade múltipla costuma ser a norma.

No entanto, a bexiga natatória cumpre pelo menos mais três funções importantes, embora secundárias, em muitas espécies de peixes teleósteos:

1) O fato mais curioso, talvez, é que a bexiga natatória tornou a adquirir uma função respiratória suplementar em várias linhagens de peixes que vivem em águas pantanosas ou estagnadas, onde a inspiração do ar na superfície pode ser uma alternativa importante para a respiração branquial.

2) Muitos teleósteos empregam sua bexiga natatória como órgão sensorial. Uma vez que o gás responde tão sensivelmente às mudanças de pressão, alguns peixes são capazes de avaliar a profundidade a que se encontram na água por meio de receptores implantados nas paredes de suas bexigas natatórias. Muitos outros peixes usam a bexiga natatória como órgão acessório da audição. Os gases são mais compressíveis do que a água, e os gases das bexigas natatórias podem captar as vibrações sonoras com maior sensibilidade do que qualquer outra parte do corpo do peixe, e esta audição suplementar apresenta pelo menos duas formas de evolução notavelmente diferentes. Alguns peixes desenvolveram delgadas extensões anteriores da bexiga natatória; estas extensões passam por aberturas do crânio e entram em contato direto com o ouvido. Em outro grande grupo, os cipriniformes (que abrangem a maior parte dos peixes de água doce de todo o mundo), as vibrações da bexiga natatória são transmitidas ao ouvido através de uma cadeia de três ossos localizados dos dois lados da coluna vertebral e chamados de *ossículos weberianos* em homenagem ao cientista alemão que identificou seu funcionamento em 1820. (Este exemplo de função múltipla foi utilizado por Darwin na *Origem das espécies*.)

3) A produção de sons: várias linhagens de peixes utilizam a bexiga natatória como agente direto para a produção de sons, ou para amplificar os sons que produzem com outras partes do corpo. (Alguns peixes são essencialmente mudos, mas muitos produzem sons, em especial durante a corte que antecede o acasalamento ou como forma de demonstrar agressividade.) O cangulo, do gênero *Balistes* (outro lindo nome), produz um som estrídulo esfregando dois ossos — mas este som, de volume baixo, é imensamente amplificado pela ressonância da bexiga natatória, próxima a eles. Outro grupo de peixes range os dentes faríngeos e também transforma este rugido baixo num poderoso ronco graças à ressonância da bexiga natatória. Em outros peixes, é a bexiga natatória que produz diretamente os sons, por meio da expulsão de bolhas de

gás. T. H. Huxley escreveu um artigo especial para a revista *Nature* (em 1881) tratando do que só posso descrever como os peidos dos arenques. Estes peixes expulsam gás da bexiga natatória por um orifício adjacente ao ânus. No estilo tão digno e respeitável adequado a um texto científico, um artigo inglês de 1953 descreve a proposição de Huxley: "Os guinchos semelhantes aos dos camundongos produzidos pelos arenques quando são capturados podem ser devidos ao escapamento de gás através da abertura posterior".

Se me permitem passar, em minha conclusão, desses traques de interesse menor a uma nova incursão em terreno mais elevado, não sei se podemos encontrar em toda a *Origem das espécies* argumento mais geral ou mais importante do que o reconhecimento de que é a redundância generalizada que torna possível a evolução. Se os animais fossem idealmente adaptados, com cada parte destinada a cumprir com perfeição determinada função, a evolução não teria como ocorrer, porque nada poderia mudar (sem que uma função vital se perdesse na transição), e a vida terminaria rapidamente à medida que os meios ambientes fossem mudando e os organismos se mostrassem incapazes de responder a essas alterações.

No entanto, existem regras estruturais mais profundas do que a própria seleção natural determinando que os traços mais complexos se apresentem cheios de possibilidades múltiplas — e a evolução adquire a flexibilidade de que necessita graças ao desalinho, à redundância e à ausência de uma adequação perfeita. A criatividade humana deve funcionar da mesma maneira, porque a meu ver nos deparamos aqui com uma idéia fundamental acerca da própria natureza da organização — uma idéia tão geral que deve poder ser aplicada a qualquer caso particular.

Como é triste, diante disso, o fato de vivermos numa cultura praticamente dedicada a aniquilar o gosto pela ambigüidade e a alegria criativa da redundância. Hoje em dia, mesmo os conceitos mais complexos acabam sendo reduzidos a instantâneos fotográficos e a curtas informações sonoras, e as eleições são decididas por quinze segundos de imagens mostrando homens rodeados de bandeiras e suspeitos de crimes sendo conduzidos através de simbólicas portas giratórias. Podemos estar criando uma geração de carneiros — e embora esses simpáticos mamíferos suplantem os neozelandeses em número numa proporção de quase 25 para um, tendo a suspeitar que o *Homo sapiens*, devidamente enriquecido pela redundância e a ambigüidade, continuará a prevalecer.

A redundância e sua contrapartida, a ambigüidade, são a nossa maneira de ser, nossa maneira mais preciosa, mais humana de ser. Nós tendemos a nos exasperar com os computadores porque, a despeito de todo seu incrível poder, são incapazes de perceber nossas ambigüidades essenciais. Não conseguem fazer traduções adequadas de uma língua humana para outra, e somos forçados a falar com eles de um modo que é totalmente antinatural para nós — ou seja, sem ambigüidade (e daí toda uma indústria dedicada exclusivamente a combater os *bugs*). Diante dos erros de La Guardia ou de Darwin, eles emperram, mas nós não: nós nos ajustamos, nós nos esquivamos, nós vencemos, nós transcendemos. Pode vir a ser uma parceria infernal, contanto que nós conservemos o controle. Quanto a mim, prefiro apostar nos pastores da Nova Zelândia, e esperar que a analogia se sustente.

III
VOX POPULI

VISÕES EM EVOLUÇÃO

8

OS HOMENS DA 33ª DIVISÃO
Um ensaio sobre a integridade

Meu pai, como tantos homens de sua geração, não teve a oportunidade de uma formação universitária devido a uma conspiração de circunstâncias — primeiro a Depressão, depois as privações da guerra, e aí já era tarde demais: tinha muitos filhos para alimentar quando os empecilhos externos por fim se dissiparam. Mas Leonard Gould era um homem de grande intelecto, percepção aguçada e interesses variados. No final de sua vida, e em grande parte como reação aos temas que me interessavam, ele ficou fascinado pela questão da evolução humana e passou boa parte de sua aposentadoria lendo — com seu cuidado consumado e característico — sobre paleoantropologia, tanto os livros técnicos quanto os de divulgação.

Certo dia, durante uma das minhas visitas, ele me comunicou sua grande frustração. Abertos diante dele estavam os livros mais recentes dos dois maiores antropólogos americanos. "Veja só", disse-me ele, "o professor Uno zomba do professor Due por acreditar numa idéia tão idiota, mas na verdade Due diz uma coisa muito diferente; olhe aqui. Enquanto isso, Due diz que as convicções de Uno são de uma insensatez total, mas olhe aqui, Uno nunca disse isto. O que será que *eu* não estou conseguindo entender?" Eu sempre ficava triste quando meu pai atribuía o descuido dos estudiosos à sua própria ignorância, por não ter uma formação especializada. Jamais consegui fazê-lo entender que os graus e os títulos acadêmicos não servem como penhores de sabedoria, e que no fim das contas não existe nada que seja capaz de substituir a boa e velha leitura cuidadosa. Jamais consegui demonstrar que ele era muito mais capaz do que Uno ou Due de compreender a argumentação de outra pessoa em toda a sua integridade. Afinal, dispunha dos pré-requisitos básicos, a inteligência e um conhecimento adequado do jargão, e possuía em abundância, além disso, duas qualificações essenciais que raras vezes se encontram entre os estudiosos em atividade: tempo para ler com cuidado e a ausência de preconceitos que distorcessem suas leituras. Fui ler os dois livros. E mais uma vez ele tinha razão. Uno e Due estavam engalfinhados com as caricaturas fantasiosas das idéias um do outro.

Faz quase um quarto de século que venho me dedicando a esta atividade, e nada me deixa mais deprimido do que a tendência triunfal e aparentemente incontrolável à caracterização indevida que se encontra no cerne de grande parte das discussões acadêmicas. Não somos incapazes de discutir sobre a substância intelectual e a realidade empírica, mas preferimos claramente tomar uma compreensão equivocada como objeto de nossas invectivas. A origem desse comportamento lamentável só pode estar nos hábitos descuidados de leitura e reflexão (ou, pior ainda, na facilidade com que nos dispomos a discutir o que ainda não lemos).

A razão do meu desconforto é uma posição moral tradicionalmente preciosa para o mundo dos intelectuais. O que mais temos para ser julgado, avaliado e respeitado além da integridade de nossas idéias — integridade, aqui, tanto no sentido moral de honestidade na argumentação quanto em seu sentido literal e mais importante: a reunião de nossas várias idéias em estruturas intelectuais coerentes? Podemos afirmar que, na vida acadêmica, o brilho se deve à surpresa, ao vigor e à beleza desta integridade quando se manifesta em sua forma mais pura. Os intelectuais realmente extraordinários de nossa história não se limitaram a fazer grandes descobertas; elaboraram verdadeiras tapeçarias, variadas mas firmes, e globalizantes em seu alcance. Essas tapeçarias tiveram destinos diversos: a maioria vai se desgastando de tão pisada pelo tempo, ou então acaba queimada pelo fogo das descobertas mais recentes. Mas sua glória e sua beleza estão em sua integridade como estruturas unificadas de grande complexidade e vastas conseqüências.

No entanto, em nosso mundo assolado por fragmentos sonoros e flagrantes rapidíssimos de imagem, tendemos a nos concentrar na anedota em vez de atentar para a estrutura, e os estudiosos são identificados por seus achados isolados, e não pelas preciosas tapeçarias que possam ter urdido. Para nós, Lavoisier foi o descobridor do oxigênio, e Darwin descobriu a evolução; Newton foi atingido na cabeça pela queda da maçã, e Mozart pensava em sexo o tempo todo. O que já é ruim quando falamos no modo hagiográfico e deixamos clara nossa intenção de exaltar os grandes vultos ao apresentar suas descobertas como insígnias de seu valor. Mas e o lado escuro, tão freqüente na vida acadêmica? O que poderia ser mais destrutivo para nossa frágil comunidade do que o tipo de crítica que arranca um pedaço qualquer da tapeçaria e faz dele uma leitura errônea, usando-o na fabricação de um judas pronto para a malhação geral e depois tentando definir o estudioso apenas à luz deste fragmento isolado? Se alguém roubar a minha bolsa não estará roubando nada de valor, mas se alguém cortar e retalhar minha tapeçaria estará partindo meu coração.

A forma como posso homenagear o respeito de meu pai pela integridade é tentar corrigir uma lenda que se deve a este método crítico dos retalhos arrancados, lenda que envolve o fundador do campo em que despontam os vociferantes professores Uno e Due — o estudo dos fósseis humanos.

Antes da grande obra de Darwin, *A descendência do homem* (1871), só haviam ocorrido dois achados substanciais de fósseis humanos, e nenhum dos dois apresentava indícios conclusivos quanto aos ancestrais do homem. Os homens de Neanderthal, que num primeiro momento foram objeto de uma confusão generalizada, incorretamente interpretados como esqueletos modernos marcados por alguma deformação ou doença, representam um ramo colateral muito tardio no transcurso da evolução humana, enquanto os homens de Cro-Magnon, que viveram mais perto ainda de nosso tempo presente, já são iguais a nós em todos os aspectos cruciais da anatomia e do tamanho do cérebro.

Eugène Dubois, oficial médico do exército holandês, encontrou os primeiros fósseis de um antigo e genuíno ancestral do ser humano em 1891 e 1892, dez anos depois da morte de Darwin. A história de sua descoberta figura entre as melhores nos anais da perseverança e da perspicácia científica. Dubois (1858-1940), médico e professor de anatomia na Universidade de Amsterdam, apaixonou-se pela nova ciência da evolução e ansiava por encontrar o grande *desideratum* de todos, o equivalente paleontológico do Santo Graal — o "elo perdido" (para usar a terminologia antiquada de sua época). Aceitando a visão costumeira segundo a qual a Ásia tropical seria o terreno mais promissor, e aproveitando-se da presença colonial de seu país na Indonésia, Dubois renunciou a seu cargo em Amsterdam e alistou-se para um período de oito anos como oficial médico de segunda classe no Exército Real Holandês das Índias Orientais, com a clara motivação inconfessa de dedicar todo seu tempo livre à procura dos ancestrais do homem. Decepcionou-se em Sumatra entre 1887 e 1890, mas dois anos depois por fim encontrou um veio promissor em Java, às margens do rio Solo, perto da aldeia de Trinil. Ali, em outubro de 1891, os trabalhadores de Dubois encontraram uma calota craniana e, mais tarde, em agosto de 1892, um fêmur de primata que apresentava marcantes afinidades humanas. O fêmur mal se distinguia do nosso, mas a calota craniana pertencia a uma criatura dotada de um cérebro com 900 cm^3, ou cerca de dois terços de seu tamanho moderno. (A imagem romântica do trabalho de campo mostra o nosso herói com as mangas arregaçadas, picareta na mão e a camisa manchada de suor sob o sol escaldante, desenterrando seu precioso achado. Mas as realidades da vida colonial e das expedições complexas nos revelam um panorama menos inspirador, porém mais realista. Dubois confiou o trabalho cotidiano de escavação a prisioneiros condenados ao trabalho forçado, comandados por dois sargentos do exército. Os fósseis, acondicionados em folhas de teca, iam-se acumulando na varanda do quartel-general de Dubois, onde é provável que ele os tenha visto pela primeira vez.)

Dubois afirmou que esta maior das descobertas do século XIX, segundo sua reconstituição, pertencia a um homem mais ou menos do nosso porte, de postura totalmente ereta (a julgar pelo fêmur), mas dotado de um cérebro um terço menor do que o nosso — em suma, um excelente "elo perdido" de acordo com a teoria, já popular na época de Dubois e hoje firmemente estabelecida, segundo a qual a postura ereta precedeu, e pode até ter provocado, o aumento de tamanho do cérebro humano. Dubois batizou sua criatura de *Pithecanthropus erectus*, ou "homem-macaco de postura ereta". Ainda hoje consideramos que a espécie de Dubois é nossa ancestral direta, embora a revisão de sua classificação tenha revelado uma afinidade ainda maior entre sua criatura e os seres humanos, levando à mudança de sua designação para *Homo erectus*. Esta espécie já foi encontrada por todo o Velho Mundo, tanto em outros pontos da Ásia (no início como o famoso Homem de Pequim, descoberto na década de 1920) quanto, mais recentemente, em seu berço original africano. O ponto de partida de Dubois, uma calota craniana e um fêmur encontrados em Java, multiplicou-se, transformando-se num ancestral de existência difundida e bem-documentada em três continentes.

Um início tão auspicioso deveria ter produzido honrarias e novos triunfos, mas uma combinação infernal das controvérsias científicas com a índole da época e os caprichos da mente do próprio Dubois logo frustrou qualquer desenvolvimento favorável, transformando em amargura a gratificação do descobridor. Ele voltou de Java em 1895 e começou a exibir seus espécimes em encontros científicos. Recebeu um apoio caloroso e várias homenagens na forma de medalhas e títulos de doutor *honoris causa*. Mas também provocou uma enxurrada de dúvidas e protestos neste campo permanentemente controvertido. Alguns disseram que sua descoberta era "meramente" um macaco; outros que se tratava de um esqueleto moderno deformado pela doença, e outros ainda que ele tinha montado uma fraude, combinando um fêmur humano moderno com a calota craniana de um macaco.

É neste ponto que encontramos a lenda consagrada acerca de Dubois — a história que tentarei refutar reintegrando o retalho arrancado à tapeçaria intelectual de Dubois. Os fatos básicos estão acima da discussão; a interpretação tradicional, contudo, além de errada, apresenta uma cruel inversão.

Na virada do novo século, Dubois retirou de circulação os ossos de Trinil, trancou-os a sete chaves e barrou seu acesso a qualquer cientista por quase 25 anos. Por fim, em 1923, cedendo a inúmeras súplicas e à pressão das autoridades (investigações no Parlamento e moções da Academia Real de Ciências da Holanda), Dubois decidiu devolver seus espécimes ao escrutínio científico. Mas agora surpreendia a todos com uma reviravolta radical, e seus últimos textos publicados declaravam que a calota craniana e o fêmur de Trinil não pertenciam a um homem-macaco, mas a um gibão gigante!

A partir desta apresentação crua dos fatos, decorre uma interpretação óbvia (como óbvia é a moral da história), apoiada em três suposições: primeiro, que Dubois teria trancado seus ossos movido pela raiva, numa última defesa desesperada contra ataques cada vez mais vigorosos e devastadores; segundo, que Dubois teria passado um quarto de século mergulhado em amargura, entregue a um medo irresistível; terceiro, que sua reviravolta final, reclassificando o Homem de Java como um gibão gigante, seria sem dúvida a maior piada de mau gosto de toda a história da ciência — um velho amargo e dispéptico dando vazão afinal ao azedume e ao despeito. A história do declínio de Dubois, vítima de violentos distúrbios psíquicos, transformou-se assim numa narrativa canônica acerca das penalidades reservadas ao dogmatismo e, especialmente, a quem se recusa a obedecer às normas de cooperação acadêmica.

Esta é a interpretação que figura em todos os livros populares que falam da evolução do homem. O incomparável professor Uno (de quem falei no início deste ensaio) escreveu em 1974, dando apoio à primeira das três suposições: "A controvérsia foi tamanha que Dubois decidiu impedir a exposição científica de seus achados de Java, trancando-os no cofre de um museu". Acerca da segunda delas, conta uma fonte de 1982: "Por um quarto de século, permaneceu quase mudo a respeito, com os fósseis enterrados sob o assoalho de sua sala de jantar" (notar a discordância sobre a localização do esconderijo de Dubois).

Mas a parte da narrativa que desperta uma interpretação unânime, além de uma comiseração generalizada perante a triste sorte que o pobre Dubois se auto-infligiu, é o cruel desenlace do final — a degradação que acabou transformando o Homem de Java num gibão gigante. Vamos citar primeiro nosso insigne professor Due (num livro de 1949): ''Uma única voz proclamava agora que o Homem de Java não era um homem, mas um gibão gigantesco, que andava nas árvores [...] E foi aqui que o *Pithecanthropus* recebeu o mais duro dos golpes. Porque a voz era a do próprio dr. Dubois''. Ou esta outra versão, de 1981: ''Ele tentou demonstrar que o *Pithecanthropus* era na verdade um grande macaco de aparência semelhante à do gibão [...] Mas a essa altura os fatos já haviam derrotado Dubois e sua interpretação [...] Estes artigos [...] refletem o ressentimento de um velho cansado''. E mais uma, de 1982: ''Enquanto seus visitantes concluíam que os ossos pertenciam de fato a uma forma primitiva de homem, Dubois preferiu responder que, na verdade, pertenciam a um gibão gigante [...] Uma convicção absurda que Dubois conservou até sua morte em 1940''.

Nestas versões distorcidas de sua verdadeira concepção, Dubois foi vitimado pelo que costumo chamar de ''efeito Wambsganss'': 10 de outubro de 1920, último *inning* do jogo decisivo da World Series, as finais do campeonato americano de beisebol; a primeira e a segunda bases estavam ocupadas por atacantes adversários. Depois da rebatida, os dois começaram a correr para a base seguinte; mas Wambsganss, que defendia a segunda base, pegou no ar a bola que o rebatedor mandara em linha reta, pisou na segunda base e tocou com a bola o jogador que vinha correndo da primeira, completando, em apenas um ou dois segundos, a única eliminação tripla (a chamada *triple play*) no mesmo lance de toda a história da World Series. (Tripla porque, além dos corredores, pegar a bola no ar elimina também o rebatedor.) E não foi nem uma grande jogada, só uma combinação altamente incomum de circunstâncias com um resultado quase automático. Ainda assim, Wambsganss ficou para sempre identificado com seu momento de glória fortuita. Basta mencionar seu nome que a única reação concebível de qualquer torcedor, além de discutir a grafia e a pronúncia de seu nome, será: ''Eliminação tripla no mesmo lance, World Series de 1920''. Por mais que Wamby (como era chamado para facilitar a vida dos torcedores e a forma como seu nome figurava no placar) tenha tido uma sólida carreira de defensor por doze anos, transformou-se em eterno prisioneiro de seu momento de triunfo.

O mesmo aconteceu com Eugène Dubois. Encontrou o primeiro fóssil de um autêntico ancestral humano e, embora ninguém possa tirarlhe esta glória, ficou tão associado a este episódio de sucesso transcendente que ninguém nunca se pergunta o que mais terá feito no resto de sua vida. O efeito Wambsganss deu extremo destaque a este retalho, a descoberta do *Pithecanthropus*, sepultando o resto de sua tapeçaria intelectual; por isso, toda sua vida é interpretada à luz daquele grande momento. No entanto, ao aceitar este processo, estamos prestando um grande desserviço ao descobridor. Dubois tinha uma concepção geral, e, por mais errada que estivesse em vários pontos, ainda assim era uma visão integrada. Os ossos encontrados em Java se encaixavam nesta visão, e eram parte do trabalho a que dedicou toda sua vida; não seremos capazes de compreender as interpretações de Dubois se não formos além da calota craniana e do fêmur que desencavou. Os paleontólogos riem da lenda corrente segundo a qual é possível reconstituir todo um animal a partir de um osso do dedo do pé. É claro que isto é impossível. Por que então nos atrevemos a cometer a mesma falácia, cassando os direitos intelectuais de um homem, ao interpretar sua visão de mundo a partir de um único aspecto de sua vida movimentada?

O que terá feito Dubois durante os 25 anos em que, segundo se diz, passou enlouquecendo? Será que se limitou a trancar seus ossos, murmurando o equivalente em holandês de "deixem-me em paz" e voltando para casa a fim de dedicar-se às suas tulipas e seus diques? Precisamos começar corrigindo a primeira das suposições da lenda (correção admiravelmente apresentada por Bert Theunissen numa excelente biografia escrita há pouco tempo, a primeira a tratar da tapeçaria de Dubois). É verdade que Dubois recolheu os ossos, mas não, como prova Theunissen, como reação a uma enxurrada crescente de refutações. Na verdade, embora os espécimes de Trinil tenham provocado acalorada controvérsia, é visível que Dubois vinha ganhando apoio quando tomou sua inesperada decisão. (A descoberta de Theunissen faz com que o gesto de Dubois fique ainda mais difícil de entender. Precisamos procurar os motivos, diz ele, na psique de Dubois. E escreve: "Ele tinha uma infinita capacidade de se aborrecer com qualquer cientista cuja opinião diferisse da sua [...] Sua natureza desconfiada [beirava] a paranóia". É desnecessário acrescentar que não estou tentando defender, mas apenas compreender, o gesto claramente anticooperativo de Dubois. Ele era incapaz de tolerar a refutação, e pagou o preço por esta intemperança ao ser afinal rejeitado por seus colegas.)

Se Dubois, portanto, não trancou os ossos num gesto de recuo amedrontado, mas sim de orgulho e desafio, também podemos questionar a segunda suposição da lenda. Será que passou os 25 anos seguintes efetivamente entregue à agonia da derrota, ou terá ocupado seu tempo com atividades mais férteis e positivas? E é aí que chegamos ao ponto crucial da história, e à base que nos permite refutar a lenda do gibão gigante.

Dubois continuou a publicar com grande freqüência durante todo esse tempo. Conservou seus postos de professor em Amsterdam e de curador do Teylers Museum, em Haarlem. Os inúmeros textos que escreveu são de conhecimento público, e estão disponíveis nas boas bibliotecas de história natural. Durante esses anos, dedicou seus esforços a uma série de estudos sobre a distribuição e a evolução do tamanho do cérebro entre os mamíferos, e escreveu, sobre este tema, um volume muito maior de textos do que jamais dedicara ao próprio *Pithecanthropus*. Além do mais, não se entregou a esses estudos como mero derivativo, ou para tentar encontrar um novo ponto de partida depois do desastre de Trinil. Começou seus estudos sobre o cérebro dos mamíferos como parte de um programa deliberado destinado a compreender a evolução da inteligência humana. Em particular, procurou desenvolver um método quantitativo que lhe permitisse interpretar o tamanho do cérebro do *Pithecanthropus* e o papel deste na evolução do ser humano. Os estudos sobre o cérebro eram parte integrante da tapeçaria, e não uma fuga.

(Devo confessar aqui meu envolvimento pessoal com esta questão. No início de minha carreira, publiquei vários artigos sobre a evolução do tamanho do cérebro, e lancei mão da mesma estratégia matemática que Dubois tinha inaugurado, ainda em 1897 — a representação gráfica por meio de funções exponenciais. Eu me incluo entre os poucos cientistas que conhecem Dubois como o pioneiro do estudo do tamanho do cérebro por funções exponenciais, e não como o descobridor do *Pithecanthropus*. Foi meu pronunciado interesse pela história da ciência que me levou a pesquisar também a relação existente entre estes estudos e o Homem de Java e, em especial, a lenda do gibão gigante.)

O primeiro problema que Dubois precisou enfrentar foi o mesmo que vinha atormentando todos os cientistas desde que Cuvier fez a observação fundamental, pouco depois da Revolução Francesa: por alguma razão significativa, e não apenas pela vaidade de nossa arrogância cósmica, os seres humanos são, entre todas as criaturas da Terra, os que têm o cérebro mais desenvolvido. Mas como é que podemos medir esta nossa superioridade? O tamanho absoluto do cérebro não serve, porque as baleias e os elefantes nos superam: seus corpos são maiores e conseqüentemente têm a necessidade de cérebros maiores para coordenar esta massa. Mas o tamanho relativo do cérebro (a relação entre o peso do cérebro e o peso total do corpo) também não funciona, porque o tamanho do cérebro aumenta mais devagar que o tamanho do corpo entre os mamíferos, numa série que vai do camundongo ao elefante — e segundo este falso critério as ratazanas, ou os musaranhos, seriam o pináculo do desenvolvimento intelectual entre os mamíferos.

Dubois percebeu, como antes dele outros já haviam percebido, que a solução para este problema deveria estar na forma de quantificação da relação normal ou esperada entre o peso do cérebro e o peso do corpo entre os mamíferos — a chamada curva do camundongo ao elefante. Sabemos que o peso do cérebro aumenta mais devagar que o peso corporal, mas em que proporção? Os predecessores de Dubois tentaram, sem êxito, uma progressão aritmética comum. Em 1891, Otto Snell encontrou a solução básica, que ainda hoje aceitamos e usamos: a melhor maneira de representar a relação entre o peso do cérebro e o peso do corpo é utilizando funções exponenciais, que produzem uma linha reta quando se traçam os logaritmos relativos ao cérebro e ao corpo. Snell propôs um expoente de dois terços para esta função — o que significa que os cérebros aumentariam de peso a dois terços da velocidade do aumento do peso dos corpos ao longo da curva que vai do camundongo ao elefante.

Depois que se formula um padrão de curva do camundongo ao elefante, o critério correto para se avaliar a superioridade do homem (ou o estatuto de qualquer espécie entre os mamíferos como um todo) se torna claro: basta comparar o peso efetivo do cérebro da espécie em questão com o peso presumido do cérebro de um mamífero comum de peso corporal equivalente na curva que vai do camundongo ao elefante. À luz deste critério adequado, nenhum mamífero excede o desvio positivo do *Homo sapiens*.

Snell lançara as bases para a solução em 1891, mas o estudo clássico publicado por Dubois em 1897 foi o primeiro a trazer dados mais abrangentes. Comparando sete pares de espécies de mamíferos com parentesco próximo, mas diferindo substancialmente em termos de tamanho corporal, Dubois recalculou o expoente de Snell, chegando a um valor de cinco nonos — ou seja, Dubois afirmava que o peso dos cérebros aumenta a uma velocidade que equivale a cinco nonos da velocidade do aumento do peso corporal ao longo da curva que vai do camundongo ao elefante. (Esta conclusão de Dubois estava errada, e seu erro lançou as bases para seus problemas posteriores, como veremos adiante. Não existe um número único que possa dar conta de todo o espectro da variação entre os mamíferos; a evolução do cérebro não é um exercício de física elementar que se possa resolver conhecendo a massa dos corpos ou sabendo que as superfícies não produzem atrito. Além disso, o expoente de dois terços proposto por Snell funciona melhor e em número maior de casos, de maneira geral, que os cinco nonos propostos por Dubois.) Usando o expoente de cinco nonos como valor fixo, Dubois comparou então os cérebros das espécies "inteligentes" com os tamanhos de cérebro que deveriam corresponder ao peso de seus corpos, estabelecendo assim uma escala de capacidade craniana em que o *Homo sapiens* figurava devidamente no ponto mais alto.

O importante é perceber que Dubois não se dedicou a esses estudos por mera curiosidade ou em busca de consolo ou novidade depois das irritantes críticas à sua descoberta do *Pithecanthropus*. Ele queria conhecer a relação básica entre o tamanho do cérebro e o do corpo a fim de calcular a posição intermediária em que se situaria o Homem de Java entre os grandes macacos modernos e os seres humanos. Em 1935, ele recordaria:

> Foi para conseguir uma compreensão melhor daquele novo organismo que, pouco depois de sua descoberta, empreendi a pesquisa das leis que regulam o volume cerebral entre os mamíferos, estudo que efetivamente produziu indícios concretos quanto à posição do *Pithecanthropus* no sistema zoológico, e no qual ainda me encontro bastante ocupado, devido à sua grande importância biológica.

No Quarto Congresso Internacional de Antropologia, reunido em Cambridge, na Inglaterra, em 1898, Dubois aplicou a fórmula obtida a partir de seus estudos à avaliação do estatuto do *Pithecanthropus*. Para ter a capacidade craniana de 855 cm^3 inferida das dimensões de sua calota craniana (Dubois reavaliaria mais tarde este valor, chegando a 900 cm^3), um macaco moderno médio precisaria pesar 230 kg, e um ser humano moderno médio apenas 19 kg. Uma vez que o *Pithecanthropus*, segundo a reconstituição feita a partir de seu fêmur, tinha um peso que se situava evidentemente entre estes valores, o hominídeo de Trinil devia ser dotado de um cérebro cujo tamanho ficaria entre os macacos modernos e o homem. E Dubois concluiu em 1898: "Decorre destas considerações que o *Pithecanthropus erectus* é uma forma intermediária entre o homem e os macacos [...] um homem-macaco venerável, representante de um estágio de nossa filogênese".

Dubois trancaria seus ossos dois anos mais tarde, mas nunca interrompeu seus estudos sobre o tamanho do cérebro. Reuniu no Teylers Museum uma imensa coleção de moldes cranianos, a maioria feitos por ele mesmo, e continuou a publicar artigos substanciais contendo dados importantes. Ao mesmo tempo, desenvolveu uma perspectiva evolucionária hostil ao darwinismo, baseada em seu estudo do cérebro.

Dubois partia de duas suposições, comuns na tradição de pensamento da Europa continental sobre a evolução mas estranhas às normas inglesas. Acreditava, em primeiro lugar, que a seqüência das espécies com desvios positivos crescentes em relação à curva do camundongo ao elefante apontava para a presença, na evolução dos mamíferos, de um impulso intrínseco no sentido do aumento da inteligência — impulso inerente que não poderia ser explicado pela mera idéia darwiniana da seleção natural e da adaptação às alterações do meio ambiente. Escreveu Dubois em 1928:

> Temos aqui uma lei da evolução que emana da própria natureza do ser vivo, em lugar de ser imposta pelo ambiente que o cerca [...] É evidente que este aperfeiçoamento, esta progressão constante, não pode ter sido causado pelos fatores externos ao animal a que Darwin atribuía a filogênese.

Em sua segunda convicção antidarwiniana, Dubois se mostrava fiel a seu compatriota e antigo mentor Hugo DeVries, afirmando que a evolução ocorre aos saltos repentinos, e não por uma transformação gradual. "A todo momento", escreve Dubois, empregando uma expressiva metáfora, "encontramos os pilares das pontes esperadas, mas nunca os arcos." Aplicando esta premissa ao cérebro humano, afirmou Dubois em 1935: "O que ocorreu entre o nível dos antropomorfos [macacos] e o dos pitecantropos foi um salto, e não à ascensão lenta e gradual suposta pela hipótese darwiniana".

Dubois cometeu seu erro fatal quando aplicou essas premissas aos dados que reunira sobre os tamanhos dos cérebros. Percorreu suas tabelas de desvios em relação à curva do camundongo ao elefante e conseguiu convencer-se de que seria possível dispor esses valores em alguns grupos distintos, diferindo por fatores de dois. Em outras palavras, Dubois achou que poderia identificar um grupo de espécies igualmente dotadas de um nível mínimo de tamanho cerebral. A partir daí, os cérebros aumentariam mediante súbitas duplicações, e o grupo seguinte apresentaria o dobro do peso cerebral de base, o outro o quádruplo, o outro oito vezes, e assim por diante. Partindo do topo, e atribuindo ao máximo humano o valor de um, Dubois afirmava que o valor padrão para os grandes macacos era de um quarto, de um oitavo para a maioria dos carnívoros e herbívoros ungulados, um dezesseis avos para os leporídeos (coelhos), um 32 avos para os muricídeos (ratos) e, na faixa inferior, um 64 avos para os soricídeos (como o musaranho).

A partir daí, Dubois dava o passo final e propunha uma explicação neurológica e embrionária para o aumento do cérebro aos saltos. Os neurônios se formam nos embriões e param de se dividir depois do nascimento; a maioria dos mamíferos já chega ao mundo com seu complemento total de células cerebrais. Cada divisão dos neurônios deve dobrar o peso do cérebro (para entender a teoria de Dubois, precisamos ignorar a objeção óbvia, e válida, de que os neurônios não se dividem todos ao mesmo tempo, como que obedecendo à batida de um metrônomo). Assim, a evolução progrediria acrescentando mais uma divisão ao programa do desenvolvimento embrionário — mais uma multiplicação por dois do peso cerebral, até atingir o pináculo humano. Escreveu Dubois em 1928: "É uma segmentação a mais ou a menos que determina o grau de desenvolvimento do órgão central da vida animal, a amplitude do mundo exterior e interior de cada animal".

Utilizando uma estimativa do número total de neurônios presentes no adulto, Dubois achava até que poderia especificar o número de divisões ocorridas a partir de uma célula inicial. Os musaranhos teriam sofrido 27 divisões. No alto da escala de duplicações encontravam-se os seres humanos modernos, com seu brilho intelectual determinado por um impulso intrínseco e um total de 33 divisões.

Os leitores atentos terão detectado uma lacuna na série de Dubois e em minha exposição. Os seres humanos figuram com o valor de um, e os macacos com o valor de um quarto; os seres humanos têm 33 divisões, e os macacos, 31. O que terá acontecido com o valor de um meio (e com a trigésima segunda divisão) nesta seqüência supostamente ininterrupta de aperfeiçoamento pela duplicação? É claro que a criatura com a metade do cérebro do homem e 32 divisões só pode ser o Santo Graal da paleontologia humana — nosso ancestral direto, o verdadeiro "elo perdido" num mundo que evolui por meio de saltos repentinos.

E agora, depois de apresentar o urdimento da tapeçaria de Dubois, posso afinal corrigir a última e mais insidiosa suposição da lenda que corre a seu respeito — o desenlace da fábula em que Dubois, um velho entregue ao ressentimento e à derrota, decide afirmar que o ancestral que descobrira não passava de um gibão gigante. Diante da visão global da tapeçaria, o argumento de Dubois recupera a sensatez. Dubois recorreu às proporções de um gibão para poder atribuir ao *Pithecanthropus* um cérebro que fosse exatamente a metade do nosso, transformando assim seu Homem de Java, o grande orgulho de sua carreira, em ancestral direto de todos os seres humanos modernos. Quando falou de um gibão, sua intenção era exaltar o *Pithecanthropus*, e não degradar a maior descoberta de sua vida.

O argumento fica claríssimo, até mesmo adamantino (por mais errado que esteja em retrospecto), depois de compreendermos que se baseia nos estudos de Dubois sobre o peso cerebral — a lei da escala de cinco nonos que preside ao traçado da curva do camundongo ao elefante, a evolução no sentido da perfeição por meio da duplicação, e a lacuna correspondente à metade do tamanho do cérebro humano e a 32 duplicações. Dubois desejava desesperadamente que o *Pithecanthropus* fosse nosso ancestral direto, nos termos de sua visão da evolução. Mas o cérebro do Homem de Java apresentava o embaraçoso volume de 900 cm^3, correspondente a dois terços do volume do cérebro humano. O fêmur de Trinil não difere em tamanho do nosso, e sugere para o *Pithecanthropus* um peso corporal semelhante ao dos homens modernos, numa reconstituição baseada nas proporções humanas.

Era um rude golpe para as expectativas de Dubois. Uma criatura humana do nosso tamanho, mas com um cérebro um terço menor, não podia ser nossa ancestral num mundo em que a evolução ocorria necessariamente por súbitas duplicações. Ao *Pithecanthropus* só restaria uma posição de menor importância, como um ramo lateral estéril do tronco humano. Mas foi aí que ocorreu a Dubois uma saída brilhante. Sua reconstituição inicial do fêmur como essencialmente humano sempre fora contestada por muitos cientistas. Rudolf Virchow, o grande patologista alemão, afirmara em 1895 que o fêmur parecia mais com o de um gibão do que com o de um homem.

E se Virchow tivesse razão no fim das contas? Neste caso, o *Pithecanthropus* precisaria ser reconstituído obedecendo às proporções de um gibão — especialmente braços mais longos, um tórax mais largo e a porção superior do corpo mais desenvolvida. Segundo os cálculos de Dubois, um gibão gigante com estas características pesaria pouco mais de 100 kg. Recuando na curva dos cinco nonos para o peso humano médio, de cerca de 65 kg — o ponto correto para a comparação com o cérebro dos seres humanos modernos — um cérebro de 900 cm^3 numa criatura de 100 kg equivaleria, aposto que vocês adivinharam, a um cérebro com exatamente a metade do nosso tamanho. Deste modo, o *Pithecanthropus* era engenhosamente resgatado do limbo de um beco sem saída evolutivo, e de novo elevado à exaltada condição de nosso ancestral direto. E Dubois, triunfante, escreveu em 1932:

> O *Pithecanthropus* não era um homem, mas um gênero gigantesco semelhante aos gibões, embora muito superior a estes devido a seu volume cerebral bem maior, distinguindo-se ainda por sua faculdade de assumir uma postura ereta e deslocar-se nesta posição. Sua cefalização era duas vezes maior que a dos macacos antropóides em geral, e duas vezes menor que a do homem [...] Ainda acredito, e agora mais firmemente do que nunca, que o *Pithecanthropus* de Trinil é o verdadeiro ''elo perdido''.

Em outras palavras, Dubois nunca disse que o *Pithecanthropus* era um gibão (e portanto o pesado e quase cômico ponto final de que fala a lenda); na verdade, ele decidiu reconstituir o Homem de Java com as proporções de um gibão a fim de inflar seu peso corporal e transformar sua amada criatura num ancestral direto do homem — a posição mais alta que poderia ter — nos termos de sua teoria peculiar da evolução.

Eugène Dubois não é um dos meus heróis, pois, embora eu me identifique com o espírito de suas heterodoxias, discordo energicamente de sua versão, e considero seus argumentos fracos e deliberadamente cegos a indícios que os contestam (o dogmático que cada um tem dentro de si é sempre pior que o inimigo externo). Ainda assim, apresento-me aqui em sua defesa porque ele tem sido muito prejudicado pela leitura descuidada e a negligência de seu trabalho básico (as teorias do tamanho do cérebro) em favor de seu momento fugaz de glória (a descoberta do *Pithecanthropus*). A triste conseqüência é que sua engenhosa tentativa de resgatar o *Pithecanthropus* como ancestral direto do homem foi em geral mal-interpretada, da maneira exatamente oposta, como uma rendição final, quase cômica ao transmutar um antepassado do homem em gibão gigante. Se só levarmos em conta o retalho do *Pithecanthropus*, a lenda do gibão gigante faz sentido; precisamos da tapeçaria global das teorias evolutivas de Dubois sobre o tamanho do cérebro, a visão integradora de sua vida intelectual, para perceber sua verdadeira intenção.

Os melhores cientistas se esforçam para compreender o mundo de maneira integral (os pedantes arrancam pequenos retalhos e os deixam mortalmente preocupados). Essas visões abrangentes da realidade, que chamei de tapeçarias neste artigo, merecem nosso respeito, porque são o único direito inalienável dos intelectuais. Podem estar inteiramente erradas e quase sempre apresentam sérios defeitos, mas precisam ser compreendidas e respeitadas — não sujeitas à violência que delas arranca retalhos isolados.

Acredito que Dubois estava equivocado em sua abordagem básica, e certamente incorreto em sua engenhosa argumentação em favor da ancestralidade do *Pithecanthropus*, ao atribuir-lhe o porte físico de um gibão. Dubois se comportava como um numerologista platônico num mundo imperfeito. Procurava absolutos, leis invariáveis baseadas em números limpos e claros. Nunca chegou a compreender que não há nada projetando sombras nas paredes da caverna de Platão. As próprias sombras são a realidade, e são difusas, com zonas de penumbra que se espalham e se cruzam, formando padrões complexos. Arthur Keith, o grande antropólogo britânico, fez a observação necessária com a devida gentileza, num obituário que escreveu sobre Dubois: ''Era um idealista, e defendia suas idéias com tanto vigor que sua mente preferia torcer os fatos a alterar suas idéias para se adequar a eles''. Ainda assim, como nos diz o surrado clichê acerca do amor, antes ter um sonho e estar errado do que nunca ter sonhado.

9

DARWIN E PALEY ENCONTRAM A MÃO INVISÍVEL

O governo revolucionário francês definiu sua nova unidade de medida — o metro — com base no décimo milionésimo do quadrante da circunferência da Terra do pólo ao equador. Embora eu admita a intenção democrática e a objetividade do critério, devo confessar meu apego a medidas mais antigas, de escala explicitamente humana. Os monarcas podem não merecer o papel de padrão para essas medidas, mas pelo menos podemos estabelecer uma relação empática com a jarda definida (pelo menos segundo a lenda) como a distância que vai da ponta do nariz ao dedo médio estendido do rei Eduardo; ou com o pé definido pela proclamação imperial do rei João (depois de calcar o pé no chão molhado em tempos de paz): "Que seja esta a medida de hoje em diante"; ou com a polegada definida como o comprimento da falange do polegar do rei Edgar.

No entanto, quando as polegadas precisaram ser subdivididas, nossa estrutura corporal não foi capaz de fornecer as devidas referências, e nossos antepassados recorreram à ajuda da agricultura: três (ou às vezes quatro) grãos de cevada (*barleycorns*) perfaziam uma polegada, enquanto cinco sementes de papoula equivaliam a um grão de cevada.

Relembro esses fatos para explicar uma citação tirada da *Natural theology* [Teologia natural] de William Paley (1802). Quando o bom reverendo se refere ao valor de um grão de cevada, quer dizer "quase nada". Paley, empenhado em provar a existência e a benevolência de Deus a partir da excelência da configuração anatômica dos organismos, viu-se diante de um enigma quando passou a analisar o comportamento dos animais. Como é que, no mundo bem planejado por Deus, os organismos podem dedicar tanto tempo e tanta energia a comportamentos cujas finalidades não têm como entender? As aves precisam copular para se reproduzir, e precisam se reproduzir para perpetuar a espécie, mas os cérebros das aves são incapazes de perceber esta cadeia lógica:

Quando um pardal macho e um pardal fêmea se unem, não se encontram antes para discutir a necessidade de perpetuação da espécie. Para eles, a perpetuação ou não da espécie não vale um grão de cevada enquanto proposição abstrata. Deixam-se levar por suas sensações; e no entanto decorrem daí todas as conseqüências que as discussões mais profundas poderiam ter ditado, que a preocupação mais solícita com a posteridade, que a preocupação mais ansiosa com o mundo dos pardais poderiam ter produzido. Mas como surgem essas conseqüências?

O problema, nos diz Paley, tem uma solução clara nesses casos. O sexo, afinal, é uma sensação boa; as aves se entregam aos prazeres do momento, enquanto seu criador benévolo implanta como bonificação seu próprio desígnio, perpetuando uma das espécies que criou:

> As ações dos animais que atribuímos aos instintos não são empreendidas com qualquer contemplação de suas conseqüências [...] São cumpridas apenas pela gratificação que possam produzir; o que isto prova, senão que a prospecção [ou seja, o conhecimento do benefício último], que deve estar em algum lugar, não está no animal, mas no Criador?

"Que assim seja", acrescenta Paley, mas ainda não se livrou de seus embaraços intelectuais. O que dizer dos comportamentos instintivos que não trazem nenhuma gratificação imediata — ao contrário, parecem mergulhar o animal em dor e sofrimento? Como é que as aves agüentam dias ou meses de aprisionamento ao ninho em troca de um momento transitório de prazer carnal no passado? O próprio Paley afirma que a fêmea "pode ser muitas vezes encontrada reduzida a pele e ossos, sentada sobre seus ovos". E evoca nossa empatia e admiração por este sacrifício sedentário:

> E nem devemos [...] esquecer o quanto o instinto custa ao animal que o sente; do quanto uma ave, por exemplo, abre mão, para ficar sentada em seu ninho; do quanto isto contraria sua organização, seus hábitos, seus prazeres [...] Um animal que se compraz no movimento, feito para o movimento [...] se vê preso a seu ninho, tão aprisionado como se seus membros estivessem amarrados por fios de arame. Da minha parte, nunca vi uma ave nesta situação sem constatar a presença da mão invisível que afasta o animal de seus campos e arvoredos com um certo motivo, como demonstram os fatos, o motivo mais digno de sacrifício, o mais importante, o mais benéfico.

Paley, com grande habilidade, apresenta o problema de forma vantajosa para sua argumentação. O sexo pode ser explicado pela gratificação imediata, embora sua finalidade no esquema geral das coisas seja mais profunda. Mas o aprisionamento ao ninho, oposto a qualquer mo-

(Hulton Deutsch Collection Limited.)

tivação concebível da própria ave, só pode apontar mais diretamente para a intenção e a imposição divinas. A "mão invisível" que mantém a ave presa ao ninho só pode ser o próprio Deus.

O reverendo William Paley (1743-1805) escreveu a obra mais famosa e influente de uma longa tradição inglesa com raízes pelo menos tão remotas quanto *Wisdom of God manifested in works of the Creation* [A sabedoria de Deus manifestada em obras da Criação], escrita por John Ray e publicada em 1691, e alguns galhos que ainda hoje continuam a se projetar. Darwin adorava o livro de Paley em sua juventude, e lembrou numa carta a seu amigo John Lubbock em 1859, uma semana apenas antes da publicação da *Origem das espécies*: "Acho que nunca admirei tanto um livro [...] Antigamente, era quase capaz de recitá-lo de cor''. Mais adiante, neste ensaio, veremos que Darwin tem uma grande dívida de gratidão para com Paley, porque inverteu o sistema de seu antigo mestre a fim de construir sua própria versão particular e diversa da evolução das espécies.

Esta longa tradição era conhecida pelo nome de que Paley se apropriou para dar o título a seu livro — *Natural theology; or, Evidences of the existence and attributes of the Deity, collected from the appearance of nature* [Teologia natural; ou, Indícios da existência e dos atributos da Divindade, recolhidos a partir da aparência da natureza]. A teologia natural afirmava que a natureza de Deus, bem como sua existência (a ''existência'' e os ''atributos'' do título de Paley) podem ser inferidas a partir do caráter dos objetos do mundo natural. (A maior parte do pensamento religioso contemporâneo nega ou atenua esta ligação, e não tenta validar a idéia da divindade a partir da natureza dos objetos materiais.)

A *Teologia natural*, publicada em 1802, traz quinhentas páginas de argumentos diversos tratando da existência, da personalidade, dos atributos naturais, da unidade e da bondade de Deus (nesta ordem explícita dos capítulos de Paley), todos girando em torno de um tema primário, interminavelmente repetido: a mão criadora de Deus se revela na adequação da configuração dos organismos aos estilos de vida que lhes foram designados (as asas são ideais para o vôo, a permanência no ninho é ideal para a criação dos filhotes). Paley apresenta este tema, nos parágrafos iniciais do livro, com uma das mais famosas metáforas da literatura de língua inglesa. Na abertura da cena, o bom reverendo está caminhando pelo campo:

> Na travessia de uma campina, vamos supor que eu tropeçasse numa pedra, e me perguntasse como aquela pedra tinha ido parar ali. Eu poderia responder que, ao que eu saiba, aquela pedra já estava ali desde sempre.

A pedra, tão grosseira e sem forma, não tem nada a nos ensinar quanto às suas origens. ''Mas'', continua Paley, ''e se eu encontrasse um relógio no chão, e perguntasse como aquele relógio tinha ido parar ali?'' Neste caso, a resposta precisaria ser diferente, porque a existência do relógio — devido às suas propriedades simultâneas de complexidade e fabricação evidentemente voltadas para certa finalidade — pressupõe a existência de um fabricante. A complexidade e a fabricação para certa finalidade não surgem por acaso, ou nem por graça da ação das leis físicas da natureza (essas leis podem até resultar na construção de alguma coisa complexa, como a estrutura química de um cristal, mas não de algo evidentemente fabricado com uma finalidade determinada, porque as leis da natureza são abstratas e impessoais). O relógio só pode ter sido fabricado intencionalmente, a fim de marcar a passagem do tempo:

> A inferência, a nosso ver, é inevitável; o relógio deve ter tido um criador; deve ter existido, em algum momento e em algum lugar, um artífice ou artífices que o fabricaram com a finalidade a que hoje podemos ver que corresponde; este artífice concebeu sua construção, e planejou o relógio para este uso.

Um passo adicional arremata a argumentação: os organismos são ainda mais complexos que os relógios, e é mais evidente ainda que foram planejados para o modo de vida que apresentam. Se a existência do relógio pressupõe a existência de um relojoeiro, o planejamento ainda mais minucioso dos organismos requer um Deus benevolente e criador.

> Não pode haver planejamento sem que alguém planeje; não pode haver finalidade sem que alguém a conceba [...] As marcas do planejamento são fortes demais para que as deixemos de lado. O planejamento só pode ter tido um planejador. Este planejador só pode ter sido uma pessoa. E esta pessoa é DEUS.

Não se pode dizer que a argumentação de Paley seja imune à paródia, especialmente quando foi escrita em estilo tão pitoresco. Sua necessidade de atribuir desígnio e benevolência a todos os aspectos de nossa vida neste vale de lágrimas nos faz lembrar seu quase contemporâneo, o imortal dr. Pangloss criado por Voltaire. A solução que Paley apresenta a sério para o problema da dor, por exemplo, lembra uma piada velha e um pouco fraca: "Por que o idiota ficou batendo na própria cabeça com um martelo? Porque foi tão bom quando parou". (A justiça me obriga a dizer que Paley também apresenta um argumento aceitável, quando diz que a dor informa o corpo de perigos que ele corre.) Trocando o martelo da piada pelos males de sua velhice, escreve Paley:

> Um homem que se recupera de um ataque de pedras ou de gota tem, naquele momento, sensações que a saúde perfeita é incapaz de transmitir [...] Não estou totalmente convencido de que o homem não saia ganhando ao sofrer uma interrupção moderada do conforto corporal por algumas das 24 horas do dia.

Ainda assim, acredito que a argumentação de Paley, embora inaceitável nos dias de hoje, merece nosso respeito: é uma filosofia coerente e sutilmente apresentada, representativa de um passado interessante — uma "visão de mundo fóssil" que amplia nossos horizontes do momento em que compreendemos melhor nossas próprias preferências através da história das alternativas. Os argumentos que se bastam a si mesmos são muito fáceis; qualquer pessoa dotada de meio cérebro e razoáveis habilidades retóricas é capaz de apresentar uma defesa de seus próprios preconceitos. A defesa só é bem construída se identificar e refutar as alternativas. Se as interpretações contrárias estiverem enunciadas com clareza, caracterizadas com justeza, e forem refutadas de maneira adequada, o sistema merece respeito. Minha admiração por Paley se deve antes de mais nada à maneira como trata as alternativas à argumentação que defende.

A argumentação central de Paley compreende uma assertiva — os organismos são bem planejados para uma determinada finalidade — e uma inferência — a existência de um planejamento bom e intencional pressupõe um planejador. Podemos atacar sua assertiva, mas a prevalência de um bom planejamento pode ser verificada empiricamente, e não cabe num livro de filosofia. De qualquer maneira, trata-se de uma assertiva amplamente aceita (tanto na época de Paley como na nossa). Os peixes precisam nadar e as aves precisam voar — e parecem ser capazes de fazê-lo muito bem, obrigado. Vamos nos concentrar, então, na validade de sua inferência. Paley só consegue imaginar duas alternativas à proposição de que um planejamento bom e intencional pressupõe um planejador. Boa parte de seu livro se dedica à refutação dessas explicações concorrentes.

1) O bom planejamento existe, mas não pressupõe a criação para sua finalidade atual. Paley via Deus na correlação entre forma e função e, especificamente, na construção divina da anatomia para o papel que lhe foi designado: a perna para andar, a mão para escrever, a mente para glorificar a Deus. Mas e se a forma surgisse primeiro, antes da função? E se a forma se originasse por outras razões (produzida diretamente pelas leis físicas, por exemplo) e depois encontrasse um uso com base numa adequação fortuita? Paley admite que esta alternativa é concebível:

> Às vezes procuram afirmar que as partes não se destinavam a um determinado uso, mas que o uso surgiu a partir da existência das partes. Esta distinção é inteligível. Um marceneiro usa pele de peixe para lixar o mogno que usa [eu não sabia que a pele de tubarões era usada como lixa antigamente]; no entanto, seria um exagero afirmar que a pele do tubarão só foi criada áspera e granulada com a finalidade de polir madeira, e para ser usada pelos marceneiros.

Este argumento pode funcionar, concede Paley, para as estruturas simples como a pele do tubarão, mas é evidente que não funciona para as estruturas altamente complexas, compostas de centenas de partes, todas apontando para a mesma finalidade e cada uma dependente de todas as demais. Nada que seja tão intricado pode ter sido criado com uma finalidade e depois fortuitamente adequado a um uso muito diferente e totalmente imprevisto. Paley fala, por exemplo, do olho:

> Será possível acreditar que o olho tenha sido formado sem se destinar à visão; e que foi o próprio animal quem descobriu que, embora formado sem esta intenção, o olho servia para enxergar?

2) O bom planejamento existe, e pressupõe a produção para sua finalidade presente; mas as adaptações se dão naturalmente, por meio da evolução lenta rumo a um fim desejado, e não por força de um *fiat* divino imediato. A alternativa evolucionista já era bem compreendida na época de Paley. Darwin acrescentou volumosos indícios, e descobriu um mecanismo novo e plausível; mas não foi ele que inventou o conceito.

Paley só era capaz de conceber a evolução como uma seqüência deliberada de passos positivos, construindo a adaptação pouco a pouco. Assim, tentou refutar uma teoria "lamarckiana" da mudança natural através do uso e da falta de uso, com a transmissão hereditária dos caracteres adquiridos. (Paley escreveu em 1802, e duvido que conhecesse diretamente a obra de Lamarck, já que o cientista francês mal tinha começado a publicar os textos marcados por sua visão evolucionista. Mas as idéias do uso e da falta de uso eram uma convicção comum entre os evolucionistas da época, e não uma invenção de Lamarck.)

Paley apresenta refutações tanto empíricas quanto teóricas. Começa no plano factual, tratando de um verdadeiro clássico — um bom exemplo, é verdade, mas que o pudor obrigava que fosse apresentado em latim, para que disto os pobres de espírito não pudessem derivar nenhum prazer impuro. Séculos de falta de uso não provocam o desaparecimento e nem a diminuição dos órgãos:

> As *mammae* do macho não desapareceram devido ao desuso; *nec curtorum, per multa saecula, Judaeorum propagini deest praeputium* [e nem o prepúcio dos judeus ficou mais curto nos filhos devido a muitos séculos de circuncisão].

(Isto me faz lembrar uma história contada por meu sogro a respeito da vida em Saint Louis pouco antes da Primeira Guerra Mundial. Exemplares clandestinos da *Psychopathia sexualis* de Krafft-Ebing circulavam bastante entre os rapazes, mas todas as edições da época reproduziam a solução original imaginada pelo autor, de apresentar os casos estudados — e alguns são realmente mirabolantes, até mesmo para os padrões mais permissivos de hoje em dia — em latim. Este fato, garante-me ele, era o único incentivo ao estudo atento de uma disciplina que na época era universalmente ensinada, mas, não fosse por isso, totalmente desprezada pelos estudantes.)

Paley apresenta ainda poderosos argumentos teóricos contra a evolução através do uso. Se o pescoço curto do elefante determina uma grande vantagem para um nariz comprido, muito bem. Mas o que poderia fazer um proto-elefante com um décimo de tromba?

> Se alguém sugerir que esta probóscide pode ter sido produzida ao longo de inúmeras gerações, devido ao constante esforço do elefante para alongar o nariz (a hipótese geral que se aventa em tempos recentes para explicar as formas variadas da natureza animada), eu perguntaria como é que o animal poderia subsistir enquanto isso, durante o processo, antes que o alongamento de seu focinho se completasse. Qual era a sorte dos indivíduos enquanto a espécie se aperfeiçoava?

Aceito os argumentos de Paley, e poderia até me sentir tentado a acolher suas conclusões se ele tivesse de fato conseguido refutar todas as alternativas lógicas possíveis. Acredito que tenha examinado e rejeitado todas as refutações potenciais que podia conceber. Mas é aqui que chegamos ao ponto crucial deste ensaio. A verdadeira originalidade é quase sempre um acréscimo ao campo do que antes era concebível, e não uma simples permutação das possibilidades já existentes. O progresso do conhecimento não é uma torre construída regularmente de baixo para cima, tijolo a tijolo, rumo ao céu; na verdade, é produto de impasses e novas revelações, resultando numa estrutura bizarra e tortuosa que ainda assim acaba subindo.

Paley omitiu uma terceira alternativa, mas não podemos condená-lo por isto. É uma alternativa estranha e maluca, na verdade parece uma piada. Uma pessoa em sã consciência jamais escolheria uma via tão cruel e indireta para construir qualquer coisa. Esta terceira alternativa só pode funcionar se você tiver tempo de sobra, e se não estiver preso à idéia de que a natureza deve ser necessariamente eficiente e benévola. A terceira alternativa, como a segunda, identifica a seleção natural como a origem do bom planejamento, lançando por terra a convicção central de Paley segundo a qual a adaptação pressupõe a criação pelo *fiat* divino. Mas em vez de conceber a evolução como um movimento deliberado e positivo rumo a uma meta determinada, esta terceira alternativa chega à adaptação de maneira negativa — eliminando todas as criaturas que não variem fortuitamente numa direção favorável, e preservando apenas uma pequena fração delas para transmitir sua herança afortunada às gerações futuras.

Como já disse, esta terceira alternativa é grosseiramente ineficiente e desafia a lógica de um universo de relojoeiro, construído de acordo com nossos padrões e nosso raciocínio. Não é de admirar que nunca tenha passado pela cabeça de Paley. A única coisa em favor desta terceira visão — a única razão que me leva a evocar aqui este tópico sumamente desagradável — é um fato curioso: aparentemente, é assim que a natureza funciona. Ninguém jamais afirmou que o método era elegante, mas ele cumpre seu papel. Chamamos esta terceira visão de "seleção natural", ou darwinismo. O próprio Darwin fez comentários enfáticos sobre o caráter ineficiente e basicamente desagradável do processo, ao escrever para o amigo Joseph Hooker em 1856: "Que livro um capelão do demônio poderia escrever sobre o funcionamento desordenado, dispendioso, violento, rasteiro e horrivelmente cruel da natureza!".

A chave para a compreensão da terceira alternativa de Darwin se encontra numa palavra que infelizmente está quase extinta em inglês, mas merecia ser revivida — hecatombe. Uma hecatombe é, literalmente, um sacrifício em massa envolvendo o massacre de cem bois — uma referência a antigas práticas gregas e romanas. Por extensão, uma hecatombe é qualquer aniquilação em grande escala perpetrada com vistas a um benefício posterior. A seleção natural é uma grande seqüência de hecatombes. Não existe qualquer direção preferencial para a variação dos indivíduos a partir de uma forma média da população total. A seleção natural favorece uma pequena porção desse espectro. Os indivíduos afortunados incluídos nesta porção produzem mais rebentos sobreviventes: os demais morrem sem deixar descendentes, ou produzindo uma descendência menor. A forma média vai se deslocando lentamente na direção favorecida, um pouco a cada geração, devido à eliminação em massa das formas menos favorecidas.

O processo poderia não ser tão ineficiente se a hecatombe ocorresse apenas uma vez, no início do processo, ou se o sacrifício diminuísse de geração em geração. Vamos supor, por exemplo, que os poucos sobreviventes da primeira hecatombe produzissem automaticamente rebentos com a tendência de variar na direção favorecida. Mas não é assim que funciona a transmissão hereditária mendeliana. Os poucos sobreviventes da primeira eliminação produzem descendentes diretos que também variam aleatoriamente em torno da nova média. Assim, a hecatombe que ocorre na segunda geração, e em todas as seleções subseqüentes, pode ser tão intensa quanto a primeira.

Poderíamos usar uma analogia para transmitir a idéia da ineficiência desta seleção natural pela hecatombe. Vamos supor que a população ficará melhor adaptada se for capaz de se deslocar de *A* para *B*. Nos modelos lamarckianos diretos, inclusive o único esquema evolutivo que Paley conseguia conceber, o movimento é direto, deliberado e positivo. Os membros da população recebem um impulso e simplesmente andam de *A* para *B*. Mas na hecatombe desordenada, dispendiosa, violenta, rasteira e horrivelmente cruel de que fala Darwin cada indivíduo parte do ponto *A* e cai pelo chão aleatoriamente. Se por acaso cai na direção que leva ao ponto *B*, sobrevive para participar da rodada seguinte. Todos os indivíduos que caem em outras direções — a vasta maioria — são sumariamente eliminados. Após uma pausa para reprodução entre os poucos sobreviventes da primeira hecatombe, começa a segunda rodada. Agora situados a um corpo de distância no caminho que leva ao ponto *B*, todos os indivíduos caem de novo em direções aleatórias — e o processo continua. A hecatombe tem a mesma intensidade a cada rodada, e a cada vez a população só se desloca um corpo na direção desejada. Ao final de algum tempo, acabará chegando ao ponto *B*, mas será que algum planejador pensaria em adotar um processo tão desconfortável e custoso? Podemos condenar o divino Paley por não ter imaginado um mecanismo tão diabólico?

Não estou comparando Darwin e Paley por um mero artifício retórico e abstrato. Darwin, como já disse, adorava Paley em sua juventude. Num corajoso gesto de parricídio intelectual, derrubou depois aquele que fora seu mestre — não apenas ao se converter em evolucionista, mas ao conceber uma versão particular da teoria da evolução que afetava ao máximo tanto o sistema quanto as convicções mais profundas de Paley.

Posso imaginar duas maneiras revolucionárias — uma mais radical do que a outra — de se derrubar a convicção confortável e reconfortante de Paley segundo a qual Deus nos criou a todos com formas e hábitos lindamente adaptados a nossos modos de vida. Podemos afirmar que Paley estava errado, que os animais não são bem planejados em geral, e que se nos obstinarmos em perceber a obra de Deus na grande imperfeição da natureza talvez precisemos rever nossa noção de divindade. Este seria um argumento radical, mas Darwin conseguiu imaginar uma versão ainda mais perturbadora.

Em segundo lugar, podemos afirmar (a exemplo de Darwin) que Paley tinha razão: os animais são bem adaptados a seus modos de vida. Mas esta adequação não é um sinal da benevolência de Deus, e sim resultado indireto do horrendo sistema de hecatombes múltiplas conhecido como seleção natural. Que pílula amarga para Paley — porque Darwin admite que a descrição de Paley corresponde à aparência da natureza, mas em seguida nos diz que o mecanismo por trás desta aparência tem um modo de ação, e uma força moral aparente, diretamente contrários aos desígnios e à benevolência do Deus da teologia natural.

Onde Darwin foi buscar uma versão tão radical da evolução? Certamente não na observação das aves, das abelhas, das árvores e campinas. A natureza ajudou, mas as revoluções intelectuais também precisam de bases ideológicas. Faz mais de um século que esta questão é debatida pelos estudiosos, e nossa atual "indústria" de historiadores de Darwin chegou a uma resposta para a discussão. As fontes foram muitas, variadas e extremamente complexas. Não há como encontrar dois especialistas que apresentem a mesma lista, ou que atribuam a mesma importância a cada uma das influências. Mas todos concordam quanto ao papel fundamental exercido por dois economistas escoceses da geração imediatamente anterior à de Darwin: Thomas Malthus e o grande Adam Smith. Em Malthus, Darwin percebeu que o crescimento da população, se descontrolado, superaria qualquer aumento da provisão de alimentos. É portanto necessário que se trave uma *luta pela existência*, luta que leva, pela *seleção natural*, à *sobrevivência dos mais aptos* (para destacar numa só frase os três aforismos convencionais da teoria darwiniana). Darwin nos diz que esta compreensão, encontrada na obra de Malthus, forneceu a peça que lhe permitiu completar a teoria da seleção natural em 1838 (embora só tenha publicado suas opiniões 21 anos mais tarde).

A influência de Adam Smith foi mais indireta, só que mais penetrante. Sabemos que Darwin se interessava muito pelos economistas escoceses e que, durante os meses cruciais de 1838 em que reunia as peças que afinal receberiam seu arremate malthusiano, estudou o pensamento de Adam Smith. A teoria da seleção natural é incrivelmente semelhante à doutrina básica da economia do *laissez-faire*. (Em nosso jargão acadêmico, diríamos que as duas teorias são "isomorfas" — ou seja, estruturalmente semelhantes ponto a ponto, embora os temas de que tratam sejam diferentes.) Para chegar à meta de uma economia maximamente ordenada no sistema do *laissez-faire*, não ocorre nenhuma forma de controle de cima para baixo, promulgando leis explícitas que disciplinem seu funcionamento. O que acontece é um processo que, à primeira vista, parece totalmente oposto ao objetivo que se quer alcançar: simplesmente, os indivíduos são deixados à vontade para travar uma competição irrestrita em busca do lucro pessoal. Nesta luta, os ineficientes são eliminados e os melhores contrabalançam uns aos outros, chegando-se a um equilíbrio que resulta no bem de todos.

O sistema de Darwin funciona exatamente da mesma maneira, só que de forma mais impiedosa. Não há nenhum controle de cima para baixo; o funcionamento da Criação não é supervisionado por nenhum relojoeiro divino. Os indivíduos competem pelo sucesso reprodutivo, um análogo do lucro na natureza. Não existe qualquer outro mecanismo em ação, nada que seja "superior" ou mais elevado. Ainda assim, o resultado é a adaptação e o equilíbrio — e o custo é uma hecatombe atrás da outra atrás da outra. (Digo que o sistema de Darwin é mais impiedoso que o de Adam Smith porque os seres humanos, na qualidade de agentes morais, não suportam essas hecatombes. Por isso, nunca deixamos o *laissez-faire* operar sem algum freio, alguma rede de segurança para os perdedores. Mas a natureza não é um agente moral, e a natureza tem tempo infinito.)

Adam Smith resumiu o cerne de sua teoria — sua idéia central — numa esplêndida metáfora, uma das melhores já escritas nos textos de língua inglesa. Falando de um ator no mundo do *laissez-faire*, ele afirma:

> Geralmente, ele nunca pretende trabalhar em prol do interesse público, nem sabe o quanto está contribuindo para tal [...] Só almeja seu próprio lucro, e nisto, como em muitos outros casos, é levado por uma mão invisível a trabalhar em prol de uma finalidade que não estava em suas intenções.

Que bela imagem: a "mão invisível" que promove a ordem, mas na verdade não existe, pelo menos de alguma forma direta. A teoria de Darwin recorre à mesma mão invisível, mas formando um punho cerrado para ser usado como aríete e expulsar o Deus de Paley da natureza. Os mesmos traços utilizados por Paley para inferir não apenas a existência de Deus, mas também sua bondade, para Darwin não passam de subprodutos ocasionais da única ação real que ocorre na natureza — a luta infindável entre os organismos pelo sucesso reprodutivo, e as infindáveis hecatombes dos fracassados.

À luz disto, podemos por fim voltar ao pobre Paley e sentir o quanto era pungente sua incapacidade de sequer conceber a terceira alternativa de Darwin — o argumento que acabou derrubando seu sistema, e de uma vez por todas. Ele chegou muito perto, mas não dispunha das ferramentas conceituais necessárias para reunir as peças. (Não quero sugerir que Paley se teria transformado em darwinista se tivesse reconhecido esta terceira via. Com certeza, teria rejeitado a evolução pela hecatombe, da mesma forma como atacou a descendência por passos deliberados. Ainda assim, continuo fascinado por sua incapacidade de conceber a versão darwiniana, porque a essência do gênio está na rara capacidade de pensar em novas direções ortogonais aos esquemas antigos, e precisamos dissecar tanto os fracassos quanto os êxitos se quisermos compreender esta preciosa característica do intelecto humano.)

A maior inspiração de Darwin veio de Thomas Malthus e Adam Smith. Paley também conhecia suas obras, mas não extraiu delas as mesmas implicações. Da obra de Malthus, Paley chega mesmo a citar a frase crucial que inspirou a síntese de Darwin em 1838 (mas no contexto de uma passagem sobre os males da vida civil, em contraste com os males da natureza). Escreve Paley:

> A ordem da geração procede de maneira semelhante a uma progressão geométrica. O aumento das provisões, mesmo nas circunstâncias mais vantajosas, só pode assumir a forma de uma progressão aritmética. Decorre daí que a população sempre suplantará as provisões, ultrapassando a linha da fartura, e continuará crescendo até ser contida pela dificuldade em atender à sua subsistência.

(Neste ponto, Paley acrescenta uma nota: "Ver o tratamento desta questão num recente tratado sobre a população" — obviamente, Malthus.)

A influência de Adam Smith não é tão explícita. Mas fiquei comovido (e inspirado a escrever este artigo) quando encontrei a esplêndida metáfora de Adam Smith em meio à prosa mais efusiva de Paley, e com intenção diversa. Citei a frase em ponto anterior: "Nunca vi uma ave nesta situação sem constatar a presença da mão invisível que afasta o animal de seus campos e arvoredos com um certo motivo".

Cito esta correspondência como símbolo, e não como prova. Sei bem que ela não indica que Paley tenha encontrado a metáfora em suas leituras de Adam Smith. A expressão é bastante óbvia, e pode ter sido inventada independentemente pelos dois. (Ainda assim, a metáfora da mão invisível é fundamental para a exposição de Adam Smith, e sempre foi reconhecida enquanto tal. *A riqueza das nações* foi publicada em 1776 — data que os americanos têm facilidade de recordar —, uma geração antes da *Teologia natural*. Assim, é possível que Paley tenha ido colher a idéia em Smith.) Os dois usos, porém, são diametralmente opostos, daí a pungência da comparação. A mão invisível de Paley é a intenção explícita de Deus (embora neste caso Ele atue de forma indireta através do instinto da ave, e não por um impulso palpável). A mão invisível de Smith é a *impressão* de um poder superior que na verdade não existe. Na tradução de Darwin, a mão invisível destrona o Deus da teologia natural.

Para alguns, esta história das variações dos usos e idéias pode parecer um exercício aborrecido de estudo do pensamento antigo. No entanto, nunca paramos de travar as mesmas batalhas, de procurar os mesmos consolos, de rejeitar as mesmas verdades desconfortáveis. Por que alguns de nós resistem tanto a aceitar qualquer forma de evolução, a despeito de tantos indícios irresistíveis? Por que tantos de nós que aceitam a evolução somos tão incapazes de compreender as idéias de Darwin, e nos mostramos tão pouco dispostos, por razões emocionais, a aceitá-las, mesmo que as entendamos?

Esta situação pode ser frustrante para alguém como eu, que dediquei toda a vida profissional a trabalhar com base no vigor dos modelos darwinianos e não percebo qualquer ameaça moral em seu potencial de verdade (porque um fato da natureza não pode ir contra um preceito moral) — frustrante talvez, mas não difícil de compreender. Relutamos em abandonar o mundo de Paley, que nos oferecia tanto conforto, e só entramos no mundo de Darwin com grande dificuldade, porque temos a impressão de que as fontes de consolo nos foram retiradas. Basta lembrar a feliz moral que Paley extrai do bom planejamento e de sua origem divina:

> As dobradiças das asas de um besouro, e as juntas de suas antenas, são tão bem acabadas como se o Criador não tivesse mais nada a fazer. Não vemos sinais de que tenha diminuído seu empenho diante da multiplicidade dos objetos, ou devido à distração de seu pensamento pela variedade. Assim, não temos motivo para temer que venhamos a ser esquecidos, ou ignorados, ou negligenciados.

Só posso oferecer duas respostas — ambas, acho eu, igualmente fortes e ensejadoras de otimismo. Podemos ter perdido um consolo fácil, impensado e superficial quando rejeitamos o Deus de Paley. Mas basta pensar no quanto ganhamos em resistência, em respeito pela natureza ao admitir o quanto é limitado o lugar que nela ocupamos, em reconhecimento da singularidade humana quando percebemos que as indagações morais são um problema nosso, e não da natureza. Basta pensar também no quanto ganhamos em novos conhecimentos concretos — e o que pode ser mais precioso? — ao verificar que a história da vida é marcada pela evolução, e que foi esta que deu forma à nossa própria origem.

Thomas Henry Huxley se viu diante do mesmo dilema mais de cem anos atrás. Admoestado por seu amigo teólogo Charles Kingsley por ter abandonado o consolo tradicional da religião ao estilo de Paley, Huxley respondeu:

> Se eu vivesse alguns séculos antes, poderia imaginar um demônio escarnecendo de mim [...] e me perguntando o que eu lucrei ao despir-me das esperanças e dos consolos da maioria da humanidade. Ao que eu só poderia ter respondido, como respondo — Oh, demônio! A verdade é melhor que qualquer lucro.

E um ganho desta magnitude não se mede com grãos de cevada.

10

MAIS LUZ SOBRE AS FOLHAS

Um dia, no mundo melhor que há de vir, o lobo há de se deitar junto ao cordeiro na montanha sagrada de Isaías. Um dia, no mundo melhor que já se foi, Leonardo pintou mulheres belíssimas, Michelangelo representou a mão de Deus e Rafael retratou a era ainda mais brilhante de Platão e Aristóteles em seu quadro *A escola de Atenas*. (Sei bem que estes cavalheiros sofreram em data recente a mutação que os transformou nas Tartarugas Ninja, e isto talvez nos permita avaliar em que direção os padrões de excelência vêm mudando ao longo da história.)

O mito de uma idade de ouro ocorrida no passado parece ser irresistível, mas a realidade que a desmente é inegável. Leonardo arquitetou assustadoras máquinas de guerra; Michelangelo precisou enfrentar a homofobia virulenta de sua geração, e Rafael morreu aos 37 anos.

Uma lenda fundamental e persistente dessa mitologia afirma que a era de Michelangelo encorajava as pessoas de talento a expandir suas atividades por todos os domínios do espírito e da arte, seguindo as palavras fantasticamente otimistas de Francis Bacon: "Tomei todo o conhecimento humano por minha província". Em nossa época atual, dominada pela especialização mais estreita, continuamos a dar crédito a este devaneio, afirmando a respeito de qualquer estudioso que tenha interesses diversificados: é um "homem da Renascença".

Mas a desconfiança, o desdém e a estreiteza têm uma tradição tão antiga quanto o Iluminismo. Os especialistas profissionais sempre tentaram manter invioladas as fronteiras de seu ofício, atacando qualquer livre-atirador que alegasse um entusiasmo amadorístico por seu campo de atividade (embora os amadores com verdadeiro amor por seu assunto, como proclama a etimologia de sua condição, muitas vezes possam adquirir uma competência muito maior que a do profissional médio). A máxima clássica da estreiteza, e que se poderia traduzir nos termos

Retrato de Johann Wolfagang Goethe (*1817*). (Cortesia da Nationale Forchungs- und Gedenkstatten der klassischen deutschen Literatur, em Weimar.)

da linguagem comum de hoje como "cada macaco no seu galho", já tinha uma versão corrente em pleno século IV a.C., a idade de ouro de Atenas: "o sapateiro que cuide das suas fôrmas".

Nada — nem mesmo o reconhecimento da grandeza — pode garantir um salvo-conduto para a migração intelectual a grandes distâncias. Johann Wolfgang von Goethe (1749-1832), que teve o supremo prazer de se ver universalmente aclamado, ainda em vida, como o maior poeta do mundo, queixava-se amargamente da maneira como os cientistas recebiam o resultado dos consideráveis esforços que dedicara a assuntos científicos (Goethe trabalhou com seriedade, alcançando muitas vezes grande êxito, nos campos da anatomia, da botânica, da geologia e da óptica). Quando já se aproximava do fim de sua vida, em 1831, Goethe escreveu:

> O público ficou surpreso, porque [...] todos esperam que uma pessoa que se tenha distinguido num determinado campo, e cujos comportamento e estilo sejam em geral reconhecidos e apreciados, jamais venha a deixar este campo, e muito menos decida arriscar-se num campo que não tenha qualquer relação com o primeiro. Se um indivíduo fizer uma tentativa desta ordem, ninguém lhe manifestará gratidão: na verdade, mesmo que venha a desincumbir-se bem de sua tarefa, não receberá nenhum louvor especial.

A defesa enérgica de Goethe contra este paroquialismo não se limita a dar vazão à manifestação de seu ego justificavelmente vasto, mas procura afirmar também o direito inato mais precioso de qualquer intelectual:

> Todo homem de intelecto ativo sente que não existe apenas para o público, mas também para si mesmo. Não se satisfaz em labutar e esfalfar-se fazendo apenas a mesma coisa anos a fio. Além disso, todo homem talentoso dotado de energia tem em si algo de universal, o que o faz tentar várias coisas diferentes e escolher seu campo de atividade de acordo com seu próprio desejo.

Seis anos depois da morte de Goethe, em 1838, o biólogo francês Isidore Geoffroy Saint-Hilaire dedicou um artigo inteiro à justificação das excursões científicas de Goethe: "Sur les travaux zoologiques et anatomiques de Goethe" [Sobre as obras zoológicas e anatômicas de Goethe]. (No último artigo que escreveu, Goethe defendera por sua vez o pai de Isidore, Etienne Geoffroy, um cientista mais famoso que o filho, em sua célebre polêmica com Georges Cuvier em torno de teorias anatômicas, de maneira que o artigo de Isidore pode ser encarado como o pagamento de uma dívida com uma geração de atraso.) Isidore fala, em tom incisivo, das tendências paroquiais dos cientistas:

> Muitas pessoas bem-informadas ainda não sabem se Goethe se limitava a propagar idéias já desenvolvidas antes na ciência, dando-lhes novas roupagens com as cores de seu estilo admirável, ou se pode reivindicar a glória mais alta de ter sido um iniciador. Os próprios naturalistas hesitam em reconhecer como seu igual um homem que se acostumaram por tanto tempo a admirar como poeta, dramaturgo, romancista e até autor de canções [...] Quanto mais esta distância [entre a arte e a ciência] for considerada imensa, e até mesmo intransponível, mais dificuldade teremos em imaginar que a mesma mão que escreveu *Werther* e *Fausto* [...] foi capaz de manejar com perícia o bisturi anatômico — e mais tenderemos a considerar

admirável este prodígio, porque Goethe conseguia conciliar qualidades intelectuais que, de ordinário, excluem-se mutuamente.

Não que Goethe (ou sua reputação) precise da minha defesa, mas quero dedicar este ensaio à luta contra a estreiteza profissional que Isidore Geoffroy identificava e deplorava — uma tendência que se tornou ainda mais intensa nos 150 anos transcorridos desde que escreveu seu artigo, porque nós, os estudiosos modernos, costumamos tratar nossas disciplinas como fortalezas e esperar que nossos porta-vozes se comportem como arqueiros postados nas ameias, perscrutando a paisagem à procura de invasores provenientes de algum campo alienígena.

Poderíamos formular dois tipos de defesa para uma atitude generosa em relação às incursões de estudiosos de outros campos (além do princípio geral das virtudes do ecumenismo e da variedade). A linha de argumentação mais frágil — que chamarei aqui de universalista — afirma que todos os bons pensadores operam mais ou menos da mesma maneira, e que a contribuição de pessoas exteriores ao campo é basicamente quantitativa. O progresso intelectual é difícil, e precisamos de toda a ajuda possível; por que barrar o acesso de pessoas brilhantes de outras disciplinas? Embora não seja esta a defesa de Goethe que eu pretendo apresentar, o universalismo é quase sempre um bom argumento. Por exemplo: eu não tomaria uma posição contra o sexismo (como fizeram muitos cientistas) afirmando que as mulheres tendem a raciocinar de maneira diferente dos homens, mas igualmente válida. Considero esta afirmação falsa e aviltante. Na verdade, precisamos abrir todos os campos às mulheres porque é simplesmente absurdo, dada a raridade do gênio, limitar o recrutamento apenas à metade do universo potencial.

A segunda linha de argumentação, que considero mais forte e vou chamar de *percepção especial*, afirma que devemos valorizar quem vem de fora de nosso campo não apenas como um contingente adicional de recrutas, mas como pessoas que podem aplicar a seus interesses extracurriculares um modo novo e diferente de pensar, importado de sua profissão original. (Digo que este argumento é mais forte porque os profissionais limitados se inclinam a aceitar o argumento quantitativo, mas em geral se rebelam contra a idéia da percepção especial, respondendo com o grito de guerra de todos os paroquialismos — como é que eles se atrevem a entrar na minha horta e virem me dizer como devo cultivar os meus tomates?)

No caso de Goethe e da ciência, tenho duas razões para preferir o segundo argumento, da percepção especial. Primeiro, acredito que as características do pensamento no campo das artes — como por exemplo o papel da imaginação, ou uma abordagem que tende a ser mais holística do que reducionista — podem iluminar a ciência (não porque os cientistas sejam incapazes de pensar dessa maneira "artística", mas porque a impopularidade desse estilo entre os cientistas profissionais limita muito seu uso mais frutífero; assim, uma infusão vinda de fora pode ter um resultado positivo). Segundo, o próprio Goethe achava que sua maneira de encarar os problemas biológicos era diferente, menos convencional que a abordagem da maioria dos cientistas de tempo integral, e atribuía este fato à sua formação e à sua prática no campo das artes.

Goethe dizia, em particular, que sua perspectiva de artista o levava a encarar a natureza como uma unidade, a procurar a integração entre as partes separadas, a buscar alguma lei inerente de harmonia. Escreveu ele:

> O que ocorre com toda a nossa relação com a natureza quando, por força do método analítico, só nos ocupamos com as partes materiais isoladas e deixamos de sentir o alento do espírito que prescreve a cada parte sua direção e ordena ou sanciona cada desvio, por meio de uma lei inerente?

E agora posso afinal formular a pergunta crucial deste ensaio: Goethe conseguiu chegar a algum lugar com esta incomum abordagem "artística" da ciência? Ela funcionou? A resposta, a meu ver, é sem dúvida "sim". Poderíamos dizer que foi o brilho não especializado de Goethe que lhe permitiu obter sucesso, por mais precário que fosse o método que ele empregava — e que no fim das contas foi isso que fez diferença, e não sua visão de artista, marcada pela imaginação e integração. Mas também podemos aceitar o que ele próprio dizia, admitir a eficácia de sua abordagem e acolher com boa vontade esta mensagem de pluralismo e da artificialidade das fronteiras convencionais traçadas entre as várias disciplinas.

Goethe sentiu pela primeira vez o gosto do sucesso bem no começo de sua carreira, em 1784, quando descobriu a existência de um novo osso no maxilar superior humano. Batizou seu osso de *intermaxilar*; outros deram-lhe o nome de *osso de Goethe*. O poeta já afirmava que aquele osso deveria existir nos seres humanos (antes de qualquer prova, e enfrentando uma negação unânime) porque outros vertebrados terrestres o possuíam — e portanto este osso devia fazer parte do arquétipo, ou plano generativo abstrato, de todos os répteis, aves e mamíferos. (O mesmo osso é chamado de *pré-maxilar* nos outros vertebrados; em geral, serve de apoio para os incisivos superiores dos mamíferos.) Entre os seres humanos, o pequeno intermaxilar se funde com os outros ossos do maxilar superior, e não pode ser reconhecido nos esqueletos depois do nascimento; Goethe demonstrou sua existência assinalando as suturas que se formam antes que a fusão ocorra nos embriões. Num ensaio escrito em 1832, o ano de sua morte, Goethe evocou esta descoberta como "a primeira batalha e o primeiro triunfo de minha juventude". Atribuía o sucesso que obteve então a uma visão da unidade necessária devida à sua condição de artista: aquele osso precisava existir nos seres humanos, se todos os vertebrados terrestres evoluíram de acordo com um plano comum e abstrato de desenvolvimento.

Goethe publicou sua obra biológica mais importante em 1790 — *Versuch die Metamorphose der Pflanzen zu erklären* [Uma tentativa de explicar a metamorfose das plantas]. Esta obra, um panfleto sem ilustrações ou diagramas composto de 123 passagens numeradas e em grande parte aforísticas, não pode ser classificada exatamente de texto científico convencional. Nela se encontram os dois princípios que Goethe atribuía às suas predileções artísticas — hipóteses ousadas baseadas na suposição de uma unidade inerente. E mesmo assim, embora a idéia central de Goethe não se sustente, este curioso trabalho apresenta percepções notáveis e exerceu forte influência ao longo da história da morfologia (palavra aliás cunhada por Goethe). Creio que podemos aceitar a avaliação feita pelo maior defensor da atividade científica de Goethe, Etienne Geoffroy Saint-Hilaire, e escrita em 1831:

> O conhecimento profissional do naturalista — o que se pode chamar de parte mecânica — não aparece em lugar nenhum; não há descrições de flores; nenhuma experiência é mencionada. Trata-se de um livro de cientista por seu fundo de idéias, mas, em sua forma, este é o livro de um filósofo que se exprime como poeta. Não obstante, precisamos aceitá-lo como um excelente tratado de história natural.

A maioria dos argumentos sutis pode ser ridicularizada pela supersimplificação e o estereótipo. A teoria da forma das plantas formulada por Goethe tem sido freqüentemente submetida a este tratamento bastante injusto porque seu desejo de encontrar grandes temas unificadores o levou a uma hipótese extremamente ousada, muito fácil de se apresentar sob a forma de caricatura. As idéias de Goethe obedeciam a uma tradição morfológica então em desenvolvimento, chamada, de maneira geral, *unidade de tipo*. Ele ansiava por encontrar um arquétipo — uma forma generativa abstrata — a que se pudessem relacionar todas as partes das plantas, que seriam todas produtos diversificados daquela mesma forma original.

Muitos dos colegas de Goethe procuravam o arquétipo dos esqueletos animais nas vértebras. (O próprio Etienne Geoffroy Saint-Hilaire tinha tentado identificar a carapaça externa dos artrópodes ao esqueleto interno dos vertebrados, e afirmava que ambos correspondiam a um arquétipo de vértebras abstratas. Chegou até a afirmar que os insetos, assim, viviam no interior de suas próprias vértebras, e que as pernas dos insetos representavam uma estrutura idêntica à das costelas vertebrais.) Goethe, seguindo a mesma abordagem em outro reino, afirmava que a forma arquetípica de todas as partes das plantas — dos cotilédones às folhas, passando pelas sépalas, pétalas, pistilos, estames e frutos — podia ser encontrada na folha.

A caricatura da teoria de Goethe, portanto, proclama que "todas as partes das plantas são folhas" (com um corolário implícito: "ha ha ha, que absurdo"). Mas não foi isso que Goethe afirmou. Em primeiro lugar, o arquétipo de que ele fala não é uma folha real, uma folha de carvalho ou uma agulha de pinheiro, mas uma forma generativa abstrata, da qual as folhas propriamente ditas são as últimas a se originar como expressão concreta. E Goethe defendia assim o uso da palavra comum *folha* para descrever sua idéia arquetípica:

> Precisamos de um termo geral para designar este órgão diversamente metamorfoseado e com o qual possamos comparar todas as manifestações de sua forma [...] Poderíamos igualmente dizer que um estame é uma pétala contraída, ou que a pétala é um estame em estado de expansão; ou que a sépala é uma folha do caule contraída, próxima de certo estado de refinamento, ou que as folhas do caule são sépalas expandidas.

Em segundo lugar, a teoria de Goethe se aplica apenas aos órgãos laterais e terminais das plantas comuns, e não às raízes e caules que as sustentam. A reação defensiva de Goethe diante das críticas a este ponto não figura entre seus melhores argumentos, mas não posso condená-lo por ter omitido de sua análise tanto os caules quanto as raízes; afinal, uma teoria que dê conta de todos os apêndices já não é pouco, mesmo que a superestrutura que lhes dá apoio seja deixada de lado. Diz Goethe que omitiu as raízes porque, afinal, são objetos muito rasteiros!

> Meus críticos me atacam porque eu não levei em consideração a raiz em meu exame da metamorfose das plantas [...] Não me ocupei de todo da raiz porque o que iria eu fazer com um órgão que assume a forma de cordas, cordões, bulbos e nós [...] um órgão que apresenta variações infinitas, nenhuma das quais progride? E é só o progresso que poderia me atrair, tomar conta de mim e me conduzir em meu caminho.

A teoria de Goethe propõe de fato uma folha arquetípica, mas sua descrição completa da forma da planta resulta de uma combinação sutil de três grandes forças gerais da natureza: de um lado, o arquétipo universal e inerente, e de outro o impacto exercido sobre ele por fatores tanto direcionais quanto cíclicos. É a interação desses três princípios — a estabilidade, a direção e a recorrência — que produz o objeto natural que chamamos de planta.

Em seu ensaio de 1790, Goethe expressa em tom comedido o princípio central de seu sistema: "Os órgãos da planta vegetativa e florescente, embora aparentemente dissimilares, originam-se todos a partir de um único órgão, qual seja, a folha". Num documento particular, escrito em 1831, ele foi mais efusivo: "[Atribuí] os inúmeros fenômenos específicos que ocorrem no magnífico jardim do universo a um princípio geral simples". Nas cartas aos amigos, como o grande filósofo J. G. Herder em 1787, ele se tornava positivamente expansivo, até mesmo pomposo:

> A planta arquetípica, como a vejo, será a mais magnífica criação de todo o mundo, e a própria natureza há de me invejar por sua causa. A partir deste modelo, e da chave para entendê-lo, seremos capazes de inventar plantas sem precisarmos nos conformar a quaisquer limites, ou seja, plantas que mesmo que não existam na realidade ainda assim poderiam existir, e não apenas como visões e ilusões pitorescas ou poéticas, mas dotadas de verdade interna e de lógica. E a mesma lei poderá ser aplicada a tudo que vive.

Goethe disseca e compara, em sua tentativa de encontrar a base foliforme de estruturas que, em sua aparência, são diversificadas e díspares. As sépalas fundidas, por exemplo, que formam o cálice na base de uma flor, seriam folhas que não conseguem separar-se quando a redução dos nutrientes interrompe a expansão do caule. "Se o florescimento for retardado pela infiltração de nutrientes supérfluos, as folhas irão separar-se, assumindo sua forma original. No cálice, assim, a natureza não forma um órgão novo, mas se limita a combinar e modificar órgãos que já conhecíamos."

Quando certas partes são modificadas demais para exibir qualquer conexão com a folha arquetípica num determinado tipo de planta, não podendo ser reduzidas a este arquétipo, Goethe lança mão da abordagem comparativa em busca de formas que sejam suficientemente similares em outras espécies. Mesmo os *cotilédones* (as primeiras brotações da semente) mais diferentes acabam assumindo uma forma toleravelmente semelhante à de uma folha em algumas espécies:

Muitas vezes são folhas deformadas, e como que abarrotadas de matéria bruta, e tão expandidas na espessura quanto na largura; seus vasos são irreconhecíveis e mal se podem distinguir da massa como um todo. Não apresentam semelhança quase nenhuma com uma folha, e podemos ser indevidamente levados a considerá-los órgãos especiais. No entanto, em muitas plantas, os cotilédones se aproximam da forma da folha: são achatados; expostos à luz e ao ar, assumem um tom mais escuro de verde; seus vasos se tornam distintos e começam a se assemelhar a veios.

Se, como já foi dito tantas vezes, o sistema de Goethe não passasse de uma teoria que toma a folha como arquétipo, não poderia reivindicar uma abrangência mais interessante, porque não teria como explicar a variação sistemática de forma à medida que subimos ao longo do caule, e assim não se sustentaria como tentativa válida de explicar tanto as semelhanças quanto as diferenças características existentes entre as várias partes das plantas. Em seu lance intelectual mais fascinante, porém, Goethe produz um estudo abrangente ao acrescentar por enxerto dois princípios adicionais à noção fundamental da folha como arquétipo: a elaboração progressiva da seiva e a alternância de ciclos de expansão e contração. Hoje, podemos considerar que esses princípios são *ad hoc* ou incorretos, mas a força de sua conjunção com a idéia arquetípica ainda pode ser percebida e resultar em algum benefício para quem a estuda.

Esses dois princípios adicionais corporificam os dois lados necessários da maior metáfora ocidental para a inteligibilidade em qualquer sistema que esteja em crescimento ou submetido a um avanço histórico — as setas de direção e os ciclos de repetição (eu os chamei de *seta do tempo* e *ciclo do tempo* em meu livro de 1987 sobre a descoberta do tempo geológico — ver a bibliografia). Em qualquer processo científico que se desdobre ao longo do tempo, precisamos ser capazes de identificar os vetores da mudança (caso contrário, o tempo seria desprovido de história, aqui entendida como a singularidade de cada momento) e os princípios constantes ou cíclicos subjacentes (caso contrário, as seqüências temporais não passariam de uma sucessão de singularidades, sem nenhum traço geral que se pudesse identificar). Goethe, depois de observar a direcionalidade e a repetitividade caule acima nas plantas, reconheceu a necessidade de recorrer aos dois lados desta dicotomia primal.

1) *A elaboração da seiva como princípio direcional.* O alto e o baixo; o céu e o inferno; o cérebro e a psique em contraste com as vísceras e os excrementos; a tuberculose como uma doença nobre dos pulmões aéreos em contraste com o câncer, doença indizível das partes inferiores (ver o importante livro de Susan Sontag, *A doença como metáfora*): es-

te aparato metafórico essencial da cultura ocidental também se aplica quase irresistivelmente às plantas, em que as raízes retorcidas e os tubérculos grosseiros seriam coisas ligadas à terra, enquanto as flores, fragrantes e nobres, as partes mais altas, se estenderiam para o alto no esforço de alcançar o céu. Goethe, de modo algum imune a esse modo de pensar numa época romântica, identificava na planta uma progressão no sentido do refinamento, partindo do cotilédone e chegando até a flor. Explicava essa direcionalidade postulando que cada "folha" sucessiva filtra cada vez mais uma seiva que, num momento inicial, é totalmente bruta. O florescimento seria impedido por essa impureza da seiva, e só poderia ocorrer depois do ponto em que a planta se livra dela. No começo, os cotilédones contam com uma organização e uma elaboração mínimas, e com a seiva em seu mais alto grau de "brutalidade":

> Descobrimos que os cotilédones, produzidos no interior da casca fechada da semente e se apresentando repletos até a borda, por assim dizer, de uma seiva bruta, são pouco organizados e desenvolvidos, ou no máximo só apresentam uma organização rudimentar.

A planta se desenvolve no sentido de atingir sua meta floral, mas o excesso de nutrientes retarda o processo de elaboração da seiva, já que o material continua a ser absorvido e mais folhas precisam ser produzidas ao longo do caule para drená-lo. Para que a filtragem prevaleça, resultando numa seiva elaborada ao ponto de permitir o florescimento, é necessário que haja um declínio no influxo de nutrientes:

> Enquanto seivas brutas permanecerem na planta, todos os possíveis órgãos desta são compelidos a se transformar em instrumentos dedicados a drená-las. Se a planta absorve um excesso de nutrientes, a operação de drenagem precisa ser repetida muitas vezes, tornando a inflorescência quase impossível. Se a planta for privada de nutrição, esta operação da natureza é facilitada.

Por fim, a planta atinge sua meta mais elevada:

> Enquanto os fluidos mais grosseiros vão sendo assim continuamente drenados e substituídos por fluidos mais puros, a planta vai atingindo passo a passo o estado a que a natureza a destina. Vemos as folhas chegarem afinal à sua máxima expansão e elaboração, e pouco depois percebemos o surgimento de um novo aspecto da planta, revelando-nos que a época que estudávamos chegou ao fim, e outra se aproxima — a época das flores.

2) *Os ciclos de expansão e contração.* Se a força direcional operasse sozinha, a morfologia das plantas apresentaria uma evolução suave, no sentido de um progressivo refinamento caule acima. Já que é paten-

te que as plantas não apresentam tal padrão, deve haver alguma outra força em atividade. Afirma Goethe que esta segunda força é cíclica, em oposição ao princípio direcional da elaboração da seiva, e concebe três ciclos completos de contração e expansão ao longo do crescimento da planta. Os cotilédones são o ponto inicial, e apresentariam um estado retraído. As folhas principais, e seu substancial espaçamento ao longo do caule, representariam a primeira expansão. A aglomeração das folhas para formar as sépalas na base das flores marcaria a segunda contração, e a elaboração subseqüente das pétalas, a segunda expansão. O estreitamento da folha arquetípica para formar os pistilos e os estames identificaria a terceira contração, e a formação do fruto assinalaria a última e mais exuberante das expansões. A semente contraída no interior do fruto recomeçaria então o ciclo na geração seguinte. Reunindo esses três princípios formadores — a folha arquetípica, o refinamento progressivo caule acima e os três ciclos de expansão e contração da vegetação, do florescimento e da frutificação —, a vasta diversidade botânica de nosso planeta pode ser englobada pela visão unificadora de Goethe:

> Quer a planta esteja vegetando, florescendo ou frutificando, ainda assim são sempre os mesmos órgãos, com funções variáveis e mudanças freqüentes de forma, que cumprem os ditames da natureza. O mesmo órgão que se expandiu no caule para formar a folha, assumindo uma forma altamente diversificada, vai se contrair no cálice, tornar a expandir-se na pétala, contrair-se nos órgãos reprodutores e expandir-se pela última vez para formar o fruto.

Como poderíamos julgar a teoria botânica de Goethe nos dias de hoje? No sentido imediato, é evidentemente falsa: a seiva não é elaborada caule acima, e ondas regulares de expansão e contração não se alternam durante o crescimento da planta. No entanto, a falsidade não é o melhor critério para se julgar a importância de uma teoria ou sua capacidade de sugerir uma nova percepção. Muitas idéias falsas já foram imensamente úteis, ainda que só por ter desencadeado um processo de contestação que levou a um aumento do conhecimento e da integração. Basta pensar em duas afirmações famosas citadas anteriormente nestes ensaios, mas que merecem ser repetidas como duas das verdades mais importantes da vida intelectual (embora sejam ligeiramente paradoxais). Cito primeiro o economista Vilfredo Pareto (aproveitando a metáfora botânica que ele emprega neste contexto):

> Prefiro sempre um erro frutífero, cheio de sementes, prenhe de suas próprias correções, à verdade estéril. A verdade estéril que fique para quem a formula.

Segundo, Charles Darwin:

> Os fatos falsos são altamente nocivos ao progresso da ciência, porque muitas vezes resistem por longos períodos de tempo; mas as opiniões falsas, se estiverem amparadas por alguns indícios, causam pouco mal, porque todos sentem um prazer salutar em demonstrar sua falsidade.

Ou, ainda, as palavras do próprio Goethe (de um ensaio póstumo publicado em 1833):

> Melhor uma hipótese falsa do que nenhuma hipótese. O fato de ser falsa não importa muito. No entanto, caso ela consiga fincar suas raízes [outra metáfora botânica!] e se transformar em suposição generalizada, caso passe a ser uma espécie de credo que não admite dúvida ou escrutínio — aí temos o verdadeiro mal, o mal que vem resistindo à passagem dos séculos.

Se há uma idéia que se pode qualificar como ''erro frutífero'', como ''salutar'', como uma ''opinião falsa [...] amparada por alguns indícios'', a teoria da forma das plantas elaborada por Goethe figura no alto da lista — o fruto mais saboroso e refinado da última expansão. Antes de mais nada, as afirmações de Goethe atendem a muitos elementos da verdade empírica. As folhas podem não ser a base de todas as formas, mas muitas partes das plantas são de fato modificações de folhas primordiais — basta olhar de perto as pétalas das flores. A seiva não é filtrada e elaborada caule acima, e não há nenhuma força simples atuando no sentido de promover a expansão e a contração do padrão arquetípico em obediência a ciclos regulares, mas é verdade que existem tendências direcionais e repetitivas que presidem sobre a formação da planta ao longo de seu crescimento, embora Goethe não tenha compreendido suas causas reais.

A visão de Goethe, contudo, contém uma segunda e mais importante razão para que tratemos sua teoria com respeito e valorizemos os aspectos ''artísticos'' de sua apresentação. As grandes idéias, tanto falsas quanto verdadeiras, têm o dom de impelir o progresso de nossas pesquisas, servindo de foco para a nossa reflexão e sugerindo novos caminhos a explorar. A teoria de Goethe tem a grande virtude de reduzir uma questão imensamente complexa, antes caótica e confusa, a três princípios importantes e abrangentes. Sua teoria, nesse sentido, é inspiradora e linda — duas palavras que raras vezes são usadas no discurso científico, mas que merecem nossa atenção, ao menos como incentivo para a ação, se não como critérios da verdade. Os três princípios de Goethe são básicos e verdadeiros, componentes importantes de qualquer visão abrangente da natureza — sejam quais forem os limites de sua aplicação específica às plantas. Precisamos procurar as regras e princípios gerais subjacentes que presidem à geração da variedade aparentemente descoordenada de objetos correlacionados. E não podemos tornar inteligíveis as seqüências históricas (entre elas o crescimento das plantas) se não identificarmos seus aspectos tanto direcionais quanto repetitivos, porque precisamos tanto da singularidade quanto de uma estrutura subjacente que funcione como uma lei para dar sentido a qualquer processo que se desenrole ao longo do tempo. A história da vida, por exemplo, é o relato de um desdobramento genealógico que leva de um objeto especial a outro (a seta do tempo) e também de processos recorrentes (como a extinção em massa, as regras da ordem geológica, a fratura e a junção de continentes, a transgressão e a regressão dos mares) que enxertam certa previsibilidade numa cadeia de acontecimentos singulares (o ciclo do tempo).

As grandes teorias admitem expansão; os fracassos nos atolam no dogmatismo e numa visão estreita. Não conheço o contexto concreto das famosas últimas palavras de Goethe. Talvez ele só estivesse pedindo que trouxessem mais velas, para poder ver melhor pela última vez os rostos das pessoas que amava. Mas talvez estivesse pedindo ao Todo-Poderoso o maior dom que as teorias frutíferas podem nos trazer — *Mehr Licht!* Mais luz!

O TEMPO NO SÉCULO DE NEWTON

11

RELENDO EDMUND HALLEY

Meu querido colega Sewall Wright viu a passagem do cometa em 1910, enquanto trabalhava nas ferrovias de Dakota do Sul — e depois, como tanto desejava, viveu até ver seu retorno em 1986. Mark Twain, nascido sob a luz difusa do cometa em 1835, morreu por ocasião de sua passagem seguinte, 76 anos mais tarde. Mas a vasta maioria de nós só tem uma oportunidade na vida — ou nenhuma. Por isso a celebramos e, se temos alguma inclinação intelectual, também aproveitamos a oportunidade para especular. Se existe um acontecimento natural que recebeu muito mais atenção escrita do que merecia, só pode ter sido a passagem do cometa de Halley em 1986, sobretudo porque esta mísera bola de gelo resolveu zombar da nossa longa expectativa e exibir efeitos mais que modestos. Por isso, decidi ignorar tanto o sr. Halley quanto seu maldito cometa nos ensaios mensais que formam a base para esta série de livros.

No entanto, como as boas intenções costumam sucumbir à tentação, confesso que me descobri pensando no homem devido a uma curiosa omissão ou subestimação que detectei na torrente de artigos escrita sobre Halley à luz (digamos assim) da passagem do corpo celeste que leva seu nome. No íntimo somos todos paroquiais, e tendemos a ver nos gênios multidisciplinares como Halley membros da nossa confraria, mesmo que sua contribuição à nossa disciplina tenha sido limitada. Insisto em afirmar que Thomas Jefferson era basicamente um paleontólogo, e não há dúvida de que os vendedores de seguros vêem em Charles Ives um colega de atividade que ocasionalmente praticava o passatempo da composição (assim como devem se apropriar de Edmund Halley, que criou as primeiras tabelas atuariais).

Em minha paróquia, Edmund Halley figura como um geólogo que ocasionalmente examinava os céus, e isto se deve a um artigo de cinco páginas que publicou nas *Philosophical Transactions of the Royal Society of London*. O título do artigo ocupa boa parte de sua primeira página: ''Breve explicação da salinidade do oceano, e dos vários lagos que não emitem rios; com uma proposta de usá-la para descobrir a idade do mundo''. Em suma, Halley escreveu um dos textos mais célebres e influentes contendo uma proposta verificável para o cálculo do *primum desideratum* de nossa disciplina — a idade da Terra. Além disso, seu método, embora falho em última instância, deu origem a muitas pesquisas frutíferas e figura, antes do desenvolvimento da datação radioativa, entre os dois ou três sistemas mais aceitos para a abordagem desta questão fundamental.

Ainda assim, este texto e sua idéia fascinante, tão centrais para minha disciplina e sua história, não foram mencionados nos artigos populares sobre Halley. A revista *Discover* abandonou sua tradição de contemporaneidade e escolheu Halley como seu cientista do ano — mas reservou menos de um parágrafo às suas pesquisas geológicas. O livro *Comet*, de Carl Sagan e Ann Druyan, reservou-lhe apenas algumas linhas a mais. O longo artigo de John Noble Wilford na seção de ciência do *New York Times* (29 de outubro de 1985) omitiu inteiramente este trabalho em sua extensa enumeração das realizações de Halley.

Este véu de silêncio me reconduziu à minha antiga cópia xerox do original de Halley, feita com amor em meus tempos de estudante no Museu Americano de História Natural e tirada de uma coleção lindamente encadernada desta que é a revista científica mais antiga da Inglaterra. Muitas vezes distribuí cópias dele entre meus alunos, mas não lia o original há vários anos. Talvez, se encontrasse alguma coisa intrigante, pudesse descobrir uma brecha que me permitiria acrescentar alguma coisa, e não meramente reiterar o que já se sabe, se decidisse afinal escrever sobre Halley. Mergulhei no texto, que li com um desapontamento crescente. Nada de que não me lembrasse, nada que fosse fora do comum. É bem verdade que consegui extrair uma pequena contribuição à grande questão que parece obcecar os comentaristas da imprensa — a grafia e a pronúncia do nome de Halley. Tanto nos disseram para pronunciar ''Edmond'' (e não ''Edmund'') que o ''o'' se transformou numa insígnia de sofisticação para iniciados. Mas em seu artigo ele se assina Edmund mesmo, com ''u'' (e é provável que a variação na grafia do nome em seu tempo tornasse as duas versões igualmente aceitáveis para ele). Quanto ao outro grande mistério — por que os americanos, desrespeitando de forma flagrante uma das poucas regras claras que a grafia da língua inglesa oferece para a pronúncia, insistem em chamar o homem de ''Hayley'' — só posso conjeturar (como tantos outros já o fizeram) que nossos espíritos foram contaminados por um certo Haley (devidamente pronunciado "Hayley" por só ter um "l") que fez muito barulho quando eu era adolescente e também batizou seu conjunto de Cometas.

Lendo o artigo certa madrugada, cheguei por fim ao último parágrafo sem conseguir impedir que o maldito sucesso de Halley tocasse sem parar em minha cabeça, falando do passar das horas. E tive então um momento de descoberta, aquele instante que dá tanta emoção à vida dos estudiosos e justifica o tédio e a disciplina que acompanham qualquer trabalho intelectual mais sério (a velha proporção de que falava Thomas Edison está mais ou menos correta — 99% de transpiração para 1% de inspiração). Percebi, em suma, que tanto eu como todos os outros comentários que li sobre o método proposto por Halley interpretávamos suas palavras no sentido precisamente oposto àquele com que foram escritas. E também acho que sei por quê. A dificuldade não está no que Halley escreveu. Ele não poderia ter sido mais claro. Na verdade, devido a preocupações que são nossas e graças a um tradicional erro de leitura da história da ciência, preferimos simplesmente ignorar a construção de Halley, sobrepondo nossas preferências a seu raciocínio. E é uma pena — porque sua intenção original é interessante, e muito instrutiva para nós.

O artigo de Halley faz uma proposta simples e elegante. (O conteúdo de seu método não foi desvirtuado, só a maneira como Halley intepretava seu significado.) Ele supõe que os oceanos fossem inicialmente compostos de água doce, e que teriam se tornado cada vez mais salgados devido ao influxo de substâncias dissolvidas transportadas pelos rios. Uma vez que os rios correm para os mares e nada corre para fora destes, o sal só pode se acumular. (A evaporação devolve aos rios as águas dos oceanos, obedecendo ao ciclo hídrico da terra, mas as águas evaporadas são doces, e os sais ficam para trás.) De maneira geral, consideramos que as águas dos rios são doces, mas Halley reconheceu corretamente que os cursos d'água transportam quantidades ínfimas de sais dissolvidos, impossíveis de se detectar pelo sabor:

> Mas os rios, em sua longa passagem pela terra, absorvem algumas das partículas salinas desta, embora em quantidade tão pequena que não temos como percebê-las, só em seus repositórios [isto é, os lagos e os oceanos], ao fim de grandes períodos de tempo.

Halley reconhecia que este argumento sobre a origem do sal oceânico apresentava um grave defeito metodológico. O oceano mundial é a única amostra de que dispomos. Como é então que o oceano pode provar a proposição de ordem geral segundo a qual as bacias com afluentes fluviais, mas sem saídas, se tornam progressivamente mais salgadas com o passar do tempo? Talvez o oceano seja apenas um caso especial, que não prova nada além de sua singularidade, e não o maior representante conhecido de um processo generalizado.

A engenhosidade do argumento de Halley está em seu reconhecimento de que os lagos, devidamente classificados e separados, podem servir como sistemas menores capazes de representar o mesmo processo que ocorreria com os oceanos. Assim, dividiu os grandes lagos entre os que têm tanto entradas como saídas (a grande maioria) e os poucos que, a exemplo dos oceanos, recebem as águas dos rios mas não têm outra saída além da evaporação.

Só encontrou quatro nesta segunda categoria, semelhante aos oceanos — o mar Cáspio, o "*Mare Mortuum*" (mar Morto), "o lago em cujas margens se ergue a Cidade do México" e o lago Titicaca, no Peru. Todos eles são salgados em graus variáveis, enquanto todos os lagos de água doce se enquadravam na primeira categoria. A taxonomia dos lagos organizada por Halley confirmava sua teoria sobre a origem da salinidade dos oceanos — um belo exemplo do princípio metodológico segundo o qual o tamanho das amostras pode ser muitas vezes aumentado pelo simples reconhecimento de análogos adequados em outras classes de objetos.

Agora, Halley estava pronto para formular sua argumentação em relação à idade da Terra (ou pelo menos de seus oceanos):

> Ora, se for esta a verdadeira razão para a salinidade desses lagos, não é improvável que o próprio oceano tenha ficado salgado pelas mesmas causas, e contamos assim com um argumento que nos capacita a avaliar a duração de todas as coisas, a partir da observação do incremento da salinidade de suas águas.

Se pudéssemos medir a salinidade dos oceanos modernos, e depois determinar a quantidade de sal carreada para eles a cada ano pelos rios, poderíamos extrapolar e chegar a um momento inicial em que não tenha havido sal algum, calculando a idade dos oceanos. Halley admitia que este método exigia um conjunto de suposições simplificadoras que podiam não ser estritamente verdadeiras — como a constância aproximada do influxo anual, ou a inexistência de perda apreciável de sal absorvido pelos sedimentos, por exemplo. Mas achava que este método podia resultar numa razoável estimativa preliminar.

Halley percebeu que não tinha como medir com exatidão o influxo anual de sais dissolvidos — a variação era muito grande entre um número excessivo de rios, e é provável que o total fosse pequeno demais, comparado à quantidade de sal hoje presente nos oceanos. Mas poderíamos, em prol da posteridade, fazer medições precisas da quantidade de sal existente hoje nos oceanos e nos lagos, porque daqui a alguns séculos o aumento total deverá ter sido palpável o bastante para permitir uma boa estimativa do incremento anual médio. E Halley recomenda:

> Este argumento pode não ter utilidade para nós, porque requer grandes intervalos de tempo a fim de podermos chegar a uma conclusão [...] Recomendo portanto à Sociedade que, se isto estiver ao seu alcance, promova experiências para determinar o grau presente de salinidade do oceano e de quantos desses lagos ela puder, para que sejam registrados em benefício das épocas futuras.

A literatura geológica contém uma interpretação "padronizada" da contribuição de Halley. Ela assinala, antes de mais nada e corretamente, que o método de Halley estava errado — uma boa idéia, é certo, mas em última instância baseada numa falsa premissa. Para Halley, uma vez que o sal chegava aos oceanos a cada ano mas mesmo assim o mar ainda não estava saturado (como provava a salinidade maior do mar Morto), o sal que chegava por último devia somar-se à quantidade que já estava presente. Mas em muitos dos ciclos da natureza se estabelece um equilíbrio dinâmico entre o influxo e o escoamento, muito antes que a maioria dos componentes chegue a um nível teoricamente máximo. Nossa atmosfera poderia conter uma quantidade muito maior de dióxido de carbono, mas antes que começássemos a interferir com o antigo equilíbrio por meio da queima maciça de combustíveis fósseis o teor de dióxido de carbono se mantinha relativamente estável, em percentagens muito inferiores às que a atmosfera tem capacidade de conter (como poderemos vir a descobrir, com grande pesar, se os aumentos atuais levarem a um efeito estufa progressivo).

Em nosso velho planeta, a maioria dos componentes da atmosfera e dos oceanos apresenta um equilíbrio dinâmico deste tipo. (Num certo sentido, esses equilíbrios precisam existir, porque a Terra é tão velha que qualquer incremento numa certa direção, por menor que seja, poderia levar à saturação numa fração de tempo histórico.) O nível atual do sal oceânico se mantém constante graças a um equilíbrio dinâmico entre o influxo trazido pelos rios e inúmeros processos, entre eles a absorção pelos sedimentos e os usos biológicos, que estão sempre removendo do mar mais ou menos a mesma quantidade de sal que ele recebe. É possível que houvesse, no início dos tempos, um oceano original de água doce que tenha acumulado sal da maneira descrita por Halley. Mas este processo de aumento inicial da salinidade se encerrou num passado remotíssimo, e o método de Halley não tem como recuar tanto nos abismos do tempo.

Esta forma costumeira de apresentar o erro crucial de Halley é então contrabalançada, nas revisões tradicionais, por louvores acalorados — e as razões principais para isto são duas. Primeiro, Halley é glorificado por ter sido o autor da primeira proposta quantitativa séria no sentido de determinar a idade da Terra. Além disso, embora Halley tenha achado que ele próprio não teria como aplicar seu método, suas sugestões foram seguidas por cientistas posteriores, especialmente em torno do final do século XIX. O grande geólogo irlandês John Joly, por exemplo, usou o método de acúmulo de sal para propor que a idade da Terra seria de 100 milhões de anos. Embora a estimativa de Joly fosse imensamente pequena — na verdade, a Terra tem cerca de 4,5 bilhões de anos de idade —, seu trabalho representou um grande avanço em relação à tradição especulativa anterior, que não levara a quase nada e raramente se atrevia a imaginar que a Terra fosse ainda menos antiga do que disse Joly.

Em segundo lugar, Halley foi sagrado herói com base na visão falsa da história que vê a luz e a verdade envolvidas num combate perpétuo com a religião. É verdade que Halley começa seu artigo rejeitando uma interpretação literal do Gênese quanto à idade da Terra. Aceita, porque as Escrituras assim dizem, que os seres humanos vivem na Terra há cerca de 6 mil anos, mas nega que tenha havido uma criação de todas as coisas apenas cinco dias antes:

> Embora nos digam que a formação do homem foi o último ato do Criador, em nenhum ponto das Escrituras é revelado há quanto tempo a Terra já existia antes desta última criação, e nem que duração devemos atribuir àqueles cinco dias que a precedem; já que as Escrituras nos dizem em outro ponto que, para o Todo-Poderoso, mil anos são apenas um dia, e igualmente nada perante a eternidade; nem se pode conceber que esses dias fossem entendidos como dias naturais, porque são mencionados como medida de tempo antes mesmo da criação do Sol, que só ocorre no quarto dia.

Mas Halley escreve estas linhas na qualidade de teísta liberal, e não de cientista empenhado numa batalha consciente com a religião. A própria palavra *cientista* ainda não existia no tempo de Halley, e uma ligação íntima entre a ciência racional e o bom senso religioso era perseguida pela maioria dos estudiosos envolvidos no tipo de trabalho que hoje chamaríamos de científico. Halley, em outras palavras, está falando aqui em nome da tradição liberal de interpretação não literal da Bíblia.

A literatura tradicional em geral reúne esses temas numa única frase: Halley figura entre os heróis da geologia porque seu método, embora falho, nos fornece de fato uma estimativa *mínima* para a idade da Terra (o tempo de acumulação transcorrido antes que os oceanos atingissem uma condição estável). E o artigo da *Discover* sobre o cientista do ano conclui: ''Seu esforço foi útil porque, tendo chegado a uma idade mínima para a Terra, inspirou outros em sua busca de relógios melhores para a geologia''.

E foi assim que eu sempre li, e ensinei, o argumento de Halley sobre a idade da Terra — como a estimativa de uma idade *mínima* proposta para romper com as cadeias de um literalismo bíblico que tornava a ciência impossível, porque causas ordinárias não teriam como produzir as transformações geológicas necessárias em apenas alguns milhares de anos. E ainda era assim que eu estava lendo seu texto semana passada — até chegar ao último parágrafo. E aqui Halley nos transmite um dos pontos mais importantes e sutis da boa metodologia científica — uma lição que deve figurar acima de todas as outras entre as regras de procedimento que precisam ser ensinadas aos estudantes prestes a iniciar suas carreiras de pesquisa independente.

Em ciências históricas complexas como a geologia, poucas situações podem ser bem controladas como as experiências ideais realizadas em laboratório. Nossas concepções preliminares, os chamados vieses, estão inevitável e intrinsicamente contidas nos dados disponíveis. Já que estes vieses nem sempre podem ser evitados, os pesquisadores precisam seguir uma regra básica — devem se certificar de que os vieses reconhecidos tendem numa direção que tornará a confirmação de suas hipóteses *menos* provável (porque se as fontes dessas concepções preliminares tenderem a dar apoio à opinião que nos parece melhor, como poderemos saber se um resultado positivo confirma a explicação que preferimos, ou apenas o viés inerente aos próprios dados?).

Halley começa o último parágrafo de seu texto admitindo um viés que não tem como corrigir:

> Se alguém objetar que a água do oceano, e talvez de alguns desses lagos, pudesse, nos primórdios de tudo, conter alguma proporção de sal, o que perturbaria a proporcionalidade do aumento da salinidade que apresentam, eu não discutiria [...].

Que beleza, disse-me eu. Ele quase chega a formular o princípio segundo o qual o viés deve ir contra o resultado preferido. Preciso assinalar esta passagem e mostrá-la aos meus alunos. Continuei a ler e não fiquei decepcionado. Halley expõe o argumento com grande precisão (continuando a citação acima):

> [...] eu não discutiria mas observaria que esta suposição reduziria de muito a idade do mundo que podemos derivar do presente argumento [...].

Dei um sorriso satisfeito, retomei minha leitura e então experimentei o momento de verdade tão semelhante à cena clássica de desenho animado ou de comédia em que o policial vê um rato passar voando ou um boneco de neve andando, sorri feliz com a expressão de quem pensa "que gracinha, um rato voador", e depois dá meia-volta, deixa o apito cair da boca de espanto, e berra, "Um rato voador!". Espere um pouco! Supostamente, Halley está defendendo que a idade da Terra é *maior* do que afirma a tradição; está rompendo com as limitações impostas pela Bíblia. Mas o que nos diz é que o viés que não consegue remover faria com que a Terra fosse *mais velha* do que é na verdade, exatamente o tipo de viés — aquele que favorece a hipótese — que *precisamos* evitar. (Se um saco contém cem feijões e observarmos que um novo feijão é acrescentado a cada dia, iremos supor, de maneira analógica ao argumento de Halley sobre oceanos de água originalmente doce, que os feijões vêm sendo colocados no saco há cem dias. No entanto, se o saco já continha inicialmente 25 feijões, o processo só terá durado 75 dias, e não cem. Da mesma maneira, se o oceano já continha algum sal no início, mas supomos que começou desprovido de sal, a idade a que chegaremos pelo método de Halley será maior que a verdadeira idade.)

E foi aí que fiquei seriamente intrigado. Estaria Halley entendendo sua metodologia ao contrário? O que está havendo? Como é que ele pode estar tentando aumentar a idade da Terra e então admitir um viés que faria com que pareça mais velha? Ou bem Halley era um idiota em matéria de método ou então existe algum erro sério na concepção tradicional segundo a qual estava tentando estabelecer um valor mínimo para a idade da Terra. Na verdade, Halley quer nos dizer que estabeleceu uma idade *máxima*, e fica evidente que isto o deixou muito satisfeito consigo mesmo. Prossigo com a leitura (e de novo com a última citação):

> [...] do presente argumento, que é apresentado basicamente para refutar a noção arcaica, adotada recentemente por alguns, da eternidade de todas as coisas.

Com que então Halley achava que estava fazendo exatamente o contrário do que a posteridade lhe atribuiu. Afirma que estava estabelecendo uma idade máxima para refutar uma noção de eternidade, quando dizemos que estava tentando estabelecer uma idade mínima para expandir a cronologia presa a uma interpretação literal da Bíblia. E por que — diante da admirável clareza das palavras de Halley — nós nos enganamos tão redondamente quanto à sua intenção?

Quando discutimos a idade da Terra, não precisamos mais enfrentar a questão da eternidade. Todos nós supomos que nosso planeta teve um início determinável. Já que esta alternativa não é mais considerada há vários séculos, o que nos falta é o contexto que permite perceber o sentido do último parágrafo de Halley. Não levamos em conta o sentido exato de suas palavras porque elas não fazem sentido para nós. Nós, veteranos no combate a várias ondas criacionistas, de Scopes ao Arkansas, compreendemos perfeitamente a ameaça que o literalismo bíblico representa para a ciência, e por isso somos levados a distorcer as palavras de Halley, entendendo-as à nossa luz atual. Achamos que Halley estava defendendo a idéia de que a idade da Terra era maior, em vez de percebermos que pretendia ser visto como alguém capaz de tirar medidas e fixar uma data a fim de eliminar a possibilidade de uma existência infinita.

Minha sorte foi que decidi reler o artigo de Halley na mesma época em que estudava as protogeologias dos sábios ingleses do final do século XVII (especialmente *Sacred theory of the Earth* [Teoria sagrada da Terra], de Thomas Burnet) para outro projeto (ver meu livro *Seta do tempo, ciclo do tempo*). Assim, fui capaz de ler Halley da maneira como ele pretendia ser lido.

Só podemos perceber o quanto a noção de eternidade era ainda mais perigosa que o literalismo bíblico se entendermos o quanto Halley e sua geração lutavam para encontrar uma base para a ciência dos acontecimentos históricos (tanto Burnet quanto Halley eram amigos de Newton, e membros de uma geração de cientistas com objetivos comuns). Burnet, por exemplo, se estende ao longo de quatrocentas páginas contra a idéia de eternidade, e trava esta grande batalha porque, a seu ver, a noção de eternidade elimina a possibilidade de existência de uma história significativa, definida como uma seqüência de acontecimentos distintos e reconhecíveis encadeados por laços de causa e efeito. Burnet identifica, como seu inimigo principal,

> [...] a doutrina aristotélica segundo a qual a forma atual da Terra existe desde a eternidade, porque a verdade é que todo este livro é um único argumento contínuo contra esta opinião.

Se a Terra é eterna, nenhum acontecimento pode ser singular. Todos eles devem ocorrer vezes sem conta, e isto nos impede de qualquer compreensão, porque nossas lutas e nossos sonhos perdem qualquer significado enquanto eventos singulares no tempo finito. A eternidade destrói a história; ela "remove o objeto de nosso discurso", como afirma Burnet.

Jorge Luis Borges, a seu modo peculiar e extraordinário, exprimiu o quanto o infinito é incompreensível em *O livro de areia*. Neste conto, Borges encontra um livro infinito. Não consegue chegar ao fim, e por mais furiosamente que vire as páginas há sempre a mesma quantidade entre o ponto em que se encontra e o final. O livro contém ilustrações, cada uma a 2 mil páginas da outra. Nenhuma jamais se repete, e Borges enche um caderno com sua seqüência sem nunca se aproximar do fim. Por fim, compreende que este precioso livro é na verdade monstruoso e obsceno, e o perde para sempre numa das estantes da Biblioteca Nacional argentina. E compreende o dilema da eternidade: "Se o espaço é infinito, podemos estar em qualquer ponto do espaço. Se o tempo é infinito, podemos estar em qualquer ponto do tempo".

Halley tentou refutar este sistema impensável resolvendo o dilema de Borges e estabelecendo um ponto definido — uma idade concreta, medida em anos — para a origem da Terra. Halley, em suma, estava lutando em defesa da história. Se o entendermos como um grande cientista histórico que apresentou sua proposta de datação da idade da Terra como um golpe desferido em prol da causa da racionalidade, poderemos compreender seu último parágrafo, e a mensagem que este nos transmite.

Halley luta pela história dos dois lados; seu curto artigo propõe um método específico para a medição da idade da Terra e, ao mesmo tempo, apresenta uma defesa esplendidamente formulada da ciência histórica em geral. É verdade que argumenta contra o literalismo bíblico — e procura ganhar tempo suficiente para permitir que causas naturais tenham dado forma à história geológica. Se esta abundância de tempo não existisse, precisaríamos de milagres para acomodar toda esta fartura de acontecimentos em poucos milhares de anos. E a leitura tradicional de Halley só vai até aí.

Mas Halley insiste em afirmar que sua luta em defesa de uma história abrangente caminha primariamente na direção oposta, procurando roubar tempo da eternidade — porque o viés do método que cria só pode justificar seu emprego contra teorias que suponham tempos *maiores* do que ele poderia indicar. Acho que devemos aceitar o que Halley diz ao pé da letra, porque ele era astuto demais em matéria de metodologia para usar erradamente o critério primário do viés. Halley acreditava que tinha estabelecido uma idade máxima para nosso planeta. E não há dúvida de que a Terra não podia ser eterna, porque os vieses presentes no método de Halley só poderiam tornar sua idade menor do que o valor máximo que ele próprio tinha calculado.

Quando compreendemos qual era a verdadeira meta de Halley, também conseguimos perceber a razão de seu fracasso. Ele estava tentando fundar uma ciência histórica racional. Para tanto, precisava de um critério que apresentasse uma variação constante e reconhecível ao longo do tempo — de maneira que cada momento fosse distintamente diverso de qualquer outro, evitando assim o dilema de Borges. Achava que o acúmulo de sal nos oceanos e nos lagos, crescendo linearmente ao longo do tempo, poderia ser este critério. O esforço primário da ciência histórica desde Halley concentra-se na procura de fenômenos que apresentem uma variação constante e, portanto, possam servir de marcos para a passagem do tempo. Halley sabia exatamente quais eram as necessidades da história, mas escolheu um critério errado por razões interessantes.

Halley pode ter rompido as limitações impostas pelo literalismo bíblico, mas não tinha idéia da verdadeira imensidão do tempo. (A idade de 100 milhões de anos que costuma ser-lhe atribuída é na verdade uma data a que Joly chegou no século XIX, usando o método de Halley. O próprio Halley nunca se atreveu a pensar numa escala que fosse além dos milhares de anos.) O indício mais claro da limitação da perspectiva de Halley, noção compartilhada por todos os seus contemporâneos que tentavam datar a idade da Terra (ver o ensaio seguinte), aparece claramente em sua argumentação sobre o sal, quando ele lamenta que os antigos romanos e gregos não tivessem medido a salinidade dos oceanos:

> Seria desejável que os antigos autores gregos e latinos nos revelassem qual era o grau de salinidade do mar 2 mil anos atrás; porque não se pode duvidar que, neste caso, a diferença entre o que hoje encontramos e o que existia seria bastante sensível.

Se Halley percebesse que esses 2 mil anos eram apenas uma fração infinitesimal da história da Terra, não estaria tão certo de encontrar no incremento registrado entre aquele momento e os dias de hoje uma medida capaz de determinar a data do início de todas as coisas. No entanto, 2 mil anos eram uma parte considerável da extensão de dezenas de milhares de anos que suas fantasias mais desvairadas conseguiam conceber.

Numa Terra tão jovem quanto a imaginada por Halley, processos simples como o influxo de sal dos rios poderiam servir de critério para medir o desenrolar da história. Como afirmei acima, porém, os sistemas simples em geral chegam a um equilíbrio, ou então atingem algum estado inalterável ao cabo de extensões de tempo de fato grandes. Os componentes das atmosferas e dos oceanos atingem o equilíbrio; não apresentam mudança considerável ao longo de bilhões de anos. A menos que encontremos alguma coisa que seja de fato grande (como o combustível de uma estrela) ou numerosa (como o número de átomos sujeitos ao decaimento atômico) nos termos do período de tempo disponível, os objetos físicos prestam-se mal ao uso como critério do desenrolar da história.

Os melhores sinais da história são objetos tão complexos e tão emaranhados em redes de contingência imprevisível que nenhum estado, depois de se perder, pode reaparecer exatamente da mesma maneira. A vida, por causa da evolução, é mais decisivamente marcada por esta complexidade irrepetível que qualquer outro fenômeno em nosso planeta. Os cientistas só foram capazes de desenvolver uma escala de tempo geológico — a vara de medir da história — quando perceberam que os fósseis representavam assim uma seqüência assim de acontecimentos singulares e não repetidos.

Quando comecei a escrever estes ensaios em 1974, escolhi como título geral uma expressão tirada do último parágrafo da *Origem das espécies* de Darwin — "esta visão da vida". Escolhi esta passagem porque sou apaixonado pela ciência da história. Darwin usou esta expressão para assinalar o contraste entre a riqueza da história da vida e os ciclos atemporais dos sistemas físicos mais simples, em particular as trajetórias dos planetas em suas órbitas. Halley sabia o que faltava a uma ciência da história, mas não tinha como perceber por que os sistemas simples não serviam para ser usados como critérios, uma vez que não se atrevia a imaginar o quanto a idade da Terra podia ser realmente imensa. Darwin pressentiu a extensão do tempo, e percebeu que só a complexidade da vida seria capaz de mapear sua riqueza:

> Existe grandeza nesta visão da vida [...] Enquanto este planeta continua a circular em obediência à lei fixa da gravidade, a partir de um início tão simples infinitas formas, extremamente belas e maravilhosas, se desenvolveram, e continuam a se desenvolver.

PÓS-ESCRITO

Embora este seja um dos poucos artigos sobre Halley escritos por ocasião da passagem de seu festejado corpo celeste epônimo, mas sem tratar de todo da questão dos cometas, ainda assim devo falar um pouco sobre minha experiência de observador, porque vi uma coisa muito comovente e aprendi com isto uma lição muito importante.

Esperei pela passagem do cometa de Halley toda minha vida consciente, e não ia perder a experiência. A visão de Boston era particularmente ruim (o cometa aparecia muito baixo no horizonte, e por isso era invisível de praticamente qualquer lugar), e de qualquer maneira a manifestação do cometa foi bastante medíocre (em todos os lugares). Descer em direção ao sul significava uma posição mais alta no céu para o cometa, e uma probabilidade maior de ver alguma coisa. Eu precisava visitar a Estação de Pesquisa Tropical da Smithsonian no Panamá de qualquer maneira, de modo que marquei minha viagem para um momento em que poderia ter a melhor visão possível. Um cientista da equipe do instituto me apanhou às três da manhã, porque o melhor momento para a observação era pouco antes da aurora. Seguimos de carro para longe da cidade do Panamá, e armamos nosso telescópio num campo escuro.

Aquela noite e aquele amanhecer me proporcionaram dois prazeres especiais. Primeiro, o cometa de Halley me causou uma impressão surpreendente. Tinham me dito muitas vezes para não esperar nada de interessante ou muito notável, de modo que fui preparado para a decepção (e só porque uma promessa feita a si mesmo e mantida a vida toda não pode ser quebrada assim). Eu esperava pouco, mas vi bastante. O cometa parecia tão diferente de tudo mais que havia no céu — de todos aqueles pontos de luz que eu conheço tão bem, depois de toda uma vida a olhar para as estrelas. O cometa era fraco, mas difuso em vez de concentrado. Todo o resto, por mais brilhante que fosse, eram pontos; o cometa de Halley formava uma linha larga cobrindo quase dez graus de arco celeste. Se você tem alguma familiaridade com o céu noturno, o surgimento de alguma coisa tão diferente pode ser impressionante, ainda que ela seja diminuta.

Em segundo lugar, fiquei profundamente comovido com uma cena humana. Enquanto o sol começava a nascer e voltávamos para a cidade do Panamá seguindo pela estrada que acompanha o litoral, percebi multidões de panamenhos que se adensavam à medida que nos aproximávamos da cidade (porque a maioria tinha saído a pé, embora a observação ficasse melhor com a distância). Quase todos eram grupos familiares. Pais e mães apontavam para o céu, mostrando o cometa para seus filhos, dizendo-lhes talvez que ainda estariam vivos em sua próxima passagem. Enquanto rompia a aurora, as silhuetas de todas essas pessoas se destacavam contra o céu cada vez mais claro — pais e mães apontando para cima, mostrando uma visão única em toda a vida. Centenas de cidadãos pobres, sem carro, tinham acordado seus filhos bem antes do amanhecer, caminhando para longe das luzes da cidade e forrando aquela estrada com a curiosidade humana. Quem se atreveria a dizer que as pessoas não têm noção do maravilhoso, ou não se importam com a ciência e a natureza, se uma pequena linha de contornos indistintos, devidamente divulgada, é capaz de nos transformar a todos em verdadeiros cidadãos do universo, pelo menos pela curta duração de um amanhecer?

12
A QUEDA NA CASA DE USSHER

Já me sinto bastante desconfortável quando uso gravata; pobres dos comerciantes e clérigos do século XVII, quase sempre retratados sob o jugo de suas golas de dobras engomadas. O imponente cavalheiro da gravura abaixo ostenta o título latino de *Jacobus Usserius, Archiepiscopus Armachanus, Totius Hiberniae Primas*, ou James Ussher, arcebispo de Armagh, primaz de toda a Irlanda. Hoje, é uma figura quase unanimente ridicularizada — o homem que fixou o momento da criação em 4004 a.C., e teve a audácia de mencionar até o dia e a hora em que teria ocorrido: 23 de outubro, ao meio-dia.

Quero começar fazendo um comentário pessoal sobre a legenda desta gravura, porque a leitura que faço dela reproduz, em microcosmo, todo o tema deste ensaio. Confesso que sempre achei divertido encontrar o termo *primaz* [*primate* em inglês] usado em seu sentido eclesiástico: "um arcebispo [...] que ocupa a primeira posição entre os bispos de uma província". Qualquer outro zoólogo também deve achar graça, porque para nós primata [também *primate*] é um macaco — qualquer membro da ordem Primatae. Assim, sempre que vejo um homem descrito como *primate*, não consigo deixar de pensar num gorila. (Os seres humanos também são membros da ordem dos primatas, é claro, mas os zoólogos, quando usam o termo, estão quase sempre se referindo a cerca de duzentas das espécies do grupo — ou seja, os lêmures, os macacos e os grandes símios.)

Mas meu divertimento só pode ser rotulado de tolo, paroquial e equivocado. O título vem do latim *primas*, que significa "principal" ou "primeiro". Em meados do século XVIII, Lineu deu um uso zoológico à palavra ao empregá-la para designar a ordem "mais alta" dos mamíferos — o grupo que inclui os seres humanos. Mas o uso eclesiástico também pode reivindicar a devida adequação etimológica, além de

uma substancial precedência no uso (o *Oxford English Dictionary* já registra sua aparição na língua inglesa em 1205). Assim, nós zoólogos é que somos os usurpadores, e não quem usa o termo com outro sentido. (E me pergunto se os religiosos não dão risada cada vez que vêem o termo num livro de zoologia, imaginando um babuíno andando de gola engomada.) De qualquer maneira, o arcebispo de Armagh é o chefe da província, e portanto o primaz, da Igreja anglo-irlandesa, assim como o arcebispo de Cantuária é o primaz de toda a Inglaterra.

Esta divagação sobre a legenda prenuncia em resumo o artigo que se segue por duas razões:

1) Estarei defendendo a cronologia de Ussher como um esforço respeitável para a sua época, e afirmando que a irrisão com que o tratamos só é um sinal de nossa estreiteza mental, que usa indevidamente

os critérios atuais para julgar um passado distante e totalmente diverso — assim como acharmos engraçado imaginar um *primate* da Igreja como um macaco em trajes eclesiásticos é uma inversão da história da palavra, porque a definição zoológica é derivativa, e a eclesiástica é primária.

2) A imagem mental de um prelado como um macaco em trajes eclesiásticos reforça o pior paroquialismo que os cientistas costumam invocar em sua interpretação da história da ciência — a idéia de que o progresso no conhecimento se deve à vitória na eterna batalha entre a ciência e a religião, em que a religião se define como a adesão impensada ao dogma e a obediência inquestionada à autoridade, e a ciência como a procura objetiva da verdade.

James Ussher (1581-1656) viveu no mais turbulento dos séculos da história inglesa. Nasceu em pleno reinado de Elizabeth I e morreu sob Cromwell (que lhe deu um funeral com honras de estadista na abadia de Westminster, apesar dos sentimentos realistas de Ussher e de seu apoio anterior ao decapitado Carlos I). Estudioso precoce com especial aptidão para línguas, Ussher entrou para o Trinity College de Dublin no ano de sua fundação, em 1594, com apenas treze anos de idade. Ordenou-se padre em 1601 e tornou-se professor em Trinity (1607), e depois vice-reitor em duas ocasiões, em 1614 e 1617. Ao ser nomeado arcebispo de Armagh em 1625, tornou-se chefe (ou primaz) da Igreja anglo-irlandesa — um cargo difícil nessa terra eminentemente católica (ou "papista", como sempre dizia Ussher, usando a forma depreciativa corrente em seu tempo). Ussher era veemente e implacável em seus ataques verbais contra o catolicismo romano (também não era muito tolerante com os judeus e outros "infiéis", mas esta questão pouco aparecia). Seu artigo de 1626, "Julgamento dos arcebispos e bispos da Irlanda", por exemplo, começa assim:

> A religião dos papistas é supersticiosa e idólatra; sua fé e sua doutrina são errôneas e heréticas; sua Igreja é [...] apóstata; tolerá-los, portanto, ou consentir que possam exercer livremente sua religião [...] é um grave pecado.

Podemos ficar assustados com as palavras que ele emprega (e ninguém pode dizer que tenha sido um modelo de tolerância), mas na verdade Ussher era visto como uma força favorável à moderação e ao compromisso numa era marcada pela ferocidade das invectivas (basta ler os panfletos de Milton contra os católicos para se ter uma idéia da retórica empregada naqueles dias). A despeito de suas opiniões, Ussher sempre foi favorável à discussão, ao debate e à negociação. Costumava pregar para os católicos e adorava enfrentar seus defensores em debates formais. As palavras que usava eram duras, mas acreditava no triunfo pela força dos argumentos, e não no recurso ao banimento, às multas, à prisão e às execuções. Na verdade, mesmo as biografias escritas em louvor de Ussher pouco depois de sua morte criticam a falta de entusiasmo que demonstrava pela condução cotidiana dos negócios eclesiásticos, e sua falta de disposição geral em adotar políticas intolerantes. Era um estudioso por temperamento e, no máximo, um administrador razoável. Encontrava-se na Inglaterra quando irrompeu a guerra civil de 1642, e nunca tornou a voltar para a Irlanda. Passou a maior parte da última década de sua vida envolvido em estudos e na redação de artigos — inclusive, em 1650, a fonte de sua má fama atual: "Annales veteris testamenti, a prima mundi origine deducti" [Anais do Antigo Testamento, deduzidos da origem inicial do mundo].

Ussher transformou-se em símbolo do autoritarismo arcaico e inculto por uma razão que não se incluía em suas intenções. Quinze anos depois de sua morte, a maioria das edições da versão "autorizada" da Bíblia em inglês, a chamada Bíblia do rei Jaime, passou a trazer sua cronologia na estreita coluna de notas e referências normalmente situada entre as duas colunas de texto de cada página. (A Gideon Society insistia em distribuir esta versão por quase todos os quartos de hotel dos Estados Unidos até cerca de quinze anos atrás; hoje utilizam uma tradução mais moderna, que omite a coluna de notas, inclusive a cronologia.) Lá, entronizada na primeira página do Gênese, figura a data: 4004 a.C. A cronologia de Ussher, assim, adquiriu um estatuto quase canônico nas bíblias de língua inglesa — e daí sua má fama atual como símbolo do fundamentalismo.

Ainda hoje, é difícil encontrar um livro escolar de introdução à geologia que não ataque de alguma forma a data de Ussher nas páginas iniciais obrigatórias sobre os conceitos mais antigos envolvendo a idade da Terra (antes que a datação radioativa nos permitisse ter certeza). Outros notáveis são louvados por suas tentativas meritórias, devidamente ditadas pelo espírito científico (mesmo que os resultados a que chegaram sejam distantes da verdade — ver o ensaio anterior, sobre Halley), mas Ussher é impiedosamente malhado por sua idolatria bíblica e por sua manifesta tolice. Como é que alguém pode olhar para uma montanha, um lago ou uma formação rochosa sem perceber que a Terra deve ser muito mais antiga?

Um dos textos discute Ussher sob o título "O domínio da autoridade", e as propostas posteriores sob o título de "O advento do método científico". Ficamos sabendo — embora a afirmação não faça qualquer sentido — que a data de 4004 a.C. calculada por Ussher "acabou sendo tão venerada quanto o próprio texto sagrado". Outro texto enquadra Ussher sob o título "Primeiras especulações", e as tentativas posteriores como "Abordagens científicas". Estes autores nos dizem que a data de 4004 a.C. "foi incorporada aos dogmas da Igreja cristã" (estranho comentário, dada a tradição, cultivada tanto pelos católicos quanto por muitos protestantes, de atribuir uma interpretação alegórica aos "dias" do Gênese). E continuam: "Por mais de um século a partir de então, era considerado heresia supor que a formação da Terra pudesse datar de mais de 6 mil anos".

As próprias palavras usadas para descrever os esforços de Ussher recendem a desprezo. Segundo um dos textos, Ussher teria "proclamado" a sua data; segundo outro, "anunciou com grande certeza que [...] o mundo fora criado no ano de 4004 a.C., no dia 26 de outubro às nove da manhã!" (Na verdade Ussher disse 23 de outubro ao meio-dia — mas encontrei três textos contendo o mesmo erro, de modo que devem estar copiando uns dos outros.) E este terceiro texto vai além: "A avaliação da idade do mundo por Ussher teve o mesmo valor das palavras do Evangelho por duzentos anos".

Muitas afirmações estão encharcadas de intenção satírica. Outro texto — e já são seis, de modo que não estou falando de uma tolice ocasional — considera que a obra de Ussher foi uma "reação direta às explorações científicas da Renascença". Depois ficamos sabendo que o "arcebispo Ussher da Irlanda proclamou em 1664 que a Terra foi criada às nove horas da manhã do dia 26 de outubro de 4004 a.C. (presumivelmente hora de Greenwich!)". Acontece que àquela altura Ussher já estava morto havia oito anos, e a data em que afirmava ter ocorrido a criação do mundo aparece mais uma vez errada. (Nem vou fazer qualquer comentário sobre a piada fraca acerca da hora de Greenwich, além de lembrar que essa questão nem se colocava numa época anterior às viagens rápidas, que transformaram numa questão importante as diferenças de fuso horário.)

Nem preciso dizer que, na intenção de combater a iliberalidade desta tradição dos livros escolares, não pretendo defender a substância da conclusão de Ussher — porque uma das afirmações dessas críticas generalizadas é sem dúvida procedente: de fato, uma Terra com apenas 6 mil anos tornaria impossível a existência de uma geologia científica, porque qualquer tentativa de condensar os registros empíricos de quilômetros de camadas e da complexa história fóssil da vida em um período tão curto exigiria que acreditássemos em milagres como agentes causais.

Muito justo, mas que sentido faz culpar a época em que se vive por retardar o surgimento de um sistema muito posterior, que funciona segundo princípios totalmente diferentes? Acusar Ussher de ter adiado a aparição de uma geologia empírica faz tanto sentido quanto culpar os dinossauros por ter retardado o sucesso posterior dos mamíferos. O critério adequado deve ser o mérito nos termos dos padrões de excelência da própria época de cada um. De acordo com este julgamento, Ussher merece todo nosso respeito na mesma medida em que os dinossauros hoje nos parecem admiráveis e interessantes pelo que foram (e não como meros precursores imperfeitos dos mamíferos superiores no progresso inexorável da vida). Os modelos do progresso inevitável, tanto no panorama da vida quanto na história das idéias, são inimigos da compreensão, porque tendem a condenar o passado apenas por ser antigo (e portanto primitivo e inculto).

É claro que Ussher não podia estar mais enganado acerca da data de 4004 a.C., mas sua obra foi meritória e interessante — e portanto instrutiva para nós — por pelo menos quatro razões.

1) A tradição impiedosa dos livros de geologia retrata Ussher como um jorro isolado de trevas e dogma lançado num caldeirão de conhecimentos mais esclarecidos — como se apenas ele, representando a Igreja numa ação explícita de retaguarda contra a ciência e a pesquisa, tivesse abordado a questão da idade da Terra com a intenção de recuperar o terreno perdido. E não pode haver idéia mais falsa sobre o pensamento cronológico no século XVII.

Ussher era representante do estilo dominante de estudioso de seu tempo (ver o ensaio anterior, sobre Halley, para uma discussão de outro estilo da mesma época — mais aceitável para nossas opiniões atuais, mas não menos popular que a postura de Ussher no contexto do século XVII). Ussher se incluía numa tradição substancial de pesquisa, uma grande comunidade de intelectuais que tentava alcançar um objetivo comum de acordo com princípios metodológicos consagrados — a "casa" de Ussher, se perdoam o irresistível trocadilho de meu título. Hoje, rejeitamos uma premissa fundamental dessa metodologia — a crença na infalibilidade da Bíblia — e reconhecemos que era esta falsa premissa a responsável por um erro tão grande no cálculo da idade da Terra. Mas que fenômeno intelectual pode ser mais antigo, ou mais recorrente, do que a história de um grande programa de pesquisas que acaba sucumbindo diante da falsidade de uma premissa central aceita por todos os envolvidos? Será que todos os que se filiavam a esta tradição eram idiotas irremediáveis? E os cientistas que presumiam que os continentes fossem estáveis, que o material hereditário era uma proteína, ou que todas as outras galáxias se encontravam contidas na Via Láctea? Estes esforços equivocados e por fim abandonados foram empreendidos com paixão por cientistas brilhantes e de mérito inegável. Quantos esforços atuais, absorvendo milhões de dólares em pesquisas e a dedicação plena de muitos de nossos melhores cientistas, não se revelarão mais tarde fracassos completos, baseados em premissas falsas?

Os autores desses livros escolares ignoram que as tentativas de estabelecer uma cronologia abrangente para toda a história humana (e não apenas fixar a data da criação como ponto de partida) representavam um esforço crucial para o pensamento do século XVII. Esses estudos não usavam apenas a Bíblia, mas tentavam coordenar os registros deixados por todos os povos. Além disso, a premissa da infalibilidade da Bíblia não bastava para fornecer uma resposta imediata e dogmática — existem muitas leituras e textos alternativos da Bíblia, e os estudiosos precisam se esforçar para chegar a uma base que lhes permita escolher entre todas as variantes. Um exemplo primário é que datas diferentes são atribuídas a acontecimentos fundamentais na Septuaginta (ou Bíblia Grega, traduzida pela comunidade judaica do Egito entre os séculos III e II a.C. e ainda hoje usada pelas Igrejas orientais) e na Bíblia padrão em hebraico, preferida como fonte pelas Igrejas ocidentais.

Além disso, nos termos das premissas metodológicas que todos compartilhavam, esta tradição de pesquisa tinha um sucesso considerável. Mesmo os valores extremos não discordavam muito — e a criação da Terra variava entre um mínimo de 3761 a.C. segundo o calendário judaico (ainda hoje em uso) e um máximo de pouco mais de 5500 a.C. segundo a Septuaginta. A maioria dos estudiosos que se dedicou a este cálculo tinha chegado a uma cifra muito próxima da de Ussher. Beda, o Venerável, chegara à data de 3952 a.C. vários séculos antes, enquanto J. J. Scaliger, o maior estudioso da geração imediatamente anterior à de Ussher, situara a Criação no ano de 3950 a.C. Assim, a data de 4004 encontrada por Ussher não era idiossincrática e nem fora do comum; na verdade, era uma estimativa bastante convencional, formulada em termos aceitos por uma ampla e ativa comunidade de estudiosos. É a tradição dos livros escolares que nos apresenta Ussher como uma pessoa singularmente retrógrada, mas isto se deve à nossa falta de conhecimento desse mundo, porque o nome de Ussher foi o único a chegar até nós, nas notas marginais das bíblias modernas.

2) Os detratores de Ussher supõem que seu empreendimento se tenha limitado à soma das idades e das datas que figuram diretamente no Velho Testamento — dando a entender assim que seu trabalho não foi mais que um gesto aritmético de devoção simples e irrefletida. Outro livro escolar — e já estamos em sete — afirma que a data de 4004 era "uma data reconstituída a partir da soma das idades das pessoas citadas nas linhagens das Escrituras". Mas um exame apressado da Bí-

blia já basta para nos mostrar que uma solução fácil não existe, ainda que partamos da premissa da infalibilidade das Escrituras. É possível ir adicionando os primeiros tempos, da Criação até o reinado de Salomão — porque a informação necessária é fornecida por uma descendência masculina ininterrupta que sempre menciona o dado crucial da idade do pai por ocasião do nascimento de seu primogênito. Mas este caminho fácil não pode ser seguido ao longo das centenas de anos que durou o reino de Israel, do reinado de Salomão à destruição do templo e ao cativeiro na Babilônia — porque aqui só encontramos a duração do governo de cada um dos reis, em meio a várias ambigüidades frustrantes (inclusive coincidências ou co-regências de um rei e seus sucessores) que foram amplamente reconhecidas, mas não têm fácil solução. E, finalmente, como é que se poderia usar o Antigo Testamento para se chegar à data crucial do nascimento de Cristo, e ligar dessa maneira a narrativa anterior ao presente? O Antigo Testamento se interrompe na época de Esdras e Neemias, o século v a.C. de acordo com a cronologia de Ussher.

James Barr explica estes problemas e complexidades num artigo excelente, "Por que o mundo foi criado em 4004 a.C.: o arcebispo Ussher e a cronologia bíblica" (ver bibliografia). Ele divide o empreendimento cronológico em três períodos, cada um com problemas característicos, como falei anteriormente. No primeiro período (da Criação a Salomão), podemos simplesmente ir adicionando, mas que texto devemos usar? As idades que aparecem na Septuaginta* são substancialmente maiores, e acrescentam mais de mil anos à data da Criação. Ussher resolveu este dilema usando a Bíblia hebraica e ignorando as alternativas.

No segundo período, é realmente necessário um esforço especial para estabelecer uma linha coerente de tempo que atravesse o período dos reis. Num primeiro momento é necessário trabalhar em ziguezague, tentando correlacionar as datas correspondentes aos dois reinos, o de Israel e o de Judá, e depois é preciso associar a este encadeamento as durações que são dadas para acontecimentos outros que não os inícios e fins de reinados. O resultado, com sorte e muitos ajustes, é uma rede coerente de datas que se apóiam entre si.

(*) O nome Septuaginta deriva da lenda que afirma terem sido 72 (daí o nome, do latim *septuaginta*, ou "setenta") os tradutores — seis de cada uma das doze tribos de Israel — que, em salas separadas, produziram suas diferentes traduções dos textos sagrados. Quando compararam suas versões, todas eram idênticas. Se as circunstâncias lingüísticas parecem estranhas — judeus traduzindo a Bíblia do hebraico para o grego em pleno Egito —, devemos lembrar que Alexandre, o Grande, conquistara o Egito, transformando os Ptolomeus em dinastia reinante.

Para o terceiro período, a lacuna de mais de quatrocentos anos entre Esdras e Neemias e o nascimento de Jesus, não se pode usar a Bíblia — porque não existe nenhuma informação. Assim, Ussher e todos os outros cronologistas tentaram associar um acontecimento conhecido do período dos reis com um episódio datável em outra cultura — e usar as tabelas cronológicas de outros povos até poder voltar ao Novo Testamento. Ussher decidiu correlacionar a morte do rei caldeu Nabucodonosor II com o trigésimo sétimo ano do exílio de Joaquim (conforme diz 2 Reis 25:27). (Nabucodonosor era, naturalmente, uma figura proeminente na história dos judeus por ter conquistado Jerusalém em 586 a.C., capturando e exilando seus cidadãos mais importantes — o chamado cativeiro da Babilônia.) Assim, os cálculos de Ussher puderam incluir os registros dos caldeus e os registros subseqüentes dos persas, chegando por fim ao período do domínio romano e ao nascimento de Jesus.

3) Mas de onde Ussher tirou a data de 23 de outubro de 4004? Não há dúvida de que nem a Bíblia, nem qualquer outra fonte fala de uma data específica, ainda que o ano possa ser calculado. Será que esta data pelo menos foi uma proclamação dogmática, mesmo que o resto da cronologia tenha raízes em estudos sistemáticos?

Não, não se trata de dogma, mas de outro estilo de argumentação interpretativa — baseada em símbolos e na escatologia, e não nas cronologias registradas. (Este estilo não pode ser rotulado de dogmático, mesmo porque cada ponto acabou se tornando foco de vigorosas discordâncias e ferozes discussões entre os estudiosos. Nunca se conseguiu chegar a uma conclusão final, e é por isso que a Igreja nunca impôs uma resposta *ex cathedra*.)

Antes de mais nada, a data de 4004 permite uma adequação confortável à mais importante das metáforas cronológicas — a comparação comum entre os seis dias da criação de Deus e os 6 mil anos da duração potencial da Terra: "Mas vós, amados, não ignoreis uma coisa: que um dia para o Senhor é como mil anos, e mil anos como um dia" (2 Pedro 3:8). Nos termos deste esquema amplamente aceito, a Terra foi criada 4 mil anos antes do nascimento de Cristo, e poderia ainda subsistir por mais 2 mil anos depois dele (uma proposição que breve poderemos testar empiricamente e, esperamos, será redondamente contestada).

Mas por que 4004 a.C. e não uma data redonda, como 4000 a.C.? Na época de Ussher, os cronologistas haviam detectado um erro na passagem de a.C. para d.C., porque Herodes morrera em 4 a.C. — e se ele tinha realmente conversado com os Reis Magos, ficando com medo da estrela e decretando o massacre dos inocentes, Jesus não poderia ter nascido depois de 4 a.C. (uma afirmação que é um oxímoro, mas aceitável como testemunho do aumento do conhecimento).

Assim, se Jesus nasceu em 4 a.C., a tradição escatológica deveria fixar a data da criação em 4004 a.C., sem qualquer necessidade de cálculos complexos para dar conta da seqüência de genealogias. Esta situação deve inspirar a suspeita maldosa de que Ussher já "sabia" desde o início que precisava chegar à data de 4004 a.C., tendo manipulado seus cálculos de modo a fazer tudo se encaixar. Barr, é claro, considera seriamente esta hipótese, mas decide rejeitá-la por duas razões. A primeira é que a cronologia de Ussher se estende por vários volumes e 2 mil páginas de texto, e parece ter sido construída com todo o cuidado, e sem qualquer ajuste forçado para atender a razões especiais. A segunda é que a morte de Herodes em 4 a.C. não determina que o nascimento de Jesus tenha ocorrido no mesmo ano. Herodes tornou-se rei da Judéia (fantoche dos romanos seria uma definição mais adequada) em 37 a.C. — e Jesus poderia ter nascido em algum outro momento nesse intervalo de 33 anos. Além disso, outras tradições afirmam que os 4 mil anos deveriam ser contados entre a Criação e a crucifixão de Cristo, e não seu nascimento — estendendo as possibilidades até 33 d.C. Conforme essas variações, a Criação poderia ter ocorrido entre 4037 a.C. (4 mil anos antes do início do reinado de Herodes) e 3697 a.C. (4 mil anos antes da Crucifixão). A data de 4004 está na faixa correta, mas com certeza não foi determinada pela tradição simbólica. Ainda precisamos dos cálculos.

Mas por que 23 de outubro? Aqui, a cronologia não pode ajudar. Muitos estudiosos, de Beda, o Venerável, ao grande astrônomo Johannes Kepler, afirmaram que a primavera seria a estação adequada para a origem, e era esta a estação que figurava nas cronologias dos babilônios, dos caldeus e de outros povos antigos. Outros, entre eles são Jerônimo, Flávio Josefo e Ussher, achavam que a estação devia ter sido o outono, sobretudo porque era nesta estação que caía o início do ano dos judeus e a cronologia se baseava nas Escrituras hebraicas.

Agora nos encontramos diante de um problema adicional. A cronologia judaica se baseia nos meses lunares, e portanto é muito difícil correlacioná-la com um calendário solar padrão. Ussher, reconhecendo que não havia uma base firme para a conversão, decidiu portanto afirmar que a Criação ocorrera no primeiro domingo depois do equinócio do outono. (O dia de domingo era uma escolha óbvia, porque Deus criou o mundo em seis dias e descansou no sétimo, e o dia do descanso semanal dos judeus cai no sábado.)

Mas se a Criação ocorreu perto do equinócio do outono, por que 23 de outubro, mais de um mês depois deste evento? Para esta última peça do nosso quebra-cabeça, basta lembrar que Ussher ainda usava o antigo calendário juliano, de origem romana. O sistema do calendário juliano era muito semelhante ao nosso, mas com uma diferença aparentemente insignificante — ele não suprime os anos bissextos na passagem dos séculos. (Nem todo mundo sabe que nosso sistema atual — mais preciso que o calendário juliano — omite os anos bissextos em todas as transições de século que não sejam divisíveis por quatrocentos. Assim, 1700, 1800 e 1900 não foram anos bissextos, mas 1600 sim, e 2000 também será.) Esta diferença parece insignificante, mas os erros vão se acumulando ao longo dos milênios. Em 1582, a discrepância já se tornara séria o suficiente para fazer o papa Gregório XIII proclamar uma reforma e estabelecer o sistema que ainda hoje preside à nossa contagem do tempo — chamado, em sua homenagem, calendário gregoriano: a reforma abandonou os dez dias que se haviam acumulado devido aos anos bissextos "adicionais" nas passagens de século de acordo com o sistema juliano (tomando-se a engenhosa decisão de fazer o dia 4 de outubro de 1582, uma quinta-feira, ser sucedido pela sexta-feira 15 de outubro).

Isto nos leva de volta às tensões religiosas da época. Lembremo-nos das perorações de Ussher contra o Papado, atitude compartilhada por seus irmãos anglicanos. A reforma gregoriana lhes parecia uma trama papista, e os contemporâneos de Ussher se recusavam a aceitá-la. (A Inglaterra e as colônias americanas acabaram sucumbindo à racionalidade e adotaram a reforma gregoriana em 1752. Esta defasagem, aliás, é responsável pela ambigüidade que cerca a data de nascimento de George Washington, dada por alguns como 11 de fevereiro e por outros como 22 de fevereiro de 1732. Washington nasceu sob o calendário juliano, e àquela altura o ajuste já exigia que se pulassem onze dias, e não mais dez.) De qualquer modo, se a discrepância entre os calendários justificava uma diferença de dez dias nos cerca de 1600 anos que transcorreram entre a Criação do calendário juliano e a reforma gregoriana, Ussher constatou que a disparidade seria de pouco mais de trinta dias para o tempo adicional transcorrido desde 4004 a.C. — fixando assim a data da criação em 23 de outubro, e não em 21 de setembro, quando ocorrera o equinócio segundo nosso calendário atual.

Uma última pergunta. E por que ao meio-dia? As primeiras frases do Gênese dizem:

> No princípio criou Deus os céus e a terra. A terra era sem forma e vazia; e havia trevas sobre a face do abismo, mas o espírito de Deus pairava sobre a face das águas. Disse Deus: Haja luz. E houve luz.

Ora, não podemos ter dias sem que haja a alternância entre luz e trevas, de modo que Ussher deu início à sua cronologia com a criação da luz, que fixou, sem razão aparente, no meio-dia. Ele escreveu: "In ipse primi diei medio creata est lux" (No meio do primeiro dia, a luz foi criada).

Mas e as frases do Gênese que precedem a criação da luz? Aqui nos deparamos com um antigo problema de exegese: limitar-se-á o texto a apresentar um epítome de todo o processo, ou dirá que Deus fez a matéria antes de criar a luz? Ussher aceitava a segunda leitura, e afirmava que a criação da matéria "amorfa e vazia" ocorrera na noite anterior à criação da luz. Assim, teria ocorrido uma pré-criação, um mero transporte do material, na noite de 22 de outubro — contando como várias "horas temporárias" (palavras de Ussher) antes da criação declarada da luz em 23 de outubro.

4) A cronologia de Ussher é um trabalho que se insere na tradição generosa e liberal dos estudos humanísticos, e não um documento restritivo escrito a fim de impor sua autoridade. Como assinala Barr, os *Annales* de Ussher apresentam uma cronologia para toda a história humana (ou pelo menos a história ocidental, porque não tinha notícias claras sobre nenhuma outra), da Criação — e devemos nos lembrar que os seres humanos foram criados no quinto dia, de modo que a história da Terra é, essencialmente, a história humana — à queda de Jerusalém em 70 d.C. Afirma Barr:

> É um grande erro, portanto, supor que Ussher só estivesse preocupado com a fixação da data da Criação: isto só pode ocorrer a alguém que nunca o tenha lido [...] Os *Annales* são uma tentativa de chegar a uma síntese cronológica abrangente de todo o conhecimento histórico, tanto bíblico quanto clássico [...] De seu volume, apenas talvez um sexto, ou menos, trata da Bíblia.

Sócrates nos disse que devemos conhecer-nos a nós mesmos, e nenhum dado pode ser mais importante para o humanismo que uma cronologia precisa que sirva como moldura para a epopéia de nossas culturas, nossas lutas, nossos fracassos e nossas esperanças.

A gravura de Ussher que aparece no início deste artigo vem da única obra sua que conheço — um catecismo para crianças e suas famílias intitulado *A body of divinity; or, the sum and substance of Christian religion* [Um corpo de divindade; ou, a soma e substância da religião cristã]. Os catecismos podem ser simplificadores, mas têm a virtude de enquadrar claramente as crenças básicas, sem as digressões intrínsecas aos textos acadêmicos.

Fiquei encantado com a defesa que Ussher apresenta para sua cronologia no catecismo que escreveu — palavras simples que ilustram o caráter basicamente humanista de seu empreendimento. Como é que sabemos que houve uma Criação?, pergunta ele — e responde: "Não só pelos muitos testemunhos claros das Sagradas Escrituras, mas também pela luz da razão, se bem dirigida". Sua principal disputa, podemos notar, não se trava com outras visões da sucessão temporal da epopéia humana, mas com a idéia a-histórica de eternidade proposta por Aristóteles (ver o ensaio anterior para uma discussão da preocupação básica similar de Halley). "O que dizer então de Aristóteles, considerado por tantos o Príncipe dos Filósofos, que se esforçou por demonstrar que o mundo é eterno?" E Ussher responde à sua própria pergunta defendendo a majestade de um Deus que é mais que um mero motor imóvel da matéria eterna, porque Aristóteles "despoja Deus da glória de sua Criação, e não lhe atribui ofício mais alto que o de mover as esferas, de maneira que o apresenta mais como um escravo do que como um senhor".

Encerro este artigo com um apelo final no sentido de que julguemos as pessoas de acordo com seus próprios critérios, e não à luz de padrões posteriores que elas não tinham como conhecer ou avaliar. Condenamos Ussher porque afirmou que a Criação foi curta demais — apenas seis dias, quando calculamos que a evolução levou bilhões de anos. No entanto, Ussher teme que o tempo de seis dias possa ser considerado excessivo por seus contemporâneos: por que Deus, que tudo podia fazer num instante, teria se demorado tanto em sua obra? "Por que Ele levou tanto tempo criando, quando poderia ter completado todas as criaturas ao mesmo tempo, num instante?" Ussher nos dá uma série de respostas, mas uma delas atraiu minha atenção tanto por seu encanto quanto por afirmar de maneira incisiva a necessidade de uma ordem seqüencial no ensino — a melhor justificativa que se poderia formular para a elaboração de uma cronologia: "Para nos ensinar a compreender melhor a arte de sua feitura; da mesma maneira como um homem que ensina a uma criança a forma de uma letra primeiro lhe ensina uma de suas linhas, e não toda a letra de uma vez".

IV
MEDITAÇÕES

NUVENS DA MEMÓRIA

13
MULLER BROS., MUDANÇAS & GUARDA-MÓVEIS

Tenho muitos livros antigos e esplêndidos, clássicos da história natural encadernados em couro e ilustrados com pranchas coloridas a mão. Mas nenhum livro de minha coleção se compara em valor pessoal a um volume modesto, encadernado em tecido cinza e publicado em 1892: *Estudos de gramática inglesa*, de J. M. Greenwood, superintendente das escolas de Kansas City. O livro pertenceu a meu avô, um imigrante húngaro. Ele escreveu na folha de rosto, com uma elegante caligrafia européia: "Prop. de Joseph A. Rosenberg, Nova York". Logo abaixo, acrescentou a lápis a mais eloqüente de todas as frases possíveis: "Desembarquei. 11 de setembro de 1901".

Papa Joe morreu quando eu tinha treze anos, antes de eu ter podido destilar devidamente suas experiências mais profundas, mas me dando tempo suficiente em minha própria ontogênese para aproveitar seus preciosos dons de uma memória extensa e de uma influência duradoura. Era dono de uma grande sensibilidade artística que tivera oportunidades limitadas de expressão. Dizem que cantava lindamente quando jovem, embora a surdez progressiva e uma promessa que fez à memória da mãe (de nunca mais cantar depois da morte dela) tenham calado sua voz antes de meu nascimento. Nunca usou seu notável talento para o desenho em qualquer incursão no campo das belas-artes, embora tenha dominado este talento o suficiente para ascender do corte de tecidos nas pequenas confecções de imigrantes, as famosas *sweatshops*, à vida de classe média como desenhista de corpetes e espartilhos. (O conteúdo da forma de expressão que escolhera me deixava excitado quando criança, mas hoje valorizo basicamente o tema da emancipação econômica mediante a aplicação prática do talento artístico.) Acima de tudo, porém, manifestava sua sensibilidade artística em sua aparência pessoal — na elegância dos trajes (um pouco afetada demais, talvez), na graça dos movimentos, na beleza da caligrafia, na fluência dos gestos.

Infelizmente, não tenho nenhum instantâneo de Papa Joe comigo. Mas aqui ele aparece com minha prima Adele, impecavelmente vestido, como sempre.

Lembro-me bem de uma manifestação dessa diferença, porque repetíamos o ato toda semana e porque a associação entre o local e a ação parecia muito incongruente, mesmo a uma criança de cinco ou seis anos. Todo domingo de manhã, Papa Joe e eu saíamos a passeio até a loja da esquina do Queens Boulevard para comprar o jornal e meia dúzia de *bagels*. Depois íamos até o estádio de tênis de Forest Hills, onde McEnroe e seus pares ainda hoje se apresentam. Uma entrada lateral decrépita e em desuso levava a uma escada enferrujada com três ou quatro degraus. Com sua infalível agilidade, Papa Joe pegava uma parte do jornal que nós nunca líamos e forrava o primeiro degrau com várias folhas (porque a simples idéia do contato de um grão de poeira ou um floco de ferrugem com suas calças o enchia de horror). Depois nos sentávamos e tínhamos uma deliciosa conversa de homem para homem sobre os últimos resultados do beisebol, as regras do jogo de pôquer e as peripécias das lutas de boxe da noite de sexta-feira.

Conservo uma linda visão desta cena: a câmera recua e vemos uma pequena escadaria, mínima diante do gigantismo do estádio. Duas figuras estão sentadas no primeiro degrau — um senhor de idade muito bem vestido, falando e gesticulando com determinação, e um menino escutando com ar de adoração.

A certeza é uma bênção e, ao mesmo tempo, um perigo. A certeza nos reconforta, nos consola, nos dá segurança; é uma âncora que nos prende às situações factuais nada ambíguas da observação e da experiência pessoal. Eu sei que estive sentado naqueles degraus com meu avô porque eu estava lá, e nenhum poder externo de sugestão jamais tentou interferir com esta experiência profundamente pessoal e particular.

Mas a certeza também é um grande perigo, dada a notória falibilidade — e a força sem igual — da mente humana. Quantas vezes já não nos entregamos à matança em grande escala devido às "certezas" da nacionalidade ou da religião? Quantas vezes já não condenamos inocentes porque a mais prestigiada das formas de pretensa certeza — o testemunho ocular — está sujeito a todas as falhas de nossa costumeira falibilidade?

Os primatas são animais visuais por excelência, e por isso atribuímos um valor especial à observação direta, ao fato de termos estado presentes e visto os fatos pessoalmente. Mas tudo que é visto precisa ser registrado no cérebro e armazenado em algum ponto de sua intricada memória. E a mente humana é a maior maravilha da natureza e, ao mesmo tempo, a mais perversa dos ilusionistas: Einstein e Loge combinados de forma inextricável.

Este prestígio especial (mas indevido) da observação direta levou a um sério erro de compreensão popular quanto à ciência. Já que, de todos os empreendimentos humanos, a ciência é considerada o mais objetivo e o mais comprometido com a verdade, e já que a observação direta é, supostamente, o caminho preferencial para a factualidade, muitas pessoas consideram que a ciência respeitável é equivalente ao escrutínio visual — apenas os fatos, concretos, palpáveis diante dos olhos. Mas a ciência é uma bateria de métodos observacionais e inferenciais, todos voltados para o exame de proposições que, em princípio, sempre podem ser definitivamente refutados. Restringir o seu alcance às questões de observação direta limitaria intoleravelmente seu exercício. Muitas vezes, a ciência precisa transcender a visão para chegar a uma nova percepção. Em todas as escalas, da menor à maior, da mais rápida à mais lenta, muitas conclusões bem documentadas da ciência se encontram além do domínio estrito e limitado da observação direta. Ninguém jamais viu um elétron ou um buraco negro, os acontecimentos de um picossegundo ou uma era geológica.

Um dos argumentos mais falsos usados com efeito retórico pelos "cientistas" criacionistas tenta negar a condição de ciência à teoria da evolução porque seus resultados levam muito tempo para aparecer, e portanto não podem ser observados diretamente. Mas se a ciência dependesse da visão direta não poderíamos extrair conclusões sobre qualquer disciplina que estude o passado — a cosmologia, a geologia, a história humana (inclusive a história da força e da influência da religião). Podemos, afinal, ter razoável certeza de que Henrique v venceu em Agincourt, embora não existam fotografias e ninguém tenha feito o esforço especial de sobreviver mais de quinhentos anos para nos contar a história. E os dinossauros de fato sumiram dezenas de milhões de anos antes do surgimento de qualquer observador consciente em nosso planeta. A evolução não é especialmente precária como ciência só porque seus acontecimentos mais importantes demoraram tanto para ocorrer num passado observável.

Além disso, os relatos de testemunhas oculares não merecem o prestígio que lhes é convencionalmente conferido como árbitros últimos, mesmo quando o testemunho da observação direta pode ser obtido em abundância. Em seu comedido *Eyewitness testimony* [O depoimento da testemunha ocular, 1979], Elizabeth Loftus contesta, sobretudo no contexto jurídico, a idéia de que a observação visual confere uma condição especial de veracidade. Ela identifica três níveis de erro que podem ocorrer numa visão supostamente direta e objetiva: uma percepção incorreta do próprio acontecimento, e os dois mecanismos que mais produzem enganos durante o trânsito pela memória antes de sua evocação posterior — a retenção e a recuperação.

Numa experiência, por exemplo, Loftus mostrou a quarenta alunos um vídeo de três minutos de uma aula interrompida por oito manifestantes (tema relevante para os estudantes no início dos anos 70!). Depois submeteu os alunos a um questionário e perguntou à metade deles: "O líder dos doze manifestantes [...] era do sexo masculino?"; e à outra metade, "O líder dos quatro manifestantes [...] era do sexo masculino?". Uma semana mais tarde, em outro questionário, perguntou a todos os alunos: "Quantos manifestantes pudemos ver entrando na sala?". Os que haviam recebido o questionário falando de doze manifestantes afirmaram terem visto uma média de 8,9 pessoas; os que receberam menção a quatro falaram de uma média de 6,4. Na verdade todos viram oito, mas formaram um julgamento posterior como uma solução de compromisso entre o que haviam efetivamente observado e o poder basicamente subliminar da sugestão do primeiro questionário.

Pode-se induzir pessoas a "ver" objetos totalmente ilusórios. Em outra experiência, Loftus exibiu o filme de um acidente, seguido de uma pergunta capciosa: "A que velocidade estava o carro esporte branco quando passou pelo celeiro à beira da estrada de terra?". (Não aparecia celeiro algum no filme, e um grupo de controle recebeu uma pergunta mais correta: "A que velocidade estava o carro esporte branco quando passou pela estrada de terra?") Uma semana depois, 17% dos alunos do primeiro grupo afirmaram que haviam visto o celeiro inexistente; só 3% do grupo de controle mencionava um celeiro.

Assim, é fácil enganar tanto nossos olhos quanto nossa mente em todas as frentes: no momento em que vemos, na armazenagem e na rememoração da imagem. O olho já é bastante enganoso, mas a mente é ainda mais perversa. Que remédio podemos sugerir além de uma humildade constante, e de uma eterna vigilância? Confie tanto em sua memória quanto num parceiro de pôquer (um dos conselhos que meu avô me dava nos degraus).

Com este princípio em mente, saí à procura desses degraus no ano passado, após mais de trinta anos de ausência de meu território natal. Saí do metrô na 67ª Avenida, andei até o apartamento onde morava, na esquina de 50 com 98, e depois tomei a rota que meu avô seguia rumo ao Queens Boulevard e ao estádio de tênis.

Estava andando na direção certa, mas logo percebi que tinha cometido um sério erro. O estádio de tênis ficava a pelo menos um quilômetro e meio de distância, longe demais para aqueles rápidos passeios a pé com um saco de *bagels* numa das mãos e um menino de cinco anos na outra. Cada vez mais intrigado, continuei a descer a rua e, na esquina seguinte, vi os degraus e senti o tranco e a torrente de memórias que acompanham nossas *recherches des temps perdus*.

Minha lembrança da escada era precisa — três modestos degraus de pedra ladeados por enferrujados balaústres de ferro. Mas os degraus não levam ao estádio de tênis; eles formam a entrada lateral de um modesto edifício de tijolo, hoje arruinado, trancado e abandonado, mas ainda divulgando seu uso anterior com um anúncio comercial, pintado diretamente nos tijolos em sua face lateral, no estilo das antigas indústrias — "Muller Bros. Inc. Mudanças & Guarda-Móveis" — com um número de telefone da época anterior à discagem só de números: ILlinois 9-9200.

Obviamente, fundi o símbolo mais destacado de minha antiga vizinhança, o estádio de tênis, com um lugar importante em minha vida pessoal, construindo por justaposição uma imagem mental híbrida. Ainda assim, minha memória do estádio de tênis erguendo-se acima daqueles degraus permanece forte, mesmo depois de sua contestação concreta.

A parede lateral da Muller Bros. como ainda existe hoje, com o letreiro pintado nos tijolos, no antigo estilo das indústrias. (Foto Eleanor Gould.)

Posso alegar inexperiência e uma juventude relativa para me desculpar de meu fracasso como testemunha ocular no caso dos degraus da Muller Bros. Afinal, eu não passava de um menino impressionável de mais ou menos cinco anos, época em que até mesmo um modesto armazém de seis andares pode ser percebido como um prédio grande o suficiente para ser confundido com uma construção realmente imponente.

Mas não tenho desculpas para uma segunda história. Dez anos mais tarde, já com a confiável idade de quinze anos, fiz uma viagem de automóvel com a família para o oeste: tenho lembranças especialmente nítidas de uma observação da Torre do Diabo, no Wyoming (a elevação vulcânica celebrizada como campo de pouso de alienígenas em *Contatos imediatos do terceiro grau*). Chegamos vindo do leste. Meu pai nos diz para procurar a torre a uma distância de dezenas de quilômetros, porque ele leu num guia que ela se ergue, quase vertical, das Grandes Planícies, e que as famílias dos pioneiros usavam a torre como marco e farol em sua jornada para o oeste. E lá está a torre, aparecendo primeiro como uma pequena projeção, quase quadrada em seu perfil, no horizonte. Ela vai aumentando à medida que nos aproximamos, assumindo sua forma característica e por fim revelando sua estrutura como um emaranhado de colunas hexagonais de basalto. Nunca esqueci os dois traços que mais chamaram minha atenção: a extrema verticalidade se erguendo da planura, formando uma junção perpendicular, e o aumento de tamanho, de um mero ponto no horizonte a um rochedo altíssimo, quase assustador de tão gigantesco.

Hoje eu sei, com certeza, que vi este panorama visual da maneira como o descrevi. O quadro que tenho em mente daquele perfil característico aumentando de tamanho é tão nítido quanto qualquer outra memória que eu possua. Eu *vejo* a torre como um pontinho na distância, como uma formação rochosa de tamanho médio e, por fim, ocupando todo o meu campo de visão. Já contei a história a dezenas de pessoas, comparando esta realidade natural com a visão de Chartres, em que ela aparece como uma pequena torre de brinquedo a trinta quilômetros de Paris, crescendo depois até se transformar no alto símbolo daquela cidade medieval.

Em 1987, voltei à Torre do Diabo com minha família — a única vez que lá estive depois de meu primeiro contato imediato com ela, trinta anos antes. Planejei a viagem de modo a chegar vindo do leste, para que todos pudessem apreciar o efeito fantástico que tanto me impressionara — e contei minha história, é claro.

No contexto deste ensaio, meu desenlace será previsível e anticlimático, por mais agudo que possa ter sido meu constrangimento. O terreno em volta da Torre do Diabo é montanhoso; a formação só pode ser vista da distância de alguns quilômetros em qualquer direção. Comprei um livro sobre as trilhas seguidas pelos pioneiros em sua marcha para o oeste, e nenhuma delas passava perto da Torre do Diabo. Todos gostaram do passeio, mas eu me sentia um perfeito idiota. Mais tarde, consultei meu antigo diário para verificar o relato da viagem. A formação rochosa que se ergue da planície, o farol dos pioneiros, é Scottsbluff, em Nebraska — um rochedo bem menos impressionante que a Torre do Diabo.

No entanto, ainda *vejo* a Torre do Diabo em minha mente quando penso naquele ponto no horizonte que depois vai crescendo. Vejo com a mesma clareza e certeza de sempre, embora hoje saiba que a memória é falsa.

Contei uma história longa demais para uma moral tão simples. Papa Joe, o antigo camponês em seu terno impecável e elegante, me disse naqueles degraus que eu precisava desconfiar de qualquer lisonja, e só devia confiar no que pudesse ser provado. Devemos estender seu bom con-

Este seu criado nos degraus que recorda fielmente. (Foto Eleanor Gould.)

selho às nossas certezas interiores, sobretudo as que nunca questionamos porque consideramos o testemunho ocular como o auge da veracidade.

É claro que devemos tratar a mente humana com respeito, porque a natureza jamais elaborou instrumento mais admirável. Mas também devemos nos esforçar para recuar um pouco e examinar nossas certezas mentais. Esta última frase propõe um paradoxo óbvio, se não uma contradição irremediável, e não tenho solução a oferecer. Sim, recuar um pouco e examinar nossas próprias mentes. Mas com o quê?

14
O SAPATEIRO E A ESTRELA DA MANHÃ

Koko, o alfaiate obsequioso promovido a carrasco na opereta *Mikado*, de Gilbert e Sullivan, mantém "uma pequena lista de criminosos da sociedade que podiam muito bem estar debaixo da terra" — e quer dizer mesmo mortos e enterrados, e não escondidos em algum refúgio subterrâneo. Inclui nesta longa lista de pessoas "de quem não sentiríamos falta" uma variedade de infiéis, entre eles quase todos os advogados e políticos, e até, numa concessão especial a seus preconceitos vitorianos (o verdadeiro cenário por baixo da aparência japonesa), "aquela anomalia singular, a escritora de romances". Mas a personagem que mais faz por merecer sua inclusão na relação de Koko, porque assola todas as épocas e todos os lugares, é "o idiota que elogia, com entusiasmo, todos os séculos menos o seu, e todos os países menos aquele em que nasceu".

É verdade que estamos vivendo um momento de depressão conceitual que estimula este amor pelos pastos mais verdes, idealizados, de outras épocas. O futuro não parece muito promissor, mesmo porque a extrapolação de algumas tendências inquietantes do presente nos faz prever uma deterioração ainda maior: a poluição, os nacionalismos, a destruição do meio ambiente e os bastões de beisebol feitos de alumínio. Por isso, tendemos a nos refugiar num passado tingido de cor-de-rosa — limonada e biscoitos numa cadeira de balanço na varanda, numa tarde quente de verão. (Na verdade, tive a oportunidade de saborear todos esses anacronismos, depois de uma conferência no ano passado, na cidade vitoriana intelectualmente dinâmica mas arquitetonicamente congelada de Chautauqua, e fiquei encantado com eles até me lembrar que, naquela época ali recapturada *à la* Rockwell, meus antepassados trabalhavam em apertadas confecções de Nova York e viviam em pensões, enquanto todos os negros da cidade provavelmente moravam em barracões à beira da estrada de ferro.)

O romantismo tolo acerca do passado se alimenta de nossa memória seletiva, de nossa fundamental capacidade humana — a única coisa que nos salva da loucura neste mundo de sofrimentos substanciais — de descartar o que é feio, reconstituindo nossas vidas e nosso ambiente do passado da maneira que nos agrada. Não duvido que esta curiosa propriedade adaptativa dos seres humanos tenha um efeito salutar, e até mesmo essencial, mas devemos registrar também o outro lado. As lendas que falam de idades do ouro do passado podem se transformar em obstáculos quando tentamos enfrentar nossos dilemas atuais. A saudade e a nostalgia tendem a impedir qualquer esperança de compreensão racional. (Não me lembro dos anos 50 como uma época muito agradável e descuidada, e a saudade daquela década de macartismo e Guerra Fria só parece ser muito forte entre os jovens que nem estavam vivos na época!) A mitologia que fala de um passado mais simples e feliz também cria uma arena aparentemente ilimitada para a exploração comercial.

Tive oportunidade de encontrar um exemplo interessante, embora um tanto perturbador, desse lado comercial durante uma viagem recente de minha família, mês passado, às Colônias Amana, em Iowa. As sete aldeias Amana foram fundadas em meados do século XIX por alemães devotos, membros da Sociedade dos Inspiracionistas, que, a exemplo de tantas outras minorias religiosas, deixaram a perseguição do Velho Mundo em busca de uma vida nova na América. Instalaram-se primeiro em Buffalo, no estado de Nova York, e depois, em 1855, mudaram-se para Iowa, estimulados a se deslocar para o oeste pela abundância de terras baratas e férteis.

As comunidades utópicas instaladas nos Estados Unidos tiveram graus diferentes de sucesso; poucas duraram muito tempo, e as que sobreviveram em geral foram as que mantinham um controle estrito sobre seus membros por meio de laços religiosos fortes. Amana era uma sociedade verdadeiramente comunitária; os membros comiam em refeitórios coletivos e não usavam dinheiro (os alimentos comuns podiam ser retirados dos depósitos "de acordo com as necessidades", enquanto as colônias emitiam vales para a compra de algumas poucas mercadorias nos empórios). Persistiram dessa maneira admirável e decididamente não americana até 1932, quando uma série de inevitabilidades — dos problemas econômicos da Depressão a uma "revolta dos jovens" inspirada pelo desejo da posse pessoal de bens de consumo — provocou o que os residentes ainda chamam de "Grande Mudança". Em Amana, a Igreja e a economia se separaram (desde então, a primeira vem declinando e a segunda, crescendo explosivamente) — e o trabalho nos campos, nas lojas e nas indústrias passou a ser controlado, à maneira tão tipicamente americana, por uma sociedade anônima.

As aldeias continuam a ser pequenas e agradáveis, exibindo uma arquitetura que é ao mesmo tempo simples e elegante. Mas a rua principal de Amana (a aldeia central) fervilha de atividade, cheia de lojas destinadas a separar os turistas de seus dólares promovendo a idéia da simplicidade bucólica e agrária de um passado romantizado. Algumas delas, como a Loja de Móveis Amana, pelo menos vendem (embora a preços incríveis) objetos fabricados pelos habitantes originais da área; outras oferecem produtos utilitários, e mais economicamente acessíveis, das padarias e vinhedos locais. Mas muitas oferecem objetos produzidos em outros estados e nações, associados a Amana apenas pela "imagem" de nostalgia e bucolismo dos produtos — o que gera uma uniformidade que me deu a impressão de ser a contrapartida campestre das perfumarias Crabtree and Evelyn exatamente idênticas que existem em todos os shopping centers freqüentados pelos yuppies em qualquer cidade dos Estados Unidos.

O melhor indício de uma intenção deliberada nesta bem construída imagem comercial reside na quase invisibilidade que cerca o maior edifício e o maior empregador da região — a Amana Refrigeration Inc., ocupando mais de 100 mil metros quadrados no coração do território de Middle Amana. A empresa não é mencionada no guia oficial da área, e sua localização não consta do mapa oficial. Não se encontra nenhum folheto ou anúncio seu no centro de recepção aos turistas, embora todas as lojinhas e produtos recebam copiosa publicidade. No entanto, a maioria dos americanos conhece o nome Amana devido aos ótimos refrigeradores, aparelhos de ar-condicionado e fornos de microondas fabricados por esta companhia exemplar.

Poderíamos atribuir este estranho silêncio à justiça ou ao descuido, se a Amana Refrigeration não tivesse qualquer relação com as aldeias ou se a fábrica preferisse alguma forma de anonimato local; mas nenhuma dessas razões se sustenta. A empresa foi fundada em 1934 por George C. Foerstner, um habitante de Amana liberado pela Grande Mudança para se entregar a seus talentos comerciais. O uso dúbio e pessoal do nome Amana por Foerstner criou uma certa tensão com a Amana Society, a sociedade anônima criada para cuidar dos negócios das aldeias depois da Grande Mudança. Esta tensão foi criativamente contornada em 1936, quando a Amana Society comprou a fábrica e transformou Foerstner em seu principal administrador. A sociedade dirigiu a fábrica com notável sucesso até 1965, quando o nome e as instalações foram comprados pela Raytheon, para grande benefício das aldeias (uma fonte mais profunda de prosperidade, eu diria, do que os pães doces ou o vinho de ruibarbo).

Além disso, a fábrica não se esconde por trás de uma fileira de pés de milho. Visitas guiadas são oferecidas de hora em hora ao público, recebido em um espaçoso e bem instalado centro de recepção aos visitantes (embora não se encontre menção a essas visitas em qualquer folheto disponível para os turistas num raio de quilômetros). Os leitores não me acusarão, creio eu, de cinismo indevido se eu concluir que as aldeias estão tentando esconder de todas as maneiras o mais proeminente dos usuários de seu nome no interesse de uma visão bucólica que se tornou por sua vez eminentemente lucrativa.

De qualquer maneira, confesso que a nova imagem do velho é totalmente contagiosa. Eu me diverti muito lendo os velhos hinários e bordados em alemão no museu, observando o inevitável ferreiro em seu trabalho na forja, até mesmo tomando um gole gratuito do vinho de ruibarbo. Estava quase começando a me imaginar naquele mundo melhor e inocente, fazendo minhas refeições com meus companheiros e passando os dias a carregar feixes de feno: não teria mais data para entregar meus artigos, e não sofreria mais com as atuações dos Boston Red Sox; nada de energia nuclear, nada de inquietações, só o suor do trabalho honesto e simples.

Foi então que me vi diante da Grande Lembrança (com maiúsculas, mesmo) que se pode encontrar em qualquer cidadezinha e funciona como antídoto definitivo para qualquer onda de nostalgia romântica que nos faça ansiar por um passado mais simples — os túmulos das crianças mortas. Foi em 1834, na mesma época em que os Verdadeiros Inspiracionistas começavam a discutir sua transferência para a América, que Friedrich Rückert escreveu os poemas que Gustav Mahler mais tarde usaria para seu comovente ciclo de canções de 1905 — *Kindertotenlieder*, ou "cantos para crianças mortas". Ricos ou pobres, na cidade ou no campo, todos os pais do século XIX sabiam que muitos de seus filhos nunca chegariam à idade adulta. Todos os meus heróis da época vitoriana, Darwin e Huxley em particular, perderam filhos amados em circunstâncias de partir o coração. Não consigo acreditar que a dor crua pudesse ser muito aliviada pelo conhecimento prévio e abstrato da inevitabilidade estatística — e, só por isso, jamais trocaria nem mesmo os corredores do metrô de Nova York pelos encantos mais exaltados da vida bucólica do passado. Basta imaginar a dor da perda, ou apenas a ansiedade constante:

In diesem Wetter, in diesem Braus
nie hätt'ich gesendet die Kinder hinaus!
[Com este tempo, nesta chuvarada,
Não devia ter deixado as crianças saírem!]

O cemitério de Middle Amana é de uma simplicidade espartana. As pedras tumulares brancas, pequenas e idênticas, estão dispostas em fileiras, por ordem da data de morte, começando no canto superior esquerdo. Os nomes alemães são uma panóplia de objetos, profissões, descrições e estados morais — Salome Kunstler (artista), Frau Geiger (violino) e Herr Rind (vaca). Os nomes mais compridos não cabem na largura das pedras, e as inscrições abandonam sua simplicidade extrema, dispondo as muitas letras em arco entre as margens das pedras despojadas — Herr Schmiedehammer (martelo de ferreiro), Morgenstern (estrela da manhã) e Schuhmacher (sapateiro).

Eu estava procurando mais nomes compridos escritos em arco quando me deparei com um exemplo especialmente amargo da Grande Lembrança. Na pedra havia uma inscrição simples: "*Emil Neckwinder, died 23 Nov. 1897, 1 day olt*" [morto dia 23 Nov. 1897, 1 dia de idade] (a forma *olt* é uma contração do alemão *alt* com o inglês *old*, um exemplo de línguas e culturas em transição). A irmã gêmea de Emil, Emma, se encontra a seu lado — "*died 11 Dez.* [novamente a grafia alemã em lugar do inglês *Dec.* para *december*], *3 weeks olt* [com 3 semanas de idade]".

A perda de gêmeos, embora trágica, não era um acontecimento incomum. Mas ao lado havia uma quebra da simetria que chamou minha atenção, porque duas pedras fugiam ao padrão geométrico rigoroso das fileiras regulares. Erguem-se no espaço entre duas das fileiras, diretamente em frente dos túmulos de Emil e Emma. Em 1904, Frau Neckwinder teve mais dois gêmeos, e de novo lhes deu nomes começados com a letra *E*. Novamente, os dois morreram — Evaline em 23 de maio "*0 week alt*" [0 semana de idade], (*alt* desta vez totalmente em alemão), e Eva em 27 de setembro, "*4 months olt*" [com 4 meses de idade]. A própria geometria já é muito eloqüente; o que mais se precisa dizer? — a exceção a uma ordem invariável de fileiras regulares, a intercalação numa seqüência linear, admitida para que os dois pares de crianças pudessem jazer juntos na morte.

Mais perto do lugar onde moro, em Lexington, no cemitério que fica atrás do Commons, onde os Estados Unidos começaram com sangue sua vida de nação em 19 de abril de 1775, uma pedra tumular maior assinala outro tipo de mortandade ocorrida na época da guerra da Revolução Americana: "Este monumento foi erguido em memória dos seis filhos do sr. Abijah Childs e de Sarah, sua mulher". Todos morreram entre 19 de agosto e 6 de setembro de 1778, possivelmente numa epidemia de alguma doença infecciosa hoje rápida e facilmente curável: Sarah aos treze anos (em 28 de agosto), Eunice aos doze (em 23 de agos-

Pedra tumular do bebê Emil Neckwinder, que morreu em seu primeiro dia de vida. (Foto Deborah Gould.)

to), Abijah Jr. aos onze (em 6 de setembro), Abigail aos sete (em 29 de agosto), Benjamin aos quatro (em 24 de agosto) e Moses aos ''três menos oito dias'' (em 19 de agosto).

O sr. Abijah pai e Sarah repousam logo atrás, o marido morto aos setenta anos em 30 de agosto de 1808 e a mulher aos 78 em 3 de março de 1812, no momento em que outra guerra se iniciava. Sarah ainda teve que suportar a morte de pelo menos mais um filho — Isaac, que devia ter apenas um ano quando a epidemia levou seis de seus irmãos, e morreu em 20 de novembro de 1811, aos 34 anos. O túmulo de Isaac traz os versos de pé quebrado tão comuns nas pedras tumulares da época:

Death like an overflowing flood
Doth sweep us all away.
The young, the old, the middle aged
All to death become a prey.
[A morte, como uma enchente irresistível,
Arrasta-nos a todos.
Os jovens, os velhos, os de meia-idade
Todos se tornam presas da morte.]

Estas inscrições são especialmente pungentes na pedras tumulares de crianças e jovens. A maioria exprime uma aceitação maquinal da vontade inescrutável do Senhor, e dão a impressão de um mantra copiado de um livro (a fonte, creio eu, para a maioria das inscrições, dada a sua repetição incessante). Talvez fosse um bom remédio psicológico para os enlutados, mas peço perdão por meu modernismo ao duvidar da sinceridade da calma e da compreensão de que falam esses textos. Às vezes, um triste lamento lembra mais as reações imediatas que podemos imaginar — como é o caso dos versos por Nathan, de três meses, na pedra tumular de outra família, ao lado do túmulo de Abijah Childs.

This lovely babe so young and fair
Call'd hence by early doom
Just came to show how a sweet flow'r
In Paradise would bloom.
[Este adorável bebê, tão jovem e belo,
Daqui tirado por um fim prematuro
Vem nos mostrar como uma linda flor
Pode se abrir no Paraíso.]

Mas a amargura às vezes se manifesta. Num pequeno cemitério situado numa encosta varrida pelos ventos em Lower Island Cove, na Terra Nova — onde também se encontra o monumento pelos quatro irmãos La Shana perdidos no mar em 25 de maio de 1883 —, li o epitáfio de William Garland, que morreu em 1849 aos 25 anos de idade:

Wherefore should I make my moan
Now the darling child is dead
He to rest is early gone
He to paradise is fled.
I shall go to him, but he
Never shell return to me.
[É por isso que me lamento
Agora que meu filho querido morreu
Para seu repouso foi cedo demais
Para o paraíso ele escapou.

Estou apoiado nas duas pedras tumulares de um dos pares de gêmeos Neckwinder. Notar as lajes do segundo par de gêmeos em primeiro plano. (Foto Deborach Gould.)

Eu irei ao seu encontro, mas ele
Nunca voltará para mim.]

A mensagem é tão simples, tão lugar-comum, tão freqüente — mas ainda assim merece ser repetida diante do curioso fenômeno da psicologia humana que pinta o passado de cor-de-rosa pela aplicação de uma memória seletiva do que foi bom. Koko rompia com a tradição em sua lista, mas é outro personagem de Gilbert e Sullivan, o poeta Reginald Bunthorne, extremamente sensível à impostura, quem compreende melhor o caminho a explorar:

Of course you will pooh-pooh whatever's fresh and new,
And declare it's crude and mean,
For art stopped short in the cultivated court
Of the Empress Josephine.
[É claro que você desprezará tudo o que for fresco e novo,
Declarando que é grosseiro e mau.
Porque a arte acabou na corte cultivada
Da imperatriz Josefina.]

Pedra tumular coletiva para os seis filhos de Abijah e Sarah Childs. Todos morreram na mesma epidemia, no espaço de um mês. (Foto Deborah Gould.)

Um homem tolo ou egoísta como Bunthorne podia afirmar coisas assim em matéria de gosto, que não admite padrões objetivos. Mas não se pode negar o caráter direcional, e até progressista, do conhecimento e da tecnologia humanas. A medicina, adequadamente rotulada de "a mais jovem das ciências" por Lewis Thomas, não está entre as instituições humanas mais bem-sucedidas. A maioria dos aumentos da longevidade do homem pode ser creditada à melhor compreensão da nutrição e dos cuidados sanitários, e não à "cura" das doenças. A teoria microbiana das doenças se constitui em nosso maior triunfo para os modelos convencionais de cura baseados na compreensão causal, mas um número maior de vidas tem sido salvo, mesmo aqui, pela prevenção devida às melhores medidas sanitárias do que pelo combate direto à ação das bactérias. Quanto às afecções crônicas da idade e dos maus-tratos que nos infligimos — entre elas as doenças cardíacas, os derrames cerebrais e o câncer —, nosso sucesso tem sido limitado. Mesmo assim, e com todas essas restrições, a medicina moderna permite que nossos filhos cresçam. Hoje, a morte de uma criança é uma tragédia inesperada, e não uma amargura previsível. Apenas por esta razão transcendental, que pessoa poderia preferir em sã consciência qualquer época anterior como um período melhor para criar sua família?

Pedra tumular de Moses Childs, a mais jovem das crianças mortas. (Foto Deborah Gould.)

Quase sempre, o progresso tecnológico é menos ambíguo e mais linear. (Nem preciso dizer que, neste sentido, defino o progresso pelos padrões internos de eficiência e projeto, e não pelos benefícios resultantes para a vida humana ou a saúde do planeta. O progresso tecnológico pode tão bem acabar conosco quanto garantir nosso crescimento.) Se você precisa chegar depressa a algum lugar, os aviões são muito melhores que os cavalos, e se você precisa subir alguns andares os elevadores são muito mais agradáveis do que a ponta de uma corda presa a uma roldana.

Só tenho uma razão para abordar este tema tão surrado nesta série de ensaios dedicados à biologia e à evolução. Nós, os evolucionistas, temos uma chave para avaliar o significado universal (ou pelo menos planetário) deste potencial de progresso da tecnologia humana. Pelo menos sabemos o quanto é estranha e incomum esta linearidade de curto prazo na história de nossa parte do cosmo. A cultura humana introduziu um novo estilo de mudança em nosso planeta, um modo de funcionamento que Lamarck atribuiu equivocadamente à evolução biológica, mas que na verdade rege apenas a mudança cultural — a transmissão hereditária de traços adquiridos. Tudo o que concebemos ou aperfeiçoamos em nossas vidas, transmitimos diretamente a nossos filhos sob a forma de máquinas ou instruções escritas. Cada geração pode fazer seus acréscimos e aperfeiçoamentos e depois passá-los adiante, assegurando assim o progresso de nossos artefatos tecnológicos.

A natureza, sendo darwiniana, não atua da mesma maneira sobre os nossos corpos. Tudo o que possamos nos esforçar para adquirir a fim de aperfeiçoar o vigor de nossos corpos e mentes — do braço direito avantajado da metáfora de Lamarck ao conhecimento acumulado de um moderno especialista em computadores — não traz qualquer vantagem genética para nossos filhos, que ainda precisam adquirir essas habilidades a partir do zero, usando os instrumentos de transmissão cultural.

Esta diferença fundamental entre os estilos lamarckiano e darwiniano de mudança explica por que a transformação cultural pode ser rápida e linear, enquanto a evolução biológica não tem uma direcionalidade intrínseca, obedecendo, em ritmo muito mais lento, aos ditames da adaptação às mudanças do meio ambiente local.

A transformação cultural, a seu modo lamarckiano, desencadeou assim uma nova força sobre a Terra — produzindo todos os males de nossa atual crise ambiental e todas as alegrias de nossos filhos, que podem crescer confiantes. Mas nem por isso devemos menosprezar a lentidão da velha evolução biológica, porque este estilo darwiniano de mudança também introduziu uma poderosa fonte de novidades no cosmo.

Em contraste, a passagem do tempo no universo físico não tem direcionalidade (excluindo portanto a essência da história, definida como um padrão de mudança que confere singularidade a cada momento) ou então apresenta apenas a linearidade de longo prazo da extinção da energia das estrelas, ou da expansão universal a partir da explosão de um ponto no *big bang*. Nosso planeta só veio a conhecer toda a riqueza da história depois da intervenção da mudança darwiniana, com a evolução da vida.

Esta distinção crucial entre o tempo físico e o tempo biológico me ocorreu enquanto contemplava os nomes mais compridos e arqueados do cemitério de Middle Amana: Schuhmacher e Morgenstern — sapateiro e estrela da manhã; o homem dedicado à tecnologia e o planeta Vênus brilhando no céu pouco antes da aurora. E me lembrei que Charles Darwin traçara o mesmo contraste nas linhas finais da *Origem das espécies*. Quando se perguntou, num parágrafo fundamental, como definiria a essência da diferença entre a vida e o cosmo inanimado, Darwin escolheu o caráter direcional da evolução em contraste com a repetição cíclica de nosso sistema solar:

> Existe grandeza nesta visão da vida [...] Enquanto este planeta continua a circular em obediência à lei fixa da gravidade, a partir de um início tão simples, infinitas formas, extremamente belas e maravilhosas, se desenvolveram, e continuam a se desenvolver.

O sapateiro e a estrela da manhã.

AUTENTICIDADE

15

EM CONTATO DIRETO COM WALCOTT

Cresci em Nova York e, além de uma ou duas viagens de barca a Hoboken (que eu não poderia qualificar de aventura ou solidão rural), nunca saí da cidade antes dos dez anos. Mas lia sobre lugares distantes, belos e tranqüilos, e sonhava em conhecer o Oeste americano. E realizei meu sonho numa viagem de automóvel com a família aos quinze anos. Lembro-me bem de minhas primeiras visões de Yellowstone, do Grand Canyon e das cavernas de Carlsbad. No entanto, por razões que nunca entendi, minhas memórias mais marcantes de admiração e espanto estão reservadas para as vastas extensões horizontais das Grandes Planícies, as centenas de quilômetros de plantações de trigo e milho em Kansas, Nebraska, Dakota do Sul e Minnesota. Adorei a simetria dos campos, a planura infinita interrompida por casas de fazenda vitorianas cercadas de árvores plantadas para quebrar o vento, os silos ao lado, as pequenas cidades assinaladas pelas torres de água e os elevadores de grãos (o análogo dos campanários em qualquer cidadezinha antiga da Europa).

E não mudei de opinião. Dois anos atrás, no verão, parti de Minneapolis de carro com minha família no rumo oeste, não pela Interstate 90 (a grande inimiga do regionalismo), mas pela Route 14, com desvios pela linda rua principal vitoriana de Pipestone, construída de quartzito vermelho macio de Sioux Falls, e pelo Corn Palace de Mitchell, Dakota do Sul. Uma única cidade interrompe o padrão de solidão e de atemporalidade nos mais de quinhentos quilômetros que separam Mankato, em Minnesota, da capital estadual de Pierre, em Dakota do Sul. À beira da Route 14, a meio caminho entre Sleepy Eye, Minnesota, e Blunt, Dakota do Sul, fica De Smet, a pequena cidade na pradaria, a terra natal de Laura Ingalls Wilder.

O sucesso dos extraordinários livros de Wilder sobre sua infância de pioneira (li todos para meus filhos), para não falar da inevitável série de TV baseada neles, converteu De Smet numa ilha (ilha deserta ou oásis, conforme os valores de cada um) de comércio hagiográfico. A principal loja de lembranças que vende artigos diversos associados a Laura Ingalls apresenta uma extraordinária mistura de artigos, de móveis caros a pequenos *souvenirs* de vinte centavos (marcadores de livros, lápis, tufos de algodão *in natura* tirados da plantação de Pa). Como testemunho de nosso estranho desejo de possuir, ainda que em réplica, algo tangível que tivesse pertencido à nossa heroína ou à sua família, decidi comprar um dos artigos mais baratos, de 25 *cents* — um cartão de visita da filha de Laura, Rose (que se transformou numa jornalista ultraconservadora, adversária do imposto de renda, da previdênca social e de todos os programas do New Deal).

Já que também sou um tanto excêntrico, não tenho como ser muito crítico. Confesso que possuo outros cartões de visita, mas só dois, e ambos autênticos. Que lembrança pode simbolizar melhor a presença contínua de um herói intelectual que o testemunho mais declarado de sua presença pessoal numa época que não conhecia o telefone? Tenho o orgulho de possuir cartões associados a dois homens notáveis que tinham em comum o primeiro nome: Charles Darwin e Charles Doolittle Walcott.*

(*) Recebi o cartão de visitas de Darwin de um colega antropólogo que o encontrou em seu museu, entre outros artigos e objetos que Darwin colecionara. Ele teve a gentileza de me enviar o cartão acompanhado do seguinte bilhete: "Suponho que o sr. Darwin teve a intenção de deixar este cartão para você; você devia ter saído na hora em que ele esteve aqui". O cartão de Walcott pertencia à sua mulher, a formidável Mary Vaux Walcott (ver a descrição de T. H. Clark mais adiante neste artigo). Na versão original deste texto, eu deixei de perceber o rabisco retorcido de um *s* no final do título — *Mrs.* em vez de *Mr.* — e achei que o cartão pertencera ao próprio Walcott. (Não estar sozinho no erro não serve de desculpa, mas o editor geral da revista *Natural History* me disse que vários editores e revisores examinaram o artigo e suas ilustrações, sem que ninguém percebesse o erro de atribuição.)

Leitores atentos perceberam meu erro, é claro; a correspondência resultante foi fascinante e, imagino, previsível. A maioria mencionava o erro com gentileza, reconhecendo que era fácil confundir se os nomes dos maridos e mulheres só se diferenciavam por uma pequena linha ondulada no final de um trecho composto em tipo menor elevado. Algumas feministas enraivecidas me acusaram de mais um lamentável exemplo de como as mulheres são ignoradas, ao ponto de torná-las invisíveis. Minha resposta aqui deve discordar radicalmente: é evidente que eu não tinha esquecido o antigo costume, sobretudo entre as esposas de posição mais alta, de submergir sua individualidade na auto-identificação como *Mrs.* e mais o nome completo do marido. Mas este costume, felizmente, está desaparecendo, graças em grande parte à sensibilidade produzida pelas críticas das feministas, e eu

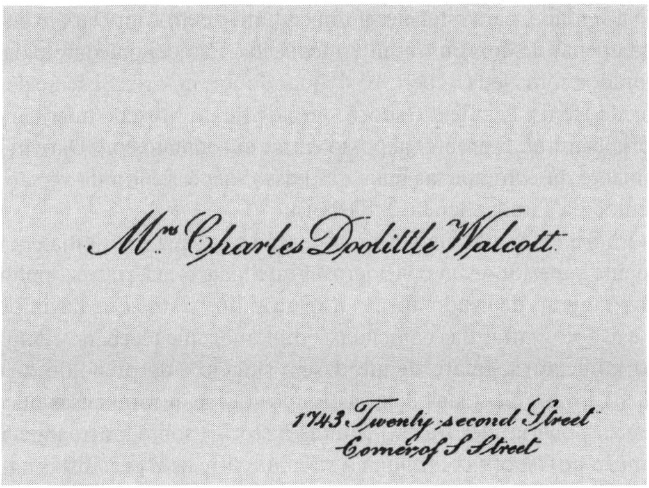

Os cartões de visita do sr. Charles Darwin e da sra. Charles Doolittle Walcott.

A questão dos cartões de visita, associados aos contatos pessoais, evoca inevitavelmente o tema da genealogia intelectual. Embora eu de fato possua seu cartão de visita, o quanto eu teria que recuar no tempo

---

simplesmente não prestei atenção suficiente para me lembrar disso e desconfiar de minha primeira leitura. Quando vi o nome ''Charles Doolittle Walcott'', achei que era o próprio, e não examinei o título que o precedia com o devido cuidado. Meu erro, em outras palavras, se deveu ao sucesso do feminismo, e não a uma ação de retaguarda contra o devido reconhecimento às mulheres.

Esta mudança da atribuição correta não compromete porém o artigo que, afinal, começa com uma anedota sobre a homenagem a Laura Ingalls Wilder por meio da compra de uma réplica do cartão de visita de sua filha.

para ter contato direto com Charles Darwin? Já que Darwin morreu há mais de cem anos, em 1882, um aperto de mãos metafórico poderia parecer uma hipótese distante demais para justificar a perda de tempo com sua contemplação. Mas as genealogias intelectuais tendem a ser surpreendentemente curtas, porque as pessoas importantes influenciam as vidas de muitos e pelo menos alguns dos tocados são abençoados com uma grande longevidade. (As verdadeiras genealogias, em contraste, tendem a passar por muito mais gerações numa determinada extensão de tempo, porque os filhos nascem quando as pessoas ainda são jovens e as ligações precisam ser transmitidas ao longo de um pequeno número de descendentes, entre os quais muitas vezes nenhum é longevo.)

Na verdade, para estabelecer um contato direto com Darwin eu precisaria apenas de dois ou três intermediários. Estudei paleontologia dos vertebrados com Ned Colbert. Ned, quando jovem, foi assistente de pesquisas de Henry Fairfield Osborn, presidente do Museu Americano de História Natural. E pronto, já posso entrar em contato com Darwin imediatamente ou com apenas mais um passo, dependendo da versão que adotemos da famosa lenda de Osborn.

Osborn era um homem de grande tino, mas sua imodéstia era infinitamente superior à sua considerável inteligência. Certa vez, publicou um livro inteiro dedicado apenas à relação dos textos que havia publicado e às fotografias das comendas e diplomas que recebera. (Para justificar a iniciativa, falava de um desejo singelo e desprendido de estimular os jovens cientistas demonstrando-lhes as recompensas que sua diligência poderia lhes trazer.) Muitas histórias sobre a arrogância e a presunção de Osborn continuam a circular entre os especialistas na matéria, mais de cinqüenta anos após sua morte. A mais famosa dessas histórias começa com W. K. Gregory, que sucedeu a Osborn na cadeira de paleontologia dos vertebrados depois que o grande homem se aposentou. Uma vez por ano, Gregory levava seus alunos para uma visita ao ilustre professor emérito. Num desses encontros, Osborn levantou-se de sua mesa e, com gestos rígidos, apertou a mão de cada um dos estudantes. Seguiu-se um interlúdio de silêncio desconfortável, pois ninguém sabia como se dirigir a pessoa de tamanha importância. Por fim, o próprio Osborn quebrou o silêncio dizendo: "Quando eu tinha mais ou menos a idade de vocês, trabalhei por um ano no laboratório de E. Ray Lankester em Londres — e um dia Charles Darwin [ou T. H. Huxley, segundo outra versão] entrou — e eu apertei sua mão; por isso eu sei como vocês devem estar se sentindo". Assim, minha curta ligação com Darwin só precisa de dois ou três passos — sejam Colbert-Osborn-Darwin ou Colbert-Osborn-Huxley-Darwin.

Walcott (1850-1927), meu outro herói chamado Charles, pode não ser tão conhecido, mas figura como um verdadeiro gigante na minha especialidade, a paleontologia. Charles Doolittle Walcott foi o maior especialista do mundo em rochas e fósseis do período Cambriano — o momento crucial, iniciado cerca de 550 milhões de anos atrás, em que a vida moderna multicelular surgiu num curto instante geológico (com a duração de poucos milhões de anos) chamado de Explosão do Cambriano. Walcott, um grande administrador, também foi o homem mais poderoso da ciência americana durante seu apogeu. Em 1907, trocou a chefia do Serviço de Pesquisas Geológicas dos Estados Unidos pelo posto de secretário (nome pelo qual atende o diretor-geral) da Smithsonian Institution, cargo em que permaneceu até morrer, em pleno expediente, no ano de 1927. Ele convenceu Andrew Carnegie a fundar o Instituto Carnegie de Washington, e estimulou Woodrow Wilson a criar o Conselho Nacional de Pesquisas dos Estados Unidos. Foi íntimo de todos os presidentes americanos, de Teddy Roosevelt a Calvin Coolidge. Em 1920, ao setenta anos de idade, escreveu a seguinte anotação no resumo anual no fim de seu diário:

> Sou hoje secretário da Smithsonian Institution, presidente da Academia Nacional de Ciências, vice-presidente do Conselho Nacional de Pesquisas, presidente do comitê executivo do Instituto Carnegie de Washington, presidente do Comitê Consultivo Nacional de Aeronáutica [...] É demais, mas é difícil parar depois que a pessoa mergulha no trabalho de qualquer organização.

Na qualidade de homem ativo de idéias tradicionais e conservadoras, Walcott teve o destino ingrato de muitos que detêm imenso poder em seu tempo mas não transmitem idéias inovadoras à posteridade — o desaparecimento da memória explícita, a despeito da persistência de uma influência não reconhecida. Fora dos círculos de especialistas em paleontologia, poucos recordam hoje o nome de Walcott, mas não sei de nenhum cientista que tenha reunido mais poder e prestígio do que ele.

Já que as descobertas tendem a perdurar mais que as personalidades, o nome de Walcott persiste associado a seu único feito de fama mais duradoura — sua notável descoberta, afortunada no sentido de que falou Pasteur, da sorte que favorece os espíritos preparados, dos fósseis mais importantes do mundo, os animais da jazida de xisto de Burgess (ver meu livro *Vida maravilhosa*). Em 1909, no alto das Montanhas Rochosas do Canadá, Walcott descobriu o objeto mais próximo do Santo Graal para a paleontologia — uma fauna abençoada pela representação completa graças à rara preservação das partes moles da anatomia, correspondendo à mais crucial de todas as épocas, o momento imediatamente posterior à Explosão do Cambriano.

Conseguindo transformar em derrota uma magnífica vitória, Walcott equivocou-se em seguida na interpretação desses fósseis magníficos, cometendo o maior engano que podia. Enquadrou à força todas as espécies de Burgess nos grupos modernos, afirmando que algumas das criaturas eram vermes, outras artrópodes, e outras ainda águas-vivas. Os animais de Burgess viram-se assim transformados num grupo de precursores simples e primitivos de linhagens posteriores mais bem-sucedidas. De acordo com esta interpretação, a vida teria começado com uma simplicidade primordial, avançando depois inexorável e previsivelmente no sentido de uma complexidade cada vez maior e melhor.

A interpretação de Walcott, publicada pela primeira vez em 1911 e 1912, ficou praticamente incontestada por mais de meio século. Mas ao longo dos últimos vinte anos uma elegante e abrangente coletânea e reestudo por Harry Whittington e seus alunos inverteu por completo a interpretação de Walcott. A diversidade dos depósitos de Burgess — em matéria de configurações anatômicas, mas não em número de espécies — excedia o espectro de todos os organismos que vivem hoje. A história da vida é portanto um processo de dizimação e sobrevivência limitada (com enorme sucesso para alguns dos vitoriosos, como os insetos, por exemplo), e não uma seqüência de progresso e expansão regulares. Além disso, não há evidência de que os sobreviventes tenham conseguido prevalecer por qualquer causa convencional com raízes em sua superioridade anatômica ou na adaptação ecológica. Devemos cultivar a forte suspeita de que esta dizimação inicial tenha funcionado mais como uma loteria em grande escala do que como uma corrida em que a vitória tenha cabido aos mais rápidos e poderosos. E neste caso qualquer reapresentação da seqüência da vida poderia resultar num conjunto totalmente diverso de sobreviventes. Uma vez que o *Pikaia*, o primeiro membro registrado de nossa própria linhagem (Chordata), já aparecia como um componente raro na fauna de Burgess, a maioria das reprises não incluiria a sobrevivência de nossos ancestrais — e seríamos apagados da história. É tênue e acidental a este ponto a existência de vida consciente na Terra.

Considero esta reinterpretação da fauna dos depósitos de Burgess como a conclusão paleontológica mais importante ocorrida durante a minha existência. Se vocês se dispuserem a aceitar minha avaliação da importância dos depósitos de Burgess, Walcott deveria figurar entre os grandes cientistas que conseguiram em seu tempo tanto o poder quanto a imortalidade posterior. Qualquer que tenha sido a sua interpretação, ninguém pode tirar-lhe os méritos da descoberta.

Mas por que Walcott teria interpretado seus fósseis mais importantes de maneira tão equivocada? Eu sugeri duas razões básicas num longo capítulo de meu recente livro *Vida maravilhosa*. Em primeiro lugar, e por mais trivial que isto possa parecer, Walcott estava tão incrivelmente ocupado com suas tarefas administrativas que nunca teve tempo de estudar adequadamente os animais encontrados em Burgess. Seus artigos de 1911 e 1912 pretendiam ser apenas relatos preliminares, mas nunca chegou a escrever a obra definitiva a respeito de seu achado. (Ele reservava zelosamente — e com ciúmes — os fósseis de Burgess para um grande projeto planejado para sua aposentadoria, mas morreu trabalhando, aos 77 anos.) Ainda que Walcott estivesse intelectualmente inclinado a deixar que os fósseis de Burgess lhe revelassem seu significado incrivelmente pouco convencional, nunca dispôs de tempo para um exame detido o bastante. Abundam nos arquivos da Smithsonian os testemunhos sobre o ritmo de vida de Walcott, mas não encontrei documento mais pungente que a seguinte nota que enviou a seu banco:

> Envio anexo o documento que me pediram. Eu costumava me assinar Chas. D. Walcott. Hoje uso apenas as iniciais, porque descobri que leva muito tempo escrever todas as letras quando há um grande número de papéis e cartas a assinar.

Em segundo lugar, e mais importante, não acho que Walcott estivesse inclinado a um diálogo livre e aberto com os fósseis de Burgess. Não o acuso de preconcepções mais fortes que as da maioria dos cientistas; estou apenas dizendo que todos nós vivemos condicionados por nosso mundo de conceitos, e que os registros históricos nos permitem avaliar o alcance e a força dos preconceitos de Walcott. Walcott, nas profundezas de seu tradicionalismo, aferrava-se ferozmente a uma visão da história da vida segundo a qual esta é marcada pelo progresso previsível, culminando no surgimento ordenado da inteligência humana. Na qualidade de evolucionista cristão, acreditava que Deus criara a lei da seleção natural com a finalidade expressa de produzir este resultado intencional a longo prazo. No auge da controvérsia com o fundamentalismo, na época de Bryan e do julgamento de Scopes, Walcott rejeitava a concepção habitual (defendida igualmente por cientistas e teólogos, tanto então como agora) segundo a qual a ciência e a religião ocupam esferas intelectuais diversas, mas merecedoras do mesmo respeito. Para ele, cabia à ciência validar uma concepção "correta" da gestão divina ao longo da imensidão do tempo geológico, a fim de evitar as acusações de ateísmo. Assim, Walcott foi o autor de um apelo, assinado e publicado em 1923, um ano antes da indiciamento de Scopes no

Tennessee. Endossado por "inúmeros cientistas e clérigos conservadores" (entre eles Herbert Hoover e o Henry Fairfield Osborn da minha introdução), o documento dizia, num certo momento:

> É uma concepção sublime de Deus que a ciência nos fornece, totalmente consonante com os mais altos ideais da religião, quando O representa revelando-Se ao longo das eras incontáveis no desenvolvimento da Terra como um lar acolhedor para o homem e insuflando em priscas eras a vida na matéria que a constitui, culminando no homem com sua natureza espiritual e seu poder semelhante ao de Deus.

Como poderia um homem comprometido com esta visão da vida interpretar a mais preciosa de suas próprias descobertas como a prova mais diversa de uma grande loteria que, apenas por acaso, incluía os ancestrais do homem entre os afortunados sobreviventes? Walcott só podia ver os animais de Burgess como uma amostra limitada de precursores primitivos, numa história da vida que progrediria e divergiria de maneira previsível.

Enquanto escrevia *Vida maravilhosa*, aprendendo cada vez mais sobre Walcott e por fim conseguindo compreender sua extraordinária energia e influência, passei a sentir um forte desejo de estabelecer um contato direto com ele, nos termos do jogo da genealogia intelectual. Darwin morreu há tempo demais para que eu pudesse ter a esperança de uma ligação mais próxima com o falecido — através de um único intermediário que tivesse conhecido o herói em pessoa. Mas Walcott morreu em 1927, e alguém que tenha interagido com ele como colega (e não apenas como uma criança que tenha apertado sua mão) ainda pode estar vivo. Assim, eu ansiava por "entrar em contato direto" com Walcott enquanto preparava sua biografia. (Não sei por que razão sempre queremos acrescentar uma dimensão pessoal a qualquer tarefa acadêmica; alguns chegam até a considerar que esta procura é tolamente trivial ou até nociva, podendo interferir com a objetividade que se deveria desejar. Mas eu me contento com a idéia de que a amizade seja assim capaz de se estender de alguma forma ao longo do tempo.)

Todas as minhas tentativas fracassaram. Pensei primeiro em meu colega Bill Schevill, que participou da coleta de espécimes na pedreira de Burgess com Percy Raymond em 1930. Nada. Depois achei que teria sucesso com G. Evelyn Hutchinson, o maior ecologista do mundo, que morreu em 1991 com quase noventa anos. Em 1931, Hutchinson escreveu um importante artigo sobre a anatomia e o modo de vida de duas das criaturas de Burgess. Mas começou seu trabalho em 1929, e nunca chegou a encontrar-se com Walcott. Desisti temporariamente desta procura inglória, e fui tratar de outras coisas.

Então, de repente, no dia 9 de fevereiro de 1990, recebi uma carta de três páginas enviada por T. H. Clark, professor emérito de Paleontologia na Universidade McGill. Eu conhecia Clark de reputação, é claro, porque todos os geólogos respeitam seu clássico livro (escrito em colaboração com meu colega Colin Stearn) intitulado *The geological evolution of North America* [A evolução geológica da América do Norte]. Mas não sabia que ele tinha 97 anos (e ainda ativo profissionalmente, publicando artigos técnicos no *Journal of Paleonthology*), e nem estava preparado para o encontro com uma das ironias freqüentes (e mais agradáveis) da vida — procurar muito por alguma coisa sem êxito, e depois ver esta mesma coisa cair em meu colo por pura sorte, sem o menor esforço. Dizia Clark:

> Caro professor Gould:
>
> Acabei de ler seu último livro — *Vida maravilhosa* — para meu prazer e edificação [...] Temos no Museu Redpath [da Universidade McGill] dois lotes de fósseis do xisto de Burgess [...] O segundo lote consiste de quase cinqüenta espécimes [...] coletados por mim mesmo, em 1924, quando fui assistente do dr. Percy Raymond na chefia da Harvard Summer School, deslocada para as Rochosas do Sul do Canadá.
>
> Nota: entrei para Harvard em 1913, abordando o dr. Raymond para me apresentar como um calouro promissor que queria nada mais nada menos do que um grau em paleontologia de vertebrados, e fui saudado com uma recepção aparentemente pessimista, alguns conselhos e as seguintes palavras: "Muito bem. Mas devo avisar-lhe que se continuar com essa tolice vai ser o último paleontólogo vivo no momento em que se aposentar. Isto não tem futuro...".
>
> Em 1924, Raymond me pediu que ficasse encarregado da Harvard Summer School, com quartel-general em Banff, enquanto ele arrancava todos os dentes. Terminamos a viagem de seis semanas em Field [cidade à beira da ferrovia Canadian Pacific, perto das jazidas de Burgess]. Henry Stetson e eu alugamos cavalos e atravessamos o Kicking Horse Pass para chegar à Pedreira de Walcott, passando lá dois dias inteiros e coletando um lote de fósseis que me pareceu fantástico.

Até aqui tudo bem. Doces reminiscências de uma viagem marcante e uma defesa brilhante de minha disciplina, que conta apenas com poucos milhares de praticantes em todo o mundo, mas continua dominada por um debate vibrante enquanto Clark continua a trabalhar já perto de completar um século de vida. Percy Raymond, aliás, era um grande especialista em trilobitas que lecionou em Harvard e usava o mesmo gabinete que hoje ocupo. Raymond fez uma importante coleta de fósseis na jazida de xisto de Burgess em 1930. Harry Whittington, gênio da revisão contemporânea dos achados de Burgess, foi o sucessor de Raymond, e ocupou o mesmo gabinete antes de mim. Assim, meu interesse pelo xisto de Burgess é, pelo menos em parte, dinástico. Mas eu ainda não estava preparado para a surpresa do último parágrafo de Clark:

> Devo recordar um incidente que talvez possa interessar-lhe. Durante a viagem de 1924, fomos visitados pelo dr. Walcott e sua mulher, que passaram toda a tarde conosco. Walcott e Raymond ficaram juntos, enquanto a sra. Walcott percorria o acampamento criticando tudo, até mesmo a armação das barracas [...] minhas desculpas por fazê-lo perder tanto tempo lendo estas notas.
>
> Atenciosamente,
> *T. H. Clark*

A carta de Clark vinha acompanhada de um bilhete de sua pesqui-

Fotografia de C. D. Walcott (à esquerda) e Percy Raymond, tirada no acampamento de Burgess por T. H. Clark em 1924. (Cortesia do Redpath Museum: McGill University.)

sadora associada Ingrid Birker afirmando que, desde a publicação de meu livro, "fomos soterrados por pedidos de toda espécie de biólogos locais, e mais historiadores e estudantes de história natural, solicitando para ver o material das jazidas de Burgess [...] Por isso, decidimos fazer uma pequena apresentação no final de março usando as fotos tiradas por Clark em 1924 e alguns espécimes selecionados. Se o destino permitir, será uma esplêndida ocasião para ouvirmos alguém que teve de fato uma vida maravilhosa e que ainda é capaz de transmitir o entusiasmo e o bom humor com que a viveu. E o senhor será muito bem-vindo à nossa *conversazione*".

Alguns convites de viagem provocam grande hesitação; outros, como o primeiro convite que uma criança recebe para ir ao circo ou a um jogo, não precisam ser feitos duas vezes. Fui para Montreal no dia 28 de março, para conhecer o dr. Clark — e ter a oportunidade de entrar em contato com Charles Doolittle Walcott.

Podem achar que sou um romântico, mas nós, paleontólogos, levamos esse tipo de ligação a sério; o prêmio da persistência é apenas a mais frágil das continuidades, através de finíssimas linhas genealógicas. Os seres humanos só se encontram hoje aqui porque nossa linha particular nunca se partiu — em nenhum dos bilhões de pontos onde poderíamos ter sido varridos da história. A confirmação tangível de uma genealogia intelectual pode ser apenas simbólica, mas os símbolos contam muito, e meu aperto de mãos com Clark (combinado à memória de seu aperto de mão com Walcott) será minha metáfora pessoal para as ligações genéticas mais profundas que tornam a vida possível e a paleontologia uma disciplina praticável.

Clark lembra que, quando se encontraram em 1924, ele entregou a Walcott seu primeiro artigo — sobre certos estratos da Formação de Beekmantown, em Quebec. Depois tirou uma foto de Walcott com Percy Raymond — Raymond é o homem mais jovem, mas já sem dentes, curvado e com o corpo em forma de pêra (como minha própria silhueta), e Walcott, aos 74 anos, aparece totalmente ereto, com um porte de militar. Hoje, 66 anos mais tarde, depois da carreira profissional mais longa da história da Universidade McGill (porque Clark começou lá em 1924 e continua a figurar em seu corpo docente como professor emérito de paleontologia), T. H. Clark me entregou cópias de seus últimos artigos, e eu respondi na mesma moeda. Continuidades como esta são essenciais num mundo louco que vive arrancando e deslocando nossas raízes, muitas vezes num espaço de apenas um mês ou um ano (ver o ensaio 16).

Eu já achava que meu dia em Montreal seria agradável, mas não

T. H. Clark a cavalo em 1924. (Cortesia do Redpath Museum: McGill University.)

tinha antecipado o maior de todos os prazeres — o desafio intelectual. Pensei que Clark fosse fazer um relato anedótico, sentado diante de seus fósseis, rememorando casos sobre a paixão de C. D. Walcott pela fotografia, o amor de Mary Walcott pelas flores silvestres, a grande era das ferrovias e dos trens de carga, e a idade heróica da coleta de fósseis.

Nada disso: nós nos reunimos no Museu Redpath, um belíssimo prédio vitoriano inaugurado em 1882. A sala de conferências é uma jóia arquitetônica, construída como um teatro de dissecção da Renascença à moda de Vesálio (mas ornamentada de fora a fora com filigranas vitorianas). Assim, o conferencista fica de pé no palco no fundo de um poço, e os assentos para os espectadores sobem vertiginosamente em várias fileiras concêntricas e semicirculares. T. H. Clark, logo percebi, não estava ali apenas para uma conversinha agradável. Os fósseis que coletou em Burgess estavam dispostos sobre uma mesa no meio do poço, mas Clark ficou de pé junto à mesa e falou por quarenta minutos, sem consultar qualquer anotação, sobre a vida e as obras de Charles Doolittle Walcott — uma linda apresentação repleta de informação e organizada, como todas as boas conferências, em torno de um ponto de vista original e integrador. (Como eu gostaria que os acadêmicos percebessem este requisito básico de qualquer apresentação bem-sucedida em público, ou na verdade de qualquer discurso intelectual!)

Enquanto eu escutava as palavras de Clark, alguma coisa foi-se revelando a mim, e meu simples prazer de estar em Montreal para "entrar em contato" com Walcott floresceu, transformando-se no deleite mais profundo que pode existir. Clark não apresentou apenas um relato cronológico da vida e das realizações de Walcott. Tinha lido meu livro com todo o cuidado, estudando meu capítulo sobre Walcott, e *não gostou do que leu* (no melhor sentido, preferindo abordar o mesmo material factual com uma perspectiva totalmente diversa). Da maneira mais gentil e delicada possível, Clark organizara sua conferência para defender o herói de sua juventude profissional, um homem que conheceu, de minha abordagem historiográfica "modernista".

Vida maravilhosa tem sido uma fonte de grande satisfação para mim. Escrevi o livro com verdadeira paixão, porque o trabalho de meus colegas (que nele descrevo) é muito elegante e muito importante. O livro teve um bom desempenho, no sentido que os editores apreciam: foi incluído nas listas de best-sellers de três países, e foi objeto de algumas resenhas entusiásticas (e de outras realmente detestáveis, para variar). Mas quase nada me deu tanto prazer quanto constatar que minhas opiniões mobilizaram tanto um homem ligado a Walcott que ele decidiu, aos 97 anos de idade, preparar e dar sua primeira conferência pública em muitos anos para, a seu ver, retificar a memória da personagem.

Os cientistas da minha geração, e praticamente qualquer cientista que tenha começado a carreira depois da Segunda Guerra Mundial, tendem a ser cínicos quanto à ciência enquanto instituição pública (por mais que possamos ser idealistas em nosso pensamento ou nossa ação na busca pessoal do conhecimento e da descoberta). Afinal, todos crescemos depois de Hiroshima e conhecemos a manipulação dos dados pelos estatísticos das fábricas de cigarros, a corrida das empresas por lucros na área de biotecnologia e, acima de tudo, a degradação do mundo da ciência pela tendência a avaliar os méritos em termos das somas em dólares

T. H. Clark proferindo sua conferência em 1990. (Cortesia do Redpath Museum: McGill University.)

recebidas como dotação. Mas conheci muitos cientistas mais velhos que, além de só dizerem — o que está ao alcance de qualquer um — que os ideais da ciência são objetivos e voltados para a verdade por uma força moral silenciosa mas avassaladora (e que os cientistas são participantes humildes e privilegiados desse processo inexorável), de fato parecem acreditar nesta bela visão, orientando suas vidas por ela. (É uma visão que me parece tão falsa — enquanto afirmação estatística sobre as normas da ciência, não como uma posição que possa ter sido assumida por alguns indivíduos admiráveis — que confesso ter grandes problemas para compreendê-la. Mas não tenho como negar a força e a beleza da imagem, nem deixo de perceber seu papel salutar como um impulso capaz de levar ao trabalho produtivo e à benevolência psíquica, qualquer que seja seu real valor.)

A meu ver, eu tinha tratado Walcott com justiça e profundo respeito (confesso até certo espanto quando penso em todas as suas realizações). Tentei esmiuçar seus vieses e preconceitos, mas para mim eles são marcas de sua humanidade, e não de seu fracasso como cientista. (Além disso, parte crucial do drama de Burgess — o grande e interessante erro cometido por Walcott quanto aos límulos — só pode ser explicada, por razões básicas de verdade histórica, em termos de seu condicionamento por determinadas preconcepções.) No entanto, para a geração de Clark, marcada por sua linda visão da ciência, esta abordagem só pode degradar a obra de um grande cientista — porque a ciência reúne informações com um respeito objetivo pela factualidade da natureza, e Walcott era um grande empiricista, marcado pela hiperprodutividade.

A esplêndida conferência de Clark girava em torno de uma metáfora que entremeou em sua narrativa das notáveis realizações de Walcott. Quando Walcott era jovem, e limitado pela falta de recursos a viagens locais para a coleta de trilobitas em torno de sua cidade natal de Utica, no estado de Nova York, andava (na metáfora de Clark) de bicicleta. Quando entrou para o Serviço de Pesquisas Geológicas, já podia coletar seus dados e "embarcá-los num trem, em vagões de carga". E, por fim, "quando se tornou diretor do serviço, deram-lhe uma locomotiva e todos os vagões de carga que desejasse. E ele os encheu, um depois do outro, mandando-os de volta para Washington".

Clark referiu-se o tempo todo à sua metáfora como "uma fantasia", mas não consigo conceber uma imagem mais adequada para sintetizar sua nobre visão da ciência. Basta pensar em seus componentes. As estradas de ferro levam numa direção determinada, assim como a ciência se desloca na direção de uma verdade objetiva. Os vagões de carga transportam os bens factuais que constituem o conteúdo do empreendimento. A locomotiva, movida por sua própria energia, representa o cientista transportando a recompensa que colheu na natureza ao longo da estrada da verdade.

A metáfora de Clark nos fornece ainda uma imagem para o aspecto da carreira de Walcott que ele não conseguiu representar a uma luz totalmente favorável — o tempo escasso para o trabalho científico e a total falta de tempo para os achados de Burgess devido a seus compromissos administrativos.

> Em uma das viagens do trem, já perto do fim de sua vida, ele não percebeu que havia uma chave de desvio à sua frente. A locomotiva acionou a chave; todos os vagões que vinham atrás entraram pelo desvio e se perderam da linha principal. Lá permaneceram por vários anos [...] E nada mais foi feito com a esplêndida coleção que ele tinha encontrado.

A locomotiva de Walcott (seu ímpeto e sua personalidade) seguiu em frente, entregue às suas atividades administrativas, mas ele deixou seus vagões de carga, repletos de fatos científicos, perdidos numa linha secundária.

A ciência, para Clark, desloca-se inexoravelmente para diante na direção da verdade, mas este progresso pode ser obstruído por fatores externos. Os vagões de carga permaneceram no desvio por quase cinqüenta anos, até que "um jovem" se apresentou e disse: "Eu sei qual é o problema dos fósseis do xisto de Burgess, e acho que vou estudá-los melhor". (Quando Harry Whittington começou a trabalhar com os fósseis de Burgess, ele tinha quase sessenta anos, e continuou até passar dos setenta. Neste momento em que me aproximo do marco mágico do meio século, percebo com prazer que alguns colegas ainda poderão se referir a mim como "um jovem" daqui a dez anos.) Assim, Whittington voltou para recolher os vagões de carga de Walcott e reencaminhá-los à estrada retilínea e estreita que leva à verdade: "E disse, precisamos conduzir estes vagões de volta aos trilhos certos; pulou a bordo da locomotiva, deu marcha à ré e recolocou o trem inteiro nos trilhos do ramal principal".

Que antítese admirável de interpretação para a mesma história. O que a mim parecera um erro conceitual profundo (e fascinante), impedindo permanentemente a visão correta e devido a certas convicções ideológicas, para Clark não passava de uma simples pausa (ainda que penosa) no progresso inexorável do conhecimento científico.

Eu poderia encerrar este ensaio simplesmente defendendo minha posição, embora manifestando todo o meu respeito por Clark. Mas não ousaria formular uma conclusão assim por duas razões. Em primeiro

Entrando em contato direto com Walcott ao menos por meio de um intermediário. (Cortesia do Redpath Museum: McGill University.)

lugar, precisamos de uma mitologia, no sentido de lendas universais e inspiradoras (não com a conotação pejorativa de falsidade) — e a visão da ciência transmitida por Clark é uma mitologia no melhor e mais nobre sentido do termo. Em segundo lugar, quem poderá dizer que minha historiografia está "certa", e a dele "errada"? As duas são fiéis aos fatos registrados, e ambas nos propiciam a percepção. Eu diria que meu relato aborda melhor os temas da motivação, do contexto social, e da interação entre os fatos e a teoria na história das idéias.

Mas os temas que eu abordo não esgotam o conteúdo da ciência; e, enquanto ouvia as palavras de Clark, percebi que negligenciara um aspecto fundamental na escolha de meu ponto de vista. Clark insistia em enfatizar a imensidão da obra empírica de Walcott — suas extensas monografias em vários volumes sobre os fósseis e os estratos geológicos. (Na conclusão de sua conferência, Clark exibiu o pesado tratado em dois volumes escrito por Walcott sobre os braquiópodes do Cambriano, como exemplo de sua dedicação e excelência. E encerrou a palestra com uma frase bombástica: "Acreditem se quiser: o primeiro sobrenome de Walcott era Doolittle".)* E então eu percebi que havia, na prática, excluído este aspecto de Walcott de meu texto. É verdade que mencionei sua volumosa produção empiricista, mas quase como um comentário de passagem. Como é que pude fazer uma coisa dessas — reservar um mero comentário de passagem a uma obra que, por seu simples volume de tempo e esforço, deve ter consumido a maior parte da vida profissional de Walcott (ainda que seu erro acerca dos achados de Burgess continue a figurar como a marca suprema que deixou na história intelectual)?

As vidas são ricas e multifacetadas demais para serem abordadas numa única perspectiva (graças aos céus). Não sou relativista em minha atitude em relação à verdade; mas sou pluralista em minhas opiniões acerca das melhores estratégias para alcançar os resultados mais difíceis. De muito me valeram T. H. Clark e sua visão extremamente diferente da minha. Não pode haver uma resposta final para a pergunta que Pilatos fez a Jesus (João 18:37): "O que é a verdade?" — e Jesus respondeu com o silêncio. Mas a sabedoria, que aumenta com a idade, pode vir de muitos lados — e é de fato "a árvore da vida para aqueles que conseguem atingi-la".

(*) E "Doolittle" pode ser entendido como "*do little*", literalmente "faz pouco". (N. T.)

16

BALCÕES E BONDES

SAN FRANCISCO, *11 de outubro de 1989*:

Passei boa parte de minha vida tentando evitar entrar em filas. Aderi com firmeza ao princípio formulado pelo jogador de beisebol Yogi Berra em relação aos restaurantes que saem de moda: "Ninguém vai mais lá porque estão sempre cheios".

Conseqüentemente, hoje de manhã em San Francisco, acordei antes do nascer do sol a fim de enfrentar um desjejum composto das famosas oito panquecas do Sears (não se admirem, são muito pequenas) antes que o movimento das horas mais freqüentadas da manhã tornasse o restaurante impraticável. Depois saí às 7h30, indo até o ponto dos bondes na Union Square, para um passeio que continua a me dar tanto prazer na meia-idade quanto trazia na infância. Que outro momento na vida de um usuário dos meios públicos de transporte pode superar em sensação a íngreme descida final da Russian Hill? (Em distantes segundo e terceiro lugar nos Estados Unidos, indico o bonde Saint Charles, em Nova Orleans, o último das antigas linhas da cidade, quando passa pelas casas do Garden District, anteriores à Guerra Civil, e o *ferry* de Staten Island, que custava apenas cinco *cents* na minha infância e era o programa de namoro mais barato do mundo, o passeio aos pés da Estátua da Liberdade ao luar.) Viajo nos últimos momentos em que ainda se pode ter conforto e facilidade para arranjar lugar. Às nove da manhã, longas filas de turistas já estão formadas e ninguém mais tem vontade de andar de bonde.

Nós os paleontólogos somos obrigados, quase por definição profissional, a um profundo respeito por instituições e objetos que resistiram e prosperaram, conservando sua integridade, em meio a um infinito mar de mudança (embora eu acredite que também sejamos capazes de receber bem, e até estimular, a inovação intelectual). Adoro o restaurante Sears com seu menu de desjejum tradicional, excelente de ponta a ponta e estritamente não yuppie. E adoro esses bondes vitorianos com seus bancos de madeira e seus ruídos característicos — o sinal de duas batidas no gongo para andar, o murmúrio da fricção com o cabo elétrico, o tranco quando o carro da frente começa a puxar o vagão de reboque.

E enquanto dou meu passeio de bonde, reflito sobre um enigma psicológico que há muito me deixa intrigado: por que será que a autenticidade — como tema puramente conceitual — exerce tamanho domínio sobre nós? Um restaurante idêntico com a mesma comida, construído numa San Francisco em miniatura de um Parque das Grandes Cidades Americanas, só me transmitiria calorias; uma réplica perfeita do bonde, seguindo um caminho ainda mais íngreme na Disneylândia, seria uma bobagem.

A autenticidade pode se apresentar de muitas maneiras, e cada uma delas contribui com algo essencial para nos dar a satisfação de estarmos diante de algo verdadeiramente genuíno. A autenticidade *do objeto* é a que mais me fascina, porque sua atração é totalmente abstrata e conceitual. A arte da fabricação de réplicas chegou a tal sofisticação que só os profissionais mais sofisticados são capazes de distinguir a diferença entre, digamos, um esqueleto genuíno de dinossauro e uma moldagem especialmente bem-feita. O objeto autêntico e a réplica são efetivamente idênticos em tudo, menos em nosso conhecimento abstrato de sua autenticidade — ainda assim, temos uma sensação de reverência na presença de ossos que já foram cobertos de carne de dinossauro, e apenas de interesse diante de um esqueleto de aparência idêntica, mas feito de fibra de vidro.

Talvez eu possa repetir, porque me tocou tão fundamente, uma história a esse respeito que já contei num volume anterior de meus ensaios (o ensaio 12 em *O sorriso do flamingo*). Um grupo de visitantes cegos reuniu-se com o diretor do Museu Aeroespacial de Washington para discutir a possibilidade de terem maior acesso ao acervo, em especial aos grandes objetos que pendem do teto do grande átrio, perceptíveis apenas pela visão. O diretor perguntou aos visitantes se um modelo em escala do *Spirit of St. Louis* de Lindbergh, montado e totalmente apalpável, aliviaria a frustração por não terem acesso ao avião autêntico. Os visitantes responderam que apreciariam muito aquela solução, mas apenas se o modelo ficasse situado diretamente abaixo do original invisível. A simples consciência da presença imperceptível da autenticidade pode nos comover até as lágrimas.

Também respeitamos uma autenticidade *de lugar*. Objetos genuínos fora de seu contexto podem nos deixar intrigados, mas raramente nos trazem alguma inspiração. A Ponte de Londres, desmontada e reconstituída nos Estados Unidos, transforma-se em mera curiosidade. Adoro observar girafas nos jardins zoológicos, no entanto seus movimentos desengonçados mas ainda assim graciosos numa savana da África provocam um sentimento de admiração muito mais satisfatório.

Ainda assim, até hoje, eu jamais sentira a força de um terceiro tipo de autenticidade, a autenticidade *de uso.* Objetos genuínos em seu devido lugar podem perder seu valor caso seu uso seja alterado — sobretudo quando a avidez de nosso apetite pelo lazer casual e efêmero substitui um uso original no mundo honrado do trabalho cotidiano.

Deus sabe que, sendo eu próprio um deles, não tenho o direito de me queixar dos turistas que abarrotam os bondes de San Francisco. Os visitantes têm o direito inalienável de se dirigir ao Fisherman's Wharf e à Girardelli Square por qualquer meio legal mantido e sancionado pela municipalidade de San Francisco. Ainda assim, prefiro pegar o bonde incógnito às sete e meia da manhã, junto com os nativos que o utilizam como meio de transporte para seu local de trabalho — estudantes asiáticos que tomam o bonde a caminho da escola quando ele passa por Chinatown, executivos bem vestidos exibindo seus passes mensais.

Mas estou escrevendo este artigo porque tive a experiência de um exemplo diferente, inesperado e muito agradável de autenticidade de uso hoje de manhã no restaurante Sears. (Não podia esperar um contexto melhor. Esta semana, a área da baía de San Francisco está no auge da autenticidade de lugar, porque os A's de Oakland e os San Francisco Giants se preparam para a primeira decisão do campeonato nacional de beisebol na mesma área desde 1956, quando a sétima e última das decisões nova-iorquinas de dez gloriosos anos da minha infância, de 1947 a 1956, apresentou um jogo perfeito de Don Larsen e a vingança de meus amados Yankees contra sua única derrota, no ano anterior, diante dos Dodgers em sua sede do Brooklyn. Pensem no que perderíamos se, em deferência ao clima de outubro e a um apego indevido à igualdade de oportunidades, a decisão fosse deslocada das sedes das equipes para algum campo neutro, em Miami ou Nova Orleans.)

Eu sempre fui ao Sears com outras pessoas e me sentei a uma mesa. Desta vez, fui sozinho e me sentei ao balcão. Eu não sabia que o balcão era domínio dos fregueses regulares, nativos de San Francisco a caminho do trabalho. Um deles se levanta e diz à garçonete: "Estava ótimo, talvez eu volte aqui outro dia". "Ele vem todo dia de manhã", sussurra a garçonete para mim. Outro homem ocupa um lugar vazio, dizendo "Olá, querida" para a mulher sentada na banqueta ao lado.

"Você chegou bem cedo hoje", responde ela. "Café completo!", diz ele, quando passa a garçonete. "Pode deixar", responde ela. Alguns minutos mais tarde, ela volta com um prato de panquecas e outro de ovos mexidos. Mas primeiro ela tira os ovos do prato e os derrama sobre um guardanapo, para absorver o excesso de manteiga. "Faz mal a ele", explica-me. Ele começa uma discussão sobre os méritos relativos dos guardanapos de pano e das toalhas de papel com aquela finalidade. Boa camaradagem e autenticidade de uso; pessoas cuidando umas das outras de maneiras pequenas e insignificantes.

Quando apresento conferências sobre temas associados à evolução em qualquer lugar dos Estados Unidos, posso ter certeza de que certas perguntas sempre serão feitas ao final da palestra: para onde vai a evolução humana? E a engenharia genética? Os negros são realmente melhores no basquete? (Tanto as perguntas profundas como as mais tolas são marcadas pela idéia da inevitabilidade.) E a questão ecológica também é uma das mais freqüentes na lista das perguntas constantes. E em geral é abordada de forma compassiva, mas às vezes combativa: por que precisamos salvar todas essas espécies, afinal?

Eu conheço todas as respostas convencionais que têm raízes na vida prática, e até acredito nelas: nunca se sabe que uso agrícola ou farmacêutico pode ser descoberto para espécies hoje desconhecidas ou ignoradas; a diversidade benéfica de linhagens genéticas em espécies cultivadas pode ser muitas vezes estimulada pelo cruzamento com espécies selvagens da mesma família; a profunda interligação das cadeias ecológicas pode levar a conseqüências graves e inesperadas para espécies "valorizadas" se criaturas "insignificantes" forem extintas. Ainda assim, prefiro responder com uma afirmação de ordem ética, ou melhor, visceralmente estética, a que todo biólogo que estuda a evolução precisa necessariamente ter aderido em sua psique, antes de mais nada, para ter escolhido entrar neste campo: nós somos apegados à diversidade; gostamos de tudo que é diferente, de todas as nuances de forma e comportamento — e sabemos que a perda de uma fração qualquer desta incrível variedade vai frustrar nossos sentidos e nossa satisfação em qualquer futuro que possamos definir de forma inteligível em termos humanos (o potencial para uma reconstituição da diversidade dentro de vários milhões de anos é conjetural e abstrato demais para esta argumentação legitimamente egoísta — ver o ensaio 2). O que pode ser mais magnífico do que o fato de a anatomia do besouro apresentar-se com mais de meio milhão de formas diferentes, chamadas espécies?

Sempre desconfiei especialmente de analogias "fáceis" e excessivamente convenientes entre a evolução biológica e a mudança cultural do homem. (Algumas comparações são adequadas e informativas, porque todas as formas de mudança precisam ter certos traços em comum; mas os mecanismos da evolução biológica e da mudança cultural são tão diferentes que essas analogias em geral tendem mais a confundir do que a esclarecer.) No entanto, as declarações de fundo estético podem reivindicar uma universalidade mais legítima, sobretudo quando estamos examinando uma certa forma, e não o mecanismo subjacente de sua produção. Se você sente um prazer estético nas proporções determinadas pela "razão áurea", pode sentir a mesma satisfação com a contemplação de uma concha de náutilus ou de um templo grego, a despeito da extrema diferença que existe entre os métodos e os modos de sua construção. Assim, sinto-me justificado em escrever um ensaio sobre o valor moral e estético da diversidade, tanto nas obras humanas quanto na natureza — e em tentar associar a gênese e a defesa da diversidade aos vários sentidos da autenticidade.

(E também, se me permitem fazer uma confissão terrível para um biólogo militante e historiador natural: cresci nas ruas de Nova York, e acho que nunca perdemos a afeição inicial pelas primeiras coisas que nos foram familiares — digamos que seja a autenticidade de lugar, se quiserem. Acho que o deserto do Sudoeste dos Estados Unidos, na região em torno de Monument Valley, é o lugar mais sublime de toda a Terra. Mas quando penso na diversidade, e não na grandiosidade, lembro-me sempre das cidades e dos produtos do trabalho humano, porque eles resistem à conformidade e apresentam autenticidade de objeto, lugar e uso. Meu lema deve ser o dístico do poema de Milton "L'Allegro ed Il Penseroso" — mais do lado alegre que do pensativo:

Towered cities please us then
And the busy hum of men.
[As cidades com suas torres nos agradam
Com o rumor da azáfama dos homens.]

Vários anos atrás, visitei a Índia numa viagem patrocinada pelo Museu de História Natural de Harvard. Meus colegas achavam maravilhoso acordar às quatro da manhã, entrar num ônibus, ir até uma reserva natural e tentar localizar algum sinal de um tigre a uma distância absurda, que só o uso de binóculos podia tornar um pouco mais interessante. Já eu só queria que me deixassem desembarcar do ônibus no meio de qualquer feira de qualquer cidade.)

A diversidade natural existe em vários níveis. A variedade permeia qualquer população não clonal a partir de seu próprio interior. Mesmo em nossos grupos genealógicos mais isolados encontramos pessoas tanto gordas quanto magras, tanto altas quanto baixas. A sabedoria popular de todos os tempos proclama a existência de diferenças enormes de temperamento entre irmãos da mesma família. Mas a maior parte da diversidade natural se deve às nossas divisões geográficas — as diferenças de um lugar para outro, na medida em que nos adaptamos aos meios diferentes e vamos acumulando nossas peculiaridades graças à restrição do contato com outras regiões. Se todas as espécies, como os ratos e os pombos, vivessem em todo o mundo, nosso planeta só conteria uma pequena fração da diversidade que apresenta.

Assim, o que tende a me dar mais prazer quando contemplo o prazer estético das diferenças é a diversidade que caracteriza as várias regiões geográficas. Já que me sinto mais atraído pelas obras humanas, encontro a maior alegria em aprender a reconhecer os sotaques regionais, os costumes que regem as saudações e as refeições em cada lugar, os estilos arquitetônicos ligados a certos lugares e épocas. E também, pelo menos interiormente, embora nem sempre com gestos manifestos, costumo me classificar como um cão de guarda interessado na preservação desta frágil variedade, e como inimigo implacável da padronização e da homogeneização.

Reconheço, é claro, que os programas oficiais de planejamento urbano e de construção de estradas são forçados a produzir mais elementos de identidade do que poderia desejar uma estética rigorosa da diversidade máxima. Afinal, os critérios de planejamento e projeto têm uma universalidade que se torna mais obrigatória à medida que vamos nos aproximando dos limites máximos de velocidade e tamanho. Se precisamos abrir caminho para o tráfego de certo número de carros através de uma determinada região a determinada velocidade, a estrada não pode descrever meandros acompanhando as margens dos rios ou passar pelas ruas principais de velhas cidades. Os edifícios públicos e o traçado das redes viárias das cidades exigem uma eficiência máxima que impõe certo grau de uniformidade, e só podemos aceitá-lo.

Mas o regionalismo tem a tarefa sagrada de preencher os interstícios com uma diversidade esfuziante de tradições locais características — preferivelmente de trabalho produtivo, e não apenas de lazer. Com este modelo de uma rede potencialmente padronizada de ruas e logradouros públicos preenchido, suavizado e humanizado pelos produtos locais criados pelos habitantes do local com finalidades locais — autenticidade de objeto, lugar e uso — acho que por fim sou capaz de articular por que gosto tanto do balcão do Sears e dos bondes de manhã cedinho. Eles apresentam todos os tipos de autenticidade, mas ainda assim são capazes de acolher o estrangeiro que os respeite. (Aqui também, a natureza e a vida humana apresentam a mesma obediência aos princípios básicos de organização estrutural. As regras e os princípios ecológicos — o fluxo da energia entre os níveis tróficos, as redes de interação que definem o ''equilíbrio da natureza'' — têm uma generalidade que corresponde à uniformidade admissível na organização dos espaços públicos. Mas a diversidade local acaba prevalecendo, porque os organismos submetidos a estas regras em cada lugar são diferentes — os carnívoros previsíveis podem ser leões, tigres ou ursos, conforme o continente —, e as lacunas de um padrão geral mais uniforme precisam ser preenchidas por atividades tipicamente locais.)

Também compreendo hoje, com uma argumentação intelectual elaborada para dar respaldo a um sentimento que já existia, por que a tendência à padronização me perturba tanto, tanto no nível mais comezinho (o McDonald's) quanto no nível das boutiques (Ghirardelli Square, ou Harborside, ou Quinzy Market, ou como é que podemos saber qual deles fica onde, se todos têm um carrinho vendendo *cookies* com pedacinhos de chocolate e uma loja idêntica dos chocolates Godiva?). Não posso objetar à homogeneização *per se*, porque aceito esta uniformidade como decorrência da organização essencial dos espaços públicos. Mas o McDonald's promove a padronização no nível errado, usurpando os espaços menores de uso diário e imediato, os lugares que pedem características locais e certo sentido de comunidade. O McDonald's é um bando de pombos que expulsa todas as aves endêmicas do local, uma horda de ratazanas que aniquila todos os outros roedores: os camundongos, os gerbos, os hamsters, as chinchilas, os esquilos, os castores e as capivaras. As cadeias de lojas Mom-and-Pop que existem em Phoenix e Tucson são quase uma piada cruel, uma contradição em termos.

Cresci no Queens, perto de um belo estabelecimento chamado T-Bone Diner (que ainda está lá, *mirabile dictu*). O contraste entre esses restaurantes em estilo de vagão da minha juventude e os McDonald's de minha meia-idade nos leva ao cerne do dilema. Os *diners* eram fabricados em alguns tamanhos e formas padronizados — muitos pela Worcester Car Company de meu estado adotivo — e depois enviados para o lugar onde seriam instalados. Os proprietários recebiam aqueles produtos padronizados e em seguida se esforçavam para cultivar as peculiaridades que caracterizam este precioso elemento da cultura americana: os menus repletos de produtos locais e especialmente adequados ao talento e ao gosto de seus proprietários; garçons e garçonetes marcados pela singularidade, e até mesmo pela excentricidade, em sua verve, em seu mau humor ou até em sua simples afabilidade; acima de tudo, uma clientela regular forjada numa comunidade de atenções mútuas. O McDonald's opera exatamente da maneira inversa, e acaba por se tornar perverso em sua incongruência. Invade o domínio da singularidade que existe nos interstícios de uma estrutura aceitavelmente uniforme. Ocupa até espaços de projeto muito diferente, que antes tinham outros usos. E depois transforma esta diversidade numa uniformidade esmagadora que não admite um milímetro sequer de variação na largura de uma batata frita, de Oakland a Ogunquit.

Mas ainda não fomos derrotados. A singularidade tem o hábito de voltar a se insinuar em meio às uniformidades do planejamento central. E também tem uma persistência própria que tende a resistir a todas as pressões práticas da cultura comercial, porque a autenticidade fala à alma humana. Muitos dos velhos *diners* ainda florescem na Nova Inglaterra. Sou freguês pelo menos semi-regular de um dos melhores. Em minha última visita, a mulher que atende no balcão apontou para uma jarra cheia de notas de um dólar. Um dos fregueses habituais, disse-me ela, estava com um filho doente precisando ser operado — e todo mundo estava contribuindo, ainda que apenas como símbolo de apoio mútuo e do sentido de comunidade. A jarra nem era mencionada para os fregueses eventuais, mas a mim ela simplesmente mandou contribuir: não pediu, não me passou um sermão nem deu nenhuma explicação além de uma exposição simplificada do caso. Nossas comunidades são muitas, se entrelaçam, e têm forças diferentes. Orgulho-me de fazer parte deste agregado. Enquanto essas pequenas comunidades continuarem a se formar nos interstícios da conformidade, permanecerei otimista acerca do poder da diversidade. E vou me lembrar da descoberta de Elias enquanto fugia de Jezebel (1 Reis 19:11-12): "Depois do vento um terremoto [...] e depois do terremoto um fogo [...] e ainda depois do fogo uma voz mansa e delicada".

PÓS-ESCRITO

Como a data indica, escrevi este artigo uma semana antes do grande terremoto que atingiu San Francisco em 17 de outubro. Esta circunstância violenta converteu minha última frase numa alusão que, se tivesse sido acrescentada depois do acontecido e não escrita inadvertidamente antes, poderia parecer excessiva, se não quase cruel. Ao usar o livro de Elias para enfatizar o contraste central de que falo entre a diversidade em pequena escala, local e característica (a "voz mansa e delicada") e os efeitos globais (bem representados pelas catástrofes gerais), estava, confesso, tentando fazer graça com o fato de estar escrevendo o ensaio em San Francisco — porque o terremoto de 1906 de fato provocou grande destruição, com um abalo seguido de incêndios.

Mal sabia eu que minha tentativa de fazer graça logo azedaria. Eu podia simplesmente mudar o final, é claro, esquecer este pós-escrito e produzir um encerramento mais adequado para a história. Mas prefiro publicar o que escrevi originalmente — uma passagem apropriada naquele momento, mas não uma semana depois — como um testemunho do poder constante da natureza sobre nossos destinos, e como um exemplo concreto de outro tema tantas vezes abordado nestes ensaios: o papel sutil exercido pelos acontecimentos históricos singulares, tanto na natureza como na vida humana.

O terremoto também afetou várias outras questões que eu abordei ao tratar da autenticidade e da diversidade local. A decisão do campeonato de beisebol, embora adiada, não foi transferida para campo neutro mas obedeceu à poderosa tradição de autenticidade de lugar que domina o beisebol, apesar das dificuldades de ordem prática. Minha frase sobre "pessoas cuidando de outras de maneiras pequenas e insignificantes", embora com a intenção de aludir apenas ao balcão do Sears, logo se estendeu à toda região. Qualquer incêndio ou enchente provoca ruminações infinitas e comentários fatalistas sobre como precisamos da catástrofe para despertar o que há de melhor em nós. Mas os clichês são triviais porque são verdadeiros, e a estrutura deste ensaio revela um aspecto um pouco diferente de um lugar-comum. Assim como o McDonald's é a marca do lado escuro por transferir a conformidade aceitável dos espaços públicos em grande escala para a arena inadequada da singularidade local, a bondade humana depois da catástrofe, do outro lado, tem o efeito precisamente oposto, porque os problemas generalizados promovem a assistência mútua das pequenas comunidades locais ao domínio mais amplo e visível em que costumam predominar a insensibilidade e o anonimato. Como é que esta voz mansa e delicada pode continuar a ser ouvida em todas as escalas, o tempo todo?

V

A NATUREZA HUMANA

17
MOZART E A MODULARIDADE

Daines Barrington (1727-1800), advogado e rico membro da pequena nobreza, publicou tantos artigos curtos sobre tamanha variedade de assuntos que não pôde evitar a fama de diletante. Em inúmeras comunicações à Royal Society de Londres, falou do lugar onde César teria desembarcado na Grã-Bretanha, da natureza apenas local do dilúvio de Noé, da antigüidade das cartas de jogar e da morte de Dolly Pentreath, a última pessoa cuja língua materna era o *cornish* (um ramo extinto das línguas célticas). Alguns de seus colegas o consideravam superficial e excessivamente crédulo. Um detrator chegou mesmo a compor um dístico heróico para desaboná-lo:

> *Pray then, what think ye of our famous Daines?*
> *Think of a man denied by Nature brains!*
> [E então, o que acham de nosso famoso Daines?
> Pense num homem a quem a Natureza negou um cérebro!]

E então, em 1764, Barrington esbarrou em algo realmente importante. No entanto, escaldado pelos resultados de sua falta de cuidado anterior e de sua tendência à hipérbole, Barrington decidiu agir com cautela. Esperou seis anos antes de publicar suas observações sob a forma de uma nota na revista *Philosophical Transactions of the Royal Society of London*, a principal revista científica da Inglaterra na época, e ainda hoje. E começou seu artigo invocando a forma literária clássica da afirmação atenuada — a *litotes*. (Os nomes gregos dessas figuras de retórica paralisaram gerações de estudantes, que não conseguem se lembrar da diferença existente entre um dáctilo e uma sinédoque. O Monty Python se vingou apresentando num de seus filmes um grupo de professores pedantes que se divertiam muito com a palavra "lítotes" e suas pronúncias mais improváveis.) A lítotes (do grego *litos*, significando "pequeno'' ou ''escasso'') é uma forma de afirmação atenuada que exprime uma afirmação por meio da negação de seu contrário — quando se diz por exemplo ''nada mau'', em vez de ''bom''. Em seu parágrafo inicial, Barrington usa a lítotes num quase pedido de desculpas aos leitores por tomar seu precioso tempo:

> Se eu lhes falasse de um menino que media mais de dois metros de altura quando não tinha mais que oito anos de idade, isto poderia não ser considerado desmerecedor da atenção da Royal Society.

No segundo parágrafo, Barrington revela um pouco mais sobre sua descoberta:

> O caso que hoje desejo comunicar a esta douta companhia, de um exercício tão precoce do talento musical mais extraordinário, parece igualmente merecedor de sua atenção.

O terceiro parágrafo, embora apenas em retrospecto histórico, solta a bomba:

> Joannes Chrysostomus Wolfgangus Theophilus Mozart nasceu em Saltzburgo, na Baviera, no dia 17 de janeiro de 1756 [...] Deixando Paris [em 1764, aos oito anos de idade], veio para a Inglaterra, onde permaneceu mais de um ano. Durante esse período, testemunhei suas extraordinárias habilidades como músico, em concertos públicos e tendo passado um tempo considerável sozinho com ele na casa de seu pai; e envio-lhes o seguinte relato, por mais espantoso e quase inacreditável que possa parecer.*

As lítotes haviam cedido lugar à admiração declarada.

Os talentos de Mozart eram tão espantosos que Barrington chegou até a duvidar de sua extrema juventude; será que Leopold, o pai da criança, não estaria apresentando algum truque sofisticado, fazendo um anão adulto bem treinado passar por seu jovem filho? Barrington adiou a publicação de seu comunicado por seis anos até conseguir provas na for-

(*) Num primeiro momento, achei que este parágrafo continha três erros — e foi o que disse na versão original do ensaio, dando a entender (mas não explicitamente) que talvez Barrington merecesse sua reputação de diletante descuidado. Mas Joseph B. Russell escreveu para me informar que em 1756 (antes que surgisse a Áustria), Salzburgo era de fato súdita do Ducado da Baviera, e que a grafia Saltzborug era uma anglicização aceitável do nome da cidade. Mozart, porém, nasceu no dia 27, e não 17, de janeiro. Pode ser que se trate de um simples erro de transcrição ou composição — ou, talvez, Barrington se tenha confundido com algum aspecto da diferença de aproximadamente dez dias imposta pela reforma gregoriana do calendário, aceita apenas pouco tempo antes pela Inglaterra (ver a esse respeito o ensaio 12). De qualquer maneira, meu respeito por Barrington, evidente em meu artigo, só faz aumentar.

O jovem Mozart ao piano. (Cortesia da Photographie Bulloz, Paris.)

ma da certidão de nascimento de Mozart junto ao registro de Salzburgo, "obtida junto a sua excelência o conde Haslang, enviado extraordinário e ministro plenipotenciário dos eleitores da Baviera e do Palatinado" (e quem iria duvidar de pessoa com tamanhas qualificações?).

Leopold Mozart fazia o possível para exibir seu filho precoce. Barrington, aquinhoado com uma visita particular, procedeu como agiria qualquer intelectual: testou uma variedade de talentos musicais de Wolfgang, então com oito anos, nos campos da leitura, da memória e da improvisação, e sua notificação à Royal Society é um relato de suas impressões. (Fiquei sabendo deste artigo numa exposição especial sobre Mozart organizada no Museu Britânico. O artigo de Barrington, intitulado "Relato sobre um notável jovem músico", foi publicado em 1770, no volume 60 das *Philosophical Transactions*. A idéia de que o jovem Mozart tivesse servido de tema para um artigo científico na revista mais importante da Inglaterra era irresistível como tema de um ensaio desta série. Que símbolo melhor poderíamos apresentar para a fertilidade da interação entre a arte e a ciência?)

Uma questão deixou Barrington mais fascinado que qualquer outra enquanto observava Mozart e confirmava enfaticamente todos os relatos que ouvira sobre a precocidade da criança (porque Barrington pretendia, em seu artigo, sondar a natureza da própria genialidade e não apenas explicar Mozart, que, devemos lembrar, era na época apenas um menino prodígio, e não um dos ícones da arte ocidental): a aparente "integridade" do gênio devia poder se decompor em módulos isolados, cada um deles sujeito a um desenvolvimento independente. De que outra maneira poderia uma criança ser tão transcendente num determinado campo, mas absolutamente ordinária na maioria dos outros? Esta idéia da dissociabilidade deve ser a chave utilizada para compreendermos os talentos humanos: a genialidade não é integral, mas só pode resultar de uma hipertrofia de alguns desses módulos.

Em sua discussão sobre a natureza da genialidade, Barrington menciona dois exemplos de dissociação. Primeiro, espanta-se com a sofisticação musical de Mozart num menino de oito anos que, em outros aspectos, é absolutamente comum e turbulento. Se o jovem Wolfgang fosse um adulto em miniatura, tão versado em boas maneiras quanto na música, sua genialidade poderia ser retratada como uma condição integral, mas ele se comportava como um garoto normal em todos os outros domínios fora da área de seu talento especial:

> Devo admitir que não pude deixar de desconfiar que seu pai mentia em relação à verdadeira idade do menino, embora ele tivesse não apenas uma aparência infantil como ainda apresentasse todas as atitudes características daquela etapa da vida. Por exemplo, enquanto tocava para mim entrou na sala um gato de que gostava muito, ao que ele imediatamente deixou de lado o cravo e só conseguimos fazê-lo voltar ao cabo de um tempo considerável. Às vezes também corria pela sala com uma vara entre as pernas, à guisa de cavalo.

Em segundo lugar, Barrington apresenta algumas idéias acerca da dissociabilidade das emoções básicas. Pediu a Mozart que improvisasse árias exprimindo certas emoções — uma canção de amor e uma canção de ódio. De novo, Barrington refugiou-se em lítotes para descrever o resultado:

> [A canção de amor] tinha uma primeira e uma segunda partes, que [...] apresentavam a extensão costumeira de uma ária de ópera: embora este exemplo de composição não fosse espantosamente capital, estava de fato acima da mediocridade, e demonstrava extraordinária presteza de invenção.

E a canção de ódio foi ainda mais dramaticamente bem-sucedida:

> Durava mais ou menos o mesmo tempo da Canção de Amor; e no meio dela o rapaz se excitou a tal ponto que martelava o cravo como uma pessoa possuída, levantando-se às vezes em seu banco.

Mas como é que um menino de oito anos, com uma experiência presumivelmente limitada, pelo menos do amor sexual, seria capaz de abstrair e destilar dessa maneira esses módulos básicos de nosso repertório emocional? Isto só podia ser possível, raciocina Barrington, se as emoções fundamentais residissem em nossos armazéns comportamentais na forma de pacotes dissociáveis. Nossa totalidade só pode ser um amálgama de componentes isolados.

Já antes, e desde então, sempre nos fascinamos com esses "talentos específicos" — aptidões extraordinárias presentes em pessoas de resto ordinárias ou mesmo seriamente deficientes — pela mesma razão que tanto deixou Barrington intrigado: as dissociações desse tipo parecem nos dizer que existe uma origem separada e uma causação independente para os talentos que preferiríamos ver como expressões de uma genialidade mais geral, o que é contestado pelos fatos. Todos conhecemos os exemplos clássicos de grandes mestres do xadrez que são incapazes de controlar seus talões de cheques, e de deficientes mentais com talentos prodigiosos para cálculos numéricos aparentemente instantâneos ou para determinar o dia da semana de qualquer data ao longo de séculos ou milênios.

Apesar de todas as críticas que Barrington recebeu, qualificando-o de um diletante sem critério, desta vez ele escolheu bem — tanto o tema quanto seus argumentos. Porque o princípio da dissociação e da construção com base em módulos independentes é central para nossa compreensão de qualquer sistema complexo que surja graças à evolução natural. Barrington identificou corretamente o que lhe causava tanta admiração, e o espectro de aplicações de sua idéia se estende muito além do divino Mozart, afetando a evolução de qualquer organismo complexo ou a estrutura da mente. A integralidade pode parecer uma idéia confortável, vaga e romântica, mas a dissociabilidade é o caminho necessário do mundo.

Já que os princípios são muitas vezes melhor ilustrados quando expomos a falácia de seus contrários, apresento o argumento mais importante, e provavelmente mais inteligente, jamais exposto contra a evolução por um grande cientista na geração turbulenta que antecedeu a Darwin. No *Discours préliminaire* à sua obra em quatro volumes sobre os vertebrados fósseis, publicado em 1812, Georges Cuvier negava a possibilidade da evolução defendendo a doutrina da integralidade intrínseca e indissociável.

Cuvier designava seu princípio de "correlação entre as partes", afirmando que todos os traços característicos de um organismo apresentam uma configuração intricada e são coordenados para funcionar de certa maneira ideal. Nenhuma parte pode mudar isoladamente. Qualquer alteração concebível em determinado órgão exigiria uma nova configuração para todos os outros traços, porque o funcionamento ideal exige uma integração completa:

> Todo indivíduo organizado forma um sistema completo que lhe é próprio, todas as partes do qual se correspondem mutuamente, concorrendo para produzir certo resultado por reação recíproca ou pela combinação para atingir a mesma finalidade. Por isto, nenhuma dessas partes separadas pode mudar de forma sem que uma mudança correspondente ocorra nas outras partes do mesmo animal, e por conseqüência cada uma dessas partes, tomada separadamente, indica todas as outras às quais estava associada.

Originalmente, Cuvier recorreu a este princípio para afirmar que seria capaz de reconstituir organismos inteiros a partir de fragmentos fósseis, porque um determinado osso pressupunha necessariamente a forma de todos os outros. Mas Cuvier tinha um segundo motivo, ainda mais grandioso — negar a evolução. Como poderia ocorrer uma transmutação se as partes não podem ser alteradas separadamente, ou pelo menos com algum grau de independência? Se cada pequena modificação requer uma nova configuração para absolutamente todos os outros traços, então a própria inércia deve impedir a ocorrência da evolução. Como se pode imaginar a mudança coordenada de todas as partes cada vez que uma vantagem minúscula determina uma ligeira alteração de uma certa característica? E Cuvier continua:

> Os animais têm certas características fixas e naturais, que resistem aos efeitos de todo tipo de influência, proceda ela de causas naturais ou da interferência humana; e não temos qualquer razão para suspeitar que o tempo tenha sobre eles um efeito maior que o do clima.

A lógica deste argumento é impecável. Se as partes não são dissociáveis, a evolução não pode ocorrer. No entanto, "todos por um" pode ser um bom lema para os mosqueteiros, mas não descreve o caminho percorrido pela mudança natural em sistemas complexos. Os argumentos lógicos só são tão bons quanto às suas premissas. A cadeia de inferência pode ser irrefutável, mas se a premissa for falsa a conclusão também será provavelmente falha. Para citar uma máxima inapelável de nossa era dos computadores: GIGO, ou *garbage in, garbage out* [se a entrada for lixo, a saída será lixo], por mais fenomenal que possa ser o funcionamento interno da máquina.

A lógica de Cuvier estava correta, mas sua premissa da integridade total é falsa. A evolução procede (e não poderia ser de outra forma) pela dissociação de sistemas complexos em partes, ou módulos compostos de alguns traços correlacionados, e alterando seus vários componentes em ritmos diversos e em momentos diferentes. Os biólogos se referem a este princípio como "evolução em mosaico", e para comprová-lo não precisamos ir além da história de nossa própria espécie. Os ancestrais do homem, como Lucy e seus primos australopitecos, já tinham desenvolvido uma postura ereta de aparência quase moderna antes que tivesse ocorrido qualquer aumento substancial do cérebro.

E este crucial princípio de dissociabilidade funciona tanto para a configuração geral dos corpos quanto para as complexidades mentais das emoções e da inteligência. Quando começou a compilar as anotações que levariam à sua teoria da evolução, Charles Darwin reconheceu que não poderia dar conta da evolução das emoções humanas sem recorrer aos princípios da modularidade e da dissociação.

Uma de suas idéias foi, por exemplo, associar nossas expressões faciais aos estados anteriores de nossos ancestrais animais. Se o complemento humano formasse uma rede integrada, consolidada pela consciência que nos é única, seria impossível que essas expressões tivessem uma origem histórica em sistemas mais simples. Darwin reconheceu que dois princípios precisam estar presentes para que se possa falar de evolução. Em primeiro lugar, as expressões não podem estar sujeitas a um controle consciente integral; algumas delas precisam no mínimo corresponder a reações automáticas. Darwin qualificava de vestígios de estados ancestrais várias expressões que não fazem sentido sem a morfologia moderna, mas que devem ter desempenhado alguma função em nossos ancestrais. Ao darmos um sorriso de escárnio, tensionamos o lábio superior e expomos a região dos dentes caninos. Antigamente, este movimento exibia as armas de nossos ancestrais (assim como ainda hoje expõe os caninos longos e aguçados de muitos mamíferos modernos que apresentam a mesma expressão), mas os caninos humanos não são maiores do que os outros dentes, e esta reação hereditária perdeu sua função original.

Em segundo lugar, da mesma forma como o jovem Mozart era capaz de isolar e abstrair emoções diversas, Darwin percebeu que certas expressões faciais padronizadas só podem ser módulos de uma ação em grande parte independente — e que o repertório emocional humano deve ser mais semelhante a um conjunto de elementos isolados reunidos no mesmo saco do que às facetas de uma totalidade integrada. A evolução é capaz de misturar, combinar e modificar independentemente. De outro modo, esbarraríamos no dilema de Cuvier: se todas as emoções estão inextricavelmente ligadas, na condição de expressões ideais e interdependentes, como é que alguma delas pode mudar?

Perto do final de sua vida, Darwin esceveu um livro inteiro sobre este tema: *Expression of emotions in man and animals* [As expressões das emoções no homem e nos animais (1872)]. Mas suas notas juvenis no chamado Caderno M de 1838, escritas às pressas nos meses anteriores à codificação de sua teoria da seleção natural em setembro do mesmo ano, são ainda mais impressionantes por sua expressão telegráfica do frenesi da descoberta e das novas explicações. Darwin diria mais tarde que este caderno estava "cheio de metafísica da moral e de especulações sobre as expressões". Suas fascinantes notas sobre os gestos e expressões de conteúdo emocional giram em torno da modularidade e de sua importância para a explicação da evolução. Cada sentimento está associado a um gesto ou expressão; temos controle limitado sobre a forma de um gesto ou expressão, e seu significado evolutivo precisa muitas vezes ser procurado numa função ancestral que já se perdeu. Escreveu Darwin:

> Ele pode sentir desprezo por um homem e não dizer nada, mas sem uma vontade férrea achará difícil evitar que seus lábios se encolham mostrando os caninos. — Pode sentir-se satisfeito consigo mesmo, e embora relute em dizê-lo, seus passos ficarão eretos e empertigados como os de um peru [...] Em relação ao sorriso de escárnio, a própria essência de um movimento habitual é continuar aparecendo mesmo quando já não tem utilidade — e portanto ele é conservado neste caso em que exibir os caninos é inútil.

Darwin, em seguida, especula sobre a evolução futura das emoções, tratadas como entidades separadas. Afirma que o suspiro ainda é diretamente útil para os seres humanos "para aliviar a circulação depois da imobilidade". No entanto, é possível que só tenhamos conservado o gesto como sinal da emoção que o acompanha, ainda que o benefício fisiológico tivesse desaparecido: "Mesmo que a organização fosse modificada, acho que o suspiro continuaria presente, como ocorre com o sorriso de escárnio".

Minha percepção mais clara da modularidade das expressões faciais não ocorreu quando li qualquer texto científico, mas ao contemplar a mais bela escultura do mundo: o Moisés de Michelangelo na igreja de San Pietro in Vincoli, em Roma. Moisés, carregando as tábuas dos dez mandamentos, acaba de descer do Monte Sinai. Tomado pela santidade, e feliz com a dádiva que pode agora conceder a seu povo, olha em volta e vê os israelitas adorando o bezerro de ouro. Seu rosto é um tumulto de emoções: devoção e fervor pelo que testemunhou no alto da montanha, raiva de seu povo pela transgressão, profunda dor pela fraqueza humana. A estátua é sublime justamente pela riqueza da mistura de emoções presente em seu rosto — como se Moisés tivesse se transformado em todos os homens (exprimindo todos os sentimentos possíveis).

Visitei várias vezes esta escultura e sempre senti sua força, mas nunca tinha sido capaz de perceber como Michelangelo conseguiu colocar tanto num único rosto. Em minha última viagem, e em grande parte por sorte, acho que encontrei uma explicação. É que Michelangelo entendeu — de maneira visceral ou explícita, não sei — o princípio da modularidade. Quando me concentrava num certo traço e cobria o resto da face, eu via apenas uma emoção de cada vez. As sobrancelhas transmitem uma mensagem, o nariz outra, os lábios uma terceira. O rosto pode ser decomposto em módulos de sentimento, mas a totalidade nos espanta por sua integração.

Muitas das experiências mais famosas de etologia animal confirmam e ampliam a aplicação do princípio da modularidade. Basta pensar na experiência clássica de Niko Tinbergen com as gaivotas recém-nascidas pedindo comida (descrita de maneira tão bela em seu encantador livro *The herring gull's world*). O filhote golpeia com força o bico da mãe ou do pai, visando aparentemente um ponto vermelho perto da ponta da mandíbula. Quando o jovem animal consegue atingir o ponto certo, o pai regurgita uma porção de alimento e o bebê gaivota recebe sua primeira refeição.

Mas o que inspira o comportamento de bicar aquele ponto? O bebê gaivota não tem qualquer compreensão consciente de que isto lhe trará uma recompensa. Nunca comeu antes, e não tem como saber o que atingir o bico de seus pais vai provocar. O comportamento deve ser inato e inadquirido.

Qual é o alvo, então, das bicadas da ave recém-nascida? À primeira vista, poderíamos conjeturar que a forma total ou *gestalt* do pai ou da mãe poderia fornecer-lhe um ótimo alvo. Afinal, o que poderia ter maior apelo do que totalidade do pai ou da mãe — uma imagem completa e tridimensional, com os movimentos e os odores certos. Mas se formos examinar a questão um pouco mais profundamente veremos que o recém-nascido nunca viu uma ave. Como é que as complexidades da forma completa do pai ou da mãe poderiam já estar registradas em seu cérebro? Não seria mais fácil chegar ao que pretendemos — por ser uma reação mais fácil de programar, por exemplo — se o recém-nascido respondesse a um ou mais detalhes particulares, ou seja, a certos módulos extraídos da forma total?

Numa exaustiva série de experiências, Tinbergen mostrou que as gaivotas recém-nascidas respondem de fato a módulos e abstrações. Tendem a bicar de preferência objetos compridos e finos, coisas vermelhas e regiões que apresentem contrastes marcantes de cor com o fundo. É como efeito desta modularidade simplificada que elas atingem aquele ponto do bico do pai ou da mãe — a única região vermelha na ponta de um objeto longo, numa área cuja cor apresenta um contraste acentuado em relação ao amarelo circundante. A totalidade complexa pode estar além da capacidade cognitiva de uma gaivota recém-nascida, mas qualquer objeto complexo pode ser dividido em componentes mais simples e depois reconstituído. E é possível que qualquer complexidade que se desenvolva — seja no crescimento cognitivo de um indivíduo ou na evolução de uma linhagem — recorra a este princípio de construção a partir de módulos.

Se as gaivotas recém-nascidas preferem as abstrações (em vez de perceber a totalidade do pai ou da mãe), Tinbergen pensou que poderia construir uma "supergaivota" — um modelo em que os módulos mais importantes fossem exacerbados. E é possível que esta versão "melhorada" atraísse mais atenção até que os próprios pais verdadeiros. A idéia deu certo, porque os filhotes preferiam bonecos claramente artificiais às aves verdadeiras. Preferiam, por exemplo, varas estreitas aos bicos de verdade, bem como manchas de cor mais fortemente contrastadas com a área circundante do que a mancha vermelha em bicos verdadeiros atraíam mais bicadas dos filhotes do que uma cabeça modelada de acordo com a realidade.

Em seguida, Tinbergen generalizou essas observações, criando o importante conceito de *estímulo supernormal* — um exagero artificial que provoca uma resposta mais favorável do que o próprio traço natural. (Em seu livro, Tinbergen apresenta uma divertida discussão acerca de sua procura de um bom nome para este fenômeno. Primeiro pensou em estímulo *superótimo*, mas acabou rejeitando o termo por julgar que fosse um oxímoro — porque o que é ótimo, por definição, não pode ser superado. Depois observa que "supernatural" seria um bom termo, se não lembrasse tanto a idéia de "sobrenatural" e não fosse sinônimo para ela em muitas línguas. Por fim, decidiu-se por supernormal.)

Muitos animais utilizam este princípio modular dos estímulos supernormais para adquirir certas vantagens sobre os outros. No exemplo clássico, os cucos subvertem a propensão de seus hospedeiros a alimentar qualquer filhote no ninho que se levante mais, guinche mais alto ou abra mais seu bico que os outros. A mãe do cuco põe um ovo no ninho de outra ave. O ovo é uma imitação razoável dos demais, e em geral não pode ser diferenciado dos produzidos pela própria ave hospedeira. Mas em pouco tempo o crescimento do filhote de cuco supera o de todos os seus companheiros de ninhada, e ele pode até atirá-los para fora do ninho, matando-os. A inadvertida ave hospedeira, enganada pelos estímulos supernormais produzidos pelo filhote de cuco, maior e mais ruidoso que seus filhos legítimos, continua a alimentar o usurpador assassino.

Obviamente, os estímulos supernormais não poderiam existir se a modularidade não tendesse a predominar sobre a percepção correta das totalidades. As aves hospedeiras reconheceriam seus próprios filhos e rejeitariam o cuco. Os filhotes de gaivota bicariam os bicos dos pais (efetivamente capazes de alimentá-los), e não bonecos de papelão com certos traços exagerados.

A modularidade é encontrada em qualquer organização neurológica, até a instância que Darwin chamava de "a própria cidadela" — a cognição humana. Este princípio da divisão da complexidade em partes dissociáveis não desaparece no ápice da organização que conhecemos. Os seres humanos podem não ser enganados *in toto* pelo análogo de um filhote de um cuco, mas a indústria da moda sabe bem o quanto, e o quão passivamente, respondemos a uma pletora de estímulos supernormais.

O interessante é que as anotações de Darwin sobre a modularidade dos gestos e expressões emocionais no Caderno M são acompanhadas de afirmativas da mesma ordem sobre as unidades cognitivas:

> As pessoas que conseguem multiplicar grandes números de cabeça precisam ter esta alta faculdade, mas não as pessoas inteligentes [...] Os grandes calculadores, devido à natureza limitada de suas associações (e não é o mesmo caso dos autores de trocadilhos?), são pessoas de intelectos muito limitados, e o mesmo ocorre com os jogadores de xadrez [...] O filho de um vendedor de frutas de Bond Street era tão tolo que seu pai só lhe dava um guinéu por semana, e no entanto era um jogador de xadrez incomparável.

O conceito de modularidade, explicitamente assim chamado, é crucial para muitas pesquisas pioneiras na área da ciência cognitiva. O cérebro se desincumbe de boa parte de suas funções mediante a coordenação complexa de suas partes, mas também sabemos há muito que certas aptidões e comportamentos altamente especializados podem ser mapeados em porções específicas do córtex cerebral. Estes módulos podem ser muitas vezes incrivelmente precisos e específicos, o que pode ser ilustrado pelas inesperadas perdas sensoriais ou percepções incorretas apresentadas por pessoas que tenham sofrido danos em regiões altamente localizadas do córtex (ver o magnífico livro de Oliver Sacks, *The man who mistook his wife for a hat* [O homem que confundiu sua mulher com um chapéu]). O número da revista *Nature* de 19 de setembro de 1991 conta a história notável de dois homens que sofreram derrames cerebrais localizados que prejudicaram seriamente sua capacidade de usar e reconhecer as vogais, mas não as consoantes. Sempre tendemos a considerar que nossa separação dos sons em vogais e consoantes era uma divisão arbitrária de uma totalidade — mas pode ser que esta distinção reflita um mapeamento mais profundo dos módulos cerebrais.

Mozart ainda não era Mozart quando Daines Barrington testemunhou seu incrível desempenho. Era apenas um garotinho no apogeu da precocidade. Na verdade, Barrington chegou até a levantar dúvidas quanto a seu potencial para contribuições futuras. Falou de outro prodígio chamado John Barratier, que sabia latim aos quatro anos e hebraico aos seis, e que traduziu as viagens de Rabi Benjamin, inclusive com notas e comentários eruditos, aos onze. Mas temos poucas notícias de Barratier nos dias de hoje, porque morreu antes de completar vinte anos.

Barrington assinala a infeliz tendência dos gênios de morrer cedo, e manifesta suas esperanças em relação a Mozart comparando o rapaz ao maior músico que a Inglaterra abrigava, o imigrante alemão Handel. Handel pode não ter sido tão precoce na juventude quanto Mozart, mas teve uma vida longa e notavelmente produtiva, de 1685 a 1759, e isto era visto por Barrington como um consolo:

> Fico satisfeito de formular esta breve comparação entre esses dois prodígios da música, porque podemos esperar que Mozart venha a alcançar a mesma idade avançada de Handel, contrariando a observação comum de que os *ingenia praecocia* como ele em geral têm vida curta.

O desejo de Barrington só se realizou pela metade. Mozart viveu o suficiente para se transformar em Mozart, mas morreu tão jovem, aos 35 anos, que seu desaparecimento prematuro se transformou no exemplo canônico de um gênero — as vidas trágicas e incertas de tantos grandes artistas. (Escrevi este ensaio no dia do duocentésimo aniversário da morte de Mozart. Gostaria de ter podido compor este texto daqui a quarenta anos, na devida distância handeliana, o que teria sido melhor para Mozart e também para todos.)

Daines Barrington achava que estava escrevendo um artigo científico sobre a modularidade das aptidões humanas. A exaltação posterior de Mozart nos faz ver seu artigo a uma luz especial — como um testemunho sobre a infância do prodígio musical favorito de todos nós. O artigo de Barrington fala da ciência ou da arte? Talvez, neste caso, os dois sejam na verdade módulos falsos, e nossa vida intelectual muito se beneficiaria se pudessem apresentar maior integração. Se Mozart tivesse morrido antes de compor *Mitridate* (uma ópera que escreveu na adolescência), o artigo de Barrington se teria perpetuado como um relato científico respeitável sobre um prodígio musical qualquer. Mas eu dou graças a Deus por *Don Giovanni* (e prometo em troca tolerar qualquer interpretação diluída de *Eine Kleine Nachtmusik*). No entanto, mesmo que Mozart tivesse morrido na infância, no frio de um inverno inglês (em seus malditos edifícios sem aquecimento central), sua contribuição para nossa compreensão da mente humana ainda assim não seria nada desprezível.

18
O ESTADO MORAL DO TAITI — E DE DARWIN

A precocidade infantil é um fenômeno assustador e fascinante. Mas não devemos nos esquecer dos limites: a idade e a experiência nos trazem algumas bênçãos. As composições que Mozart escreveu aos quatro ou cinco anos não causam a impressão de obras-primas duradouras, por mais belas que possam ser. Existe até uma palavra latina, *juvenilia*, usada em inglês para definir estas "obras literárias ou artísticas produzidas na juventude do autor" (segundo o *Oxford English Dictionary*). O vocábulo sempre teve uma conotação um tanto pejorativa; não há dúvida de que os artistas estão sempre contando com um substancial aperfeiçoamento ontogenético! John Donne, no segundo uso registrado da palavra (1633), classificou suas obras da juventude de *Iuuenilia: or certaine paradoxes and problemes* [Juvenilia: ou certos paradoxos e problemas].

Eu não deveria me situar em companhia tão elevada, mas sinto a necessidade de fazer uma confissão. Minha primeira obra literária foi um poema sobre dinossauros, escrito aos oito anos de idade. Fico arrepiado de horror ao me lembrar da primeira estrofe:

> Era uma vez um *Triceratops*
> Com seus chifres ele fazia *bops*
> E atacou um alossauro
> Que saiu correndo sem nem rosnar.

(Fico ainda mais arrepiado ao me lembrar do destino final que coube a este poema. Eu o enviei para o herói da minha infância, Ned Colbert, curador dos dinossauros no Museu Americano de História Natural. Quinze anos depois, quando fui seu aluno na universidade, Colbert por acaso estava limpando seus arquivos, encontrou o poema e, com imensa satisfação, leu meus versos em voz alta para meus colegas de turma.)

E agora uma pergunta relacionada a este tema: qual foi o primeiro texto publicado de Charles Darwin? Especulações sobre a evolução? Talvez uma narrativa sobre as descobertas científicas feitas no *Beagle*? Não, este que foi o maior e o mais revolucionário de todos os biólogos, promotor da inversão suprema da ordem estabelecida, publicou seu primeiro texto na revista *South African Christian Recorder* de 1836 — um artigo escrito em colaboração com o capitão do *Beagle*, Robert FitzRoy, e intitulado "O estado moral do Taiti". (O catálogo das publicações de Darwin traz um texto anterior — um folheto reunindo cartas enviadas do *Beagle* ao professor Henslow, e impresso pela Cambridge Philosophical Society em 1835. Mas esse panfleto só foi publicado para distribuição entre os membros da sociedade — o equivalente a uma distribuição em cópias xerox nos dias de hoje. "O estado moral do Taiti" representa a primeira manifestação efetiva de Darwin em letra de imprensa, e os biógrafos afirmam que se trata do primeiro texto que publicou — embora o artigo seja sobretudo da autoria de FitzRoy, com o acréscimo devidamente reconhecido de longos trechos tirados dos diários de Darwin.)

O grande explorador russo Otto von Kotzebue atiçara uma discussão que vinha se travando há muito em todo o mundo quando afirmou que os missionários cristãos haviam perpetrado muito mais mal do que bem ao destruir as culturas nativas, a pretexto de promover o "progresso" (e, muitas vezes, prestando-se a ser cinicamente usados como fachada para o poder colonial). FitzRoy e Darwin escreveram seu artigo em resposta a Kotzebue, defendendo a boa obra dos missionários ingleses no Taiti e na Nova Zelândia.

Os dois companheiros de viagem começavam seu artigo assinalando, com tristeza, os sentimentos antimissionários com que se tinham defrontado quando o *Beagle* aportara na Cidade do Cabo:

> Uma curta estadia no Cabo da Boa Esperança basta para convencer até mesmo um estrangeiro de passagem que lá prevalece um forte sentimento contra os missionários na África do Sul. A razão para o surgimento deste sentimento que muito se deve lamentar é coisa que os residentes do Cabo devem conhecer muito bem. Só nos cabe assinalar o fato, e deplorá-lo.

Ao final de uma defesa geral da atividade missionária, FitzRoy e Darwin examinam casos específicos que eles próprios haviam observado, em especial o avançado "estado moral" do Taiti:

> Deixando de lado as opiniões pessoais [...] pode ser recomendável examinar o que tem ocorrido em Otaheite (hoje chamada de Taiti) e na Nova Zelândia, em matéria de recuperação dos "bárbaros" [...] O *Beagle* pas-

sou parte do mês de novembro passado em Otaheite ou Taiti. Nunca vi, em qualquer outra parte do mundo, comunidade mais ordeira, tranqüila e inofensiva. Todos os taitianos parecem ansiosos por servir, e são naturalmente dotados de bom temperamento e disposição bem-humorada. Demonstravam grande respeito pelos missionários, e extrema boa vontade em relação a eles [...] e essas pessoas pareciam ser muito merecedoras desses sentimentos.

FitzRoy e Darwin estavam, obviamente, conscientes de um possível contra-argumento — dizendo que os taitianos sempre haviam sido decentes, e que a atividade missionária não tivera qualquer influência sobre suas boas qualidades aos olhos dos europeus. O artigo é, em grande parte, um argumento contra esta interpretação e uma defesa do "aperfeiçoamento" direto e substancial dos nativos promovido pelos missionários. Darwin, em particular, apresenta dois argumentos, ambos diretamente tirados de seus diários. Primeiro, o cristianismo dos taitianos lhe parecia profundo e autêntico, e não mera aparência exibida apenas na presença dos missionários. Darwin menciona um incidente ocorrido durante uma das viagens que fez para o interior da ilha na companhia de nativos taitianos, longe dos olhos dos missionários. (Este incidente deve ter-lhe causado forte impressão, porque relatou o episódio em várias cartas enviadas para membros de sua família na Inglaterra, e ainda o narrou em seu livro *A viagem do Beagle*):

> Antes de nos recolhermos para dormir, o mais velho dos taitianos se punha de joelhos e repetia uma longa oração. Parecia rezar da maneira que era esperada dos cristãos, com a devida reverência por seu Deus, sem ostentar falsa devoção ou manifestar temor do ridículo. Ao amanhecer, depois de sua oração matinal, meus companheiros prepararam um excelente desjejum à base de bananas e peixe. Nenhum deles começava a comer sem antes pronunciar uma curta prece. Quem dera que os viajantes que dão a entender que os taitianos só rezam quando se encontram sob as vistas dos missonários tivessem visto o que eu vi.

Em segundo lugar, prossegue Darwin, havia um ponto mais importante: as boas qualidades dos taitianos haviam sido criadas, ou substancialmente cultivadas, pela atividade missionária. Eram pessoas de comportamento discutível, afirma ele, antes da chegada da civilização ocidental.

> De maneira geral, acredito que o estado da moral e da religião no Taiti é altamente louvável [...] O sacrifício humano, — as guerras mais sangrentas, — o parricídio, — o infanticídio, — o poder dos sacerdotes idólatras, — e um sistema de libertinagem sem paralelo nos anais do mundo, — foram abolidos, — e a desonestidade, a licenciosidade, e a intemperança foram imensamente reduzidos, pela introdução do cristianismo.

(Em relação ao tema da liberdade sexual das mulheres, que já era há muito obrigatório e quase uma lenda para todos os viajantes que chegavam ao Taiti, do capitão Cook a Fletcher Christian, afirma FitzRoy: "Mal me arriscaria a dar uma opinião, depois de conhecê-las tão pouco; mas posso dizer que não testemunhei qualquer impropriedade". Ainda assim, admitia FitzRoy, "não se pode supor que a natureza humana seja, no Taiti, superior à natureza humana pecaminosa em outras partes do mundo". A isto, Darwin acrescenta uma aguda observação sobre a hipocrisia dos viajantes ocidentais, que não davam crédito suficiente aos missionários devido à sua própria frustração na matéria: "Acredito que, decepcionados por não encontrar o campo tão aberto para a licenciosidade quanto antes, e nem tanto quanto esperavam, eles neguem crédito à moralidade que não desejam praticar".)

Muitos argumentos desfilam ao longo deste interessante artigo, mas com certeza seu tema dominante pode ser resumido numa única palavra: paternalismo. Sabemos o que é bom para os primitivos — e graças a Deus eles estão reagindo à altura e se aperfeiçoando no Taiti, tornando-se mais europeus em seus costumes e em suas ações. Louvados sejam os missionários por este trabalho exemplar. Um comentário, de novo escrito por FitzRoy, apresenta um paternalismo de tom especialmente desagradável (aos olhos modernos), devido a sua abordagem condescendente até mesmo da própria realeza:

> A rainha, e um grande grupo, passou algumas horas a bordo do *Beagle*. Seu comportamento foi extremamente correto, e suas maneiras não foram em nada ofensivas. A julgar por relatos anteriores e pelo que nós mesmos testemunhamos, sou levado a pensar que eles vêm progredindo ano a ano.

Isto dito, podemos voltar à questão inicial deste artigo — o tema da *juvenilia*. Devemos incluir este artigo sobre "O estado moral do Taiti", o primeiro de Darwin, na categoria dos textos que mais tarde trazem sérios embaraços a seus autores? Terá Darwin revisto suas opiniões acerca dos povos e civilizações não ocidentais, considerando posteriormente que seu paternalismo anterior não passava de uma extravagância devida à inexperiência de sua juventude? Os comentários tradicionais em tom hagiográfico diriam que sim — e citações isoladas podem ser extraídas de vários textos para dar apoio a esta interpretação (porque Darwin foi um homem complexo às voltas com questões profundas, às vezes de maneiras contraditórias, ao longo de toda a sua vida).

Mas eu diria o contrário. Não acho que Darwin tenha reformulado suas opiniões antropológicas de maneira substancial. Sua atitude básica permaneceu a mesma: "eles" são inferiores, mas podem ser recuperados. Sua linha de argumentação, porém, mudou com o tempo. Não apresentava mais sua posição em termos da prática do cristianismo tradicional e do trabalho missionário. Temperava os excessos de seu entusiasmo paternalista com uma compreensão (cinismo seria uma palavra muito forte) cada vez maior das fraquezas inerentes à natureza *humana* em todas as culturas, inclusive a sua própria. (Podemos ver os primeiros sinais dessa sabedoria em seu comentário, citado acima, acerca dos viajantes sexualmente frustrados que se recusavam a dar crédito aos missionários taitianos.) Mas sua crença básica numa hierarquia do progresso cultural, com os europeus brancos no topo e os nativos de várias cores em posição inferior, não chegou a mudar.

Na principal obra da maturidade de Darwin, *A descendência do homem* (1871), ele escreveu sumariamente:

> As raças diferem também na constituição, na aclimatação e na sensibilidade a certas doenças. Suas características mentais são também muito distintas; especialmente na maneira como se manifestam em suas faculdades emocionais, mas também em suas faculdades intelectuais. Qualquer um que tenha tido a oportunidade de fazer comparações deve ter percebido o contraste entre os aborígenes taciturnos, e até tristonhos, da América do Sul e os negros africanos alegres e falantes.

A passagem que mais chama a atenção, porém, ocorre num contexto diferente. Darwin está afirmando que a existência de descontinuidades na natureza não desmente a evolução, porque a maioria das formas intermediárias estão hoje extintas. Basta pensar, diz ele, no quanto ficaria maior a distância entre os macacos e os homens se desaparecessem tanto os grandes primatas mais evoluídos quanto os seres humanos inferiores:

> Em algum momento do futuro, não muito distante se pensarmos em termos de séculos, as raças civilizadas de homens terão com certeza exterminado e substituído as raças selvagens em todo o mundo. Ao mesmo tempo, os símios antropóides [...] terão sido sem dúvida exterminados. A distância se tornará então maior ainda, porque estará separando o homem num estado mais civilizado, esperemos, que o caucasiano, de algum macaco inferior como o babuíno, em vez de separar, como hoje, o negro ou o australiano do gorila.

A impressão corrente (e falsa) de que Darwin era igualitário deve-se principalmente a uma seleção muito cuidadosa das citações. Darwin sentia forte atração por certos povos desprezados pelos europeus, e mais tarde alguns autores extrapolaram indevidamente uma atitude sua de ordem geral a partir deste fato. Na viagem do *Beagle*, por exemplo, ele falou em tom elogioso dos negros africanos escravizados no Brasil:

> É impossível ver-se um negro e não sentir um impulso afável por ele; expressões tão alegres, abertas e honestas, e belos corpos musculosos; jamais consegui olhar para um dos diminutos portugueses, com suas expressões assassinas, sem quase desejar que o Brasil seguisse o exemplo do Haiti.

Em relação a outros povos, porém, em especial os fueguinos da extremidade meridional da América do Sul, Darwin sentia desprezo: "Acredito que, se o mundo todo fosse vasculhado, não se conseguiria encontrar homens de mais baixa extração". Elaborando mais tarde suas idéias acerca de sua viagem, escreveu Darwin:

> Aquelas peles vermelhas sujas e gordurosas, aqueles cabelos emaranhados, aquelas vozes dissonantes, aquela gesticulação violenta e desprovida de qualquer dignidade. Ao nos depararmos com esses homens, mal conseguimos acreditar que são nossos semelhantes, vivendo no mesmo mundo [...] Muita gente conjetura, perguntando-se qual será o prazer que alguns dos animais menos dotados conseguem tirar da vida. Seria mais razoável fazer-se esta pergunta em relação a esses homens.

Quanto à questão das diferenças entre os sexos, que tantas vezes acompanha as atitudes racistas, escreve Darwin em *A descendência do homem* (estabelecendo uma analogia direta com a diferença cultural):

> De maneira geral, admite-se que, na mulher, as faculdades de intuição, de percepção rápida e talvez de imitação são mais desenvolvidas que no homem; mas pelo menos algumas dessas faculdades são características das raças inferiores, e portanto de uma etapa passada e inferior da civilização. A principal distinção entre os dois sexos em matéria de faculdades intelectuais é demonstrada pelo fato de o homem conseguir atingir, em tudo o que empreende, maior proeminência do que a mulher — quer isto requeira raciocínio profundo, razão, imaginação, ou apenas o uso dos sentidos e das mãos.

Darwin atribui essas diferenças à disputa evolutiva que os machos precisam travar pelo sucesso na reprodução: "Essas várias faculdades terão sido assim continuamente testadas, e selecionadas ao longo da idade adulta". Numa passagem notável, Darwin manifesta depois sua gratidão pelo fato de as inovações evolutivas tenderem a se transmitir hereditariamente aos dois sexos — caso contrário, a disparidade entre os homens e as mulheres se tornaria ainda maior, devido às realizações exclusivamente masculinas:

> É de fato uma sorte que a lei da transmissão igual dos caracteres para os dois sexos tenha prevalecido em toda a classe dos mamíferos; caso contrário, é provável que o homem tivesse se tornado tão superior à mulher em seus dotes mentais quanto o pavão é superior à pavoa em matéria de plumagem ornamental.

Deveríamos então simplesmente concluir que Darwin sempre foi racista e machista, desde a juventude até a maturidade? Tal atitude rígida e pouco generosa não nos serve de nada, se o que pretendemos é usar nosso exame do passado para dele extrair compreensão e esclarecimento. Assim, em vez de recorrer a rótulos, falarei aqui em favor de Darwin por razões de duas ordens, uma geral e a outra pessoal.

O argumento de ordem geral é óbvio, e fácil de encaminhar. Como podemos condenar alguém apenas por ter repetido um postulado que era voz corrente em seu tempo, por mais que hoje tenhamos o direito legítimo de deplorar esta atitude? A crença na desigualdade sexual e racial era inquestionável e canônica entre os homens da classe alta na Inglaterra vitoriana — e sujeita a tanta controvérsia quanto, digamos, o teorema de Pitágoras. É verdade que Darwin apresentou novos fundamentos lógicos para esta certeza corrente — e por isso poderíamos submetê-lo a julgamento. Mas não vejo razão para sujeitar a críticas muito enérgicas alguém que se limitava a aceitar, em grande parte passivamente, o que em seu tempo era ditado pelo senso comum. Deveríamos antes analisar por que estes absurdos tão poderosos e nocivos passavam na época por conhecimento indubitável.

Se eu fosse atribuir a todos os indivíduos a culpa pelos males sociais do passado, não restaria ninguém que merecesse qualquer admiração em alguns dos períodos mais fascinantes de nossa história. Por exemplo, e para falar de um ponto de vista mais pessoal, se eu decidisse excluir do campo da minha atenção todos os anti-semitas da era vitoriana, o elenco disponível de criadores nos campos da música e da literatura ficaria lamentavelmente reduzido. Embora eu não tenha qualquer resquício de simpatia pelos anti-semitas que se entregaram à perseguição ativa, não me sinto no direito de condenar indivíduos que se limitavam a aceitar passivamente um julgamento que era dominante em sua sociedade. Creio que o melhor é nos insurgirmos contra este julgamento, e tentarmos compreender como é que se motivam os homens de boa vontade.

O argumento de ordem pessoal é mais difícil, e requer um conhecimento biográfico substancial. As atitudes de uma pessoa são uma coisa, e suas ações, outra — e é pelos frutos que se pode conhecer os homens. De que maneira se manifestavam as atitudes de Darwin em relação à raça, e o quanto suas ações contrastavam com os costumes de seus contemporâneos? À luz deste critério, que me parece mais adequado, Darwin merece nossa admiração.

Darwin era um meliorista convicto na tradição do paternalismo, e não uma pessoa convencida da desigualdade inerradicável e biologicamente determinada entre as raças. Qualquer dessas duas atitudes pode levar a afirmações desagradáveis em relação aos povos menosprezados, mas em cada um dos casos as conseqüências práticas são muito diferentes. O meliorista pode desejar a eliminação de certas práticas culturais, e pode se mostrar destrutivo e inflexível em sua falta de tolerância para com as diferenças; no entanto, considera que os "selvagens" (palavra usada por Darwin) são "primitivos" devido a determinadas circunstâncias sociais, sendo biologicamente capazes de "aperfeiçoamento" (leia-se "ocidentalização"). Já o determinista acredita que a cultura "primitiva" é reflexo de uma inferioridade biológica inalterável, e que, assim, a política social a ser seguida numa era de expansão colonial só pode ser a eliminação, a escravização ou a dominação permanente.

Mesmo quando manifestava por escrito tanto desprezo pelos fueguinos, Darwin compreendia que era pequena a diferença intrínseca que separava aqueles aborígines, em sua nudez, dele próprio, no esplendor de suas regalias. Atribuía as limitações daqueles homens ao clima inclemente em que viviam, e esperava, à sua habitual maneira paternalista, que acabassem se aperfeiçoando. E escreveu em seu diário do *Beagle*, em 24 de fevereiro de 1834:

> A terra em que vivem é uma massa escarpada de rochedos, montanhas e florestas inutilizáveis, sempre envoltas em nevoeiros e sujeitas a tempestades intermináveis [...] Os poderes superiores da mente mal têm como se manifestar: ali, o que poderia pintar a imaginação, o que a razão poderia comparar, o que poderia o julgamento decidir? Arrancar uma lapa de uma pedra não exige sequer muita destreza, o mais inferior dos poderes da mente [...] Embora sejam essencialmente a mesma criatura, o espírito de um desses seres deve ser muito pouco parecido com o de um homem educado. Que imensidão de desenvolvimento separa as faculdades mentais de um fueguino das de um sir Isaac Newton!

As últimas impressões de Darwin sobre os fueguinos (em *A viagem do Beagle*) aparecem sintetizadas numa frase interessante e reveladora: "Acredito que, nesta porção extrema da América do Sul, o homem exista num estado de aperfeiçoamento inferior ao de qualquer outra parte do mundo". Podemos sentir certa aversão diante do paternalismo destas palavras, mas a idéia de um "estado de aperfeiçoamento inferior" pelo menos infere a existência de uma fraternidade potencial. E Darwin percebia o mesmo brilho nos olhos de seus companheiros de viagem, quando escreve sobre seus irracionalismos, comparáveis aos dos "primitivos":

> Cada família ou tribo [fueguina] tem um feiticeiro ou curandeiro [...] [No entanto,] não acho que nossos fueguinos sejam muito mais supersticiosos que alguns dos nossos marujos; um velho contramestre do navio acreditava piamente que os sucessivos vendavais que enfrentamos ao largo do cabo Horn foram causados pelo fato de levarmos os fueguinos a bordo.

Preciso assinalar aqui uma ironia preciosa, e resumir (em breves palavras) um episódio bizarro e maravilhoso. Se não fosse pelo paternalismo, é possível que o *Beagle* jamais tivesse empreendido a sua viagem, e é provável que Darwin acabasse faltando a seu encontro marcado com a história. Podemos deplorar o paternalismo, rir dele ou encará-lo com horror — mas precisamos reconhecer que ele valeu de muito a Darwin, ainda que indiretamente. O capitão FitzRoy já fizera uma viagem anterior à Terra do Fogo. Lá "adquirira", como reféns ou por troca, quatro nativos fueguinos que levou para a Inglaterra a fim de conduzir uma experiência francamente insensata de "aperfeiçoamento" dos "selvagens". Eles chegaram a Plymouth em outubro de 1830, e permaneceram naquela cidade até o *Beagle* tornar a zarpar, em dezembro do ano seguinte.

Um dos quatro logo morreu de varíola, mas os outros ficaram morando em Walthamstow, onde recebiam instrução sobre o comportamento, a língua e a religião dos ingleses. Atraíram muita atenção, inclusive uma convocação para uma visita ao rei Guilherme IV. FitzRoy, fervorosamente dedicado à sua experiência paternalista, planejou a viagem seguinte do *Beagle* com a finalidade básica de devolver à sua terra os três fueguinos, junto com um missionário inglês e um grande carregamento de mercadorias incongruentes e totalmente inúteis (inclusive baixelas de chá e cinco jogos de porcelana), doadas, com a maior boa vontade do mundo e a mais profunda ingenuidade, pelas senhoras de sua paróquia. FitzRoy planejava fundar uma missão religiosa na Terra do Fogo, para dar início à grande obra de levar o progresso às criaturas mais inferiores que havia na face da terra.

FitzRoy chegou a cogitar de fretar um barco às suas próprias custas para devolver a seus lares os pobres York Minster, Jemmy Button e Fuegia Basket. Mas o Almirantado, pressionado pelos poderosos parentes de FitzRoy, acabou aparelhando o *Beagle* e enviando FitzRoy de volta à Terra do Fogo, dessa vez na companhia de Darwin. Darwin gostava dos fueguinos, e seu prolongado contato próximo com os três ajudou a convencê-lo de que todas as pessoas têm uma constituição biológica comum, por maior que possa ser a disparidade cultural existente entre elas. Já perto do fim de sua vida, rememorou aquela experiência em *A descendência do homem* (1871):

> Os aborígines americanos, os negros e os europeus diferem tanto entre si no espírito quanto quaisquer três raças que se possam escolher; mas eu era sempre surpreendido, enquanto convivia com os fueguinos a bordo do *Beagle*, pelos muitos pequenos traços de caráter que demonstravam o quanto seus espíritos eram semelhantes aos nossos.

A bem-intencionada experiência de FitzRoy teve um resultado previsivelmente catastrófico. O *Beagle* ancorou perto da casa de Jemmy Button, e sua tripulação construiu cabanas para a sede da missão e plantou hortaliças européias nas imediações. Lá desembarcou o sr. Matthews, avatar de Cristo entre os pagãos, junto com os três fueguinos. Matthews resistiu por cerca de duas semanas: sua louça foi partida, suas hortaliças foram pisoteadas e FitzRoy ordenou afinal que voltasse ao *Beagle* — e o missionário acabou sendo desembarcado na Nova Zelândia, junto com seu irmão.

FitzRoy voltou à Terra do Fogo um ano e um mês depois. Encontrou Jemmy Button, que lhe contou que York e Fuegia lhe haviam roubado todas as roupas e ferramentas, partindo de canoa para a região próxima onde viviam. Jemmy, enquanto isso, ''revertera'' completamente a seu modo de vida anterior, embora ainda se lembrasse um pouco do inglês, demonstrasse extrema gratidão a FitzRoy e pedisse ao capitão que levasse alguns presentes para alguns de seus amigos mais próximos — ''um arco e um carcaz cheio de flechas para o professor de Walthamstow [...] e duas pontas de lança feitas especialmente para o sr. Darwin''. Num notável exemplo de presunção em face da adversidade, FitzRoy procurou dar a melhor feição possível àquele fracasso pessoal, e escreveu em conclusão:

> Talvez um navegante naufragado possa vir a receber ajuda e um tratamento decente dos filhos de Jemmy Button; inspirados, como dificilmente podem deixar de ser, pelas tradições que ouviram acerca de homens de outras terras; e pela idéia, por mais tênue que seja, de seu dever para com Deus, bem como para com seu próximo.

Mas o argumento mais poderoso em favor da admiração que devemos sentir por Darwin não se deve ao caráter relativamente benévolo de suas crenças, e sim à forma que escolheu para agir com base nessas convicções. Não podemos querer aplicar uma classificação política moderna, como ''ação afirmativa'', a um espectro diferente. No tempo de Darwin, todos eram racistas, se julgados de acordo com os padrões modernos. Nesse espectro, aqueles que hoje devemos julgar com mais rigor afirmavam que a inferioridade podia ser usada para justificar a espoliação e a escravatura, enquanto aqueles que hoje mais admiramos em retrospecto defendiam o princípio da igualdade de direitos e da não-exploração, fosse qual fosse a condição biológica das pessoas em questão.

Darwin defendia a segunda posição, juntamente com dois dos americanos que a história mais tarde viria a consagrar: Thomas Jefferson e o irmão espiritual de Darwin (porque ambos nasceram na mesma data), Abraham Lincoln. Jefferson, embora se exprimisse com alguma hesitação, escreveu: "Acredito, portanto, apenas como suspeita, que os negros [...] são inferiores aos brancos em seus dotes tanto físicos quanto mentais". No entanto, não desejava que qualquer política de desigualdade social forçada derivasse dessa suspeita: "Qualquer que seja o grau de seus talentos, ele não é uma medida para seus direitos". Quanto a Lincoln, muitas fontes trazem suas afirmações assustadoras (e freqüentes) acerca da inferioridade dos negros. No entanto, ele é o herói nacional número um dos Estados Unidos justamente porque separava seu julgamento biológico das questões morais e da política social.

Darwin também era um abolicionista fervoroso e ativo. Algumas das passagens mais comoventes jamais escritas contra o tráfico negreiro estão no último capítulo de *A viagem do Beagle*. O navio de Darwin, depois de parar no Taiti, Nova Zelândia, Austrália e África do Sul (onde FitzRoy e Darwin submeteram sua *juvenilia* a uma publicação local), fez uma última escala no Brasil, antes de tomar em definitivo o rumo da Inglaterra. Escreveu Darwin:

> No dia 19 de agosto, deixamos afinal a costa brasileira. Graças a Deus, nunca mais terei de visitar um país escravista [...] Perto do Rio de Janeiro, eu morava em frente a uma velha senhora que tinha em casa aparelhos de tortura destinados a quebrar os dedos de suas escravas. Fiquei numa casa onde um jovem mulato doméstico era, todo dia e quase toda hora, humilhado, espancado e perseguido com uma intensidade capaz de quebrar a resistência do animal mais rasteiro. Vi um menino de seis ou sete anos de idade ser golpeado na cabeça três vezes com um chicote de cavalos (antes de eu poder interferir), por me ter dado um copo de água que não estava muito limpa [...] Eu estava presente e vi quando um homem de bom coração estava pronto a separar para sempre os homens, as mulheres e as crianças de várias famílias que há muito viviam juntas.

Na frase seguinte, Darwin passa da descrição à contestação, e formula um apelo à ação:

> Não irei nem mesmo aludir às muitas atrocidades revoltantes de que ouvi falar; — e nem teria mencionado os detalhes intoleráveis acima, se não tivesse encontrado pessoas que se deixam cegar pela alegria constitucional do negro ao ponto de afirmar que a escravidão é um mal tolerável.

Refutando o argumento corrente em favor de um tratamento benévolo com uma reveladora analogia de seu país, Darwin continua:

> Dizem que o interesse próprio do senhor atua no sentido de evitar o excesso de crueldade; como se o interesse próprio dos donos protegesse nossos animais domésticos, que costumam desencadear com menos freqüência que os escravos degradados a ira selvagem de seus donos.

Embora eu já as tenha lido centenas de vezes, ainda não consigo ler as palavras finais de Darwin sem que o vigor de sua prosa me provoque um arrepio na espinha — e sem sentir um grande orgulho por ter um herói intelectual que também apresenta qualidades humanas tão admiráveis (não é muito comum as duas coisas se combinarem):

> Aqueles que olham com brandura para o senhor de escravos e com o coração frio para o próprio escravo, parece que nunca se colocam no lugar deste último; que triste destino, sem qualquer esperança de alteração! Procure imaginar a possibilidade sempre presente de ter sua mulher e seus filhos pequenos — objetos a que a natureza faz mesmo o escravo se apegar — arrancados de sua companhia e vendidos como animais a quem der o primeiro lance! E essas façanhas são praticadas e toleradas por homens que afirmam amar o próximo como a si mesmos, que crêem em Deus e rezam para que seja feita a Sua vontade sobre a terra! É de fazer ferver o sangue e tremer o coração, pensar que os ingleses e nossos descendentes americanos, apesar de seu destemido grito de liberdade, foram e continuam a ser culpados desses atos.

Assim, se alguém insistisse em convocar um tribunal mais de 150 anos depois dos acontecimentos — uma idéia bastante tola, no final das contas, embora nos deixemos levar muitas vezes por este anacronismo —, acho que Darwin conseguiria passar pelas portas do paraíso, depois talvez de uma curta estada no purgatório para pensar melhor sobre o paternalismo. Qual seria então o antídoto para o paternalismo e suas versões modernas, que não atribuem o devido valor às diferenças humanas (e se combinam com a idéia, fácil demais, de que o caminho particular e em grande parte acidental de cada um equivale à correção universal)? O que mais, além do estudo direto e aberto da diversidade cultural — que já é o tema mais fascinante do mundo de qualquer maneira, independentemente de suas virtudes para a formação moral. É este o verdadeiro tema que se encontra por trás do valioso movimento de nosso tempo em favor do pluralismo no estudo da literatura e da história — conhecer as obras e as culturas das minorias e dos grupos menosprezados, que os currículos tradicionais tendem a tornar invisíveis.

Não pretendo negar os abusos ocasionais perpetrados pelas pessoas que se deixam levar por um forte apego emocional a esta boa causa; isto não é novidade. Mas as tentativas feitas por conservadores ainda mais fanáticos no sentido de distorcer e caricaturar este movimento como o fascismo de esquerda da "correção política" configuram uma cínica cortina de fumaça destinada a encobrir uma disputa de poder pelo controle dos currículos escolares. É claro que Shakespeare vem antes de mais nada, e para sempre (assim como Darwin). Mas os professores também precisam falar das extraordinárias habilidades desenvolvidas pelos pigmeus a fim de viver em seu meio ambiente, e da capacidade de subsistência dos fueguinos submetidos às condições climáticas mais severas do mundo. A dignidade humana e a inspiração podem tomar muitas formas. Alguém preferiria o patriotismo fanfarrão de George Armstrong Custer à eloqüência do Chefe Joseph na derrota?

Por fim, pensemos em mais uma frase de Darwin — talvez a mais bela de todas — tirada do capítulo sobre a escravidão em *A viagem do Beagle*. Precisamos estudar a diversidade a fim de compreender, e não simplesmente para aceitar:

> Se a miséria de nossos pobres for causada não pelas leis da natureza, mas por nossas instituições, grande é o nosso pecado.

19
DEZ MIL GESTOS DE DELICADEZA

O Centro de Atendimento aos Turistas do Parque Nacional da Floresta Petrificada, no Arizona, abriga uma exposição que é ao mesmo tempo emocionante e deprimente. Por todo o parque, cartazes pedem, exortam, ordenam e suplicam aos visitantes que não recolham nem guardem nenhum pedaço de madeira fóssil, senão o parque acabará despojado dela a curto prazo, numa escala de tempo nada geológica. A exposição contém pedaços de madeira roubados do parque, mas devolvidos pelos infratores — o lado comovente.

O lado deprimente reside nos bilhetes escritos para explicar a decisão de enviar o contrabando de volta a seu lugar de origem. Nenhum dos bilhetes escritos por adultos menciona qualquer princípio moral ou mesmo algum sentimento pessoal de culpa. Todos falam de episódios de má sorte, em geral mais triviais que catastróficos, que ocorreram pouco depois do roubo — tio Joe quebrou a bacia, ou tive que gastar trezentos dólares no conserto da lataria do carro. A madeira, talismã do azar, precisava ser devolvida. Parece que esses penitentes não entendem nem os princípios da conservação, nem as leis da probabilidade. A única exceção — que restabelece nossa fé nos bons sentimentos primais — está na carta de uma criança:

> Caro Guarda Florestal, peguei este pedaço de madeira e depois me arrependi. Sinto muito.

Muitas vezes me perguntei por que tantas pessoas se sentem compelidas a pegar um souvenir como este, mesmo em face de tantas boas razões para se abster. Eu sei que os motivos são variados e complexos, mas acredito que para muitos o ímpeto primário se deva a um erro de compreensão muito comum acerca dos fósseis.

Muita gente acha que os fósseis, quase por definição, são raros e preciosos. (E alguns, é verdade, são — como os seis espécimes de *Archaeopteryx* e nossos raríssimos vestígios de ancestrais humanos, por exemplo.) O desejo de possuir uma coisa diferente e fora do comum deve inspirar muitos roubos. Mas a maioria dos fósseis comuns, entre eles a madeira petrificada, não são jóias raras em meio a vastas extensões de areia, mas partes intrínsecas e abundantes dos estratos geológicos a que pertencem. Por que subtrair um exemplar de um parque nacional, cometendo um ato tão imoral quanto ilegal, quando se pode encontrar madeira petrificada em abundância em tantos outros lugares, inclusive perto do próprio parque? Os fósseis são belos e tentadores. Mas também são abundantes.

Em sua maioria, os fósseis não podem ser comparados ao sítios arqueológicos — limitados a um local específico e facilmente esgotáveis sem qualquer possibilidade de reabastecimento. Se destruirmos Tróia pela coleta descuidada, ela deixará de existir para sempre. (A respeito deste tema, dois comentários paralelos e aguerridos mereceriam ensaios à parte, mas precisarão se contentar aqui com uma referência de passagem. Primeiro, a maioria das localidades onde há fósseis não deveriam ser regulamentadas como sítios arqueológicos únicos. Envolver em papelada burocrática os fósseis debaixo da terra não nos serve de nada, e os fósseis expostos nos afloramentos acabarão rapidamente erodidos e destruídos se não forem coletados a tempo. Eu tenho horror tanto à coleta descuidada quanto à exploração comercial de fósseis com valor científico, mas as regras inadequadas baseadas numa falsa taxonomia que identifica a paleontologia com a arqueologia também podem trazer muitos males. Em segundo lugar, as expedições paleontológicas nunca devem ser chamadas de escavações, porque é muito raro chegarmos a um determinado lugar e começarmos a escavar. Já que os espécimes são em geral intrínsecos aos estratos geológicos e se espalham por amplas áreas de afloramentos, escavar num só lugar seria um modo muito ineficiente de coletar a maioria dos fósseis. Mas o termo *escavação*, usado pelos arqueólogos, é muito corrente em nossa cultura popular, onde se constitui numa verdadeira armadilha para quem é mal informado e deseja impressionar o próximo. Se você quiser provocar o efeito oposto ao desejado, basta perguntar a um paleontólogo, como já me perguntaram talvez umas mil vezes: "Você participou de muitas escavações interessantes?". Desculpem o desabafo, mas concedam-me a catarse de me queixar de algumas questões específicas.)

Muitos fósseis, portanto, são componentes abundantes de seus estratos, expostos ao longo de quilômetros de afloramentos: pensem nas conchas de moluscos expostas aos milhões nas superfícies polidas de mármore dos banheiros dos mais belos arranha-céus *art déco* de Nova York, ou nas milhares de conchas de *Turitella* que vão sendo aos poucos reveladas pela erosão nas pedras de arenito das partes mais antigas dos domínios de Quasímodo, na catedral de Notre-Dame de Paris.

As Big Badlands de Dakota do Sul são uma reprise da história da Floresta Petrificada. Os fósseis de vertebrados podem ser extraordinariamente abundantes, e as jazidas vêm sendo exploradas por profissionais há mais de um século. Em boa parte da Formação de Brule, fonte do "pior" terreno, os fósseis são tão comuns que toda pequena elevação tem um osso no topo. (Os fósseis são mais duros que os sedimentos que os encerram. Os ossos e dentes, portanto, acabam despontando como topos ou pequenos promontórios, culminando e protegendo uma coluna de sedimentos por baixo deles, enquanto as rochas circundantes desmoronam de todos os lados.) No entanto, os visitantes acham que estão vendo raridades preciosas e tentadoras ao lado das trilhas oficiais — e os roubos recomeçam. Na principal estrada que corta a área, autoridades do parque cobriram os melhores espécimes com caixas de plástico. Mas as pessoas quebraram as caixas e roubaram os fósseis que elas protegiam. Assim, os naturalistas substituíram os fósseis por moldes, e depois ainda os cobriram, de quebra, com as caixas de plástico!

Esta extraordinária abundância de certos fósseis ilustra um ponto importante sobre a história da vida. A evolução é uma teoria sobre a mudança ao longo do tempo — a "descendência com modificações", nas palavras de Darwin. No entanto, sempre que os fósseis são mais abundantes ao longo de períodos significativos de tempo, as espécies melhor representadas são quase sempre estáveis ao longo do período em que viveram, ou apresentam alterações tão pequenas e superficiais (em geral apenas no tamanho) que uma extrapolação a partir das mudanças observadas para períodos maiores de tempo geológico não poderia dar conta das extensas modificações que marcam os caminhos gerais seguidos pela evolução nos grupos maiores. Na maior parte dos casos, sempre que dispomos de indícios melhores, a maioria das espécies não apresenta quase nenhuma alteração.

Niles Eldredge e eu tentamos resolver este paradoxo com nossa teoria do equilíbrio pontuado. Afirmamos que o grosso da evolução se concentra nos eventos de especiação, a separação e a ramificação de uma população isolada a partir de uma linhagem ancestral persistente. Esses acontecimentos de ramificação são glacialmente lentos se formos medi-los em termos da escala da vida humana — em geral milhares de anos. Mas algo que é lento nos termos da nossa percepção pode ser quase instantâneo se visto de uma perspectiva geológica. Mil anos é um décimo de um por cento de um milhão de anos, e um milhão de anos é um período menor que a média da duração da maioria das espécies fósseis. Assim, se as espécies tendem a surgir no espaço de uns poucos milênios e depois persistir inalteradas por mais de um milhão de anos, raramente encontraremos indícios de sua origem, que durou só um momento, e o registro fóssil tenderá a cobrir sobretudo os períodos mais longos de prosperidade e estabilidade. Já que as jazidas mais abundantes de fósseis correspondem a esses períodos de sucesso para as espécies mais difundidas vivendo em condição estável, isto explica o paradoxo aparente de que, sempre que os fósseis são mais comuns, raras vezes a evolução é observada.

A abundância de fósseis nos estratos clássicos das Big Badlands nos dão uma excelente ilustração deste paradoxo. Meu colega Donald Prothero vem estudando todas as espécies de mamíferos bem conservadas nessas jazidas. Descobriu que nenhuma delas apresenta qualquer mudança gradual ao longo do tempo a que correspondem os estratos de Big Badland. Novas espécies aparecem de forma abrupta em termos do tempo geológico, seja porque se desenvolveram *in situ*, conforme prevê a teoria do equilíbrio pontuado, seja porque simplesmente migraram para a área.

Um de meus alunos, Tim Heaton, concluiu há pouco sua tese sobre o gênero mais comum de roedores (que constituem por sua vez o grupo mais variado dos mamíferos) encontrado em sedimentos do Oligoceno ao longo de todo o Oeste da América do Norte, em especial nas Big Badlands. Os paleontólogos dividem o Oligoceno em ''três eras dos mamíferos'', chamadas Chadroniano, Orellano e Whitneyano. O gênero de Heaton, o *Ischyromys*, é relativamente raro no Chadroniano, mas fantasticamente abundante no Orellano, onde milhares de mandíbulas foram coletadas (e quase todas — num esforço extenso de admirável atividade — fotografadas, medidas e estatisticamente analisadas por Heaton).

O *Ischyromys* do Orellano tem uma interpretação tradicional consistente com as visões convencionais do gradualismo evolutivo. Em geral, a seqüência do Orellano é interpretada como um aumento progressivo do tamanho no interior da mesma espécie. Mas o trabalho estatístico de Heaton, analisando milhares de espécimes, contestou esta antiga idéia em favor da interpretação oposta. Segundo Heaton, havia duas espécies diferentes, uma pequena e outra maior, no Orellano inferior; a espécie menor depois se torna extinta e apenas a forma maior persiste até o Orellano superior. Nenhuma das duas espécies exibe muita mudança, ou qualquer mudança, no período (a forma maior pode apresentar um ligeiro aumento de tamanho nas jazidas superiores). A antiga noção de que teria ocorrido um crescimento gradual resulta da mistura entre as duas espécies e do erro de tratar todo o complexo como uma forma única. À medida que diminui a abundância da espécie menor e ela afinal se extingue, o tamanho médio de todo o complexo aumenta porque um número cada vez maior de espécimes (e, por fim, a totalidade deles) representa a forma estável de maior porte — e não porque tenha ocorrido uma evolução gradual.

Por outro lado, nas jazidas Chadronianas mais antigas, onde o *Ischyromys* é relativamente raro, Heaton descobriu uma diversidade taxonômica antes ignorada; várias espécies de *Ischyromys* e um gênero aparentado, o *Titanotheriomys*. Embora nenhuma dessas espécies apresente qualquer alteração depois de suas origens (a maioria delas é rara demais para nos fornecer indícios que comprovem mais que sua mera existência), esta diversidade ilustra uma acentuada atividade evolutiva para o gênero *Ischyromys* no Chadroniano, enquanto Heaton demonstrou que nada acontece (além da extinção da espécie menor) na fase posterior do Orellano, em que o *Ischyromys* é tão abundante. As populações pequenas, isoladas e em rápida especiação que apresentam tanta evolução entre os *Ischyromys* do Chadroniano nem sempre deixaram sua marca no registro fóssil.

De novo, notamos o paradoxo: pouca coisa acontece na maior parte do tempo que nos deixou indícios abundantes; e tudo acontece em momentos geológicos que quase não deixaram registros. Poderíamos atribuir este modelo a um Deus brincalhão ou malicioso, empenhado em nos confundir ou apenas em rir de nossa frustração. Mas decidi examinar este fenômeno a uma luz positiva. Há uma lição a extrair, e não apenas frustração, da idéia de que a mudança ocorre em explosões pouco freqüentes e de que a estabilidade é a natureza habitual das espécies e dos sistemas em qualquer momento dado.

Sou apenas humano, e é claro que adoro desfraldar minhas bandeiras em defesa da idéia do equilíbrio pontuado. Mas escrevo este ensaio por outra razão. O que passou (neste ensaio), como diz o Bardo, não passa de um prólogo — um prólogo destinado a defender por analogia certa idéia acerca do verdadeiro tema deste ensaio: a incômoda questão da natureza humana.

Vamos voltar à ironia do *Ischyromys* no Chadroniano e no Orellano, e do equilíbrio pontuado em geral. A evolução construiu a árvore da vida; no entanto, em quase qualquer momento para qualquer espécie, a mudança não está ocorrendo, e prevalece a estabilidade. Se perguntarmos então qual é a natureza normal de uma espécie, a única resposta possível é a estabilidade. No entanto, foram mudanças extremamente raras que construíram a árvore da vida e, numa escala mais vasta, deram origem à própria história. E agora chegamos ao cerne da minha argumentação: a propriedade que define uma espécie, seu estado normal, sua natureza, sua aparência em quase qualquer momento, é contrária ao processo que faz a história (e determina o surgimento de novas espécies). Se fôssemos tentar inferir a natureza das espécies a partir do processo que constrói a história da vida, chegaríamos precisamente à conclusão contrária — porque quem faz a história são acontecimentos muito raros (mas com vastas conseqüências).

Deveríamos fazer a mesma separação entre a natureza humana e os acontecimentos que fazem a nossa história. Cometemos um erro imenso ao supor que os traços comportamentais envolvidos nos acontecimentos que fazem a história definem as propriedades ordinárias da natureza humana. Mas não devemos associar as causas de nossa história à natureza de nosso ser, conforme reza o falso argumento corrente?

Se minha analogia se sustenta, a verdade deve ser exatamente oposta. Se são os comportamentos raros que fazem a história, nossa natureza habitual só pode ser definida por nossos atos que são costumeiros num mundo cotidiano em que estamos mergulhados quase o tempo todo, mas não determinam o destino das nações. As causas da história podem ser opostas às forças ordinárias que prevalecem em quase todos os momentos — assim como os processos que constituem a árvore da vida permanecem invisíveis e inativos quase o tempo todo na vida das espécies estáveis.

A história é feita pela guerra, pela cobiça, pelo desejo de poder, pelo ódio e pela xenofobia (com a intervenção eventual de outras motivações mais nobres). Por isso, muitas vezes achamos que são esses traços obviamente humanos que definem nossa natureza essencial. Quantas vezes não ouvimos dizer que "o homem" é, naturalmente, agressivo, egoísta e possessivo?

Essas asserções não fazem sentido para mim — e digo isto num sentido puramente empírico, não para afirmar certa esperança ou minhas preferências morais. O que vemos num dia comum, nas ruas ou nos lares de qualquer cidade americana — e até mesmo nos trens do metrô de Nova York? Milhares de pequenos e insignificantes gestos de gentileza e consideração. Chegamos para o lado para deixar alguém passar, sorrimos para uma criança, trocamos palavras vãs com algum conhecido, ou mesmo com um estranho. Na maioria dos momentos, na maioria dos dias e na maioria dos lugares, vemos poucas manifestações do lado escuro — talvez um pai batendo num filho, ou um adolescente de skate cortando o caminho de uma senhora. Não estou querendo passar por uma Polianna na torre de marfim, e fique bem claro que cresci nas ruas de Nova York. Sei bem o quanto as grandes cidades podem ser desagradáveis e perigosas. Só estou falando de uma questão estatística.

Nada é mais difícil ou estranho à mente humana do que pensar corretamente sobre a questão das probabilidades. Muitos de nós têm a impressão de que a vida cotidiana é uma série infinita de episódios desagradáveis — e que cinqüenta por cento ou mais das interações entre seres humanos são tensas ou agressivas. Mas basta pensar mais detidamente no assunto. Estes níveis de perversidade não podem ser permanentes. A sociedade involuiria, resultando numa anarquia em pouco tempo, se metade de nossas tratativas com outros seres humanos fosse sempre respondida com um murro no nariz.

Não, a maioria de nossas interações com as outras pessoas são no mínimo neutras, e muitas vezes bastante agradáveis. O *Homo sapiens* é uma espécie notavelmente afável. Os etologistas dirão que outros animais são relativamente pacíficos se só virem um ou dois embates agressivos enquanto observam uma criatura por, digamos, algumas dezenas de horas. Mas basta pensar em quantos milhões de horas podemos registrar para a maioria das pessoas na maioria dos dias sem que ocorra nada mais ameaçador que um simples gesto ofensivo a cada semana, mais ou menos.

Por que, então, a maioria de nós tem a impressão de que as pessoas são tão agressivas, e intrinsecamente desagradáveis? A resposta, creio eu, reside na assimetria dos efeitos — o lado verdadeiramente trágico da existência humana. Infelizmente, cada incidente de violência é capaz de anular 10 mil gestos de delicadeza, e esquecemos com facilidade o predomínio da bondade sobre a agressividade quando confundimos o efeito com a freqüência. Uma surra por motivos raciais pode anular anos de educação paciente em favor do respeito mútuo e da tolerância numa escola ou numa comunidade. Um assassinato pode converter uma cidadezinha agradável, cheia de confiança, num lugar dominado pelo medo, em que as pessoas se escondem por trás das portas trancadas, desconfiando de tudo e com medo de sair à noite. A gentileza é tão frágil, tão fácil de apagar; a violência é tão poderosa.

Esta assimetria esmagadora e trágica entre a gentileza e a violência é infinitamente amplificada quando pensamos nas causas da história em geral. Um incêndio na Biblioteca de Alexandria pode aniquilar a sabedoria acumulada de toda a Antigüidade. Um gesto entendido como insulto, um único assassinato tresloucado, pode anular décadas de diplomacia paciente, de intercâmbio cultural, de iniciativas pacíficas, de trocas de correspondência — pequenos gestos de gentileza que envolvem milhões de cidadãos — e levar duas nações a uma guerra que ninguém deseja, mas que resulta na morte de milhões e muda irrevogavelmente os caminhos da história.

Sim, admito que o lado escuro das possibilidades humanas responde pela maioria das guinadas de nossa história. Mas este fato trágico não pressupõe que a essência da natureza humana seja definida pelos traços de comportamento do lado escuro. Ao contrário, eu diria, com base na analogia entre o que é ordinário e o que faz a história da evolução, que a realidade das interações humanas em quase qualquer momento de nossas vidas cotidianas tem o sentido contrário — e não poderia ser de outro modo em qualquer sociedade estável — dos raros acontecimentos explosivos que determinam os rumos da nossa história. Se quisermos compreender a natureza humana, entendida como nossas propensões costumeiras nas situações comuns, precisamos separar os traços que respondem pela marcha da história e identificar a natureza humana com as fontes de estabilidade que lhes são contrárias — os comportamentos previsíveis e não agressivos que predominam em 99,9% de nossas vidas. A verdadeira tragédia da existência humana não é que sejamos maus por natureza, mas que uma cruel assimetria estrutural atribua a raros acontecimentos perversos tamanho poder de dar forma à nossa história.

Uma argumentação óbvia contra a minha tese seria afirmar que estou confundindo uma possibilidade social presente nas sociedades basicamente democráticas com uma propensão humana mais geral. É bem verdade que a estabilidade deve imperar em quase todos os momentos, e que são acontecimentos muito raros que determinam a marcha da história. Mas é possível que esta estabilidade só reflita os comportamentos afáveis em sociedades relativamente livres e democráticas. É possível que a estabilidade da maioria das culturas tenha sido produzida pelas mesmas forças "escuras" que determinam a marcha da história nos momentos em que ocorre um desequilíbrio — o medo, a agressividade, o terror e o domínio dos ricos sobre os pobres, dos homens sobre as mulheres, dos adultos sobre as crianças e dos armados sobre os indefesos. Admito que situações de equilíbrio muitas vezes foram mantidas pelas forças escuras, mas ainda assim afirmo enfaticamente que não estamos levando em conta os dez mil gestos cotidianos de não-agressão que correspondem a cada demonstração declarada de força, mesmo nas sociedades estruturadas pela dominação e mesmo que a não-agressão só prevaleça porque as pessoas conhecem o seu lugar e não se arriscam a desafiar os guardiães da ordem. Alcançar uma estabilidade cotidiana baseada em qualquer coisa que não seja nossa afabilidade natural requer uma estrutura social pervertida e explicitamente dedicada a derrotar a alma humana — obedecendo ao que poderíamos chamar de modelo de Auschwitz. Aliás, não estou querendo dizer que os seres humanos sejam afáveis ou agressivos devido a alguma necessidade biológica inata. É evidente que tanto a gentileza quanto a violência fazem parte de nossa natureza, porque perpetuamos as duas e às vezes podemos nos exceder em qualquer uma delas. Só estou fazendo uma afirmação de ordem estrutural ao dizer que é a estabilidade social que rege a maior parte de nossas vidas e que ela só pode se basear na freqüência esmagadoramente predominante (mas tragicamente ignorada) de gestos afáveis, e que a afabilidade é portanto nossa reação costumeira e preferencial em quase todas as situações.

Por favor não entendam este artigo como uma tentativa enfatuada na tradição moderada das — ouso dizê-lo? — desculpas acadêmicas liberais para a crueldade humana, ou das tentativas insípidas e descabidas de apresentar uma boa impressão dos seres humanos num mundo de dor e sofrimento. Este não é um ensaio sobre o otimismo; é um ensaio sobre a tragédia. Se eu achasse que os seres humanos eram perversos e cruéis por natureza, eu apenas pensaria: bem feito; temos a sorte que merecemos, ou que a evolução nos deixou como herança. Mas o cerne da natureza humana está arraigado nos dez mil gestos de delicadeza que fazem nosso dia-a-dia. O que poderia ser mais trágico que o paradoxo estrutural que faz com que este Everest de afabilidade apareça invertido, apoiado em seu cume, suscetível de ser derrubado com tanta facilidade por acontecimentos raros que contrariam nossa natureza cotidiana — e que sejam estes acontecimentos raros que determinam o rumo da nossa história? De algum modo, não é esta a sorte que merecemos.

A solução para nossos tormentos não está na superação de nossa "natureza", mas na ruptura desta "grande assimetria", permitindo que nossa propensão habitual assuma a direção de nossas vidas. Mas como fazer do lugar-comum o condutor da história?

20

O DECLÍNIO DO IMPÉRIO DOS MACACOS

Deus deve ter criado os erros pelo valor que têm para iluminar os caminhos certos. Em toda a biologia evolutiva, não encontro erro mais instrutivo, ou mais freqüente, do que uma afirmação espantosamente equivocada sobre os macacos e os seres humanos. Já me vi diante de dezenas de formas diversas de apresentar este mesmo argumento, do sarcasmo dos fundamentalistas às queixas dos justificadamente intrigados. Examinemos este trecho de uma carta de abril de 1991: "Se a evolução é verdadeira e nós de fato viemos dos macacos, por que os macacos ainda estão vivos? Se fôssemos uma evolução dos macacos, acho que eles deveriam ter desaparecido".

Se somos uma evolução dos macacos, por que eles ainda existem? Digo que este erro é instrutivo porque corrigi-lo nos transforma: se aceitamos uma noção falsa da evolução, esta frase representa um enigma profundo; quando rejeitamos a falácia, ela perde todo o sentido (e se torna literalmente ininteligível).

Perde o sentido porque sua premissa implícita é falsa. Se os ancestrais fossem grupos de criaturas cujos corpos fossem transformados, cada um deles, em seus descendentes, a existência humana excluiria a sobrevivência dos macacos. Mas é evidente que não é isto que queremos dizer quando afirmamos que certo grupo é ancestral de outro — ou então não restaria mais nenhum réptil depois da evolução das aves e dos mamíferos, ou nenhum peixe sobreviveria porque houve um momento em que subiram para a terra firme e se transformaram nos anfíbios.

Escadas e arbustos, respectivamente as metáforas errada e certa para a topologia da evolução, respondem ao persistente não-enigma de saber por que representantes de grupos ancestrais (como os macacos, por exemplo) podem sobreviver ao lado de seus descendentes (por exemplo, os seres humanos). A evolução é um arbusto copiosamente ramificado, e por

Alguns ramos do arbusto dos grandes macacos e macacos do Velho Mundo

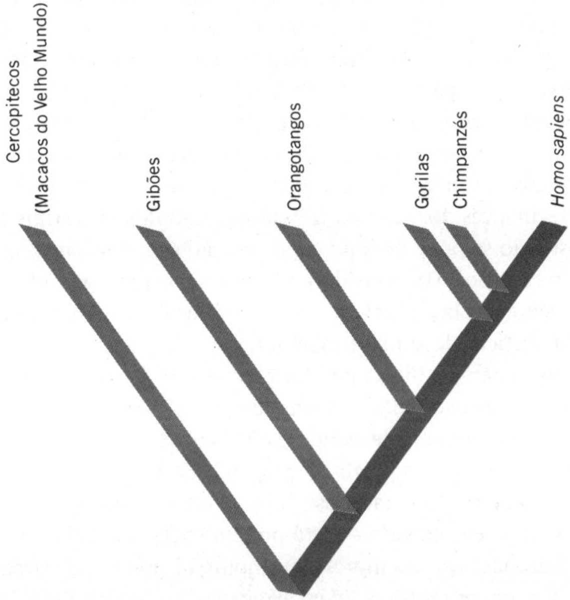

Seqüência genealógica da ramificação na evolução dos macacos e dos seres humanos.

isso o fato de os seres humanos terem surgido a partir dos macacos significa apenas que um dos ramos do arbusto dos macacos se ramificou, produzindo um broto chamado *Homo sapiens*, enquanto outros ramos do mesmo arbusto continuaram a evoluir por caminhos dicotômicos próprios, produzindo os outros descendentes que têm os mesmos ancestrais imediatos que nós — como os gibões, os orangotangos, os chimpanzés e os gorilas, os chamados grandes macacos. (Não é verdade que estes macacos modernos estejam genealogicamente mais próximos do que nós do ancestral comum que deu início à divisão entre os símios em geral e os grandes macacos mais de 20 milhões de anos atrás, mas a *hubris* humana requer que haja uma separação — e é por isso que nossa linguagem comum define todos os ramos modernos do arbusto, menos nós, com o nome ancestral de macaco. A figura acima e sua legenda podem esclarecer esta idéia.)

A metáfora do arbusto também nos ajuda a entender por que a busca de um "elo perdido" ligando os macacos mais avançados aos seres humanos incipientes — mofada mas persistente quimera dos textos populares — não tem o menor sentido. A falta de um elo pode ocorrer numa cadeia contínua, mas um arbusto ramificado não apresenta um elo em cada ponto crucial entre um não e um sim. Na verdade, cada ponto de ramificação restringe cada vez mais o espectro dos parentes mais próximos — os ancestrais de todos os grandes macacos se separam dos cercopitecos, depois as linhagens de gibões se separam dos outros grandes macacos e dos seres humanos, depois os antepassados dos orangotangos se separam do complexo chimpanzé-gorila-homem, e por fim os precursores dos chimpanzés se separam dos ancestrais dos seres humanos. Não se pode atribuir uma posição especial a nenhum desses pontos de ramificação, considerando que seja o elo perdido — todos eles representam relações laterais de diversificação, e não passos de uma seqüência vertical de transformação.

Um argumento ainda mais forte em favor do modelo do arbusto surge se analisarmos melhor as clássicas escadas evolutivas que aparecem em nossos manuais de estudo, sobretudo a que mostra a evolução dos cavalos modernos a partir do pequeno *Eohippus* e a "escalada do homem" a partir "dos macacos". Uma ironia especial — que chamei de pequeno gracejo da vida — está presente nessas escadas evolucionárias consagradas: os "melhores" exemplos só podem se basear nas linhagens altamente *malsucedidas*, arbustos tão desprovidos de ramificação que só apresentem um único ramo sobrevivente. (Ver uma versão mais desenvolvida desta argumentação em meu ensaio "O pequeno gracejo da vida", em *Viva o brontossauro.*)

Os arbustos bem-sucedidos nunca são mencionados como tendências clássicas em nossos manuais, porque apresentam um número grande demais de sobreviventes aparentados, e por isso é impossível traçarmos uma escala ascendente para a evolução dos antílopes, dos roedores ou dos morcegos — embora eles sejam os melhores exemplos de sucesso na evolução dos mamíferos. No entanto, se apenas um ramo sobrevive, aplicamos um rolo compressor conceitual e linearizamos seu percurso labiríntico de ramificações laterais, transformando-o numa linha reta que o liga ao tronco de seu arbusto. Os cavalos, os rinocerontes e as antas não são culminâncias gloriosas de séries ascendentes de Perissodactyla (mamíferos com casco e número ímpar de dedos), mas três pequenos ramos que mal se prendem aos restos de um arbusto que dominou no passado a diversidade dos grandes mamíferos herbívoros. Da mesma forma, só podemos definir uma escala da ascensão humana por que o arbusto dos macacos se viu reduzido a poucos ramos sobreviventes, todos claramente distintos. Se o arbusto dos macacos fosse vigoroso e apresentasse cem pequenos ramos em expansão, teríamos muitos primos e não se poderia falar de uma cadeia de ancestrais únicos. A escalada progressiva de que tanto nos gabamos não passa na verdade de uma prova do declínio da diversidade numa linhagem malsucedida, que por acaso chegou a uma promissora invenção chamada consciência.

Este argumento contra a arrogância humana pode muito bem ser compreendido como uma abstração, mas só se torna impressionante quando acompanhado de sua documentação primária — o registro de uma vigorosa diversidade entre os macacos em épocas anteriores de maior sucesso. A idéia do viço anterior do grupo foi recentemente reforçada por uma nova descoberta — que eu tive a sorte de testemunhar no ano passado.

Os cercopitecos, ou macacos do Velho Mundo, são os parentes mais próximos do arbusto dos grandes macacos e do homem. Robert Jastrow, em seu recente e bem-sucedido livro, *The enchanted loom: mind in the universe* [O tear encantado: a mente no universo], compara o destino da evolução desses dois grupos irmãos:

> Os símios em geral não mudaram muito entre o momento de seu surgimento, 30 milhões de anos atrás, e os dias de hoje. Sua história estava completa. Mas a evolução dos grandes macacos continuou. Eles se tornaram cada vez maiores e mais pesados, e acabaram descendo das árvores.

Esta afirmação, tão preciosamente errada, tão perfeitamente de pernas para o ar, mostra o quanto a metáfora da escada pode nos levar para longe da verdade. Não existe, nem mesmo enquanto abstração útil, uma criatura que se possa definir como o símio em geral, ou o grande macaco. Os temas dominantes da evolução são a diversidade e a ramificação. A maioria dos grandes macacos (os gibões e os orangotangos, e os chimpanzés e os gorilas boa parte do tempo) ainda vive nas árvores. Os macacos do Velho Mundo não estagnaram; representam o maior exemplo de sucesso entre os primatas, um arbusto com ramificação vigorosa que inclui, entre seus produtos variados, os babuínos, os colobos, os rhesus e os macacos-de-tromba, ou násicas.

Na verdade, exatamente ao contrário do que diz Jastrow, os grandes macacos vêm perdendo cada vez mais, e os cercopitecos ganhando, se empregarmos o critério indevido da diversificação e expansão de seu arbusto. Vamos voltar ao início do Mioceno na África, cerca de 20 milhões de anos atrás, pouco depois da ramificação que separou os grandes macacos dos cercopitecos, e examinar o destino desses dois grupos irmãos. Em primeiro lugar, não encontraríamos entre esses ancestrais do Mioceno as mesmas diferenças que existem entre seus descendentes de hoje — os ramos de um arbusto em geral divergem. Os grandes macacos do Mioceno eram muito semelhantes aos cercopitecos em seu modo de vida. Comparados aos antepassados dos cercopitecos, os primeiros grandes macacos tendiam a ser maiores, a viver mais nas árvores, a se restringir mais ao consumo de frutas e a não lidar tão bem com um ambiente marcado por grandes diferenças sazonais.

Segundo — e o que é crucial para este artigo —, os grandes macacos eram mais comuns em dois sentidos no início do Mioceno: eram mais comuns que os cercopitecos, naquele estágio inicial da evolução de ambos, e, em termos absolutos, mais diversificados (na África) do que os grandes macacos de hoje (em todo o mundo). As avaliações taxonômicas variam, e este artigo não tem como dar conta de literatura tão técnica e polêmica, mas os grandes macacos africanos do início do Mioceno organizavam-se em três a cinco gêneros, com seis a dez espécies.

O instantâneo seguinte, no Mioceno médio na África, já nos mostra um número menor de espécies, embora os grandes macacos já apareçam pela primeira vez nos registros fósseis da Europa e da Ásia. Os macacos do Velho Mundo, enquanto isso, começam uma aceleração que se estende até a nossa época. Os grandes macacos continuam a declinar e a se limitar a habitats restritos — grupos isolados de orangotangos e gibões na Ásia, e chimpanzés, gorilas e os descendentes de um pequeno grupo africano chamados australopitecos. Se um zoólogo da Galáxia X tivesse visitado nosso planeta 5 milhões de anos atrás em seu esforço para registrar todos os planetas habitados do universo, teria certamente corrigido seu relatório anterior, segundo o qual os grandes macacos eram mais promissores que os macacos do Velho Mundo, assinalando que os cercopitecos tinham superado uma desvantagem original e tendiam a tornar-se dominantes entre os primatas. (E confirmaria esta observação depois da visita seguinte, mas também anotaria que uma das espécies do arbusto dos grandes macacos tinha apresentado um florescimento incomum e inesperado, pedindo uma observação mais atenta.)

Não sabemos por que os grandes macacos declinaram e os cercopitecos prevaleceram. Não temos nenhum indício da ''superioridade'' dos macacos do Velho Mundo, ou seja, de uma competição darwiniana direta entre grandes macacos e cercopitecos no mesmo habitat, resultando na extinção do grandes macacos e na prevalência dos cercopitecos. É possível que a maior flexibilidade da dieta e a maior tolerância à variação ambiental tenha dado a vantagem aos cercopitecos sem que tenha ocorrido qualquer competição direta, num mundo em que o clima mudava muito e eram poucos os habitats estáveis de árvores e frutas. De acordo com esta interpretação, os poucos grandes macacos que conseguiram adaptar-se a uma existência mais aberta, no solo, tiveram de desenvolver alguns traços decididamente estranhos, que não estavam de modo algum "previstos" em sua configuração anatômica original — o andar dos chimpanzés e dos gorilas, apoiado nos nós dos dedos, e o andar ereto dos australopitecos e daquele outro que vocês sabem bem quem é.

Esta inversão das idéias de Jastrow, e de todas as visões tradicionais de uma evolução em escala ascendente, deve muito à comparação do êxito inicial no Mioceno com a redução posterior apresentada pelo arbusto dos grandes macacos. Mas o quão grande foi este florescimento inicial, e o quanto terá sido acentuado, em conseqüência, o desbaste posterior? Infelizmente, a resposta a esta que é a mais crucial das perguntas empíricas se depara com o problema fundamental da lamentável imperfeição de nosso registro fóssil. Sabemos até que ponto o desbaste posterior foi radical; não é provável que ainda exista alguma espécie de grande macaco por descobrir na Terra. Mas qual terá sido a diversidade efetiva dos primeiros grandes macacos do Mioceno? Viviam apenas na África? Que porção da fauna africana se preservou? O quanto já coletamos e identificamos do material que foi preservado?

Se nossas coleções atuais contiverem a maior parte das criaturas que efetivamente viviam, o desbaste foi de fato perceptível, mas modesto. Mas, e se só tivermos encontrado 10%, ou mesmo apenas metade da diversidade efetiva, a história de declínio e extinção de linhagens entre os grandes macacos é muito mais acentuada. Como é que podemos avaliar o quanto conhecemos?

Uma indicação grosseira — mais ou menos o melhor que podemos fazer na etapa atual de nosso conhecimento sobre os primatas do Mioceno na África — vem da mudança de composição das coleções. Digamos que cada vez que encontrarmos novos grandes macacos do Mioceno na África eles pertencerão a espécies já presentes em nossas coleções. Ao final de várias repetições (sobretudo se nossas coleções cobrirem uma boa variedade de geografias e ambientes), poderemos concluir que é provável que nossas amostras cubram parte substancial do arbusto evolutivo. Mas, se os novos sítios revelarem quase sempre espécies novas e não pudermos assinalar um declínio sensível no número de novidades, seremos levados a concluir que nossas amostras só cobrem uma pequena parte de uma árvore evolucionária muito mais rica — e que a história do declínio e da queda do império dos grandes macacos foi mais profunda do que percebíamos. Um antídoto eficaz para a visão tradicional da escada, que tanto convida à arrogância humana!

Em outras palavras, como me disse meu colega David Pilbeam, o maior estudioso de macacos fósseis, estamos procurando "uma assíntota" na descoberta de novos macacos. A assíntota é o valor limite de que uma das variáveis de uma curva tende a se aproximar à medida que as outras variáveis (muitas vezes o tempo ou o número de tentativas) forem aumentando, tendendo por sua vez ao infinito. Quando a coleta de novos fósseis só revelar mais espécimes das mesmas espécies, é provável que tenhamos chegado à assíntota em matéria dos tipos de macacos que podemos encontrar. Também chegamos muito depressa à assíntota no treinamento dos gatos domésticos ou quando tentamos engambelar uma criança, e é tão importante aprendermos a reconhecer a própria assíntota quanto o ponto sutil e um pouco anterior em que a resposta começa a se reduzir.

Uma descoberta estimulante acerca da história dos grandes macacos do Mioceno nos trouxe recentemente a melhor prova de que ainda não chegamos perto da assíntota do arbusto dos grandes macacos primitivos. Esta descoberta nos forneceu um forte indício de que o pequeno gracejo da vida foi ainda mais intenso no caso de nossa própria evolução. O arbusto inicial era mais ramificado, e assim o declínio posterior foi mais profundo. Ainda não conhecemos a verdadeira extensão do sucesso inicial dos grandes macacos.

Em janeiro de 1986, passei uma semana com Richard Leakey em seu acampamento, em sedimentos do início do Mioceno perto da margem ocidental do lago Turkana, no Great Rift Valley da África. A vegetação que cobre a geologia desta região árida é escassa, e os sedimentos nus se estendem por quilômetros a fio, com a superfície coalhada de fósseis em erosão.

Os dados sobre as diferenças genéticas entre os chimpanzés e os seres humanos sugerem que nosso ramo do arbusto dos grandes macacos apresentaria um ancentral comum com os chimpanzés entre 5 e 8 milhões de anos atrás; em outras palavras, a linhagem humana só é inteiramente independente há pouco tempo, na escala geológica. Os mais antigos fósseis humanos que conhecemos têm menos de 4 milhões de anos, e não sabemos de qual ramo do frondoso arbusto dos grandes macacos surgiu o broto que levou à nossa linhagem. (Na verdade, com a exceção da ligação entre o *Sivapithecus* asiático e o orangotango moderno, não encontramos nenhum grande macaco fóssil que possamos associar a qualquer espécie atual. Os paleontólogos já abandonaram a idéia, muito popular no passado, de que o *Ramapithecus* possa ter sido a fonte de onde se originaram os ancestrais humanos.) Assim, os sedimentos com idades entre 4 e 10 milhões de anos são os guardiães potenciais do Santo Graal da evolução humana — o período em que nossa linhagem começou a separar-se e a tomar o rumo do domínio posterior, período para o qual não dispomos de nenhum indício fóssil.

É praticamente certo que Richard Leakey dispõe de vários quilômetros quadrados dos sedimentos deste período crucial na área em que trabalha, em Turkana. Mas ainda não está pesquisando esses depósitos. Vem concentrando seus esforços em rochas mais antigas, do início do Mioceno (de 15 a 20 milhões de anos atrás), quando o arbusto dos grandes macacos devia apresentar seu grande florescimento inicial na África. Vem trabalhando num período anterior ao momento mais intrigante por várias razões. Em parte, pode estar deixando o melhor para depois, aperfeiçoando suas técnicas e sua "percepção" da área antes de se concentrar em seu potencial mais promissor. E também tem a intuição de todo bom historiador — pode ser melhor partir do começo e depois vir trabalhando de trás para a frente. O mais importante, porém, é que percebe que nem sempre os problemas que mais atraem a atenção do público podem ser as questões de maior importância científica.

O público pode desejar, acima de tudo, conhecer como era nosso ancestral comum com os chimpanzés, mas Richard Leakey sabe que o Mioceno também é uma época misteriosa, promissora e prenhe de importância conceitual: misteriosa porque conhecemos muito pouco acerca da efetiva diversidade dos grandes macacos àquela altura de seu sucesso; promissora porque os sedimentos que vem explorando podem revelar o que vem procurando; importância conceitual porque temos tanto a aprender com a documentação da base de nosso arbusto ancestral quanto com a procura do pequeno ramo que acabaria levando à nossa origem. O início do Mioceno é uma boa área a explorar.

O solo de Turkana reluz com cristais de quartzo e calcita. As crianças nativas, para matar as longas horas que passam pastoreando cabras sob o sol implacável, reúnem os geodos em pilhas e os partem para revelar os cristais contidos em seu interior. O que estamos procurando são fragmentos de osso, mais opacos.

Não há segredos para o êxito, nem razões incomuns para a sorte de Leakey, além do trabalho árduo e da experiência acumulada. Em algumas áreas, os estratos que contêm fósseis são raros e precisam ser localizados em meio às complexidades geológicas de falhas e dobras para assegurar que os trabalhadores irão procurar apenas nos pontos mais promissores. Mas aqui toda a seqüência é de fácil acesso (embora algumas camadas, como sempre, sejam mais ricas do que as outras), e todos os afloramentos de pedras precisam ser examinados. A chave do êxito é a paciência e a mão-de-obra bem preparada.

O maior dos descobridores de fósseis, Kamoya Kimeu, coletando material em Turkana. (Foto Delta Willis.)

Leakey mantém uma equipe de observadores quenianos bem treinados, a quem deu um longo curso de osteologia (estudo dos ossos) dos mamíferos — até torná-los capazes de distinguir os principais grupos de mamíferos a partir de pequenos fragmentos. O principal ingrediente do êxito de Leakey é recorrer à presença dessas pessoas nos lugares certos.

Kamoya Kimeu é o supervisor desta exploração. Já encontrou mais fósseis importantes que qualquer outra pessoa viva. Certa noite, no acampamento, ele me contou sua história. Quando menino, era pastor de cabras, carneiros e bois para seu pai. Passou seis anos na escola e depois foi trabalhar para um fazendeiro. Seu empregador o estimulou a voltar para a escola e estudar para se tornar veterinário. Kamoya caminhou vários dias de volta para Nairobi, onde seu tio contou que Louis Leakey, pai de Richard, estava recrutando pessoas para "escavar ossos". Sua mãe aprovou a idéia com restrições, dizendo-lhe que deveria demitir-se e voltar para casa se a tarefa envolvesse (como ele desconfiava à época) a escavação de túmulos humanos. Mas quando ele viu tantos ossos de tantas criaturas diferentes, soube que fora a natureza que cavara aquelas sepulturas. E os sedimentos de West Turkana são ainda mais abundantes.

Quando cheguei ao acampamento, no dia 16 de janeiro, a equipe de Kamoya tinha acabado de descobrir um crânio novo e excepcionalmente bem conservado de macaco (numa profissão que em geral trabalha com meros fragmentos, quase sempre dentes, um crânio completo e mais da metade intacto, com toda a dentição preservada, é motivo para grande regozijo). No dia seguinte, estudamos e mapeamos o contexto geológico e depois transportamos o espécime para o acampamento. Escrevi em meu diário: "Todos estão muito agitados porque acabaram de encontrar o melhor crânio de macaco do Mioceno já descoberto na África. É diferente — tem um rosto longo, a região nasal inflada, incisivos gastos com um diástema [espaço] de um dedo separando-os dos grandes caninos — quase um castor entre os macacos".

A pesquisa é tarefa coletiva, e cada um tem seus talentos especiais. Os trabalhadores chefiados por Kamoya são os maiores localizadores do mundo: o próprio Richard também tem olhos de lince, a intuição de um geólogo familiarizado com sua área e a capacidade de organização de um chefão de Washington; sua mulher, Meave, tem uma percepção espacial extraordinária, e é capaz de derrotar qualquer campeão de montagem de quebra-cabeças quando se trata de reunir fragmentos de fóssil; este seu criado, infelizmente, só é bom numa coisa — encontrar caracóis.

Todos os naturalistas conhecem e respeitam o fenômeno da "imagem de busca" — a melhor prova de que a observação é uma interação entre a mente e a natureza, e não um mapeamento objetivo e reproduzível do mundo exterior a que qualquer pessoa competente e cuidadosa pode chegar. Em suma, cada um vê aquilo que é treinado para ver — e a observação de tipos diferentes de objetos muitas vezes requer uma mudança consciente do foco, e não sua expansão total e indiscriminada na esperança de ver tudo. O mundo está cheio demais de coisas admiráveis para permitir uma percepção simultânea de tudo; acabamos adquirindo uma seletividade que pode ser altamente produtiva.

Eu não consegui ver nenhum fragmento de osso que merecesse muita atenção — e foi preciso que Richard conduzisse meu olhar para que eu pudesse pelo menos distinguir o crânio dos aglomerados de sedimento que o cercavam. Mas fui capaz de encontrar muitos caracóis, o objeto de minhas próprias pesquisas de campo — e ninguém jamais encontrara um único caracol naquele sítio. Assim, eu me contento com minha minúscula contribuição, na minha área, ao esforço coletivo. No canto superior direito da página 143 do número de 13 de novembro de 1986 da revista *Nature* — no artigo que descreve o novo crânio —, aparecem alguns caracóis incluídos na lista da fauna do sítio, alguns deles acrescentados pela minha imagem de busca. (Também encontrei, acredito eu, os primeiros caracóis localizados no sítio sul-africano de Makapansgat, onde se pesquisam hominídeos, em 1984 — local onde também fui incapaz de detectar um osso sequer. Acho que estou destinado a ficar conhecido, no círculo dos exploradores de hominídeos, como "aquele sujeito que só enxerga as espirais".)

As tradições dos textos sobre a natureza exigiriam que esta narrativa pessoal se prolongasse mais um pouco, com loas exageradas à maravilha desta descoberta contrapostas a clichês batidos sobre a beleza impiedosa e frágil (dois bons adjetivos) daquela área. Mas desisto. Antes de mais nada, não é meu estilo; e também não corresponde a nada que efetivamente aconteça no campo. As pessoas têm reações variadas à sorte. Algumas dão saltos, caem de joelhos para agradecer a Deus ou começam a afiar sua eloqüência para falar da nova frase que conseguiram decifrar no complexo livro da natureza. A maioria das pessoas que conheço, entre elas Richard, Kamoya e eu próprio, seu visitante, não tem uma personalidade que corresponda a esses estereótipos românticos. A conversa pode ficar mais fluente e animada no jantar; algum brilho alegre pode ser observado. Mas sempre é necessário verificar se os caminhões estão abastecidos de gasolina, se os latões de água estão cheios — e sempre é necessário acordar ao alvorecer no dia seguinte porque de tarde o calor excessivo não permite que se trabalhe. O tipo de emoção que prefiro é a satisfação tranqüila.

Na mesma época, em West Turkana, a equipe de Richard e Kamoya encontrou um segundo crânio de macaco, menor que o primeiro. Os dois são de gêneros novos, e não meras variantes no arbusto dos macacos. Richard e Meave Leakey publicaram dois artigos na edição de 13 de novembro de 1986 da revista *Nature* descrevendo essas formas novas como *Afropithecus* (a forma cuja descoberta eu testemunhei) e *Turkanapithecus*. Na frase mais interessante do artigo sobre o *Afropithecus*, dizem o seguinte: "O *Afropithecus* exibe traços característicos típicos de uma variedade de hominóides do Mioceno combinados num único táxon". Em outras palavras, este novo gênero apresenta uma combinação única de traços que, ao que se saiba, variavam entre os grandes macacos primitivos — como se pudéssemos embaralhar as variações conhecidas e chegar a muitas outras combinações plausíveis que ainda não foram descobertas. A conclusão, ao fim de toda esta exegese, é muito simples: ainda não chegamos, e talvez ainda nem estejamos perto disso, à assíntota para a verdadeira diversidade dos grandes macacos no momento em que começaram a florescer. Se, numa única estação do ano, a pesquisa em terreno inexplorado pôde revelar dois novos gêneros, quantos outros não devem estar por descobrir nas centenas de quilômetros quadrados ainda intocados pela exploração? Nos primeiros tempos de sua existência, os grandes macacos formavam um arbusto mais denso do que imaginávamos; aparentemente, a evolução humana foi um galho ainda mais mirrado, mais dependente das reviravoltas contingenciais do destino histórico (e não o resultado de um progresso linear, como os degraus sucessivos de uma escada), menos ordenada e mais frágil. A marcha triunfal rumo ao progresso, representação mais comum de nossa evolução, não passa de mais uma expressão do pequeno gracejo da vida.

Permiti deliberadamente que este ensaio fosse permeado, até aqui, por um viés profissional. Venho falando do "sucesso" de vários ramos do arbusto — porque os paleontólogos tendem a conceber a evolução em larga escala como o surgimento e a morte diferencial das espécies, e tendemos a recair numa equação fácil que identifica o sucesso à exuberância da ramificação. Mas é claro que também precisamos levar em conta a qualidade dos ramos, e não apenas sua quantidade. O *Homo sapiens* é um pequeno ramo que, junto com poucos outros, conserva todo o legado de um grupo que apresentava no passado uma ramificação muito mais diversificada. Ainda assim, foi neste nosso galhinho que surgiu, seja para o bem ou para o mal, a qualidade mais extraordinária da história da vida multicelular desde a explosão do Cambriano. Inventamos a consciência, com todas as suas seqüelas, de Hamlet a Hiroshima. O gracejo da vida nos mostra a nossa fragilidade, nossa pequenez diante da metáfora adequada do arbusto, mas invertemos o efeito deste gracejo com a força de uma única invenção evolutiva.

O profeta Miquéias captou os dois lados desta tensão com grande clareza quando escreveu que a fragilidade e o tamanho da origem de alguém pouco têm a ver com o efeito último de sua atuação: "Mas tu, Belém Efrata, posto que pequena para estar entre os milhares de Judá, de ti é que me sairá aquele que há de reinar em Israel" (Miquéias 5:2). Se pudermos combinar os dois temas, e se os governantes pudessem adquirir humildade e respeito ao constatar que nossas origens não passam de um frágil ramo na árvore da vida, poderíamos romper com a equação que identifica a capacidade com o direito à dominação, e talvez pudéssemos até cumprir a mais famosa das profecias bíblicas, que fala, afinal, do cuidado que se deve ter com as plantas — "e eles transformarão suas espadas em arados, e suas lanças em varas de podar".

VI

OS GRANDES PADRÕES DA EVOLUÇÃO

DOIS PASSOS NA DIREÇÃO DE UMA TEORIA GERAL DA COMPLEXIDADE DA VIDA

21

A RODA DA FORTUNA E A CUNHA DO PROGRESSO

Charles Darwin era um mestre da metáfora, e boa parte de seu êxito pode ser atribuída a seu extraordinário talento para encontrar comparações exatas que praticamente nos obrigam à compreensão. Todos conhecemos as duas metáforas básicas que Darwin empregou para definir sua teoria: a seleção natural e a luta pela existência. Podemos lembrar ainda as três principais descrições da natureza feitas por Darwin, todas excepcionalmente precisas e poéticas, e todas metafóricas.

O barranco luxuriante: para enfatizar a complexidade das relações entre os organismos, que resulta, um tanto paradoxalmente, de uma evolução sem planejamento. Darwin começa assim o último parágrafo da *Origem das espécies*:

> É interessante contemplar um barranco luxuriante, revestido de muitas plantas diferentes, com pássaros cantando nos galhos, vários insetos esvoaçando e vermes rastejando pela terra úmida, e pensar que essas formas elaboradamente construídas, tão diferentes umas das outras e dependentes entre si de maneira tão complexa, foram todas produzidas por leis que atuam à nossa volta.

A árvore da vida: tirada de outros contextos, é verdade (Provérbios 3:18, por exemplo), mas usada com brilho por Darwin para falar de outra forma de interconexão — a ligação genealógica, e não ecológica — e ilustrar tanto o sucesso como o fracasso na história da vida. A famosa passagem de Darwin aparece num ponto crucial de seu texto — o final do quarto capítulo, assinalando a conclusão de sua argumentação em defesa da seleção natural (o resto do livro se limita a discutir problemas e exemplos):

> Assim como os brotos, depois que crescem, dão origem a novos brotos, e estes, se forem vigorosos, se ramificam e sobrepujam muitos galhos mais

fracos em todas as direções, assim acredito que funciona a geração na grande Árvore da Vida, cujos galhos mortos e quebrados estão sepultados na crosta da Terra e cuja bela ramagem, cada vez mais ramificada, cobre a superfície do planeta.

A face da natureza (*e as trevas por trás dela*): para afirmar que o equilíbrio e a harmonia aparentes se devem à luta e à morte dos indivíduos:

> Contemplamos com alegria a face da natureza, e muitas vezes só vemos a superabundância de alimento; mas não percebemos, ou esquecemos, que os pássaros que cantam à nossa volta vivem principalmente de insetos ou sementes, e que dessa forma estão sempre destruindo a vida; ou esquecemos de quantas vezes esses cantores, ou seus ovos, ou seus filhotes, são destruídos por aves e animais de rapina.

Mas Darwin não utilizava metáforas apenas para facilitar a compreensão de seus leitores; também seguia a mesma estratégia em sua busca particular de compreensão. Os cadernos de Darwin, por exemplo, trazem muito mais metáforas que suas obras publicadas. Acredito, como muitos outros estudiosos de Darwin (ver sobretudo o artigo de Ralph Colp escrito em 1979, incluído na bibliografia), que uma de suas metáforas teve importância especial em seu esforço de formulação dos princípios da seleção natural — a metáfora da cunha. O mínimo que se pode dizer é que esta metáfora foi a primeira imagem invocada por Darwin quando expôs sua primeira explicação da idéia da seleção natural.

As grandes idéias, como as espécies, não aparecem prontas com toda sua sutileza e complexidade em momentos de "eureka"; na verdade, vão se insinuando aos poucos, adquirindo existência por vias tortuosas entrecortadas por inúmeros becos sem saída (invocando aqui outra metáfora). No entanto, ao longo deste caminho, nem todos os momentos se equivalem, e alguns deles podem ser considerados cruciais. O próprio Darwin, pelo menos, alegava que 28 de setembro de 1838 havia sido o dia D para a idéia da seleção natural, e que foi sua leitura do *Essays on the principles of population* [Ensaio sobre os princípios da população], de Thomas Malthus, que lhe permitiu reunir as peças esparsas de seu quebra-cabeça — mencionando o raciocínio de Malthus segundo o qual o crescimento desordenado da população acabaria esgotando o suprimento de alimentos, levando a uma luta inevitável pelos recursos limitados e, por fim, à morte dos perdedores. Darwin anotou o princípio de Malthus em seu caderno e, logo em seguida, a primeira de suas metáforas para a nova teoria da evolução:

Pode-se dizer que existe uma força que se assemelha à ação de 100 mil cunhas, tentando forçar todos os tipos de estrutura adaptada a preencher as lacunas da economia da natureza, ou melhor, abrindo novas lacunas ao desalojar as mais fracas.

Darwin passou os vinte anos seguintes aperfeiçoando e polindo sua metáfora, enquanto se preparava para a tempestade provocada pela publicação de suas idéias sobre a evolução. Acabou, fixando-se na imagem de uma superfície absolutamente apinhada de cunhas, representando as espécies numa economia da natureza em que não havia mais vagas. A mudança evolutiva, assim, só poderia ocorrer quando uma espécie conseguisse insinuar-se nesta plenitude, desalojando ao mesmo tempo alguma outra espécie. A metáfora aparece plenamente desenvolvida no manuscrito que Darwin escreveu para a versão mais longa, que jamais publicou, da *Origem das espécies* (um relato abreviado aparece na página 67 da versão mais curta, que acabou editando em 1859 sob a pressão da formulação independente, por A. R. Wallace, de outra idéia de seleção natural):

> A natureza pode ser comparada a uma superfície coberta por 10 mil cunhas aguçadas, muitas delas com a mesma forma e muitas de formas diferentes, representando as diferentes espécies, todas enfiadas muito perto umas das outras e cravadas na superfície por golpes incessantes: os golpes são muito mais fortes em certos momentos do que em outros; às vezes atingem uma cunha com certa forma, e às vezes outra com forma diversa; cada cunha, ao se enterrar profundamente na superfície, desenterra outras; o choque e o abalo que produzem muitas vezes se transmitem a grandes distâncias, afetando cunhas mais longínquas em muitas direções.

Eu me concentrei no apego de Darwin à metáfora das cunhas porque esta concepção nuclear, muitas vezes ignorada, teve papel mais importante que o da própria idéia de seleção natural na definição da visão convencional que Darwin tinha do progresso e da previsibilidade na história da vida. Darwin, como qualquer outro homem honesto diante de um mundo de tamanha complexidade, esforçou-se muito mas não conseguiu responder a várias questões cruciais em sua interpretação da natureza. E nenhuma questão lhe colocou mais problemas do que a premissa corrente, tão crucial para a Grã-Bretanha vitoriana em seu apogeu industrial e imperial, de que o caminho da mudança evolutiva devia ser necessariamente marcado pelo progresso.

Darwin entendeu com clareza que a mecânica básica da seleção natural não implicava qualquer noção de progresso, porque sua teoria só fala da adaptação local às mudanças do meio ambiente. Mas Darwin, ele próprio um vitoriano eminente, embora crítico, não tinha como se desfazer da idéia de progresso de maneira tão definitiva. Gostaria de confirmar que o avanço previsível era um tema dominante do registro fóssil, mas sabia que a idéia da seleção natural não tinha como fornecer por si só uma base racional para esta convicção. Como, então, poderia afirmar que o progresso era um dos fatores da história da vida, se o teorema fundamental da mudança orgânica — a seleção natural — não subentendia necessariamente o progresso?

Para dar uma solução a esta perturbadora discrepância entre a mecânica de sua teoria básica e sua visão fundamental de um padrão seguido pela história da vida, Darwin recorreu a um segundo princípio, basicamente ecológico, explicado pela metáfora da cunha. A natureza, acreditava Darwin, está cheia de espécies (''uma superfície coberta por 10 mil cunhas aguçadas [...] todas enfiadas muito perto umas das outras''). Todas as posições possíveis estão ocupadas, mas nunca param de chegar novos desafiantes para competir pelo espaço, e só podem ter sucesso nesse mundo repleto se conseguirem desalojar alguma outra espécie numa competição declarada por recursos limitados (''cada cunha, ao se enterrar profundamente na superfície, desenterra outras''). Vivemos num mundo implacável e superlotado; as criaturas bem-sucedidas são as que abrem caminho com unhas e dentes até o topo, e só permanecem ali à custa de uma vigilância e de um combate constantes. A *Origem das espécies* contém várias passagens que tratam do progresso na história da vida, mas nenhuma delas é validada pelo mecanismo simples da seleção natural, e sim por um segundo princípio, o princípio da cunha, a visão de um mundo lotado regido pela competição declarada entre os organismos:

> De acordo com minha teoria, as formas mais recentes precisam ser mais avançadas que as anteriores; cada nova espécie só é formada por ter conseguido alguma vantagem na luta pela vida que precisa travar com outras formas precedentes [...] Não duvido que este processo de aperfeiçoamento tenha afetado, de maneira acentuada e sensível, a organização das formas mais recentes e vitoriosas da vida, em comparação com as formas antigas e derrotadas.

Mas que provas concretas temos nós de que as tendências mais duradouras na história da vida tenham surgido por força de uma competição biológica contínua e intensa num mundo sempre lotado? (Existem outros modelos claramente plausíveis para o modo de operação da seleção natural. É possível que a maioria das espécies não seja desalojada pelas cunhas impiedosas de concorrentes superiores, e sim por mudanças no meio físico que sejam rápidas ou extensas demais para permitir-lhes uma resposta adaptativa.) Estou convencido de que alguns exemplos do modo de competição orgânica preferido por Darwin foram documentados. O biólogo Geerat Vermeij (que formula com extrema elegância um resumo da visão de Darwin em seu livro *Evolution and escalation* [Evolução e escalada]), por exemplo, demonstrou que existe uma tendência geológica ao desenvolvimento de garras mais grossas e fortes nos caranguejos, acompanhado pelo surgimento de defesas cada vez mais eficientes contra elas (espinhos, protuberâncias e conchas mais espessas) nos caracóis que os caranguejos gostam de comer. Aceito a interpretação que vê nesta escalada passo a passo uma espécie de ''corrida armamentista''.

Mas assim como precisamos de um autor da importância de Aristóteles, numa obra do peso da *Ética a Nicômaco*, para nos ensinar que uma andorinha não faz a primavera (eu sei, mas ele disse primavera, e não verão), a existência de um ou dois casos no registro fóssil não configura um padrão. É fato que ocorrem tendências direcionais produzidas pela ação de cunha, mas elas não estão exatamente evidentes em qualquer pedreira ou barranco. A grande maioria das tendências paleontológicas não apresenta uma correspondência óbvia com a vitória em competições passadas. Por que terá sido que os amonitas, organismos grandes e esplendidamente complexos, desapareceram há cerca de 65 milhões de anos, enquanto seus primos mais raros e aparentemente mais simples, os nautilóides, sobreviveram até nossos dias para serem imortalizados por Oliver Wendell Holmes (e Eugene O'Neill) como os ''navios de pérola'' construtores das ''mais sólidas mansões''? Por que terão desaparecido todos os membros de três grupos de crinóides cerca de 225 milhões de anos atrás, entregando todo o tempo subseqüente ao domínio de um quarto grupo que sobrevive ainda hoje, sem exibir qualquer traço característico que possa ser identificado como progresso em relação aos três grupos extintos? Por que terá ocorrido na mesma época uma substituição semelhante de um grupo por outro entre os corais construtores de recifes, e por que aqui também não se pode distinguir qualquer sinal de aperfeiçoamento competitivo? E por que, finalmente, os dinossauros se extinguiram e os mamíferos passaram a predominar ao cabo de 100 milhões de anos marcados pelo sucesso dos répteis e a marginalização dos mamíferos? (Se os mamíferos eram competitivamente superiores, não há dúvida de que não tiveram pressa em desalojar a cunha de seus ''predecessores na luta pela vida'', porque 100 milhões de anos correspondem a quase dois terços de toda a história da existência dos mamíferos. Além disso, muitas opiniões recentes sobre a adequação e a qualidade da configuração anatômica dos dinossauros desmentem energicamente a idéia de que possam ter sido "desalojados" pela ação de cunha de mamíferos que, na época, eram do tamanho de ratos.)

Escolhi estes quatro casos por duas razões. Primeiro, acho que são mais característicos do registro fóssil — mais numerosos e mais significativos — do que supostos exemplos de progresso pela ação de cunha. Segundo, eles representam o tipo de acontecimento — a "mudança de guarda" que se sucede aos episódios de extinção em massa — que desafia de maneira mais direta a metáfora da cunha, e portanto a explicação preferida por quem acha que se pode falar de um progresso que resulte da competição acirrada entre os organismos. Na verdade, esses quatro casos nos dão uma pequena amostra (dois de cada) dos acontecimentos das duas extinções em massa mais célebres que conhecemos: a *débâcle* do Permiano, que pode ter aniquilado mais de 95% das espécies de invertebrados marinhos cerca de 225 milhões de anos atrás, e o episódio que, no Cretáceo, eliminou os dinossauros que restavam e deu uma oportunidade de ouro aos mamíferos, há cerca de 65 milhões de anos.

Qualquer leitor que tenha alguma sensibilidade para a história da paleontologia deve estar intrigado. Como é que me atrevo a sugerir que um estudo da extinção em massa possa servir para alterar nossa visão da direcionalidade na história da vida? Afinal, a morte generalizada das espécies é possivelmente a descoberta mais antiga de nossos estudos estratigráficos. Os limites entre os diversos períodos geológicos — o alfabeto da minha disciplina — são sempre definidos por episódios de extinção em massa. Os dois episódios mencionados aqui assinalam a separação entre as três grandes eras da história da vida multicelular: a extinção do Permiano separa o Paleozóico do Mesozóico, e a extinção do Cretáceo serve de divisa entre o Mesozóico e o Cenozóico. Como é que um fenômeno tão canônico, conhecido há tanto tempo, pode ameaçar a prevalência de outra noção consagrada, a idéia de uma competição de base biológica que leva ao progresso num mundo superlotado?

A resposta para este enigma histórico precisa invocar a interpretação convencional da extinção em massa que se concilia com, ou mesmo fundamenta, a noção de que a disputa biótica é o vetor que determina os rumos da vida. A extinção em massa é um espectro que assombra a metáfora da cunha, mas nossa tendência à negação e à acomodação vinha conseguindo manter o fantasma à distância — o que recentemente deixou de ser possível. O próprio Darwin escolheu a negação vigorosa como resposta, fazendo o possível para desintegrar a idéia da extinção em massa (ou pelo menos diluí-la até torná-la insípida) com um de seus argumentos favoritos, a "imperfeição do registro geológico". Afinal, o registro pode ser inevitavelmente inadequado, e apresentar milhões de anos de dados que nos faltam de uma forma comprimida que dá a impressão de um "acontecimento" único. Se pudéssemos reconstituir o fluxo efetivo do tempo, os inúmeros aspectos individuais de uma "extinção em massa" transbordariam para os dois lados de uma simultaneidade que é apenas ilusória, indicando um período muito mais longo de desaparecimentos sucessivos a um ritmo que foi apenas um pouco mais acelerado, se é que foi de fato maior, que o andamento habitual da ação de cunha em períodos normais.

Um argumento mais popular (correspondendo à acomodação) admite que a extinção em massa é um episódio incomum, reconhecendo uma aceleração substancial no andamento das mortes, mas afirma ao mesmo tempo que as pressões ambientais desses períodos extraordinários não introduzem um novo regime na causalidade da morte, limitando-se a acentuar os efeitos da ação de cunha. Nesses momentos tenebrosos, o motor da competição biológica giraria cada vez mais depressa, à medida que o aumento da pressão fosse intensificando a disputa. A extinção em massa, assim, só resultaria numa concentração maior do que já acontece em tempos normais. Se em tempos normais as formas "antigas e derrotadas" cedem às cunhas que lhes são superiores seu lugar na afanosa economia da natureza, a velocidade de seu desaparecimento só poderia aumentar nos períodos mais rigorosos da extinção em massa, quando a luta é mais impiedosa e exigente.

É no contexto deste ajuste posterior da metáfora da cunha, quase sempre mal explicado nos textos gerais sobre a extinção em massa, que podemos entender por que as notícias recentes sobre causas de fato catastróficas para a extinção em massa, como o impacto com outros corpos celestes, são tão controversas e ameaçadoras. Em 1980, a equipe de pesquisa formada pelo físico Luis Alvarez e o geólogo Walter Alvarez, pai e filho, juntamente com Frank Asaro e Helen Michel, publicou os indícios que, a seu ver, demonstram que um grande corpo celeste se chocou com a Terra há cerca de 65 milhões de anos, desencadeando a grande extinção do Cretáceo.

A explosão de frutíferas pesquisas científicas que esta hipótese engendrou em apenas uma década deve ter tido um impacto equivalente ao do próprio episódio. A hipótese dos Alvarez transformou um objeto estreito e tradicional da paleontologia, as extinções em massa, numa grande arena de cooperação interdisciplinar. Em outubro de 1988, passei três dias magníficos em Snowbird, Utah, ouvindo os animados debates em que várias centenas de cientistas, de geoquímicos a físicos planetários, de paleontólogos a estudiosos de modelos climáticos, especulavam sobre as causas da extinção em massa. As discussões sobre a extinção do Cretáceo ainda giram em torno de duas questões cruciais: a seqüência temporal (se houve um ou mais impactos, concentrados num único momento ou distribuídos ao longo de um extenso período de bombardeio múltiplo) e a causa (levantou-se a alternativa de erupções vulcânicas em massa, mas a hipótese do impacto vem predominando até agora na opinião da maioria dos especialistas na área). Além disso, a hipótese do impacto não foi proposta (nem excluída) para outros casos de extinção em massa, de maneira que não sabemos se a versão do episódio do Cretáceo formulada pelos Alvarez deve ser vista como a explicação de um episódio isolado ou uma teoria geral das extinções em massa.

De qualquer maneira, acho que já sabemos o suficiente para sintetizar as novas visões numa afirmativa que só pode sugerir uma revisão radical da concepção do significado evolutivo da extinção de massa. Esses episódios, com suas causas catastróficas, são *mais freqüentes, mais súbitos, mais profundos, mais extensos e mais diferentes* (dos tempos normais) *em seus resultados* do que imaginávamos. A extinção em massa não se limita a favorecer os vitoriosos na competição, fazendo com que a ação de cunha se torne mais implacável e eficiente; na verdade, a extinção em massa acarreta novas causas, dando uma feição distinta aos resultados da evolução. E se o desenrolar da história da vida se deve mais ao sucesso diferencial de certos grupos na sobrevivência à extinção em massa do que às vitórias acumuladas na disputa entre cunhas em tempos normais, um componente fundamental da visão de mundo de Darwin — o único argumento respeitável que ele conseguiu formular em apoio à existência do progresso, atendendo à nossa expectativa profunda e culturalmente determinada — ficou comprometido, ou foi mesmo contestado.

Consigo conceber dois modelos de causalidade para a extinção em massa que contestam o modelo das cunhas e, em conseqüência, a idéia de que o progresso é um vetor fundamental da vida. No modelo *aleatório*, as espécies sobrevivem ou morrem fortuitamente, ao sabor do acaso; o sucesso, assim, se deveria a pouco mais do que estar no lugar certo na hora certa quando o cometa colide com a Terra, as chamas se espalham, o céu escurece e os oceanos ficam envenenados. No modelo das *regras diferentes*, as espécies sobrevivem ou morrem por razões determinadas e especificáveis. Mas as causas de seu sucesso têm apenas uma relação caprichosa e fortuita com as razões iniciais para o surgimento dos traços que asseguram sua sobrevivência. A cunha opera em tempos normais, entre os episódios de extinção em massa. Os organismos desenvolvem certos traços característicos para aumentar suas chances de sucesso numa disputa ecológica constante. E aí a causa da extinção em massa os atinge com toda sua fúria inesperada. Certos traços podem assegurar sua sobrevivência — a tolerância a variações climáticas extremas, por exemplo. Mas essas características precisam ter sido desenvolvidas em tempos normais, nos quais predomina a ação de cunha; e, em princípio, precisam ter surgido por razões sem qualquer relação com seu papel posterior (por pura sorte) na salvação de seus possuidores em meio à calamidade imprevista da extinção em massa. (Digo "em princípio" porque, a menos que nossa visão básica da causalidade esteja seriamente equivocada e o futuro possa determinar os rumos do presente, os organismos podem desenvolver certo traço por sua possível utilidade vários milhões de anos mais tarde, quando um cometa colidir com a Terra.)

No meu entender, o modelo aleatório pode ter atuado, sobretudo nos episódios mais graves. Se aceitarmos a avaliação de David Raup, que fala da extinção de 96% das espécies na *débâcle* do Permiano, grupos inteiros podem ter-se perdido devido a um fator que poderíamos classificar de pura má sorte. No entanto, continuo apegado a uma visão mais convencional da causalidade, o que me faz pensar que, de minhas duas alternativas possíveis, o modelo das regras diferentes deve ser o que atua com mais freqüência. Podemos especificar certas causas da sobrevivência diferencial em episódios de extinção em massa, mas os traços que asseguraram este sucesso devem ter-se desenvolvido por razões totalmente independentes, ligadas à ação de cunha que impera em tempos normais.

Kant disse que os conceitos são vazios quando não se manifestam num objeto, e Harry Truman disse: "Preciso de provas, eu sou do Missouri". O modelo das regras diferentes, por mais interessante e elegante que possa ser em termos abstratos, não tem força sem uma demonstração empírica.

Vamos começar com o grupo mais relevante que já desapareceu numa extinção em massa, e com a causa mais amplamente mencionada para sua aniquilação. Quando ouve falar da extinção do Cretáceo, a maioria das pessoas logo pensa nos dinossauros. Mas nossos indícios mais claros e abundantes vêm da outra ponta da cadeia da vida — o plâncton oceânico unicelular. As extinções em massa são tão evidentes nessas criaturas que os paleontólogos falam das "linhas de plâncton", que assinalam o desaparecimento rápido e simultâneo de várias linhagens. Quanto aos "desdobramentos mortíferos" devidos ao impacto com um corpo celeste, a causa mais amplamente mencionada (embora devam ter sido causas complexas, concorrentes, numerosas e variadas) é um efeito de que Moisés lançou mão contra Faraó: "Trevas espessas sobre a terra do Egito, trevas que se possam apalpar". O impacto de um cometa ou asteróide, dizem, produziria uma imensa cratera, mandando pelos ares uma espessa nuvem de partículas que cercaria toda a Terra, encerrando-a em tal escuridão que a fotossíntese ficaria interrompida por vários meses.

Parece fácil formular uma ligação entre este cenário de trevas e a morte do plâncton. É possível que as árvores não sofressem muito com alguns meses de escuridão (sobretudo se o impacto tiver acontecido no inverno): uma planta que vive décadas pode muito bem passar alguns meses sem a fotossíntese. E mesmo que as plantas tivessem morrido, as sementes poderiam sobreviver, prontas para germinar no momento em que a nuvem escura se dissipasse. Mas o plâncton unicelular só vive alguns dias, e é totalmente dependente da fotossíntese; meses de escuridão poderiam destruir populações inteiras com facilidade. Estes seres constituem a base das cadeias alimentares oceânicas. Se eles morrem, o plâncton herbívoro fica sem alimento e também morre; o plâncton carnívoro não encontra herbívoros, os pequenos invertebrados não encontram plâncton, os peixes não encontram invertebrados — até se chegar ao frágil topo da pirâmide ecológica.

As taxas de extinção de certos gêneros de vários grupos de organismos planctônicos são inacreditáveis (e pressupõem uma porcentagem ainda maior de espécies mortas, porque a maioria dos gêneros contém várias espécies e todas elas precisam morrer para que um gênero desapareça, enquanto alguns gêneros podem sobreviver mesmo perdendo a maioria de suas espécies): 73% dos gêneros dos cocolitoforídeos, 85% dos radiolários, e incríveis 92% dos foraminíferos. Mas o exame do modelo das regras diferentes precisa concentrar-se nos vencedores e nas causas de seu sucesso. Vamos examinar então a primeira anomalia, citada por muitos autores como argumento contra a hipótese da nuvem de poeira: as diatomáceas, que talvez sejam o grupo mais importante do plâncton fotossintético, atravessaram a catástrofe do Cretáceo com uma perda de apenas 23% dos gêneros.

Podemos adotar primeiro a abordagem experimental e perguntar se alguns meses de escuridão podem causar a morte diferencial — havendo espécies que sobrevivem por razões previsíveis e outras que morrem porque lhes faltam os instrumentos do sucesso. Um estudo recente desenvolvido por Kathy Griffis e David J. Chapman pode ser usado em apoio à explicação nos termos do modelo das regras diferentes (ver bibliografia).

Griffis e Chapman obtiveram culturas de várias espécies planctônicas fotossintetizadoras, entre as quais algumas se assemelhavam a formas que sobreviveram à extinção e outras pertenciam a grupos que só apareceram depois dela, e poderiam não ter resistido muito bem às trevas. Num feliz exemplo de pesquisa relativamente "pequena" (nem todas as boas iniciativas científicas precisam de financiamentos estatais de milhões de dólares), simularam o cenário das trevas envolvendo totalmente frascos de quinhentos mililitros, cada um deles contendo uma população de uma espécie, com papel de alumínio. Controlaram os demais fatores garantindo uma temperatura constante e um suprimento adequado de nutrientes. Três espécies pertencentes a grupos que surgiram depois da extinção morreram no prazo de uma semana. Duas outras, aparentadas a formas que sobreviveram à grande mortandade, sobreviveram de oito a dez semanas sem luz — uma boa estimativa para o tempo que as trevas teriam durado, de acordo com vários modelos da nuvem de poeira.

O próximo passo é perguntar se podemos identificar algum fator de sucesso que seja consistente com o modelo das regras diferentes. Jennifer A. Kitchell, David L. Clark e Andrew M. Gombos Jr. chegaram recentemente a um forte argumento deste tipo em favor dos heróis planctônicos da *débâcle* do Cretáceo — as diatomáceas (ver bibliografia). Kitchell e seus colegas examinaram uma amostra de sedimentos ricos em diatomáceas do Cretáceo superior (antes da extinção), colhida no Ártico, à latitude de 85,6º N. Perceberam que uma porção da amostra continha sedimentos finamente laminados. As camadas alternadas consistiam quase que inteiramente de células de diatomáceas em diferentes estados: algumas camadas se compunham quase todas (até 96,4%) de células de diatomáceas em sua fase de crescimento; outras continham quase exclusivamente (até 93,3%) de "esporos em repouso" em estado de latência. Essas alterações não têm qualquer relação com a extinção que se aproximava, e devem representar uma resposta adaptativa às longas flutuações sazonais perto dos pólos; com quase seis meses ininterruptos de escuridão por ano, uma célula que normalmente viva apenas algumas semanas, subsistindo graças à fotossíntese, precisa desenvolver algum mecanismo de latência — uma espécie de hibernação — que lhes permita sobreviver aos longos invernos mais que rigorosos para qualquer organismo dependente da luz solar. Muitas espécies de diatomáceas, assim, desenvolveram um ciclo vital complexo; as células privadas de luz ou de nutrientes podem deter seu metabolismo, formar um esporo por encistamento, ter sua densidade aumentada e mergulhar em níveis inferiores da coluna de água, esperando a volta de tempos propícios.

A remoção da luz não é o único fator que desencadeia a transformação para um estado de repouso. As paredes celulares das diatomáceas são compostas de sílica, que esses organismos precisam extrair da água do mar. Por isso, elas vivem em certas áreas do oceano chamadas de zonas de ressurgência, onde as águas mais profundas, ricas em nutrientes (entre eles a sílica), emergem na superfície. Mas os períodos de ressurgência são esporádicos ou sazonais. As diatomáceas precisam ser flexíveis para poderem se aproveitar desta fartura incerta e esporádica — sendo capazes tanto de entrar em fase de crescimento e produzir o que se pode chamar de florescimento das diatomáceas, nos momentos em que encontram uma fartura de nutrientes, quanto de se encolher, formando esporos em repouso, nos períodos em que seu próprio crescimento esgota o suprimento temporário de nutrientes.

Kitchell e seus colegas perceberam um tema comum por trás desta flexibilidade que permite às diatomáceas explorar as fontes sazonais e esporádicas das duas necessidades de seu mundo — a sílica para a construção das paredes celulares e a luz para o crescimento e a subsistência. As diatomáceas desenvolveram a capacidade de formar esporos em repouso a fim de poder atravessar as estações previsivelmente flutuantes em que seu ambiente se torna inóspito. Desenvolveram este mecanismo crucial de adaptação para a vida comum em tempos normais, e não antevendo um sucesso relativo caso um cometa viesse a se chocar com a Terra milhões de anos no futuro. Não obstante, se meses de trevas desencadearam a morte devido ao impacto com um corpo celeste, as diatomáceas contavam com uma vantagem fortuita em favor de sua sobrevivência. Não que elas sejam melhores que os cocólitos ou os radiolários; não são competidoras mais bem-dotadas numa superfície oceânica repleta de cunhas. Só tiveram a sorte de contar com um recurso fisiológico que desenvolveram por outras razões em tempos diferentes, o truque que assegurou sua sobrevivência. (É interessante notar que Griffis e Chapman só identificam um traço comum entre todas as espécies que morreram na primeira semana de sua experiência: ''Aparentemente, nenhuma delas [...] produziu cistos de repouso em resposta à escuridão''.) Kitchell e seus colegas terminam seu texto com uma vigorosa defesa do modelo das regras diferentes para explicar o sucesso das diatomáceas: ''Estes dados documentam uma relação de dependência incidental, mas causal, entre um caráter biológico resultante da seleção em tempos normais da história geológica e a sobrevivência evolutiva durante um momento excepcional de crise na história da Terra''.

A vida sob o modelo das regras diferentes lembra o mito de Sísifo, ambicioso rei de Corinto que foi condenado a uma tarefa eterna no Hades. Ele é obrigado a subir uma encosta empurrando uma pedra imensa; geme e se esforça, aproximando-se finalmente do alto da ladeira, mas a pedra sempre lhe escapa e rola de volta até o fundo, de onde precisa recomeçar a cada vez. Sísifo, rolando paciente e penosamente sua pedra ladeira acima, trabalha do mesmo modo como funciona a vida nos termos da metáfora da cunha proposta por Darwin — um progresso lento e gradual resultando de uma luta constante, *ad astra per aspera*. Mas este trabalho dos tempos normais é desfeito nos momentos de calamidade, e nada acaba acontecendo num sentido mais amplo.

Esta comparação da vida com o mito de Sísifo funciona até certo ponto, mas deixa de dar conta de um aspecto crucial. A anulação do trabalho lento e paciente da cunha não implica uma regressão completa ao começo. As calamidades de extinção em massa não levam a vida de volta a um ponto de partida inicial; na verdade, desviam a pedra da mudança orgânica cumulativa, fazendo-a rolar por algum canal lateral inesperado e infalivelmente interessante. A partir do momento em que impõem regras diferentes, inauguram um novo regime em que sobreviventes misturados ao acaso se vêem dotados de oportunidades que nunca lhes seriam oferecidas num mundo regido pela ação deliberada das cunhas.

Podemos ser indiferentes à maioria dessas mudanças fortuitas que eliminaram grupos altamente bem-sucedidos e provocaram a passagem da tocha potencial a criaturas menos bem aquinhoadas que até então se confinavam aos bastidores — grupos que, por pura sorte, possuíam um bilhete premiado comprado por razões diferentes muito tempo antes, em outras circunstâncias. Pouca gente lamenta a morte dos amonitas, desde que os nautilóides tenham sobrevivido. (Na verdade, tenho provas de que poucas pessoas jamais ouviram falar dos nautilóides, e que portanto estão se lixando para isso num sentido mais amplo. Recentemente, o *World Weekly News*, o rei dos tablóides de supermercado, publicou — movido por uma fé absolutamente desavergonhada em nossa ignorância — uma fotografia sem retoques de um *Nautilus pompilius* acompanhada de uma legenda que afirmava tratar-se de um monstro gigante de Marte a caminho da Terra, com chegada prevista para antes do fim do milênio.) Quem se importa com o fato de os crinóides serem hoje todos articulados e não inadunados, ou de os corais construtores de recifes serem hoje escleractinianos e não tabulados? Aliás, quem já ouviu esses nomes? De qualquer maneira, podemos preferir ignorar os pormenores ligados à vida dos invertebrados marinhos, mas não temos como cultivar a indiferença à aplicação do modelo das regras diferentes que nos é mais próxima — a morte dos dinossauros, que resultou na possibilidade da evolução humana.

Os leitores podem reagir a este ensaio negando que ele, como afirmo, cause perturbações a conceitos essenciais para algumas de nossas convicções tradicionais. Podem dizer que, no fim das contas, o modelo das regras diferentes se limita a ilustrar um clichê tão antigo e amplamente difundido que foi até transformado em lema de grupos tão conservadores como os escoteiros e de pessoas tão jocosas quanto Sancho Pança — "o homem prevenido vale por dois; estar preparado é metade da vitória". Sim, "sempre alerta"; a flexibilidade é uma virtude. Se você for capaz de guardar um baralho inteiro na manga, sempre poderá contar com uma carta útil para qualquer circunstância. Mas o dilema cruel, o ardil-22 da evolução, está em reconhecermos que nenhuma espécie tem como se preparar consciente ou ativamente para contingências futuras. As espécies só podem se desenvolver para obter benefícios presentes entregando sua sorte futura à roda da fortuna, que está sempre a girar, ninguém sabe aonde vai... Não, é pior ainda: porque a roda não pára nunca, só muda de velocidade, girando mais depressa ou mais devagar, mudando de rumo e girando, levando com ela a vida na mais grandiosa e sublime de todas as corridas sem fim. Que jeito? Dois dólares no *Homo sap.*, na cabeça — pelo menos por mais algum tempo.

22

DE PNEUS A SANDÁLIAS

Alguma vez vocês já se perguntaram o que acontece com os pneus velhos de automóveis? Já que os Estados Unidos têm quase tantos veículos como habitantes, podemos deduzir que nossa nação tem duas vezes mais rodas do que pés, e portanto (dependendo do fator Imelda Marcos, o número de pares de sapatos por pessoa) mais pneus do que sapatos. Não sei o que acontece com nossos pneus descartados, mas sei qual é o destino dos pneus usados em muitos países do Terceiro Mundo. São cortados e transformados em solas e tiras para a fabricação de sandálias (tenho sandálias como essas compradas em feiras ao ar livre de três continentes — Quito, Nairobi e Nova Delhi).

Em nosso mundo de prosperidade material, onde tantos artigos quebrados são jogados fora porque o custo do conserto excede o preço da substituição, acabamos esquecendo que quase todo mundo conserta tudo, e não joga nada fora. (As ruas das populosíssimas cidades indianas, ao contrário do que supomos, tendem a ser limpíssimas, porque qualquer artigo tem valor de reutilização ou de revenda. Os pedaços de papel são imediatamente recolhidos; mesmo os excrementos de vaca só permanecem alguns segundos nas ruas, antes que alguém os recolha para usá-los como combustível depois de aplastrá-los num muro para secar.) Nunca visitei um lugar mais fascinante que a feira de artigos reciclados de Nairobi — um testemunho extraordinário da engenhosidade humana. Aqui, pneus se transformam em sandálias, fios telefônicos em pulseiras, latas usadas em lamparinas de querosene, fragmentos de metal em caixas e tampas de tambores de óleo em frigideiras.

Este pequeno prólogo pode parecer interessante, mas sem relação clara com o tema que me propus para este ensaio — a evolução e a história da vida. No entanto, o tema da reciclagem com finalidades quase comicamente diferentes das originais ocupa uma posição central na his-

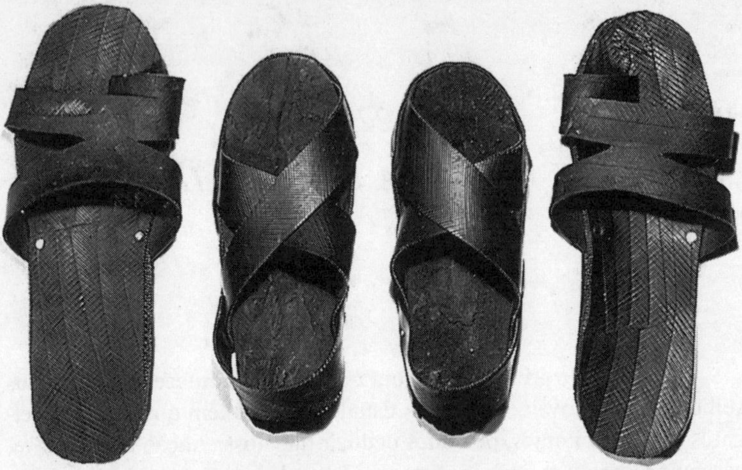

Dois pares de sandálias feitas de pneus de automóvel reciclados. Comprei as sandálias maiores numa feira de rua de Nova Delhi, na Índia, e o par menor na feira de reciclados de Nairobi, no Quênia.

Tiras de pneu cortadas para a fabricação de sandálias na feira de reciclados de Nairobi.

tória da vida, além de arrematar a argumentação que deixei inacabada em meu ensaio anterior. O texto examinava a justificação apresentada por Darwin para a existência de um progresso previsível na história da vida, e afirmava que descobertas recentes sobre a freqüência, a rapidez e a extensão das extinções em massa sugerem uma trajetória mais incerta e acidental. Assinalei que Darwin não localizava a fonte do progresso na mecânica básica da própria seleção natural — porque reconhecia que a teoria da seleção natural era limitada à adaptação local, e não se aplicava ao avanço generalizado. Em defesa da idéia de progresso, Darwin apresentou outro argumento sobre a natureza, representado por uma metáfora que apreciava muito, a metáfora da cunha: a natureza está abarrotada de espécies (como uma superfície coberta de cunhas) que concorrem por trechos de um espaço limitado. Em geral, as novas espécies conquistam seu espaço desalojando outras em competição aberta (um processo que Darwin muitas vezes descreveu em seus cadernos como ''ação de cunha'' — *wedging*). E é esta guerra de conquista constante que justifica a existência do progresso, porque em geral os vitoriosos devem este sucesso à superioridade geral de sua configuração.

Afirmei que a extinção em massa impede que os padrões mais duradouros da história da vida sejam ditados pela ação de cunha. O progresso pela competição pode ocorrer em tempos normais, mas os episó-

Vendedores de sandálias numa feira de rua de Nova Delhi.

dios de extinção em massa anulam, alteram e redirecionam este processo com tanta freqüência que a ação de cunha não consegue predominar sobre a trajetória geral da vida. Não acredito que as extinções em massa tenham resultados totalmente aleatórios e que depois delas cada espécie seja reduzida a uma simples moeda atirada ao ar, ou um dado lançado no tabuleiro. É bem provável que os sobreviventes consigam persistir por certas razões, mas é este o xis do problema (e é aqui que intervém a roda da fortuna): esses episódios extraordinários mudam as regras para a sobrevivência, e os traços que ajudam as espécies a superar as catástrofes não são necessariamente os mesmos que asseguram seu sucesso em tempos normais. Sobreviver a uma extinção em massa pode demandar a ajuda da sorte num sentido especial: um traço desenvolvido para desempenhar certa função na ação de cunha dos tempos normais acaba representando, por sorte ou por outras razões, um benefício crucial sob as regras modificadas da calamidade episódica. (As diatomáceas do ensaio 21, o único grupo de microorganismos planctônicos que conseguiu sobreviver à *débâcle* do Cretáceo, tinham desenvolvido um ciclo vital em que uma das fases era um estágio de latência a fim de resistir a flutuações sazonais previsíveis da luz e dos nutrientes em tempos normais. Se o impacto com um cometa produziu uma nuvem de poeira que escureceu a Terra por alguns meses, a sobrevivência das diatomáceas pode estar associada a uma capacidade de vida latente desenvolvida por razões muito diversas. É possível que os mamíferos tenham persistido, em grande parte, graças a seu tamanho corporal reduzido. Mas nem por isso podemos dizer que seu tamanho reduzido fosse uma preparação para o êxito a longo prazo ou sequer para uma adaptação ativa. Pode ser que os mamíferos tenham permanecido pequenos por razões basicamente negativas — porque os dinossauros dominavam o nicho ecológico das criaturas maiores, e os mamíferos não tinham como deslocá-los pela ação de cunha em tempos normais.) Assim, a extinção em massa determina um rumo acidental e interessante para a vida, inaugurando oportunidades para novos grupos e baseando o sucesso em conseqüências colaterais fortuitas de traços desenvolvidos por outras razões. O que importa se um pneu funciona bem, quando as regras mudam e a gasolina desaparece? Sua existência passa a depender da capacidade fortuita de ser convertido para alguma outra função, totalmente imprevista — como o reaproveitamento na fabricação de sandálias, por exemplo.

Mas esta argumentação — até o ponto aonde fui no ensaio 21 — só atribui um papel parcial à roda da fortuna, e qualquer defensor do modelo da cunha poderá responder prontamente: a extinção em massa é uma força negativa. Não cria nada, e só pode promover uma escolha acidental entre criaturas moldadas pela seleção natural. É verdade que a extinção em massa pode interromper uma certa tendência, aniquilar todo um grupo complexo ou mudar o rumo da vida, fazendo-a seguir por um leito inesperado — mas a evolução decorre da criação, e não da remoção de certas espécies. A força criativa da evolução, o motor da construção, só pode residir nos processos que ocorrem em tempos normais, construindo criaturas que um dia serão passadas em revista na grande peneira da extinção em massa. E o processo que controla a vida em tempos normais é a ação de cunha por meio da competição.

Eu poderia rebater este argumento de várias maneiras. Poderia dizer, por exemplo, que a triagem pela morte diferenciada na extinção em massa não faz mais que reproduzir, em escala mais grandiosa, o modo típico de operação da seleção natural em tempos normais. A seleção natural é uma peneira, e não um escultor. Muitos são chamados, e poucos os escolhidos. O motor da seleção natural são o nascimento e a morte diferenciais; os poucos sobreviventes vão acumulando e reforçando seus traços favoráveis pouco a pouco, enquanto passam pelas peneiras implacáveis de cada geração. E o que é a extinção em massa se não uma peneira maior, que descarta espécies inteiras em vez de organismos individuais? Se a triagem dos organismos em tempos normais resulta numa mudança que rotulamos de positiva, por que não atribuir o mesmo valor à morte diferencial em grandes calamidades episódicas? A extinção em massa não precisa ser necessariamente entendida como uma força negativa que se opõe ao progresso dos tempos normais.

Mas eu escolheria uma estratégia oposta para realçar o papel atribuído à roda da fortuna. Em vez de aumentar a importância da roleta da extinção em massa devido à sua semelhança formal com os processos que ocorrem em menor escala, eu procederia na direção inversa. Pretendo afirmar, em suma, que o princípio fundamental do sucesso acidental e imprevisível devido a conseqüências colaterais fortuitas está presente em todas as escalas. Este princípio vital da roda não é acionado apenas em momentos de catástrofe global, deixando que a cunha do progresso ordenado atue durante o resto do tempo. O princípio da conversão de pneus em sandálias funciona em todas as escalas e em todos os períodos, interagindo com a cunha de maneira a permitir que iniciativas estranhas e imprevisíveis ocorram a qualquer momento — o que torna a natureza tão criativa quanto a pessoa mais inteligente que já parou para pensar sobre o potencial de um ferro-velho em Nairobi.

Vou mais longe ainda, e faço aqui uma afirmação que pode parecer paradoxal. A cunha da competição tem sido, desde Darwin, o argumento canônico em favor da existência do progresso em tempos normais. E eu afirmo que a roleta da mudança funcional acidental e imprevisível (o princípio da conversão dos pneus em sandálias) é a fonte principal do que chamamos de progresso em todas as escalas. Em termos de complexidade ou do aperfeiçoamento da configuração anatômica, o avanço pode ser promovido pela cunha até certo ponto, mas o sucesso a longo prazo requer fintas e deslocamentos laterais, em que cada desvio permite mais um pequeno avanço, e o progresso depende crucialmente da disponibilidade de novos canais. A evolução é uma corrida de obstáculos, e não uma auto-estrada; o análogo correto para o sucesso de longo prazo não é o tropel retilíneo de um cavalo pela planície, mas a corrida de um atacante de futebol americano para receber um passe longo, esforçando-se para evitar pelotões de adversários decididos a derrubá-lo, numa estranha trajetória em ziguezague que leva à linha de fundo.

Vamos tentar examinar da maneira mais aberta possível apenas três dos pré-requisitos para a continuidade na seqüência que, em nosso paroquialismo, consideramos a instância crucial e mais representativa de avanço evolutivo — a origem da consciência humana. A cada ponto decisivo, a cada salto que aumenta a capacidade para um avanço substancial, encontramos o giro da roda determinando um uso novo para traços antigos (sandálias de pneu); a ação de cunha não pode fazer mais que estimular, por tempo limitado e apenas em certa medida, o que a roda torna possível.

1) *Origem da flexibilidade genética que permite um grande aumento da complexidade.* Para os evolucionistas, aquela que talvez seja a mais intrigante e inesperada das descobertas da genética molecular surgiu na década de 1960, quando estudos sucessivos demonstraram que, nos organismos multicelulares, os genes funcionais em cópias únicas constituem apenas uma pequena fração do material genético total. A maioria do material genético pode não passar de "lixo" em matéria das informações necessárias para construir e sustentar um corpo em condições de funcionamento. Além disso, há muitos genes que existem em várias cópias, por razões obscuras e sem nenhuma relação aparente com as funções necessárias dos corpos.

Ainda assim, logo ficou claro para os evolucionistas que a redundância dessas cópias múltiplas podia ser o pré-requisito crucial para a evolução da complexidade. Vamos supor que o ancestral unicelular original de todas as criaturas complexas apresentasse apenas uma cópia de cada gene, e que cada um de seus genes codificasse uma função vital. (Esta afirmação não é uma simples conjetura, mas representa o estado efetivo das criaturas mais simples que vivem em nossos dias, e o melhor modelo para os primeiros ancestrais unicelulares.) Estas criaturas funcionam muito bem; podem ser polidas pela seleção natural até chegar a um ponto ótimo, despojadas de toda gordura supérflua e desnecessária. Mas em seguida chegamos a um beco sem saída para a evolução: estas criaturas podem ser admiráveis por sua eficiência, mas como poderiam mudar no sentido crucial de adquirir novas capacidades na complexidade? Cada gene codifica algum traço vital; só pode apresentar mudanças que sejam aperfeiçoamentos em seu próprio canal. Este tipo de sistema genético não apresenta nenhuma flexibilidade, nenhum jogo, nenhuma folga, nenhuma capacidade para adquirir algo que seja de fato novo.

Este beco sem saída levou os evolucionistas a perceber o papel fundamental das cópias múltiplas, as quais permitem a evolução da complexidade. Se existem várias cópias de um mesmo gene, mas apenas uma delas supre a necessidade funcional do corpo, as outras estão disponíveis e livres para fazer experiências, variando e acrescentando novas capacidades ao organismo graças à boa sorte eventual.

Até aqui tudo bem, mas agora nos vemos diante de um enigma lógico: a menos que estejamos totalmente enganados acerca da natureza fundamental da causalidade, as cópias múltiplas não podem ter surgido "para" seu uso potencial de permitir milhões de anos no futuro, o desenvolvimento da complexidade. As cópias múltiplas são a chave da complexidade, mas devem ter-se desenvolvido por outras razões — o princípio de conversão funcional fortuita que rege a transformação dos pneus em sandálias.

Este caso é particularmente interessante porque a razão inicial para a duplicação dos genes (a coleta da borracha para os pneus) pode não ter muito a ver com a seleção natural da maneira como é tradicionalmente concebida, em termos da concorrência entre organismos pelo sucesso reprodutivo. A duplicação pode surgir por seleção no nível mais baixo dos genes, um processo invisível no mundo maior regido pelo modelo da cunha. Os genes também disputam um jogo de seleção natural em seu próprio domínio, e aqueles que desenvolvem a capacidade de duplicação e deslocamento (os *transposons*, ou "genes saltadores") conquistam vantagens neste nível inferior, da mesma forma como, no mundo de Darwin, os organismos vencem por deixar mais descendentes vivos. Na verdade, o fato de não produzir nenhum efeito sobre os corpos pode até mesmo incitar a duplicação dos genes, porque sua invisibilidade no nível da cunha de Darwin permite que ela se esconda e assegura que as pressões negativas da seleção natural não atuarão no sentido de impedir o acúmulo de cópias extras "desnecessárias". Ainda assim, pode ser que a fonte latente de uma complexidade posterior esteja justamente nesses genes duplicados "redundantes".

2) *A evolução das células complexas.* Muitos biólogos diriam que a distinção fundamental da natureza não se situa entre as plantas e os animais, e nem mesmo entre os organismos unicelulares e multicelulares, mas numa divisão existente entre as próprias criaturas unicelulares. Os procariontes de estrutura simples, as bactérias e os cianófitos, não apresentam nenhuma organela no interior de suas células — nem núcleo, nem cromossomos, nem mitocôndria. Os eucariontes, mais complexos, desenvolveram a variedade de estruturas internas que se pode encontrar ilustrando (ou desfigurando, dependendo do ponto de vista) quase todos os testes finais de biologia na escola secundária com uma pergunta inevitável: dê o nome de todas as partes da célula, e defina suas funções.

Este aumento da complexidade que distingue os eucariontes dos procariontes é considerado fundamental, em parte por julgarmos que a organização da célula eucariota é um pré-requisito absoluto para a evolução posterior de todos os organismos multicelulares. (Para citar apenas um argumento padrão: a evolução darwiniana da complexidade requer uma variação copiosa para abastecer a seleção natural; a maior parte das variações provém da ação da reprodução sexuada, que mistura dois sistemas genéticos diferentes em cada rebento; a reprodução sexuada requer por sua vez um mecanismo para assegurar uma divisão eqüitativa do material genético, de modo que os 50% com que cada um dos pais contribui sejam somados para constituir os 100% necessários ao rebento; a meiose, em que o número de cromossomos das células é reduzido à metade, é a invenção biológica que assegurou uma separação eqüitativa; os procariontes, que não possuem cromossomos e outras organelas, não são capazes de produzir uma divisão genética em duas partes exatamente iguais.)

Agora nos deparamos com o mesmo beco sem saída que encontramos no último exemplo: podemos ver por que razão a vida multicelular requer a evolução das organelas, mas as células eucariotas já existiam pelo menos 800 milhões de anos antes que surgissem os primeiros animais multicelulares — de modo que o progresso que levou à complexidade multicelular não pode ter sido a razão pela qual as organelas se desenvolveram.

Uma teoria amplamente aceita acerca da origem de algumas das organelas (como a mitocôndria e o cloroplasto, mas não, infelizmente, o núcleo, para cuja origem não existe uma boa teoria) invoca o processo da simbiose. As mitocôndrias e os cloroplastos são incrivelmente semelhantes a certos organismos procariotas independentes (são dotados de ADN próprio e têm o mesmo tamanho de muitas bactérias). É quase certo que, no início, fossem simbiontes que viviam no interior das células de outras espécies, adquirindo mais tarde uma integração maior que acabou formando a célula eucariota (e assim cada célula de nosso corpo representa uma antiga colônia em termos evolutivos). Poderíamos dizer que foi a cunha que levou os ancestrais das mitocôndrias a uma vida de simbiose. Estas bactérias teriam penetrado no eucarionte primordial por ganhar com isto maior proteção ou alguma outra vantagem, e não para criar a oportunidade da complexidade multicelular um bilhão de anos adiante. A simbiose teria ocorrido por razões darwinianas imediatas; depois, a roleta girou e a borracha produzida para a simbiose acabou dando os primeiros passos no sentido da complexidade multicelular.

3) *Os traços básicos da consciência humana.* Depois disso, a roda e a cunha continuam interagindo por mais de meio bilhão de anos até chegarmos ao ponto em que a nossa linhagem se separou da dos ancestrais dos chimpanzés, entre cerca de 6 e 8 milhões de anos atrás. É a cunha que produz alguns movimentos de avanço (e mais becos sem saída da superespecialização), mas é a roda que inaugura cada novo campo de mudança — os membros de um determinado grupo de peixes, criados graças a um arranjo incomum dos ossos das nadadeiras, tornam-se capazes de suportar o peso de seu corpo em terra (ver ensaio 4); os mamíferos finalmente conseguem uma oportunidade ao final de 100 milhões de anos de estagnação porque os dinossauros sucumbem numa extinção em massa.

É o *Australopithecus* que dá início ao processo que os livros escolares chamavam de "escalada do homem" antes de nossa linguagem ter sido reformada para não privilegiar um dos sexos. E não é a cunha que triunfa no final? Não é a seleção natural que determina a tendência irreversível ao aumento do tamanho do cérebro, do *Australopithecus* ao *Homo habilis* ao *Homo erectus* e a nós, baseada nas vantagens do aperfeiçoamento cognitivo? Vamos adotar a argumentação mais conservadora da cunha (que não corresponde à minha visão real) e responder: claro, eu concordo. O cérebro do homem aumentou porque a seleção natural favorecia diretamente alguns traços de cognição que davam vantagem na competição às pessoas de cérebro maior.

Será que o fato de eu concordar com a avaliação acima significa que as bases da cognição humana, os traços universais que definimos como "condição humana" ou "natureza humana", foram diretamente construídos pela ação de cunha? É claro que não — e não existe argumento mais importante do que este para nossa compreensão da natureza humana, e ao mesmo tempo menos difundido. Sim, é verdade que o cérebro aumentou devido à seleção natural. No entanto, em conseqüência do maior tamanho, e da densidade e da conectividade neural que isto propicia, os cérebros humanos tornaram-se capazes de cumprir uma imensa quantidade de funções que não têm qualquer relação com as razões originais para o aumento de seu tamanho. O cérebro não ficou maior para que pudéssemos ler, escrever, fazer contas ou acompanhar a passagem das estações do ano — embora a cultura humana dependa dessas faculdades. Se estão achando que eu seja um acadêmico irremediavelmente paroquial por só mencionar as faculdades de uma elite intelectual, respondo que, entre as conseqüências colaterais fortuitas do aumento dos cérebros, estão as atividades que definem qualquer pessoa. Que tal a linguagem, o denominador comum e fator distintivo da condição humana que se menciona com mais freqüência? E não estou falando do simples emprego de sons ou gestos para a comunicação, o que também é feito por muitos animais complexos. Estou me referindo à sintaxe única e à gramática universal subjacente de todas as línguas. Não tenho como provar que a linguagem não tenha sido a razão para a seleção natural privilegiar o aumento do tamanho do cérebro, mas os fundamentos universais da linguagem são tão diferentes de qualquer outro fenômeno da natureza, e tão fortuitos em sua estrutura, que sua origem como conseqüência colateral do aumento da capacidade cerebral — e não como um simples avanço contínuo numa evolução a partir de grunhidos e gestos ancestrais — me parece mais indicada. (Não estou querendo dizer que esta discussão da linguagem seja original. O raciocínio decorre diretamente de minha leitura da teoria de uma gramática universal formulada por Noam Chomsky.)

Para citar outro exemplo, basta pensar na forma como Freud apresenta a origem da religião — ou pelo menos a origem da crença em alguma forma de sobrevida após a morte como traço comum desta instituição. Freud afirmou que todas as religiões apresentam alguma crença na sobrevida pessoal após a morte — seja no céu, pela reencarnação, numa alma universal ou apenas pela continuidade da tradição. Esta crença constitui a base comum da religião porque nossos cérebros aumentados nos ''forçaram'' a perceber e reconhecer o fato da mortalidade pessoal (conceito que não é claramente apreendido por nenhum outro animal). Não podemos afirmar que nossos cérebros se tenham tornado maiores para que pudéssemos perceber o fato de nossa morte; a consciência da mortalidade é uma conseqüência colateral inevitável (e em grande parte deplorável) do poderio mental que desenvolvemos por outras razões. No entanto, é este conhecimento indesejado que constitui a base de uma instituição muitas vezes considerada como a conseqüência mais fundamental da natureza humana.

Se traços como a linguagem e a base da existência da religião são conseqüências colaterais da roda, e não dons diretos da cunha, será a natureza humana um produto previsível do aperfeiçoamento orgânico, temperado na forja da competição, ou um mero conjunto de conseqüências colaterais desordenadas com raízes na complexidade neural sem paralelo a que chegamos por outras razões? Somos as duas coisas — embora eu desconfie que nossa natureza se deve mais aos caprichos da roda que aos obséquios da cunha — e é nesta mistura que reside nossa esperança e nosso destino.

Se perturbei a serenidade dos leitores ao atribuir a complexidade genuína da cognição humana ao acúmulo de fatores fortuitos (com uma certa metragem reservada à previsibilidade depois de cada giro da roda), preciso me desculpar por mais uma idéia perturbadora que apresentarei à guisa de conclusão. Fala-se muito da "escalada das mônadas ao homem" (mais uma vez uma linguagem ultrapassada), como se a evolução tivesse percorrido caminhos contínuos de progresso ao longo de linhagens ininterruptas. Nada poderia estar mais distante da realidade. Não nego que os organismos mais "avançados" tenderam a aumentar de complexidade ao longo do tempo. Mas a seqüência que leva de protozoário a medusa a trilobita a nautilóide a peixe a dinossauro a macaco e a ser humano não é de modo algum uma linhagem, e sim um mero alinhamento em ordem cronológica dos pontos terminais de troncos evolutivos que não têm relação entre si. Além disso, a vida não exibe uma tendência à complexidade crescente no sentido usual — só uma expansão assimétrica da diversidade em torno de um ponto de partida que é obrigatoriamente simples. Vou explicar melhor esta última afirmativa obscura: por razões ligadas à química orgânica e à física dos sistemas auto-organizados, a vida surgiu no limite inferior de tamanho e complexidade preserváveis, ou muito perto deste limite. Já que a diversidade, medida pelo número de espécies, aumentou sempre ao longo do tempo, os valores extremos na distribuição da complexidade só podem se deslocar numa direção. Nenhuma espécie pode se tornar mais simples que o ponto de partida, porque a vida surgiu no limiar inferior da complexidade preservável. A única direção aberta leva para uma complexidade maior, mas são muito poucas as espécies que tomam este caminho. A complexidade crescente não é a tendência deliberada de uma linhagem ininterrupta, mas apenas o limite superior da distribuição da expansão à medida que a diversidade total vai aumentando. Nós preferimos nos concentrar nesta ponta superior e dizer que sua expansão é uma tendência porque ansiamos por alguma base racional para nossa convicção de que nós mesmos somos uma culminação previsível da evolução.

Mas basta pensar no sistema de variação como um todo, em vez de nos concentrarmos apenas em algumas poucas espécies situadas na ponta que nos interessa. O que jamais mudou, além da diversidade geral? O organismo modal sobre a Terra é hoje, como sempre foi e provavelmente sempre será, uma célula procariota. Existem mais bactérias nas vísceras de cada pessoa que está lendo este ensaio do que seres humanos na face da Terra. E quem tem maiores chances de sobrevivência a longo prazo? Nós podemos nos destruir pelo holocausto nuclear, mas é provável que os procariontes agüentem firme até o Sol explodir.

O progresso como resultado previsível de causas ordenadas, portanto, transforma-se numa dupla ilusão — primeiro porque suas causas se devem mais aos caprichos da roda da fortuna que transformam pneus em sandálias e instilam o medo da morte nos cérebros aumentados do que à laboriosa previsibilidade da cunha, impelindo os macacos a se transformar em homens; e segundo, porque a suposta escalada da vida no sentido do progresso é uma concepção que só revela nosso foco míope numa das extremidades de uma distribuição cujo modo básico nunca deixou de ser o da célula procariota.

As razões para nosso profundo apego à visão da vida como um progresso previsível têm pouca relação com a verdade, e tudo a ver com nosso consolo. Ironicamente, ao mesmo tempo em que usava a metáfora da cunha para assegurar-lhe o consolo definitivo de sua afirmação de que "todos os dotes corpóreos e mentais tendem ao progresso no sentido da perfeição" (na última parte da *Origem das espécies*), Darwin também reconhecia um desafio no caráter sanguinário da batalha permanente. Assim, encerrou o capítulo 3 da *Origem* com uma das poucas declarações mais suaves de um pensador muito realista e despido de sentimentalismo:

> Quando refletimos sobre esta luta, podemos nos consolar com a plena convicção de que a guerra da natureza não é incessante, de que nela ninguém sente medo, de que a morte em geral é rápida e de que os vigorosos, os saudáveis e os felizes sobrevivem e se multiplicam.

Nossas chances de entender a natureza aumentariam muitíssimo se fôssemos procurar consolo em outra parte. (O consolo será sempre uma necessidade desesperada neste vale de lágrimas, mas por que os fatos ligados à nossa tardia evolução precisam ser distorcidos a serviço desta causa tão nobre, mas inadequada?) Talvez eu seja apenas um racionalista irremediável, mas não será o fascínio uma fonte igualmente eficaz de consolo? Não será a natureza infinitamente mais interessante justamente por apresentar tantas complexidades e não se conformar às nossas expectativas? Não será a curiosidade uma faculdade tão maravilhosa e fundamentalmente humana quanto a compaixão?

NOVAS DESCOBERTAS
SOBRE A HISTÓRIA PRIMITIVA
DA VIDA MULTICELULAR

23
EM DEFESA DO HERÉTICO E DO SUPÉRFLUO

Samuel Taylor Coleridge, num sonho temperado pelo láudano, revelou-nos uma imagem notavelmente incongruente ao descrever o palácio dos prazeres de Kubli Khan:

> *It was a miracle of rare device*
> *A sunny pleasure-dome with caves of ice!*
> [Era um milagre de rara invenção
> Um palácio ensolarado com cavernas de gelo!]

Esta visão que superpõe a languidez tropical ao rigor ártico lembra a justaposição de dois elementos igualmente díspares em minha própria formação — Marco Polo visitando os palácios de verão da corte da China, e Eric, o Vermelho, enganando os colonos ao descrever terras árticas e inóspitas como uma ''Terra Verde''.* Esta estranha combinação da China com a Groenlândia caracteriza um período crucial da ''história do homem branco'' da forma como era ensinada, a título de história universal, nas escolas públicas de Nova York no fim dos anos 40.

Aprendíamos que a história da civilização é centrífuga — um processo de expansão a partir de alguns centros situados na Europa ou no Oriente Médio. Os heróis deste processo eram chamados de ''exploradores'' — e ''descobriam'' uma nova terra atrás da outra, embora o currículo reconhecesse com alguma relutância que todos esses lugares apresentavam culturas indígenas muitas vezes mais complexas e refinadas que a ''fonte original'' européia (Kublai Khan *versus* o Doge de Veneza).

Percorríamos a panóplia dos exploradores em rigorosa ordem cronológica. Eric, o Vermelho, um norueguês do século X, vinha em pri-

(*) ''Terra Verde'' é a tradução literal do nome original da Groenlândia, ''Groen Land'', de onde vem seu nome em inglês, ''Greenland''. (N. T.)

meiro lugar, navegando no rumo noroeste e encontrando terras áridas e geladas. Em seguida vinha Marco Polo, o visitante mais famoso de Kublai Khan (e inspirador de Coleridge), tomando o rumo de sudeste e encontrando o calor e um esplendor exótico. (Bem que o filho de Eric, Leif, poderia merecer um capítulo intermediário, já que chegou à América do Norte vários séculos antes da data oficial do "descobrimento" deste populoso continente. Mas, à época em que estudei em Nova York, Leif Ericsson figurava, juntamente com Odin e Thor, na categoria de mitologia escandinava.)

É por isso que a Groenlândia e a China — terras de disparidade máxima em matéria de clima e geografia — sempre estiveram associadas em minha mente com os passos iniciais da era dos descobrimentos. E hoje, mais de quarenta anos depois, minha disciplina, que estuda as origens mais primordiais, volta a justapor essas terras incongruentes, desta vez a serviço da descoberta sobre os verdadeiros inícios de tudo. Ao longo do ano passado, a descoberta de fósseis na China e na Groenlândia penetrou na terra incógnita das origens animais com um espalhafato digno das façanhas de qualquer explorador dos velhos tempos.

Escrevi muitos textos e um livro inteiro sobre a origem dos animais multicelulares. No entanto, do ponto de vista da perspectiva que predomina no pensamento sobre a evolução, este tema nem deveria existir, pelo menos no sentido das "primeiras" descobertas que um explorador poderia fazer. Vivemos num mundo de continuidade gradual, e a transformação de ancestrais unicelulares microscópicos em animais multicelulares de configuração moderna deveria ocorrer sob a forma de uma transição suave ao longo de um período tão extenso que nenhum organismo ou espécie isolada poderia merecer a qualificação inequívoca de "primeiro".

A vida é contínua num sentido crucial: todas as criaturas formam uma teia geológica de encadeamentos ininterruptos. Mas esta ligação não pressupõe uma transição insensível. Não há nada que interfira na continuidade que existe entre a lagarta e a borboleta, mas há estágios de desenvolvimento toleravelmente distintos. Da mesma forma, a origem dos animais lembra, em linhas gerais, uma velha descrição jocosa da vida de um soldado — longos períodos de tédio interrompidos por curtos momentos de terror. Na evolução dos animais multicelulares, longuíssimos períodos se passam sem que nada aconteça, e tudo se precipita em breves momentos geológicos. Sendo assim, é possível falarmos de "primeiros", e as descobertas feitas na Groenlândia e na China merecem ser incluídas nesta categoria de suma importância. Uma revisão rápida de algumas informações básicas pode nos dar o contexto adequado:

A vida na Terra é antiqüíssima — um fato notável que, por si só, indica a inevitabilidade química de sua origem (dadas condições apropriadas que podem ser improváveis no universo como um todo). A partir de meados da década de 1950, novas descobertas paleontológicas — mais um rude golpe em nossa aspiração à singularidade — contestaram o consenso anterior segundo o qual a vida seria altamente improvável, tendo surgido apenas porque a imensa duração do tempo geológico foi de uma vastidão propícia ao encadeamento de acontecimentos improváveis (se fizermos tentativas suficientes, acabaremos conseguindo tirar sempre cara em trinta arremessos seguidos da mesma moeda). De acordo com esta visão hoje contestada, a vida teria surgido num momento relativamente tardio da história da Terra, ao final de uma longa era geológica chamada de "Azóico" (ou sem vida, equivalente ao tempo necessário para todas as tentativas antes de conseguirmos tirar cara trinta vezes seguidas).

No entanto, fósseis de criaturas unicelulares simples já foram encontrados em rochas de todas as idades, inclusive as mais antigas que poderiam conter indícios da vida no passado. A Terra tem 4,5 bilhões de anos de idade, mas sua superfície foi derretida pelo calor gerado por duas fontes principais — o decaimento dos radioisótopos de vida curta e o bombardeio pelos detritos cósmicos que povoavam a porção mais interna do sistema solar no início de sua história — há cerca de 4 bilhões de anos. Todas as rochas que existem, portanto, só podem ter uma origem posterior a esta liqüefação primordial. As rochas mais antigas que conhecemos na Terra têm pouco mais de 3,8 bilhões de anos de idade, mas foram tão alteradas pelo calor e pela pressão que nenhum fóssil que contivessem poderia ter subsistido. As rochas mais antigas que poderiam conter restos orgânicos preservados têm de 3,5 a 3,6 bilhões de anos de idade, e foram encontradas na África do Sul e na Austrália — e nos dois casos os depósitos contêm fósseis de criaturas unicelulares semelhantes às bactérias modernas. Sugestões e indicações não são provas, mas só vejo uma mensagem possível a extrair dessa distribuição temporal: a proposição de que a vida, tendo surgido assim que pôde, estava quimicamente destinada a existir, não tendo sido um mero resultado acidental decorrente de um acúmulo de improbabilidades.

Embora a origem da vida tenha ocorrido sob o signo da inevitabilidade química, o padrão da história posterior nos fala de uma contingência histórica dominada por acontecimentos portentosos mas imprevisíveis. (Não vejo nada de estranho ou incomum neste modelo de incerteza histórica para um padrão que se teria sucedido a um substrato de necessidade inicial. Pode-se dizer, por exemplo, que a origem da fala e da escrita tenha decorrido previsivelmente da estrutura cognitiva a que chegou a mente humana. Mas as línguas que efetivamente se desenvolveram, a seqüência temporal em que surgiram e as inter-relações entre elas jamais sucederiam duas vezes da mesma maneira.)

Seja qual for a atitude que adotamos diante do quadro total, precisamos pelo menos admitir que um acontecimento crucial — a origem dos animais multicelulares — não apresenta à primeira vista a marca da inevitabilidade. Se a complexidade multicelular é um avanço previsível em relação à existência unicelular, não há dúvida de que este benefício salutar levou muito tempo para surgir, e que surgiu em cena de maneira indecorosamente abrupta, por caminhos acidentais e tortuosos.

Quase cinco sextos da história da vida são dominados por criaturas unicelulares (apresentando, perto do final do período, uma tendência à amalgamação que resultou em fios, lâminas e filamentos de natureza algácea — um acontecimento que de qualquer modo não tem nada a ver com a origem dos animais). Depois, cerca de 650 milhões de anos atrás, aparece em rochas do mundo inteiro a primeira combinação multicelular que conhecemos. Esta fauna, chamada de Ediacara devido ao nome de uma localidade australiana, é inteiramente composta de criaturas de corpo mole com configurações anatômicas notavelmente diferentes das de todos os animais modernos (discos achatados, fitas e panquecas compostas de tramas de fitas). Alguns paleontólogos chegaram ao ponto de sugerir que os animais de Ediacara não têm qualquer relação com as criaturas modernas, representando uma experiência independente, mas fracassada, de vida multicelular.

Os animais multicelulares de configuração moderna — e com partes duras capazes de serem preservadas na forma de fósseis — aparecem, também com grande espalhafato geológico, num episódio chamado de Explosão do Cambriano, cerca de 550 milhões de anos atrás. Os trilobitas, um grupo de artrópodes fósseis muito apreciados por todos os colecionadores, são as principais marcas desta primeira fauna de configuração moderna. O pleno florescimento desta fauna inicial alcança sua melhor expressão nos extraordinários fósseis de corpo mole da jazida de xisto de Burgess, no Canadá, tema de meu recente livro *Vida maravilhosa*.

Este padrão básico teve ampla divulgação, e é hoje bem conhecido pela maioria dos não-especialistas com forte interesse pela história da vida: um longo período inicial habitado apenas por criaturas unicelulares, seguido pela rápida aparição da fauna de Ediacara, talvez sem relação com os animais dos dias de hoje, e por fim a origem também brusca das configurações anatômicas modernas na Explosão do Cambriano, com expressão máxima pouco tempo depois nas jazidas de xisto de Burgess.

O que se conhece menos é a anatomia geológica pormenorizada da própria Explosão do Cambriano. Os estratos mais antigos do Cambriano contendo fósseis de corpo duro não apresentam trilobitas; estes animais só vão aparecer nos registros geológicos do segundo período do Cambriano, chamado Atdabaniano. O período inicial, dito Tommotiano (do nome de uma localidade russa), contém uma fauna que apresenta um interessante equilíbrio entre animais familiares e outros decididamente estranhos. As recentes descobertas feitas na China e na Groenlândia nos deram a primeira oportunidade de examinar decentemente o caráter anatômico do componente estranho — daí a grande importância desses achados, porque não temos como compreender os animais que nos são mais familiares (ou pelo menos são assim designados por terem sobrevivido ao ponto de produzir descendentes modernos) sem o contexto circundante de criaturas que não deixaram progênie e por isso nos parecem saídas de um romance de ficção científica.

A primeira fauna de corpo duro da Terra, surgida no Tommotiano, engloba vários fósseis de configuração moderna — esponjas, equinodermos, braquiópodes e moluscos, por exemplo. Também apresenta um grupo notável de grandes criaturas, construtoras de recifes, que desapareceram bem antes do fim do Cambriano. Esses animais enigmáticos, batizados de arqueociátides, lembram um cone em duas camadas. Se imaginarmos uma casquinha de sorvete enfiada dentro de outra, com um pequeno espaço entre elas, teremos um modelo anatômico razoável de um arqueociátide. As afinidades dos arqueociátides vêm sendo discutidas há mais de um século, com resultados incertos. A maioria dos paleontólogos optaria provavelmente por uma posição próxima à das esponjas, mas as questões científicas não são resolvidas pelo voto, e algumas opiniões diferentes gozam de forte apoio minoritário.

Mas o componente mais enigmático e mais desconcertante das faunas do Tommotiano é, de longe, um conjunto heterogêneo designado por um nome coletivo que reflete a frustração dos estudiosos. Esses pequenos espinhos, calotas, placas e taças nos revelam tão pouco acerca de sua origem e afinidade que os paleontólogos os batizaram de "pequena fauna de conchinhas" (em inglês, "*small, shelly fauna*" ou, de forma abreviada, SSF). "Conchinhas" pode ser uma gracinha de palavra quando emitida por um professor que costuma empregar um incompreensível jargão de vocábulos eruditos, mas os leitores devem ter presente que este nome só foi criado por ignorância e frustração, e não por sua beleza.

Dispomos de duas interpretações potenciais óbvias para a SSF. Talvez sejam invólucros de minúsculos organismos inteiros, uma fauna diminuta correspondente às primeiras tentativas de configurações modernas. Mas talvez — e esta segunda alternativa sempre pareceu mais provável aos paleontólogos — sejam fragmentos que correspondam à desarticulação de invólucros de organismos multicelulares maiores, cobertos por centenas ou milhares desses elementos da SSF. Esta segunda posição faz sentido. É fácil imaginar que a capacidade de secretar esqueletos resistentes ainda não se tivesse desenvolvido plenamente naquele momento, e que muitos dos primeiros organismos dotados de esqueletos não possuíssem uma concha protetora integral, e sim um conjunto de fragmentos desconectados ou imperfeitamente coordenados que só mais tarde viriam a se aglutinar, formando esqueletos completos. Estes fragmentos, desarticulados depois da morte do animal, formariam os elementos da SSF.

Se esta segunda interpretação prevalecer, os paleontólogos precisam enfrentar um problema sério. Como é que poderemos reconstituir um animal completo a partir de fragmentos parciais que nem mesmo formavam um esqueleto coerente, e revestiam uma criatura cuja forma desconhecemos por completo? No entanto, não temos como compreender plenamente a natureza desta primeira fauna crucial do Tommotiano se não conseguirmos reanimar esses componentes fundamentais da SSF. Quebra-cabeças já são difíceis quando contamos com todas as peças e seu conjunto forma um quadro que pode nos guiar à medida que vamos trabalhando na montagem. Mas os fragmentos da SSF nos propõem uma tarefa assustadora e quase impossível, porque é provável que correspondam às peças de centenas de quebra-cabeças diferentes, todos misturados. As peças não trazem qualquer desenho, e pode ser que só tenhamos encontrado menos de um décimo das peças necessárias para formar cada uma das estruturas. E, o que é pior, não conhecemos o tamanho ou as formas dessas estruturas.

À luz destas considerações, podemos afirmar que parece impossível reconstituir um animal completo da SSF a partir dos fragmentos preservados de seus esqueletos — e duas décadas de esforço contínuo não conseguiram produzir nenhuma reconstituição plausível. Precisamos adotar outra estratégia — infelizmente passiva num sentido, embora ativa em outro. Precisamos esperar pela descoberta de um tipo diferente de fóssil — não os fragmentos em geral desarticulados que não temos como remontar, mas um caso raro de preservação de um organismo inteiro da SSF, com todos seus elementos no lugar. Digo que esta mudança é passiva porque precisamos esperar pela descoberta de uma criatura de corpo basicamente mole, com os fragmentos de concha que a cobrem ainda em seu lugar — e a preservação de animais de corpo mole é muito rara entre os fósseis. Mas esta estratégia também é ativa porque já dispomos hoje de boas indicações para orientar nossa exploração: sabemos onde e como devemos procurar os fósseis de corpo mole.

Agora já posso colocar as descobertas da Groenlândia e da China em seu contexto apropriado, e resumir numa única frase sua importância: elas representam os primeiros vestígios de organismos inteiros da SSF, preservados com a totalidade de seus invólucros de elementos esqueletais independentes. A segunda interpretação da SSF foi confirmada. Essas placas, calotas, taças e espinhos são partes de esqueletos incompletos que cobriam organismos maiores — e finalmente podemos examinar um pouco a natureza dessas importantes criaturas, componente que predominava na primeira fauna da Terra dotada de algum esqueleto. (Os elementos da SSF surgem nas jazidas mais antigas do Tommotiano, mas persistem nos estratos subseqüentes do Cambriano. Os animais da SSF encontrados na China e na Groenlândia foram descobertos em rochas que também continham trilobitas, mas seus elementos da SSF são idênticos aos encontrados nos sedimentos mais antigos do Tommotiano, de maneira que os dois organismos são verdadeiros representantes desta fauna primitiva até então misteriosa.)

O *Microdictyon* é um elemento clássico da SSF. As partes duras, seus únicos componentes que se conheciam, são pequenas calotas fosfáticas de forma redonda a oval, suavemente convexas, com até três milímetros de diâmetro. Cada calota apresenta uma reticulação de células hexagonais, cada uma com um furo redondo no centro (ver a figura). Como é que um paleontólogo poderia partir desta morfologia limitada e chegar ao animal que secretou essas coberturas parciais?

Já que os cientistas não têm acesso à inspiração divina ou às artes da magia, e não tinham como dar este passo, o *Microdictyon* continuava a ser simplesmente um marcador estratigráfico de seu período, e um completo mistério em termos anatômicos. O *Microdictyon* foi encontrado no mundo todo, em rochas do Tommotiano de meados do período Cambriano na Ásia, na Europa, nas Américas do Norte e Central, e na Austrália.

Em 1989, três colegas chineses do Instituto de Geologia e Paleontologia de Nanjing — Chen Jun-yuan, Hou Xian-guang e Lu Hao-zhi — publicaram um artigo notável no volume 28 da revista *Acta Paleontologica Sinica*. (Sinto profunda gratidão pelo caráter internacional e as tradições de cooperação do trabalho paleontológico. Nossa ciência é global, e nosso caminho ficaria obstruído se perdêssemos acesso às

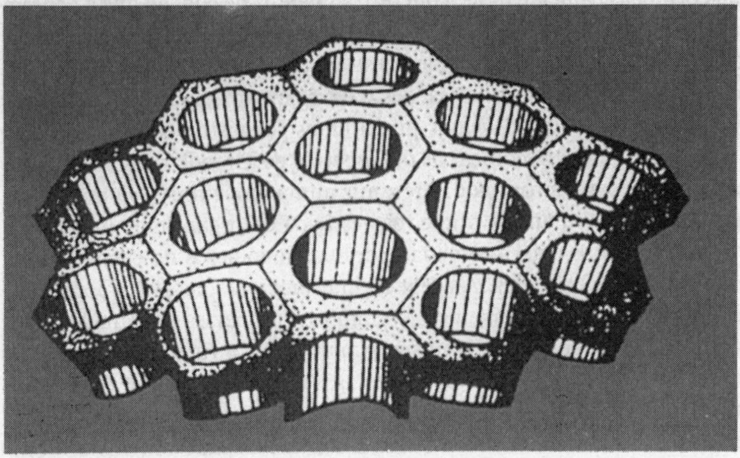

Uma calota de Microdictyon *exibindo sua reticulação característica.* (*Acta Paleontologica Sinica*, vol. 28, nº 1, p. 5.)

informações vindas de certas partes do mundo. Agradeço aos drs. Chen e Hou pelas cópias que me enviaram de seu trabalho, juntamente com as cartas que traziam mais dados preciosos acerca de suas descobertas.)

Os drs. Chen, Hou e Lu vêm pesquisando a notável fauna de Chengjiang, do Centro-Sul da China, equivalente em idade e em preservação dos corpos moles aos famosos depósitos do xisto de Burgess, no Oeste do Canadá. Entre outras criaturas admiráveis de afinidade desconhecida, descobriram vários espécimes de um animal vermiforme, com cerca de oito centímetros de comprimento.

Esta criatura (ver figura) tinha dez pares de apêndices semelhantes a pernas, em geral de força decrescente no sentido da frente para trás. Vestígios de um tubo digestivo simples podem ser vistos na maioria dos espécimes. No entanto, o traço mais notável é que este animal era dotado de pares de calotas fosfáticas, inseridas aos pares nos flancos do corpo, logo acima dos pontos de junção das pernas com o tronco. Estas calotas, *mirabile dictu*, são os elementos anteriormente chamados de *Microdictyon*, mas até então encontrados apenas em depósitos esparsos ininterpretáveis de suas partes duras. A descoberta dessas calotas no animal chinês não se limita a acrescentar mais uma criatura fascinante e misteriosa a nossos registros dos animais primitivos, mas também confirma suspeitas alimentadas há muito acerca da SSF. O *Microdictyon*, finalmente, não passa de um elemento que recobre um corpo muito maior.

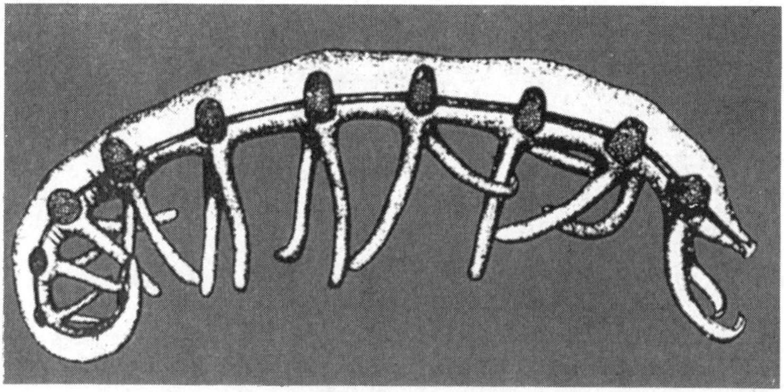

Reconstituição do Microdictyon sinicum, *mostrando os pares de calotas laterais.* (*Acta Paleontologica Sinica*, vol. 28, nº 1, p. 5.)

Além do mais, as partes duras recobrem apenas uma pequena porção do corpo, e não se articulam entre si (o espaço entre os pares de calotas tem mais ou menos o dobro do diâmetro das calotas propriamente ditas). Como poderíamos ter inferido o caráter do animal a partir apenas das calotas?

A *Halkieria* constitui um elemento ainda mais conhecido e mais frustrante da SSF. Encontrados em rochas do Cambriano inferior em todo o mundo, os halkieriídeos são preservados sob a forma de *escleritos* (lâminas achatadas e espinhos de calcificação, com apenas 1 ou 2 milímetros de comprimento). Os escleritos podem assumir várias formas características, e são ditos *siculados* (estreitos, em forma decrescente e assimétricos), *cultrados* (alongados e mais simétricos) e *palmados* (mais largos e achatados, como a palma da mão). Embora alguns paleontólogos tenham tentado reconstituir os halkieriídeos como animais minúsculos, cada um deles vivendo no interior ou em torno de um único esclerito, a maioria concorda que o animal halkieriídeo deve ter sido substancialmente maior, recoberto por um grande número de escleritos.

Em julho de 1989, num ponto especialmente inóspito da Terra de Peary, no Norte da Groenlândia, 21 espécimes de um animal halkieriídeo foram afinal desenterrados de outra jazida capaz de preservar partes moles. (Os resultados espetaculares do xisto de Burgess inspiraram os paleontólogos a dedicar atenção especial à descoberta e à pesquisa dessas raras e preciosas faunas fósseis de corpo mole. A ciência não se limita a responder perguntas, mas suscita novos problemas e conduz pesquisas frutíferas mediante a proposta de questões que antes não eram consideradas.)

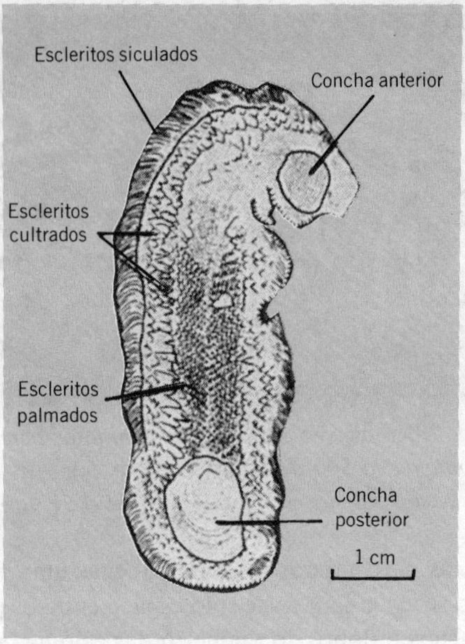

Figura de um halkieriídeo mostrando as áreas de escleritos e as duas conchas terminais. (Reproduzido com a permissão da revista *Nature*, junho, p. 808; copyright © 1990 Macmillan Magazines Limited.)

Em julho de 1990, S. Conway Morris e J. S. Peel publicaram seu primeiro relatório sobre o animal halkieriídeo. Mais uma vez, as suspeitas dos paleontólogos foram confirmadas, mas com uma reviravolta surpreendente. O halkieriídeo é, como se previa, um animal grande (com até sete centímetros), recoberto por inúmeros escleritos — até 2 mil ou mais. O corpo é alongado, chato e vermiforme, com os escleritos dispostos em zonas correspondentes às formas previamente batizadas (ver figura). Os escleritos siculados cercam a base do animal (a superfície do fundo provavelmente não tinha partes duras, uma vez que o animal se arrastava sobre o solo nu). Um sulco separa a zona dos escleritos siculados de uma região lateral de escleritos cultrados. A parte superior da superfície do animal é recoberta de escleritos palmados, mais chatos e largos.

Até aqui, tudo bem — e de acordo com as previsões. Mas a natureza sempre nos reserva surpresas. Em cada extremidade, o animal possui uma concha proeminente e inteiramente imprevista. As conchas são encontradas na mesma posição em todos os espécimes, e portanto não representam capricho algum de justaposição, ou decorrencia das condições especiais de sua preservação. A concha anterior é de forma aproximadamente retangular, e a posterior, maior que a primeira (com até um centímetro de comprimento), é mais oval e achatada. Com linhas aparentes de crescimento e um ápice próximo à margem, esta concha posterior, se encontrada separadamente, seria com certeza classificada de concha de braquiópode ou molusco. (Desconfio que vários moluscos e braquiópodes devidamente batizados do Tommotiano acabarão sendo reconhecidos na verdade como placas posteriores de halkieriídeos.) Conway Morris e Peel têm a precaução de não apresentar uma interpretação para esses elementos, embora outros tenham sugerido que as conchas terminais poderiam ter funcionado como tampas para as extremidades de um tubo em forma de U, se os halkieriídeos se entocavam, como tantos organismos vermiformes modernos.

Ficamos, é claro, imensamente gratificados de conhecer, pela primeira vez, alguns animais importantes da fauna SSF, o primeiro complemento de criaturas modernas com partes duras da Terra. Mas deveríamos nos surpreender? (Acabei de perceber que a expressão "fauna SSF" é pleonástica, mas as abreviações acabam adquirindo vida própria.)

Uma resposta equivocada poderia manifestar pouca surpresa (e uma relativa indiferença a meus esforços neste ensaio). Afinal, sabíamos que os elementos dispersos da SSF tinham que representar algum tipo de animal, e agora que encontramos duas dessas criaturas elas acabam se mostrando um tanto familiares, no final das contas. Não passam de vermes — e os vermes, afinal, são todos mais ou menos iguais. Mas esta atitude seria mais que deplorável; também estaria totalmente enganada. O termo *vermiforme* é apenas funcional, e usado para descrever organismos flexíveis e de corpo mole que apresentam uma simetria bilateral básica, com os órgãos dos sentidos alojados numa cabeça dianteira e os órgãos excretores na extremidade posterior oposta. Vermiforme não é um conceito genealógico que unifique um grupo de organismos aparentados entre si num sentido evolutivo, ou seja, originários de ancestrais comuns. O *Microdictyon* e a *Halkieria* só são vermiformes neste sentido funcional, e não existe plano anatômico básico mais comum e desenvolvido com mais freqüência por criaturas radicalmente diferentes. Os corpos vermiformes são uma boa configuração para qualquer criatura móvel que precise deslocar-se com eficiência para encontrar alimento e fugir de seus inimigos — e não existe modo de vida mais comum na natureza. Entre as criaturas vermiformes modernas, encontram-se animais tão díspares do ponto de vista genealógico quanto as minhocas segmentadas, algumas lesmas aparentadas aos caracóis, os pepinos-do-mar do filo dos equinodermos, o *Amphioxus* nosso parente (ao menos distante) e uma série de filos que todos estudamos na escola — os platelmintos (entre eles as planárias de laboratório e as solitárias dos intestinos dos vertebrados), os nematóides, os Kinorhynchia, os Pogonophora, os Chaetognatha e assim por diante.

A perspectiva adequada quando falamos da evolução é a genealógica. Os morcegos podem ser funcionalmente semelhantes às aves, mas são mamíferos por descendência. Os ictiossauros podem ter sido parecidos com peixes e funcionado como peixes, mas são répteis pela ascendência. Neste contexto mais fundamental da genealogia, tanto o *Microdictyon* quanto a *Halkieria* são enigmáticos. O animal *Microdictyon* lembra os onicóforos, um pequeno grupo moderno considerado por alguns uma transição entre os anelídeos (os vermes segmentados) e os artrópodes (insetos, aranhas e crustáceos — ver o ensaio seguinte). A *Halkieria* já foi comparada à *Wiwaxia* posterior encontrada no xisto de Burgess, mas a própria *Wiwaxia* é um enigma, e as duas conchas nas extremidades da *Halkieria* são inteiramente atípicas. É possível que novos indícios possam estabelecer homologias com grupos conhecidos, mas por enquanto a *Halkieria* deve ser vista como uma criatura singular, de afinidade desconhecida com qualquer outro animal.

Assim, podemos afastar o argumento de que "todos os vermes são iguais", que está simplesmente errado, mas a versão mais sofisticada, "isto não nos surpreende", tem seu mérito potencial. Imaginemos um sistema genealógico qualquer que termine com alguns sobreviventes bem diferenciados e todos bem distantes uns dos outros. Este é, sem dúvida, um traço fundamental da vida moderna. Nossos filos modernos representam configurações muito distintas, e nosso mundo diversificado não contém nenhuma forma que possamos situar entre as esponjas, os corais, os insetos, os caracóis, os ouriços-do-mar e os peixes (para falar dos representantes habituais dos filos mais proeminentes). Num passado distante, devem ter existido muitas formas intermediárias hoje extintas. Estes elos não teriam a aparência de híbridos fantasiosos entre os organismos vivos que conhecemos (como um cão-gato, ou uma vaca-cavalo), porque as linhagens modernas já estão separadas há muito tempo. Tenderiam antes a ser animais estranhos que sugeririam veladamente várias linhagens que vieram depois, e teriam vários traços característicos singulares (como efetivamente encontramos em mamíferos como o *Hyracotherium*, o ancestral comum dos cavalos e dos rinocerontes que viveu 50 milhões de anos atrás).

Vamos examinar uma figura e uma analogia não biológica (com

agradecimentos a R. T. Simmonds de Nordland, Washington, que me escreveu falando deste exemplo de outro contexto). As línguas românicas modernas — o francês, o espanhol, o português, o italiano e o romeno — são todas derivadas do latim, e representam entidades claramente independentes, apesar das semelhanças evidentes entre elas. Mas se pudéssemos — o que não é possível — localizar todas as linhagens que se originaram no latim, encontraríamos uma floresta de dialetos locais que ligariam entre si todos esses pontos terminais. Muitos seriam estranhos e únicos, e outros evidentemente transicionais. Constataríamos que os descendentes modernos são apenas uma pequena amostra da extrema riqueza original, a maioria da qual desapareceu no processo. Podemos ter uma idéia de todo o arbusto ao considerarmos a sobrevivência de alguns "filos" menores, como o catalão e o romance, por exemplo, ou os registros históricos de algumas linhagens extintas, como o provençal e o borguinhão. Mas se pudéssemos recuar até os primórdios da diferenciação, conjetura o dr. Simmonds, é provável que encontrássemos uma verdadeira explosão cambriana de variantes perdidas.

Neste sentido, um fenômeno como a Explosão do Cambriano deve ter gerado uma imensa maioria de linhagens que nos pareceriam peculiares se as comparássemos com os sobreviventes modernos — porque formam a rede de formas intermediárias que precisaram desaparecer para que pudéssemos surgir (como surgimos) com um conjunto limitado de configurações amplamente diferenciadas (ver figura). Mas eu levantaria aqui dois fortes argumentos contra a indiferença diante do *Microdictyon* e da *Halkieria*, com base nessas noções.

Antes de mais nada, a floresta das linhagens extintas inclui duas categorias que apresentam graus diferentes de exotismo em relação aos sobreviventes modernos. A menos que haja entre os sobreviventes modernos formas oriundas de todas as antigas periferias do arbusto evolutivo — e isto parece muito pouco provável, porque as periferias tendem a ser áreas mais vulneráveis —, muitas linhagens extintas estarão fora do espectro de todas as configurações modernas, apresentando mais que uma simples amálgama de caracteres primitivos, mas intermediários. Formulada assim esta questão soa abstrata, mas podemos percebê-la com mais facilidade se examinarmos o diagrama anexo. As linhagens 1, 2 e 3 foram as únicas a emergir da floresta dessa Explosão do Cambriano, produzindo descendentes modernos. Vamos examinar então as linhagens indicadas por letras, e seus representantes de um momento passado em que a diversidade era máxima. Algumas dessas linhagens (das letras *e* a *l* no diagrama) situam-se dentro dos limites dos grupos modernos; em nossa visão retrospectiva, nós os consideraríamos singula-

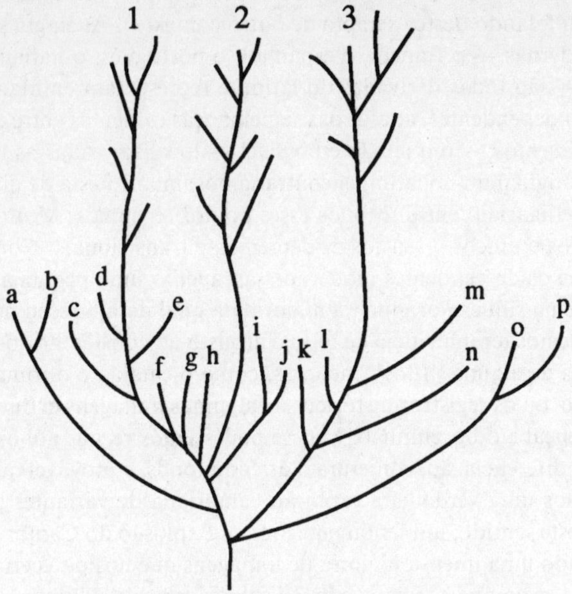

Genealogia hipotética da história primitiva da vida multicelular ilustrando a probabilidade de que muitas das formas dos primeiros estágios tivessem anatomias que seriam consideradas fora do espectro dos sobreviventes modernos. (Iromie Weeramontry, Cortesia da revista *Natural History.*)

res, mas não totalmente estranhos. Mas há outras linhagens (de *a* a *d* e de *m* a *p* no diagrama) que se situam fora dos limites dos grupos modernos, e às vezes muito além de suas fronteiras (*p*, por exemplo, está mais distante da linhagem 3 do que a linhagem 3 de qualquer outro sobrevivente moderno). A nossos olhos paroquiais (que reconhecem apenas 1, 2 e 3 como animais "normais"), estas criaturas parecerão extraordinariamente exóticas — e qualquer um que não seja o mais ignorante dos parvos se interessará profundamente por elas. (A jazida de xisto de Burgess captura nossa imaginação basicamente porque várias de suas "estranhas maravilhas" se situam provavelmente nesta área mais distante, bem fora dos limites dos grupos modernos.)

Assim, de acordo com meu primeiro argumento, não podemos excluir o *Microdictyon* e a *Halkieria* de nosso fascínio apenas por reconhecer que qualquer sistema genealógico — como nosso diagrama, como a vida moderna, como as línguas românicas — precisa necessariamente incluir uma grande maioria de linhagens tachadas de singulares pelos padrões modernos. Porque é possível que o *Microdictyon* e a *Halkieria* pertençam ao grupo especial dos *estrangeiros* (*a—d* e *m—p*), verdadeiros habitantes do mundo da ficção científica, e não ao dos *confrades* (*e—l*), que se limitariam a apresentar combinações diversas dos traços fundamentais dos outros grupos.

Mas, e se o *Microdictyon* e a *Halkieria* acabarem incluídos na confraria dos grupos internos? Devemos deixar de lado nosso interesse, dar de ombros, abandonar este ensaio e procurar o horóscopo e as colunas sociais? E é agora que chegamos ao segundo argumento, a meu ver bem mais importante que o anterior — na verdade uma declaração de princípios estética ou moral, e não uma proposição empírica. O que é o fascínio, afinal? Só devemos investir nosso interesse em coisas desconhecidas, situadas além dos limites das categorias atuais? Será que já esgotamos nosso desejo de encontrar mais beleza, maior diversidade, mais exemplos, mais novidades, mais casos que nos inspirem, nas coisas que já amamos e conhecemos parcialmente? Não deploramos as cem cantatas perdidas de Bach, embora existam mais de duzentas que podemos escutar? Não daríamos um dente (o que é um canino a mais ou a menos?) pelas obras de Aristóteles que desconhecemos? Não trocaríamos metade de nosso PIB por fitas gravadas das conversas entre Sócrates e seus alunos?

Por que os intelectuais sentem tamanha dor ao pensar na destruição da biblioteca de Alexandria — o maior repositório de textos da Antigüidade, fundada por Alexandre, o Grande, mantida pelos monarcas ptolomaicos do Egito e por fim destruída, conforme a lenda que decidirmos aceitar, pelos romanos, pelos cristãos primitivos ou pelos conquistadores muçulmanos? Em parte, lamentamos a perda do que desconhecemos. Mas também deploramos a perda da oportunidade de usufruir de uma diversidade maior entre pessoas e idéias que já conhecemos e apreciamos. Deploramos a impossibilidade de estabelecer um contato concreto, de tomar nas mãos o que desapareceu para sempre. O estudo da história, afinal, também é o prazer supremo de ficar conhecendo os detalhes, e não apenas a apreensão de padrões abstratos. Mesmo que o *Microdictyon* e a *Halkieria* sejam apenas animais "confrades", formas intermediárias entre nossos filos sobreviventes, ainda assim são criaturas importantes de nosso mundo multicelular primordial. Têm formas singulares e traços peculiares — conchas nas duas extremidades, ou calotas laterais aos pares. Devemos querer aprender o máximo possível sobre essas criaturas, porque elas são como rolos de papiro na imensa biblioteca perdida de nosso passado.

Uma das lendas sobre Alexandria, quase certamente falsa, conta que a biblioteca ainda estava intacta quando os muçulmanos capturaram a cidade no século VII d.C. O emir Amrou Ibn el-Ass, depois de conquistar a cidade em 640, teria escrito para o califa Omar perguntando qual deveria ser o destino da biblioteca (e esperando, contra todas as expectativas, que o califa decidisse preservar aquele tesouro). Mas Omar respondeu com a argumentação sem saída mais espantosa de toda a história humana. Os livros, disse ele, ou eram contrários ao Corão, caso em que eram heréticos e deviam ser destruídos — ou concordavam com o Corão, caso em que eram supérfluos e também deviam ser destruídos. Assim, o conteúdo da biblioteca foi queimado para aquecer a água nos banhos públicos de Alexandria. Os livros e os rolos alimentaram as fogueiras por seis meses.

O Omar desta lenda nunca virá a merecer o louvor de nenhum intelectual, mas quero aproveitar suas palavras para dar-lhes o sentido inverso. O *Microdictyon* e a *Halkieria*, num certo sentido, podem ser heréticos (se estiverem além do espectro das formas modernas) ou supérfluos (se forem apenas formas intermediárias internas a este espectro). Mas são igualmente fascinantes, e igualmente merecedores de nosso mais intenso interesse e de nossa proteção, em qualquer dos dois casos — e é neste julgamento que reside a diferença entre a maioria de nós e os inimigos da luz. É aí que se encontra o território que precisamos defender a todo custo.

24
A INVERSÃO DA HALLUCIGENIA

Muitos problemas podem surgir por causa de um simples passeio. Quando Deus perguntou a Satanás de onde ele vinha, o principal dos anjos caídos respondeu: "De rodear pela terra, e de passear por ela" (Jó 1:7). Mas os passeios também podem fazer o bem. Aristóteles, por exemplo, preferia lecionar caminhando pelo passeio coberto, ou *peripatos*, de seu liceu de Atenas. É por isso que seus seguidores eram chamados de peripatéticos. Em grego, *patos* é caminho, e *peri* significa "em torno". O nome da escola filosófica de Aristóteles reflete portanto a atividade favorita do mestre.

A mesma etimologia está em meu nome científico favorito para um animal — o gênero *Peripatus*. Adoro o som do nome, sobretudo quando pronunciado por meus amigos escoceses que sabem pronunciar um *r* duro muito melhor que os americanos. Não consigo escrever sobre este animal sem falar de meu encanto por seu nome. A única referência a ele em meu livro *Vida maravilhosa* fala do "gênero com o lindo nome de *Peripatus*".

O *Peripatus* é um invertebrado alongado com muitos pares de pernas robustas e carnudas — daí o nome escolhido para este andarilho obrigatório. O reverendo Lansdown Guilding — que também não deixa a desejar em matéria de nome, especialmente diante do antigo estereótipo dos clérigos ingleses como especialistas amadores em história natural — descobriu e batizou o *Peripatus* em 1826. E incluiu indevidamente a criatura no filo dos moluscos (ao lado das ostras, dos caracóis e dos polvos) porque confundiu as antenas do *Peripatus* com os tentáculos de uma lesma. Já que os verdadeiros moluscos não têm pernas, Guilding escolheu o nome de seu animal em homenagem ao que seria uma suposta peculiaridade.

O *Peripatus* é o membro mais proeminente de um pequeno grupo conhecido como Onychophora. Os onicóforos modernos são invertebrados terrestres do Hemisfério Sul (com uma extensão limitada a certas regiões tropicais do Hemisfério Norte) — e por isso pouco conhecidos e nunca observados em ambientes naturais pelos residentes das zonas temperadas do Norte.

Cerca de oitenta espécies de onicóforos vivos já foram descritas. Vivem apenas em habitats úmidos, em geral em meio a folhas molhadas ou madeira podre. A maioria das espécies tem de dois a oito centímetros de comprimento, embora o campeão de tamanho, de Trinidad, adequadamente batizado de *Macroperipatus*, possa alcançar mais de quinze centímetros. Sua aparência exterior lembra as lagartas (embora não exista nenhuma relação evolutiva mais próxima entre uns e outros). São alongados, de corpo mole, e não segmentados (as ''anulações'', estrias que lembram anéis nas antenas, nas pernas e às vezes no tronco, são superficiais e não correspondem à presença de segmentos, ou divisões verdadeiras do corpo). A cabeça dos onicóforos apresenta três pares de apêndices: as antenas, as mandíbulas e, junto a estas, as chamadas papilas de gosma. Os onicóforos são carnívoros, e podem atirar com essas papilas uma substância viscosa que enreda suas presas ou seus inimigos. Por trás da cabeça, e ao longo de todo o corpo, os onicóforos apresentam de 14 a 43 pares (dependendo da espécie) de pernas simples, chamadas lobópodes. As pernas terminam em garras com vários espinhos — razão a que devem seu nome, pois *onicóforo* significa ''portador de esporão''.

Os onicóforos constituem um exemplo básico de um dilema clássico na taxonomia: como é que classificamos os pequenos grupos de anatomia exótica? (O exotismo, devemos lembrar, é em grande parte função da raridade. Se o mundo contivesse um milhão de espécies de onicóforos e apenas cinqüenta de besouros, consideraríamos esses insetos estranhíssimos.) O principal defeito e a principal fraqueza da taxonomia clássica está em sua paixão pela ordem — imposição que pode acabar distorcendo um mundo confuso, cheio de continuidades e complexidades. Qualquer pequeno grupo de anatomia peculiar logo chama a atenção, e os taxonomistas ficavam ansiosos para responder ao desafio conceitual que representam promovendo uma aliança com alguma forma mais familiar. Há duas tradições relacionadas que costumam reger essas tentativas, ambas igualmente enganosas e restritivas: a primeira é a que chamo de ''calçadeira'', e tenta forçar a inclusão da criatura num grupo um tanto diferente; a segunda, que chamo de ''vara corretiva'', tenta enfileirar a criatura entre outras, caracterizando-a como uma forma intermediária.

A calçadeira funciona tentando encaixar à força os grupos exóticos em categorias maiores e bem definidas, em geral com base em comparações forçadas e fantasiosas de um ou dois traços com formas características do grupo maior. Por exemplo, os onicóforos são às vezes associados aos Uniramia, o grupo dominante dos artrópodes, englobando os insetos e os miriápodes (as centopéias), porque tanto uns quanto outros são dotados de pernas que apresentam apenas uma articulação (sem levar em conta que as pernas dos artrópodes apresentam uma segmentação verdadeira, enquanto os lobópodes dos onicóforos são construídos em obediência a princípios totalmente diversos).

A vara corretiva tenta obrigar as criaturas que se destacam pelo exotismo a voltar para as fileiras de uma formação linear, afirmando que aquele pequeno grupo peculiar precisa ocupar uma posição intermediária entre duas categorias maiores e consagradas. Os onicóforos devem o pequeno prestígio de que desfrutam a esta estratégia — porque têm sido quase sempre interpretados como relíquias vivas da transição evolutiva entre dois grandes filos: os anelídeos (os vermes segmentados, entre os quais se incluem as sanguessugas e as minhocas comuns de jardim) e os artrópodes (que abrangem cerca de 80% das espécies animais conhecidas, entre elas os insetos, as aranhas e os crustáceos). Para esta visão, o *Peripatus* seria uma superminhoca, porque tem pernas, e um inseto vacilante, porque constrói estas pernas sem segmentos verdadeiros.

É evidente que existe uma terceira possibilidade, com implicações claramente interessantes. E este terceiro caminho já foi apontado, inclusive por taxonomistas respeitados — mas nossa preferência geral pela calçadeira e pela vara corretiva impediu que chegasse a prosperar. Os onicóforos, de acordo com esta visão, poderiam representar um grupo à parte, dotado de singularidades anatômicas suficientes para caracterizar uma divisão própria do reino animal, a despeito da pouca diversidade de seus representantes vivos. Afinal, o critério para lhes assegurar uma posição independente deveria ser o grau de diferenciação genealógica, e não o sucesso atual do grupo, medido pelo número de espécies. Uma linhagem pode precisar de um número mínimo de afiliados a fim de dispor da matéria-prima necessária para que a evolução possa forjar uma diferença suficiente para justificar uma alta posição taxonômica. Mas a diversidade atual não serve como medida da disponibilidade de matéria-prima ao longo da história geológica. A evolução funciona em fluxos e refluxos alternados; grupos que já foram grandes podem ser reduzidos a uma fração de sua glória passada. Um grande homem já nos disse que os últimos serão os primeiros, mas se formos pensar em termos da geometria da evolução, e não das leis morais, os primeiros também podem vir a ser os últimos. É possível que os onicóforos já tenham sido um grupo muito mais diversificado, ostentando com orgulho sua singularidade em muitas áreas; hoje, o *Peripatus* e seus aliados formam um bando pateticamente reduzido de remanescentes.

(Por falar em singularidade potencial, não estou apresentando aqui uma defesa insustentável da separação total, sem qualquer relação com os outros filos. São muito poucos os taxonomistas que duvidam da existência de um encadeamento evolutivo próximo entre os onicóforos, bem como outros grupos potencialmente distintos conhecidos como tardígrados e pentástomos, os anelídeos e os artrópodes. Mas esta terceira visão afirma que os onicóforos constituem um ramo diferente do arbusto da vida — um ramo que se origina numa bifurcação próxima aos ramos dos anelídeos e dos artrópodes e acaba tornando a juntar-se a eles para formar um grande tronco — enquanto a abordagem da calçadeira prefere forcejar para enfiar os onicóforos entre os artrópodes, e a vara corretiva prefere alterar a geometria da evolução transformando o arbusto da vida numa linha reta e obrigando os onicóforos a cerrar fileiras entre os vermes, mais primitivos, e os insetos, mais avançados.)

A única maneira de pôr à prova esta terceira possibilidade está na busca de onicóforos no registro fóssil — uma tarefa desanimadora, porque eles não têm partes duras que pudessem ser preservadas e, portanto, geralmente não se fossilizam. Estou escrevendo este ensaio porque várias notáveis descobertas e interpretações recentes, todas feitas de dois anos para cá, apontam agora para uma diversidade acentuadamente maior dos onicóforos nos primeiros momentos da vida multicelular moderna, logo depois da Explosão do Cambriano, há cerca de 550 milhões de anos. Estas descobertas se deveram a duas circunstâncias afortunadas: primeiro, foram encontrados onicóforos nas raras faunas de corpo mole preservadas no registro fóssil por felizes acidentes geológicos; segundo, alguns dos onicóforos antigos possuíam partes duras, e por isso podem ser identificados em depósitos de fósseis comuns.

Tenho plena consciência de que estas notícias sobre a expansão da diversidade dos onicóforos nos primórdios da vida animal multicelular não podem ser exatamente consideradas os furos do ano. Afinal, a maioria dos leitores destes ensaios jamais tinha sequer ouvido falar em onicóforos e, muito lamentavelmente, não conheciam o pobre e adorável *Peripatus*. Por que então tanta comoção em torno dos onicóforos antigos, se os leitores nem sabiam da existência dos modernos? Por favor me escutem, se estas dúvidas lhes ocorreram. O que está em jogo é muito mais que o *Peripatus*, porque a confirmação da terceira posição —

segundo a qual os onicóforos representam um ramo independente no arbusto da vida — tem vastas e interessantes implicações para todo o nosso conceito de evolução e ordem orgânica. Acredito também que os leitores vão ficar maravilhados com os detalhes acerca dos onicóforos antigos pelo que apresentam de curioso — e de esquisito.

Já sabemos alguma coisa sobre os onicóforos antigos desde o começo deste século, graças outra vez ao maior dos tesouros de fósseis de corpo mole já encontrado, o xisto de Burgess. Em 1911, dois anos depois de descobrir este sítio, C. D. Walcott deu o nome impronunciável de *Aysheaia* a um animal que descreveu como um verme anelídeo. Só de ver as ilustrações de Walcott, muitos taxonomistas logo perceberam que o animal parecia mais um onicóforo. Em 1931, G. Evelyn Hutchinson, que se tornaria o maior ecologista do mundo e foi, talvez, a pessoa mais notável que tive o privilégio de conhecer, publicou um texto definitivo sobre as afinidades do *Aysheaia* com os onicóforos. Hutchinson tinha estudado o *Peripatus* na África do Sul, e conhecia bem a anatomia dos onicóforos. Na qualidade de ecologista, ficou muito intrigado com uma questão: como é que um invertebrado marinho comum como o *Aysheaia* fora capaz de se transformar evolutivamente numa criatura terrestre como o *Peripatus*, com mudanças mínimas em sua anatomia externa? (O *Aysheaia* tinha menos pares de pernas e menos garras por perna que os onicóforos modernos. Apresentava ainda uma boca terminal na extremidade do corpo, enquanto os onicóforos modernos têm uma boca ventral em sua face inferior. Além disso, o *Aysheaia* não tinha papilas de gosma e, de qualquer maneira, não teria como usar este recurso para atirar uma substância viscosa no meio aquático do mar. No final das contas, porém, as diferenças eram espantosamente pequenas para um intervalo de mais de 500 milhões de anos e uma transferência ecológica radical, das águas do oceano para a terra firme.)

Outro onicóforo antigo havia sido reconhecido antes do ano passado — uma forma européia chamada *Xenusion*, descoberta na década de 20. Mas os achados do *Aysheaia* e do *Xenusion* não conseguiram abalar a calçadeira ou a vara corretiva. Afinal, apenas dois fósseis, ambos tão semelhantes às formas modernas, não chegam a constituir uma demonstração muito impressionante de diversidade. Os onicóforos continuavam a ser um grupo diminuto e uniforme, pronto para ser enfiado à força num dos filos ou no espaço entre eles, sem merecer uma posição própria.

No ensaio anterior, descrevi o começo da maioridade dos onicóforos (já ia falar "renascença", mas renascença é um novo nascimento, e que saibamos os onicóforos nunca tiveram um período anterior de florescimento). Descrevi a descoberta, na China, do animal que era recoberto de pequenas placas circulares encontradas há muitos anos em rochas do Cambriano inferior e conhecidas como *Microdictyon*. O fóssil vem da notável fauna de Chengjiang, no Centro-Sul da China, semelhante ao xisto de Burgess (embora um pouco mais antiga), com a extraordinária preservação dos corpos moles de muitos animais que já eram conhecidos do famoso sítio canadense (e ainda várias novidades, entre elas o animal recoberto pelas *Microdictyon*). As calotas conhecidas como *Microdictyon* aparecem ligadas aos pares nos flancos do animal, pouco acima da junção de seus lobópodes com o tronco. O animal propriamente dito lembra muito um onicóforo. Se esta interpretação for confirmada, alguns dos onicóforos antigos eram dotados de partes duras. A fauna de Chengjiang também contém um segundo provável onicóforo dotado de placas, batizado de *Luolishania*.

Assim, o registro fóssil mais antigo dos onicóforos começou a expandir-se em número e em variedade anatômica, entre eles formas de corpo totalmente mole como o *Aysheaia* e criaturas com pares de pequenas placas como o *Microdictyon* e o *Luolishania*. Mas a grande mudança, o acontecimento que finalmente pôde fazer os onicóforos transporem o limite da respeitabilidade, ocorreu por fim em 16 de maio de 1991, quando o paleontólogo sueco L. Ramsköld e seu colega chinês Hou Xianguang publicaram um artigo na revista inglesa *Nature* (a ciência é realmente internacional — ver bibliografia).

Ramsköld e Hou detonaram uma bomba que, com grande elegância, dá sentido a um dos maiores enigmas paleontológicos dos últimos tempos. Em 1977, Simon Conway Morris descreveu o mais estranho de todos os organismos do xisto de Burgess, a que deu um nome igualmente fora do comum: *Hallucigenia*, devido à "aparência bizarra, de sonho, do animal". Ele descreveu a *Hallucigenia* (ver figura) como um corpo tubular sustentado por sete pares de espinhos longos e pontiagudos — não os apêndices articulados dos artrópodes, e nem lobópodes carnudos, mas espinhos rígidos. Segundo a reconstituição de Conway Morris, uma única fileira de sete tubos de carne, cada um deles terminando num par de pequenas pinças, corre ao longo das costas da criatura, com um tufo de seis tubos menores, talvez em três pares, por trás dos sete maiores. A cabeça, que não estava bem preservada em nenhum espécime, era retratada como uma extensão bulbosa, e a cauda como um tubo curvado para cima.

A *Hallucigenia* tinha uma aparência extremamente bizarra, mas a questão do funcionamento desta criatura era ainda mais misteriosa. Em particular, como podia um pequeno animal, com cerca de dois centí-

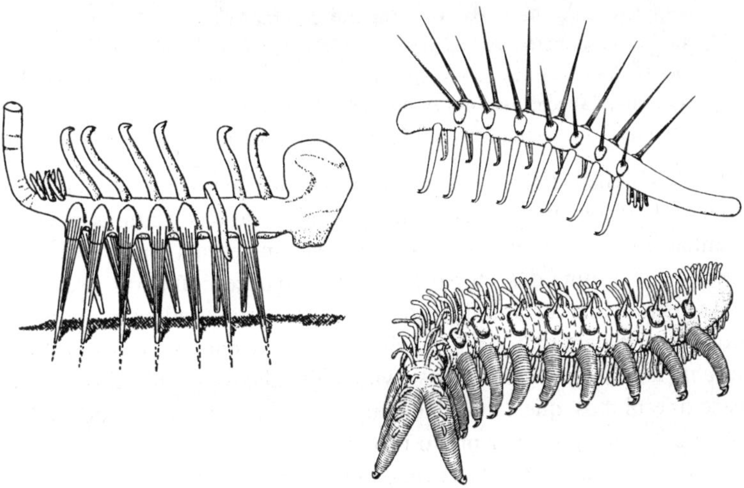

À esquerda: *reconstituição original, feita por Conway Morris, da* Hallucigenia. (Simon Conway Morris (1977); reproduzido com a permissão da revista *Paleontology*.) À direita, no alto: *a inversão da* Hallucigenia *proposta por Ramsköld e Hou, resultando num onicóforo.* (Reproduzido com a permissão da revista *Nature*; copyright © 1991 Macmillan Magazines Limited.) Acima, à direita: a reconstituição do novo onicóforo de Chengjiang proposta por Ramsköld e Hou, com placas laterais e espinhos. (Reproduzido com a permissão da revista *Nature*; copyright © 1991 Macmillan Magazines Limited.)

metros de comprimento, manter a estabilidade equilibrando-se sobre sete pares de espinhos rígidos à guisa de ''pernas''? E ainda que conseguisse um equilíbrio estável, como conseguiria mover-se? Alguns de nossos melhores morfologistas funcionais, entre eles Mike Labarbera, da Universidade de Chicago, defrontaram-se com esta questão e não conseguiram encontrar uma resposta.

A morfologia improvável, e a questão ainda mais perturbadora da função, levou muitos paleontólogos a contestar a reconstituição de Conway Morris (e o próprio Simon começou a duvidar de suas conclusões originais). Em meu livro *Vida maravilhosa*, apresentei a versão original de Conway Morris e optei por uma interpretação diferente, proposta por vários colegas antes de mim — de que a *Hallucigenia* seria uma parte separada de um animal maior (e ainda desconhecido). Escrevi:

> A *Hallucigenia* é tão singular, e é tão difícil imaginá-la como um animal capaz de funcionar, que devemos considerar a possibilidade de uma resposta muito diferente. É possível que a *Hallucigenia* não seja um animal

completo, mas um apêndice complexo de uma criatura maior que ainda não foi descoberta. A "cabeça" da *Hallucigenia* não passa de um bulbo incoerente em todos os fósseis que conhecemos. Talvez na realidade não seja uma cabeça, mas um ponto de fratura, assinalando o lugar onde o apêndice (que chamamos de *Hallucigenia*) se separou de um corpo maior.

Recebi dúzias de cartas muito bem-vindas de leitores do meu livro sugerindo reconstituições diferentes para algumas das criaturas mais estranhas do xisto de Burgess. A *Hallucigenia* mereceu a maior parte das atenções — e uma das sugestões tendia a aparecer inúmeras vezes, em pelo menos vinte cartas independentes. Estes correspondentes, quase todos amadores em matéria de história natural, assinalaram que a *Hallucigenia* faria mais sentido se fosse virada de cabeça para baixo — e neste caso os espinhos, que não faziam muito sentido como órgãos locomotores, poderiam funcionar muito melhor para a proteção do animal!

Respondi a essas cartas com o argumento — para mim decisivo — de que, em matéria de órgãos locomotores, uma fileira única de tentáculos (a versão da superfície dorsal apresentada por Simon) funcionaria ainda mais precariamente do que pares de espinhos. Como poderia uma criatura se equilibrar, quanto mais se locomover, apoiada numa fileira única de tentáculos? Ainda assim, porém, não tinha como negar que todo o resto fazia mais sentido se o animal fosse virado de cabeça para baixo.

Isto não costuma acontecer com freqüência, mas se Ramsköld e Hou estiverem corretos — e acho que estão —, a intuição dos amadores terá triunfado sobre o peso da opinião especializada. Porque Ramsköld e Hou — sem sabê-lo, é claro — seguiram o conselho de meus correspondentes. Viraram a *Hallucigenia* de cabeça para baixo, mas com um detalhe adicional (um pormenor intelectual, e não geométrico) — transformaram-no num onicóforo!

Ramsköld e Hou apresentam dois argumentos principais em favor de sua inversão da *Hallucigenia*. Em primeiro lugar, abordam a questão que me deixou sem resposta: como pode uma fileira única de tentáculos desempenhar a função de pernas? Eles admitem a existência do problema, é claro, mas sugerem que Conway Morris se enganou e que, na verdade, há duas fileiras de tentáculos presentes aos pares na superfície que ele interpretou como dorsal, ou superior. Se Ramsköld e Hou estiverem corretos, a principal objeção a se virar a *Hallucigenia* de cabeça para baixo desaparece — porque duas fileiras de tentáculos flexíveis se parecem com as pernas comuns de uma criatura que apresente simetria bilateral. Além disso, se virarmos a *Hallucigenia* de cabeça para baixo com base na suposição de que o que adorna o dorso da versão de Conway Morris são duas fileiras de tentáculos, o animal invertido lembra imediatamente um onicóforo a qualquer especialista, porque os pequenos pares de pinças na extremidade de cada tentáculo se transformam em equivalentes das garras dos onicóforos. Ramsköld e Hou ainda não conseguiram produzir indícios suficientes para provar de maneira conclusiva a existência de duas fileiras de tentáculos, mas nosso museu em Harvard contém a amostra mais adequada para resolver esta questão — uma lousa de pedra contendo mais de uma dúzia de espécimes fósseis de *Hallucigenia*. Emprestei esta lousa a Ramsköld e Hou, e desconfio que a resposta não deve tardar.

Em segundo lugar, eles precisam explicar como é que um onicóforo podia possuir os vários pares de espinhos longos, pontiagudos e voltados para cima, que uma inversão da *Hallucigenia* distribui ao longo do dorso do animal — porque alguns onicóforos fósseis apresentam placas (o *Microdictyon* e o *Luolishania*, como já mencionei), mas nenhum dos animais descritos até hoje apresenta espinhos. Aqui, Ramsköld e Hou apresentam indícios quase irresistíveis numa forma muito apreciada pelos historiadores naturais — uma seqüência contínua em que uma forma estranha e inesperada se encadeia a uma forma que nos é mais familiar, por meio de uma série de estágios intermediários.

A série poderia começar com o *Microdictyon*. Este animal, provavelmente um onicóforo, possuía pares de calotas achatadas ao longo dos flancos de seu corpo, logo acima do ponto de inserção dos lobópodes. Passamos em seguida a um novo "lobópode encouraçado" ainda sem nome, outra vez da prolífica fauna de Chengjiang. Claramente um onicóforo também apresenta pares de placas na mesma posição que o *Microdictyon*. Mas em seu caso cada placa traz um pequeno espinho (ver figura) — não tão longo quanto os da *Hallucigenia*, mas de qualquer maneira provando que as placas dos onicóforos podiam suportar espinhos. Para o terceiro passo, podemos recorrer às placas isoladas coletadas em rochas do Cambriano inferior no Norte da Groenlândia por J. S. Peel e ilustradas pelo paleontólogo sueco Stefan Bengtson num comentário publicado em *Nature* acompanhando o artigo de Ramsköld e Hou. Essas placas da Groenlândia apresentam a mesma estrutura das do *Microdictyon* — e a afinidade com os onicóforos parece uma conjetura razoável (embora neste caso só tenhamos encontrado as placas, e não o corpo inteiro). Mas as placas encontradas na Groenlândia trazem espinhos que chegam quase ao comprimento dos espinhos da *Hallucigenia*. Agora só precisamos de um pequeno passo para nos levar ao quarto elemento da série — um onicóforo que apresente placas com espinhos muito alongados: em outras palavras, a *Hallucigenia* de cabeça para baixo!

Estamos assistindo a uma verdadeira explosão de onicóforos no Cambriano — o *Aysheaia* e o *Xenusion* com seus corpos moles, o *Microdictyon* e o *Luolishania* com suas placas, a criatura sem nome de Chengjiang com suas placas e espinhos curtos, a forma da Groenlândia com espinhos mais longos e, por fim, a *Hallucigenia* de cabeça para baixo, com espinhos de grande extensão.

A inversão da *Hallucigenia* coroa e encerra a seqüência. A conclusão parece inescapável: no grande período de variação e experimentação anatômica máxima que se seguiu ao momento em que a Explosão do Cambriano povoou a Terra de animais multicelulares de configuração moderna, os onicóforos representam um grupo substancial e independente de organismos marinhos diversificados e bem-sucedidos. As espécies terrestres modernas representam remanescentes escassos e periféricos, um fio de vida a que se apega uma linhagem que já esteve entre as mais importantes da Terra. As abordagens da calçadeira e da vara corretiva não nos ajudaram muito como estratégias de interpretação. Os grupos com poucas espécies podem ser altamente diferenciados do ponto de vista genealógico.

Os onicóforos, além disso, não são o único pequeno aglomerado de sobreviventes filiados a grupos maiores que já foram ramos importantes do arbusto da vida. O filo dos vermes priapulídeos, por exemplo, contém menos de vinte espécies em todo o mundo, o que é muito pouco se comparadas às cerca de 8 mil espécies dos vermes poliquetas marinhos, membros do filo dominante dos anelídeos. No entanto, no período Cambriano, nos primórdios da história multicelular, os priapulídeos e os poliquetas eram igualmente comuns e dotados (pelo menos ao que parecia) de possibilidades semelhantes de sucesso duradouro. Além disso, assim como os onicóforos subsistiram sobrevivendo num habitat periférico (para um grupo anteriormente marinho), o meio terrestre, os priapulídeos modernos vivem todos em habitats inóspitos e marginais — quase sempre em águas frias ou profundas, e muitas vezes com níveis baixos de oxigênio.

Ao reconhecer os onicóforos como grupo distinto com um legado ancestral de amplitude muito maior, podemos lamentar a perda da ordem que a calçadeira e a vara corretiva tentam garantir, mas deveríamos comemorar os interessantes ganhos conceituais. Segundo nossa avaliação mais recente da história primitiva da Terra, muitos grupos ''desconfortáveis'' como os onicóforos devem existir hoje. Antes, achávamos que a história da vida se deslocava sempre em frente, no sentido da expansão, a partir de primórdios simples em algumas poucas linhagens ancestrais e primitivas, resultando sempre em mais e melhores formas — a noção convencional que chamei de cone da diversidade em expansão. Nos termos deste modelo, não faz sentido atribuir uma posição genealógica antiga e distinta a vários grupos pequenos (como os onicóforos) — porque a vida primitiva da Terra, na ponta do cone, não deveria apresentar muitas anatomias distintas. Os grandes grupos vivos de moluscos, artrópodes, anelídeos, vertebrados etc. — todos os quais têm registros fósseis que se estendem até este primórdio — já fornecem material suficiente para o legado desses tempos ancestrais de simplicidade limitada. Mas a reinterpretação do xisto de Burgess, e nosso interesse cada vez maior pela história dos primórdios da vida multicelular em geral, indicaram que o modelo do cone não só está errado como ainda é o contrário do que devia ser. É possível que a vida tenha chegado a uma difusão máxima da experimentação anatômica nesses tempos primitivos — e que a história que veio depois possa ser descrita como uma redução das possibilidades iniciais por dizimação, e não uma expansão contínua.

Neste modelo invertido de uma campina, em que a maioria das plantas é cortada e apenas algumas podem continuar a proliferar depois disso, deveríamos encontrar alguns tipos de relva que sobreviveram à ceifadeira, mas nunca tornaram a florescer de modo tão extensivo — enquanto, para o modelo do cone, a abundância inicial de folhas de relva nunca existiu, e não temos como encontrar nos primórdios da história da vida matéria-prima suficiente para grupos modernos distintos como os onicóforos.

Por mais que eu possa lamentar a perda de um monstro interessantíssimo com a inversão da *Hallucigenia*, e com a conseqüente metamorfose que a transformou de criatura de pesadelo em onicóforo, sinto-me mais do que recompensado pelas fascinantes revelações que isto nos traz sobre a história ancestral do portador de meu nome favorito, o *Peripatus*. A idéia de que estes animais marginais e negligenciados pertençam a um grupo que já foi poderoso, e que englobava membros dotados de placas e longos espinhos, me deixa encantado. E me regozijo com o conhecimento adicional que isto nos revela acerca do estranho e vigoroso período do início da história da vida multicelular. (Meu pesar, de qualquer modo, não poderia ser mais irrelevante para a constituição da natureza, tanto hoje quanto 500 milhões de anos atrás. A *Hallucigenia* foi o que foi. Minhas preferências, como as de qualquer cientista, só merecem consideração como vieses potenciais capazes de bloquear nossa compreensão da factualidade da natureza.)

O *Peripatus* pode ostentar com orgulho, em suas deambulações, os galardões de seu *pedigree*. Quanto a nós, os seres humanos, descendentes intelectuais de Aristóteles, o primeiro dos peripatéticos, sempre podemos lembrar um dos provérbios favoritos do ''mestre dos que conhecem'' — o que começa bem já está quase pronto (da *Política*, livro 5, capítulo 4). Vamos aplicá-lo primeiro aos próprios onicóforos — porque num mundo impiedoso dominado pela sorte ocasional de sobreviver à extinção, um começo vigoroso de grande diversidade assegura possibilidades máximas de transmitir certo legado ao longo do caminho pedregoso. Mas devemos aplicá-lo também a nós, os paleontólogos que se esforçam por compreender melhor esta história complexa da vida. Virando a *Hallucigenia* de ponta cabeça, é provável que tenhamos dado um grande passo no sentido de virar a história da vida do lado certo.

VII

REVENDO E AMPLIANDO DARWIN

25

O QUE O POMBO IMACULADO REVELA À MENTE SOBRECARREGADA

Dois símbolos sucessivos da cidade de Saint Louis tipificam as passagens de nosso século. O magnífico arco de Saarinen, reluzente e imaculado, parece erguer-se para o céu saindo de dentro das águas do rio Mississippi (uma ilusão de ótica produzida, em grande parte, pelo engenhoso recurso de ir reduzindo a largura de suas bordas, que têm cerca de dezoito metros na base da estrutura e apenas cerca de seis metros no topo. Nossas mentes esperam um tamanho constante, e este acentuado decréscimo faz portanto com que o topo nos pareça muito mais alto do que os duzentos metros que tem na realidade — a altura dos arranha-céus mais elevados das cidades modernas). Por outro lado, o símbolo mais antigo de Saint Louis, uma estátua eqüestre de seu epônimo, Luís IX, o único rei da França a ter sido canonizado, ainda se ergue diante do museu de arte da cidade, no Forest Park. Está longe de ser imaculada, graças ao bombardeio incessante dos principais agentes enodoadores de todas as cidades — os pombos.

A associação entre os pombos e a estátua de São Luís é antiga. A estátua atual é uma nova versão, fundida em bronze em 1906, do original transitório criado para a entrada principal de uma das maiores exposições já realizadas no mundo — a Exposição Mundial de 1904, organizada para comemorar (embora com certo atraso) o centenário da aquisição da Louisiana. A feira deve ter sido espetacular; a família da minha mulher, criada em Saint Louis, ainda fala dela com admiração em histórias que vêm sendo transmitidas há três gerações. Foi esta feira que nos trouxe o chá gelado, as casquinhas de sorvete e uma esplêndida canção, *Meet me in Saint Louis, Louis* (poucos sabem que o segundo verso diz "*meet me at the fair*" [encontre-me na feira].

Havia uma roda-gigante com vinte andares de altura; Scott Joplin tocou seus *rags* para os visitantes. Na rua central da área das diversões, apresentavam-se encenações diárias reconstituindo a Guerra dos Boers e a enchente de Galveston. Os maiores atletas do mundo vieram participar da terceira Olimpíada. A área da feira, iluminada à noite pela invenção recente das lâmpadas elétricas, inspirou Henry Adams a escrever: "O mundo jamais testemunhou fantasia tão maravilhosa; à noite, as areias escarlates da Arábia nunca refletiram um brilho que tenha a metade do esplendor [uma avaliação que precisa ser revista depois do bombardeio noturno da operação Tempestade no Deserto] que nos cercava enquanto caminhávamos entre as longas fileiras de palácios brancos, extraordinariamente iluminados por milhares e milhares de velas elétricas, suaves, ricas de sombras, palpáveis em sua profundidade sensual" (tirado de *The education of Henry Adams*). Esta descrição também explica os dois versos seguintes da canção consagrada: "*Don't tell me the lights are shining/ Any place but there*" [Não me diga que há luzes brilhando/ Em outro lugar que não seja aqui].

Os intelectuais precisam ser sempre inteligentes e industriosos. Sabemos que nossa posição nos mantém na periferia da corrente principal da sociedade, e precisamos estar sempre vigilantes à espera de oportunidades de pegar carona em empreendimentos mais amplos — de encontrar algo que seja tão grande e caro que os poderes dominantes decidirão nos conceder algum espaço e uma atenção marginal. O estardalhaço e o financiamento das grandes exposições em geral nos deixam algum espaço para promovermos uma festa menor ao nosso modo. Fui convidado para fazer um discurso num evento batizado de "Olimpíadas Acadêmicas" em Seul, durante os Jogos Olímpicos realizados naquela cidade. (Não pude ir, e nunca ouvi qualquer eco sobre o resultado do evento — embora a televisão americana nos tenha soterrado sob montanhas de detalhes ínfimos acerca dos dardos e do salto triplo.) Da mesma forma, já que a Feira Mundial de 1904 ia se instalar bem perto da Universidade Washington, os acadêmicos decidiram organizar um Congresso de Artes e Ciências na Exposição Universal (o nome oficial da feira). Naquela oportunidade, o grande biólogo americano Charles Otis Whitman proferiu uma conferência de abertura intitulada "O problema da origem das espécies". E falou basicamente sobre os pombos.

O trabalho de Whitman, embora tratasse de objeto tão humilde, tinha certa ousadia. Foi escrito num momento em que os biólogos, embora plenamente convencidos do fato da evolução, ainda se viam às voltas com muita confusão e muitas controvérsias em torno das causas das mudanças evolutivas. A própria teoria da seleção natural de Darwin jamais conseguiu obter o apoio da maioria (e só emergiria como consenso geral na década de 1930). No momento em que os visitantes percorriam a exposição tomando seus sorvetes de casquinha, havia pelo menos três outras teorias da evolução que granjeavam considerável apoio entre os biólogos — 1) a transmissão hereditária de caracteres adquiridos, ou *lamarckismo*; 2) a origem das espécies através de saltos súbitos de mudança genética, ou *mutacionismo*; 3) o desdobramento da evolução ao longo de caminhos limitados determinados pelos programas genéticos e de desenvolvimento dos organismos, ou *ortogênese* (literalmente, "geração em linha reta"). Whitman, que criava pombos há décadas, escreveu seu artigo em defesa desta última alternativa, a ortogênese, relegando assim a seleção natural darwiniana a um papel menor e subsidiário na evolução.

A ousadia de Whitman não residia em sua escolha da teoria ortogenética — esta argumentação era forte concorrente em seu tempo, embora fosse talvez a menos popular das três alternativas principais ao darwinismo. Consideramos um homem intrépido quando ele usa as armas ou os dados de seu adversário na defesa de um sistema rival. Uma história famosa sobre Ty Cobb, o lendário jogador de beisebol, fala de sua contrariedade com o novo estilo de rebatida desenvolvido por Babe Ruth (Ruth rebatia sozinho mais *home runs* por ano do que a maioria das equipes famosas tinha conseguido conquistar por temporada até então). Cobb, o maior e mais talentoso praticante do estilo anterior, em que as rebatidas eram mais modestas e procuravam assegurar a conquista de uma base por tacada, mantinha as mãos afastadas no taco e só as aproximava uma da outra, na porção média do taco, quando a bola já tinha sido lançada pelo arremessador adversário (obtendo assim um máximo de controle, mas sacrificando a força da rebatida) e então atingia a bola mandando-a na direção escolhida; Ruth, por sua vez, tinha um estilo muito contrastante (seguindo a estratégia de todos os rebatedores que privilegiavam a força): segurava o taco pela ponta e o girava em arco, errando muito mais do que acertava. Cobb considerava este estilo fácil e vulgar, por mais eficaz que pudesse ser. Um dia, quase no final de sua carreira e para demonstrar da maneira mais flagrante o desprezo que este estilo lhe inspirava, Cobb brandiu ostensivamente o taco à moda de Ruth, assinalou três *home runs* num único jogo e depois voltou a seu estilo anterior, que conservou até o fim.

O ataque de Whitman à teoria de Darwin foi mais atrevido e muito mais vigoroso, embora não tão ostensivo. Porque Whitman decidiu estudar, por décadas a fio, os mesmos organismos que Darwin resolvera usar na demonstração empírica de sua teoria — os pombos.

Afirmou Darwin no primeiro capítulo da *Origem das espécies*:

> Acreditando que é sempre melhor estudar algum grupo especial, escolhi, ao final de alguma deliberação, os pombos domésticos. Criei todas as variedades que consegui adquirir, ou obter, e fui gentilmente agraciado com peles que me foram enviadas de várias partes do mundo [...] Troquei impressões com vários apreciadores eminentes, e fui aceito no London Pigeon Club.

Na frase seguinte, Darwin aponta uma razão excelente para sua escolha:

> A diversidade das raças é espantosa. Basta comparar o pombo-correio inglês com o pombo-volteador de cara achatada, e ver a incrível diferença existente entre seus bicos [...] O pombo-volteador comum tem o hábito singular e estritamente transmitido por hereditariedade de voar a grandes altitudes em bandos compactos, e de dar cambalhotas no ar [...] O pombo-gravatinha tem as plumas tão reviradas na parte traseira do pescoço que elas formam um capuz [...] A pomba-de-leque tem trinta ou até quarenta penas na cauda, em vez de doze ou catorze, o número normal em todos os membros da grande família dos pombos; e estas plumas são mantidas em posição aberta, e tão eretas que nas aves mais bem constituídas a cauda encosta na cabeça.

Essas raças são tão diferentes que qualquer especialista, "se lhe dissessem que eram aves silvestres", suporia uma grande distinção taxonômica baseada em diferenças tão substanciais. "Não acredito", escreveu Darwin, "que qualquer ornitólogo incluísse o pombo-correio inglês, o pombo-volteador de cara curta, a pomba doméstica, o pombo-de-barbilho, a pomba-de-papo-de-vento e a pomba-de-leque no mesmo gênero."

E no entanto, o que era demonstrado pela capacidade de cruzamento entre as várias raças e pela história conhecida, todos aqueles pombos pertenciam à mesma espécie, e tinham portanto um ascendente evolutivo comum — o pombo-da-rocha, *Columba livia*. Escreve Darwin: "Por maiores que sejam as diferenças entre as raças de pombos, estou plenamente convencido de que a opinião corrente dos naturalistas está correta, ou seja, que todos descendem do pombo-da-rocha (*Columba livia*)". (Darwin poderia ter escolhido o exemplo ainda mais conhecido dos cachorros para usar em sua argumentação, mas não estava convencido de que todas as raças de cachorro tivessem derivado de um ancestral comum, um lobo, enquanto os indícios de que todos os pombos provinham de um único progenitor pareciam incontestáveis.) Faltava apenas um passo — a analogia crucial que percorre a *Origem das espécies* — para consolidar a argumentação mais importante da história da biologia, e para transformar os pombos nos heróis da reforma: se sua criação pelo homem, ao cabo de no máximo alguns milhares de anos, tinha sido capaz de produzir diferenças de aparência tão grandes quanto as que separavam gêneros diversos, por que então negar à natureza, infinitamente mais poderosa e trabalhando ao longo de milhões de anos, o poder de construir toda a história da vida por meio da evolução? Por que reconhecer o fato patente da evolução entre os pombos e depois insistir em afirmar que todas as espécies naturais, muitas delas separadas por diferenças menores que as que distinguem as raças de pombo, foram criadas por Deus em sua forma permanente?

Whitman, é claro, não discordava da afirmação central de Darwin de que os pombos *tinham evoluído*, mas questionava vigorosamente a opinião de Darwin sobre *como* eles e outras espécies tinham surgido. Charles Otis Whitman (1842-1910), embora hoje não seja muito célebre, era o maior biólogo americano de sua geração. Foi talvez o último grande pensador a atravessar a transição entre o mundo pré-darwiniano e o surgimento da tradição experimental do século XX — porque estudara com Louis Agassiz, o último verdadeiro criacionista de real estatura, e viveu para fundar e dirigir o símbolo do modernismo rigoroso na biologia americana, o Laboratório de Biologia Marinha de Woods Hole, ainda em pleno funcionamento. Em suas pesquisas, Whitman adquiriu fama por seu trabalho meticuloso nos estudos de *linhagens celulares* em embriologia — acompanhando a trajetória das primeiras células embrionárias na formação das várias partes do corpo. Promovendo esta forma de pesquisa à forma canônica de trabalho em Woods Hole, e abrigando em seu laboratório os melhores jovens biólogos dos Estados Unidos, Whitman conseguiu trazer para seu país as tradições experimentais e mecanicistas que eram ostentadas como a alma do modernismo na Europa.

À luz desses fatos, sempre me foi difícil lembrar que Whitman era mais apegado em suas pesquisas ao campo oposto, a história natural "à moda antiga", em grande parte descritiva — décadas de trabalho de criação, cruzamento e observação de pombos. Esta paixão chegou mesmo a levá-lo à morte. Em Chicago (onde trabalhou como professor de biologia na universidade), no primeiro dia gelado de dezembro de 1910, Whitman trabalhou a tarde inteira em seu quintal, preparando às pressas abrigos de inverno para salvar seus pombos do frio. Por causa disso, contraiu pneumonia e morreu cinco dias depois. F. R. Lillie, seu ex-assistente e depois sucessor em Woods Hole, fez o elogio fúnebre de seu antigo chefe: "Em seu apego aos pombos, esqueceu-se de cuidar de si mesmo".

Infelizmente, Whitman morreu antes de completar e integrar o trabalho de toda a sua vida com os pombos. Publicou alguns textos preliminares (destacando-se entre eles sua conferência de Saint Louis), mas nunca o estudo principal. Não consigo deixar de pensar que a história do pensamento sobre a evolução poderia ter sido diferente se Whitman tivesse vivido para proclamar e difundir suas idéias não darwinianas da evolução. Seus colegas reuniram suas anotações e os dados que coletara numa obra em três volumes sobre os pombos, afinal publicada em 1919. Mas esta obra (a base para meu ensaio) era desconexa e bastante incompleta, e, acima de tudo, chegou tarde demais para reivindicar sua influência potencial.

O estudo dos pombos por Darwin não se limitou a uma simples demonstração da evolução. Ele também queria promover sua teoria sobre a maneira como a evolução teria ocorrido — a seleção natural. De novo, baseou-se numa argumentação por analogia: as raças de pombos foram criadas através de uma seleção artificial promovida pelos homens com base em suas preferências em matéria de aparência extravagante (pombas-de-papo-de-vento, pombas-de-leque) ou de utilidade (pombos-correio, pombos de corrida) — ver a figura. ''Quando uma ave que apresenta alguma variação conspícua é preservada, e seus rebentos selecionados, cuidadosamente emparelhados e novamente cruzados, e assim por diante ao longo de sucessivas gerações, o princípio é tão óbvio que não preciso dizer mais nada.'' (Esta citação vem da discussão mais extensa dos pombos escrita por Darwin — dois longos capítulos em seu livro de 1868, *The variation of animals and plants under domestication* [A variação de animais e plantas sob a domesticação]. As outras frases citadas neste ensaio foram tiradas da *Origem das espécies*, 1859.) Mas não pode haver dúvida de que a seleção é a causa da evolução em pequena escala ao longo de milênios; por que negar à natureza o poder de promover transformações similares, só que muito mais profundas, no decorrer de períodos muito mais longos de tempo? ''Será que os naturalistas que [...] admitem que muitas de nossas raças domésticas descendem dos mesmos pais — será que não deveriam pensar melhor, antes de rir da idéia de que uma espécie em estado natural pode ser descendente linear de outra espécie?''

Os ortogeneticistas como Whitman não negavam a existência da seleção natural, mas achavam que a força de que falava Darwin era insuficiente para produzir modificações mais que superficiais. A seleção natural, diziam eles, não faz nada, só pode aceitar ou rejeitar a variação que diferentes organismos apresentam naturalmente numa população onde haja intercruzamentos. Se os sistemas genético e embriológi-

Ilustração de Darwin, mostrando a raça mais exuberante de pombos domésticos — a pomba-de-leque inglesa. A figura foi tirada de seu livro de 1868: A variação de animais e plantas sob a domesticação. (Cortesia do Department of Library Services, Museu Americano de História Natural.)

co dos organismos prescrevem direção definida a esta variabilidade, a seleção natural não tem como alterar a trajetória da mudança evolutiva. Vamos supor, por exemplo, que o tamanho dos rebentos só varie numa única direção em relação ao porte dos pais — ou seja, que todos os filhotes terminem maiores do que os pais, ou pelo menos do mesmo tamanho. O que pode fazer a seleção natural? A força de que fala Darwin poderia acelerar uma tendência inerente ao favorecer os rebentos maiores. No máximo, a seleção poderia evitar determinada tendência e manter a população estável, eliminando os filhotes maiores e preservando apenas aqueles que tivessem dimensões iguais às dos pais. No entanto, a seleção não tinha como atuar em sentido contrário ao da direção inerente da variação, porque não haveria matéria-prima disponível para tendências em outras direções que não o aumento de tamanho. Assim, a seleção seria apenas uma força subsidiária a uma tendência interna de variação direcional — ou ortogênese.

Darwin, é claro, estava plenamente consciente da lógica deste argumento destrutivo. Respondeu afirmando que, na verdade, a variação não tem direção inerente, e ocorre "ao acaso" em relação ao caminho favorecido pela seleção natural. (Este debate foi o único contexto em que Darwin disse que a variação ocorria ao acaso, uma afirmação que levou muita gente ao pior equívoco corrente sobre o darwinismo: a falsa idéia de que, para Darwin, a própria mudança evolutiva fosse aleatória; neste caso, a ordem manifesta da vida bastaria para contestar sua teoria. Para o esquema de Darwin, a variação é aleatória, mas a seleção natural é uma força determinista, adaptando os organismos às mudanças ocorridas em seus meios locais. Na verdade, Darwin só falou de uma variação aleatória a fim de ressaltar por contraste o poder da seleção natural como agente direcional.) Se a variação se constitui apenas na matéria-prima aleatória, e não ocorre em nenhuma direção especialmente favorecida no que diz respeito às vantagens ambientais, deve existir alguma outra força que dê forma a este potencial amorfo, promovendo a mudança adaptativa. A matéria-prima aleatória requer a existência de algum outro mecanismo que lhe imprima uma direção, realçando e preservando o traço vantajoso — e no sistema de Darwin este papel é desempenhado pela seleção natural. Mas a variação numa direção ortogenética não requer nenhuma outra força que defina sua forma, e pode responder sozinha pela fixação de uma tendência evolutiva.

Portanto, Whitman dispôs-se a provar que existe uma tendência inerente na variação apresentada pelas linhagens de pombos — uma tendência forte demais para que sua direção possa ser alterada ou mesmo substancialmente refreada pela seleção natural. Whitman baseou sua argumentação nos padrões de coloração, e começava invertendo a premissa de Darwin acerca da plumagem das formas parentais.

Os pombos soltos que cobrem com seus dejetos nossas estátuas públicas exibem dois padrões básicos de coloração em seu extenso repertório de variações. Alguns apresentam duas faixas pretas nas bordas externas das asas e, no resto do corpo, uma coloração cinzenta uniforme; outros apresentam manchas ou pintas pretas em algumas ou em todas as penas das asas, mas também conservam as duas faixas pretas (embora em geral elas resultem mais indistintas). As faixas, de qualquer maneira, são compostas de pintas (em várias penas adjacentes) que se reúnem para produzir a impressão de uma faixa larga contínua (ver as figuras, tiradas da monografia póstuma de Whitman).

Darwin supôs que os pombos ancestrais apresentassem as duas faixas, e que as pintas representariam uma modificação evolutiva no sentido da intensificação da coloração. Whitman, por sua vez, invertia a perspectiva de Darwin:

> Este último [o que tem duas faixas] foi considerado por Darwin como o padrão típico das asas da *Columba livia*; o primeiro [com as pintas] seria,

Figura do livro de Whitman mostrando o padrão da asa com duas faixas de cor, que considerava um estágio avançado em sua seqüência ortogenética. (Cortesia do Department of Library Services, Museu Americano de História Natural.)

Ilustração do livro de Whitman mostrando o padrão pintado — o estágio primitivo na evolução da coloração das asas dos pombos. (Cortesia do Department of Library Services, Museu Americano de História Natural.)

supostamente, uma variação posterior deste padrão, de ocorrência freqüente mas desprovida de importância. No entanto, a verdade é justamente o contrário; os pombos pintados representam o tipo mais antigo, do qual se derivou o tipo com as duas faixas.

Esta inversão não tem grande significação em si mesma, a menos que o leitor seja um aficcionado pelos pombos dedicado ao estudo das peculiaridades dessas criaturas em geral pouco amadas. Mas Whitman transformou sua inversão num ponto crucial, porque a seqüência que afirmava ter ocorrido, dos pombos pintados para os pombos com duas faixas, formava a parte principal da seqüência ortogenética (inexorável) que propunha para a variação determinada por fatores internos — um padrão evolutivo inerente à organização biológica dos pombos, e fora do alcance do poder da seleção natural, que não tinha como fazê-lo desviar-se. A tendência ortogenética, dizia Whitman, atuava no sentido de transformar a difusão original numa concentração posterior da cor. O padrão das manchas combinadas às faixas indistintas só podia ser anterior ao das faixas nítidas sem pintas. Na passagem seguinte ao trecho que acabei de citar, Whitman prossegue em seu raciocínio:

> A direção da evolução no padrão da plumagem dos pombos-da-rocha vem levando de uma condição de relativa uniformidade a uma condição de diferenciação regional.

Mas Whitman tinha uma visão ainda mais ousada, baseada no mesmo padrão ortogenético. Não interpretava o caminho que levou do padrão pintado às faixas como uma peculiaridade circunscrita aos pombos domésticos, mas como parte de uma tendência ortogenética muito mais ampla que ocorreria em toda a família dos pombos (englobando todas as outras espécies, inclusive as pombas selvagens da América do Norte, da *mourning dove* ao *passenger pigeon*, espécies que se extinguiram na década que transcorreu entre a morte de Whitman e a publicação póstuma de sua monografia), afetando talvez a coloração de todas as aves — uma progressão inerente e inelutável que levava de uma distribuição original quase homogênea de pintas em todas as plumas à concentração da coloração em certas áreas (pintas e mais faixas, e depois apenas faixas) e, por fim, à eliminação final de toda cor. Whitman afirmava que o estado ancestral corresponderia a uma distribuição uniforme de pintas em algumas espécies — em sua terminologia, o ''padrão da pomba-rola'' (ver figura) — e o estado final à versão idealizada e albinizada do Espírito Santo, representado como um pombo totalmente branco em tantos quadros medievais; em suma, e em suas palavras, as espécies tenderiam a evoluir de uma distribuição uniforme inicial de pintas a um ''monocromatismo imaculado'' — um estado muito incomum para os pombos (tanto na aparência quanto no comportamento), pelo menos em nossas metáforas. Numa visão notável de um movimento inexorável afetando toda a vasta família dos pombos, Whitman escreve:

> Quando examinamos espécies aparentadas e vemos as mesmas faixas diminuídas a quase metade de suas dimensões no pombo-das-rochas da Manchúria, e reduzidas a meros resquícios, de duas a seis pintas, no pombo-torcaz, e levadas à completa obsolescência ou a alguns poucos resquícios sombreados na [...] *Columba rufina* do Brasil, e totalmente desaparecidas em algumas de nossas raças domésticas ou em muitos dos pombos selvagens — quando vemos todos esses estágios multiplicados e variados entre quatrocentas a quinhentas espécies selvagens e cem a duzentas raças do-

O padrão pintado da pomba-rola, que Whitman considerava o estágio original, em sua seqüência ortogenética. (Cortesia do Department of Library Services, Museu Americano de História Natural.)

> mésticas, e de maneira geral tendendo à mesma meta final, começamos a perceber que eles são [...] fases lentas no desenvolvimento de um processo ortogenético de evolução que parece não ter outra meta determinada além de um monocromatismo imaculado — possivelmente nada menos que o albinismo completo.

Além disso, embora o progresso da tendência possa ser "alongado ou encurtado, fortalecido ou enfraquecido" por forças subsidiárias como a seleção natural, a seqüência ortogenética é invariável: "Os passos obedecem a uma série numa ordem causal e geneticamente determinada — uma ordem que não admite transposição, inversão, saltos mutacionais ou intrusões aleatórias imprevisíveis". Quando percebemos a seqüência correta de estágios ortogenéticos, a evolução pode se transformar numa ciência da previsão: "Além de se poder descobrir a direção que a mudança seguiu até aqui, seu curso futuro pode ser previsto".

Não promovi a ressurreição da obra bastante esquecida de Whitman a fim de defender a substituição da seleção natural pela ortogênese, porque esta questão já foi decidida há muito em favor de Darwin. Na verdade, quero assinalar, a partir de minha profunda admiração pela aguçada inteligência de Whitman e de meu sincero respeito por suas décadas de trabalho meticuloso com os pombos, que suas conclusões não eram nada estúpidas, e que vários aspectos de seu trabalho merecem nosso estudo detido, ainda hoje. Basta pensar em três questões que podem despertar prontamente nossa simpatia e nosso interesse.

1) *A falsa acusação de teleologia.* As definições sumárias, tão freqüentes em nossos manuais sobre a evolução, desqualificam terminantemente a ortogênese, definindo-a como um esforço extremo de inspiração teísta no sentido de resguardar alguma forma de objetivo e finalidade inerentes no mundo novo darwiniano. Nos termos desta visão enganosa, os defensores da ortogênese teriam abandonado a racionalidade, abraçando um misticismo grosseiro que fala de "forças vitais" e "direções inerentes" — os mesmos conceitos que a ciência se esforçou para descartar em todos os campos, da cosmologia à física e à química. Whitman é citado como um exemplo particularmente lamentável deste desvio e desta desistência, já que se comportara como um mecanicista tão dedicado em seu trabalho embriológico anterior.

Esta acusação, além de errada, é inteiramente oposta. Whitman e quase todos os outros defensores mais destacados da ortogênese conservavam um apego tão firme à causação mecânica, e uma aversão tão intensa à direção mística ou espiritual, quanto quaisquer de seus contemporâneos naquela era da ordem industrial do fim do século XIX. No parágrafo inicial de sua monografia sobre os pombos, publicada em 1919, Whitman escreveu:

> Seu triunfo [de Darwin] assegurou para todos nós uma altitude comum de onde podemos descortinar todo o mundo dos seres vivos, bem como toda a natureza inorgânica; hoje, encaramos os fenômenos de toda ordem como expressões de causas naturais. O sobrenatural não tem mais lugar na ciência; dissipou-se como um sonho, e os salões consagrados a esta servidão do intelecto vêm sendo iluminados por uma fé mais promissora.

Na verdade, a ortogênese de Whitman surgiu de sua perspectiva mecanicista, e não em oposição ao trabalho prévio de sua vida. A tendência ortogenética não obedecia a um impulso místico exterior, mas a uma propensão mecanicista interna, baseada em leis admitidamente desconhecidas da genética e da embriologia. Seu trabalho com as linhagens celulares mapeou o que acontecia com as células iniciais do embrião e indicou que a fonte dos órgãos que acabavam se formando podia ser especificada mesmo no pequeno aglomerado amorfo de células iniciais.

Se os embriões cresciam de maneira tão previsível, por que a mudança evolutiva deveria ser desprovida de uma ordem semelhante? "Arrisco-me a afirmar", escreveu Whitman, "que a variação é às vezes ordenada e às vezes bastante desordenada, e que a primeira é tão desprovida de teleologia quanto a outra [...] Se um planejador estabelece limites para a variação a fim de alcançar determinado objetivo, a direção dos acontecimentos é teleológica; mas se a organização e as leis do desenvolvimento excluem algumas linhas de variação e favorecem outras, não há dúvida de que não há nisto nada de sobrenatural."

2) *As provas de Whitman.* Os detratores modernos que apresentam uma visão distorcida da ortogênese como uma teleologia à moda antiga muitas vezes supõem que aqueles que a ela aderiam só poderiam fazê-lo para atender às suas expectativas pessoais, com base em supostos indícios muito precários. Mas Whitman passou décadas cobrindo resmas com dados fascinantes (nem todos interpretados da maneira correta, a nosso ver, mas ainda assim cheios de interesse). Recorreu a três fontes de indícios para dar apoio à sua teoria ortogenética: a reprodução dirigida, a anatomia comparada e a ontogênese (o crescimento das aves individuais).

No campo da reprodução dirigida, descobriu que poderia desenvolver uma raça com as duas faixas a partir de pais pintados selecionando os animais que apresentassem as pintas mais apagadas em cada geração. Mas jamais conseguiu produzir aves pintadas a partir de progenitores com as duas faixas. No campo da anatomia comparada, afirmou que as espécies consideradas mais ancestrais por outros critérios apresentavam plumagens correspondentes aos primeiros estágios da série ortogenética. No campo da ontogênese, descobriu que a plumagem juvenil exibia estágios anteriores aos das penas adultas (havia aves jovens que perdiam suas plumas pintadas e depois desenvolviam uma plumagem adulta adornada com as duas faixas). A maioria dos biólogos do século XIX acreditava que "a ontogênese recapitula a filogênese" — uma frase que significa que cada indivíduo, em seu desenvolvimento embrionário e em seu crescimento, tende a atravessar estágios correspondentes às formas adultas de seus ancestrais. A plumagem juvenil representaria assim uma condição ancestral. A lei da recapitulação está errada (ver meu livro *Ontogênese e filogênese*), mas não podemos condenar Whitman por aceitar o consenso de sua época.

3) *Canais ou ruas de mão única?* Whitman concebia sua série de estágios ortogenéticos como um caminho obrigatório — uma rua de mão única percorrida por pombos em lugar de carros. Esta visão é claramente equivocada, e dois erros básicos invalidam a forma de ortogênese que

defendia. Primeiro, os carros podem tomar as duas direções; a série de Whitman pode representar uma estrada em meio a uma paisagem complexa, mas o tráfego flui nos dois sentidos. Os pombos tanto podem ganhar como perder a coloração. Segundo, duvido que tanto a condição de plumagem pintada quanto a adornada por duas faixas possa representar um estado primitivo no caso do pombo doméstico. O ancestral de todas as raças domésticas foi uma população, e não um indivíduo — e as populações são variáveis. Desconfio que a população originária contivesse tanto aves pintadas como aves de duas faixas, dentro de determinado espectro de variação — e que este espectro sim represente a condição ancestral.

Mas se pensarmos numa forma ligeiramente modificada da visão de Whitman, encontraremos em seu raciocínio uma idéia que não só é válida como também promissora para a correção de uma concepção errônea predominante, ensinando-nos uma verdade fundamental sobre a evolução. Basta pensar num canal em vez de uma rua de mão única — canal que seria o caminho favorecido pela variação evolutiva, demarcado pelo programa genético hereditário e pelo programa que rege o comportamento dos organismos.

Se a evolução fosse totalmente controlada pela seleção natural, estas limitações e estes caminhos não existiriam: os organismos seriam como bolas de bilhar, capazes de movimento em qualquer direção e sujeitos a qualquer mudança de posição induzida pelo impulso do taco da seleção natural. Mas para tomar emprestada uma velha metáfora de Francis Galton (ver o ensaio 27 para uma explicação completa), vamos supor que os organismos sejam poliedros, e não bolas de bilhar — e que só possam se mover passando da face sobre a qual repousam para outra face adjacente. O impulso da seleção natural pode ser necessário para entrar em movimento, mas quem determina a direção da mudança possível são suas limitações e possibilidades internas. Se as faces do poliedro de Galton são construídas pelos programas genéticos internos e pelos programas que regem o comportamento, devem existir fortes condicionantes internos atuando sobre a mudança evolutiva, e a visão de Whitman está correta, desde que convertamos suas ruas de mão única em canais — ou seja, fortes tendências prévias na direção da variação disponível para a mudança evolutiva. Além disso, é provável que Whitman tenha identificado o mais importante de todos os canais internos — o caminho da ontogênese, ou do desenvolvimento dos indivíduos. A mudança evolutiva tende a ocorrer em direções que já foram dadas pelo crescimento — aumentando um pouco aqui, cortando um ou dois estágios ali, e mudando a ordem relativa do desenvolvimento entre os órgãos e as partes.

A mais séria das concepções errôneas correntes vê a evolução como uma máquina inexorável, trabalhando no sentido de produzir adaptações ideais como as melhores soluções possíveis para problemas propostos por ambientes locais, sem qualquer interferência caprichosa da história passada dos organismos. Por exemplo, durante anos acompanhei a coluna de divulgação científica "Pergunte ao *Boston Globe*", e nunca vi respostas que não fossem adaptacionistas a qualquer pergunta relativa à evolução. Uma leitora perguntou, "Por que temos dois seios?", e o jornal respondeu que o número "correto" de mamilos (para uma adaptação ótima) é de um a mais que o número habitual de rebentos, garantindo assim uma margem de segurança, mas sem representar um excedente grande demais, de modo a não se constituir num fardo. Já que as fêmeas humanas têm quase sempre apenas um filho de cada vez, o número ideal de seios é dois, de acordo com este argumento baseado na seleção natural. Não pude deixar de rir quando li esta conclusão. Percebo a lógica do raciocínio, mas não há dúvida de que o canal primário de nossa configuração anatômica — a simetria bilateral — tem alguma relevância para a resposta. A maioria das manifestações externas aparece aos pares em nossos corpos — os olhos, as narinas, os ouvidos, as pernas, os braços etc. — e a razão para tal não está no fato de em geral termos apenas um filho em cada parto. Não será mais provável que este canal primário de nossa arquitetura seja a razão primária para as mulheres terem dois seios?

Se a visão puramente adaptacionista fosse válida, isto poderia nos dar o consolo de nos ver, e a todas as outras criaturas, como quintessencialmente "corretos", pelo menos para os meios locais onde ocorre a seleção natural. Mas a evolução é a ciência da história e de sua influência. Já chegamos a nossos meios locais com uma bagagem de milhões de anos; não somos máquinas que acabam de ser construídas para funcionar em nossa realidade atual. Essas bagagens históricas se manifestam sob a forma dos canais genéticos e de comportamento que acabaram levando Whitman longe demais. No entanto, esses mesmos canais, devidamente interpretados como fortes tendências que condicionam a variação e não como ruas de mão única para a mudança, resultariam numa visão muito mais rica da evolução: um equilíbrio sutil entre os condicionamentos da história e as mudanças de forma regidas pela seleção natural.

A força desses canais nos fornece a chave para entendermos nossos corpos e nossas mentes; nunca chegaremos a compreender a contribuição da evolução para nossa natureza se persistirmos na visão ingênua de que a seleção natural constrói sempre as melhores soluções possíveis. Talvez seja mais fácil aceitar a idéia se pensarmos em nossos corpos; as hérnias e as dores lombares são o preço que pagamos por andar eretos com corpos que se desenvolveram para a vida em quatro pés, e não foram otimamente redesenhados. Mas quantos outros caprichos e limitações de nosso modo de pensar não podem também ser creditados a uma estrutura que se desenvolveu ao longo de milhões de anos para outros usos, e só recentemente adquiriu as propriedades variadas ligadas à consciência e o instrumento básico para sua expressão em forma de linguagem? Por que somos tão deficientes em tantas operações mentais? Por que parecemos tão singularmente incapazes de compreender a idéia de probabilidade? Por que tendemos a estabelecer classificações recorrendo à técnica dolorosamente inadequada da dicotomia? Por que não somos sequer capazes de conceber as idéias de infinitude e eternidade? Será o limite ao pensamento cosmológico atual determinado pela falta de dados, ou por uma propriedade de nossa mente que impede que tenhamos acesso a respostas mais frutíferas?

Não pretendo apresentar esta lista como uma manifestação de desespero diante de nosso nanismo mental. Reconhecer um limite potencial é pensar nos instrumentos de transcendência possível. A liberdade, como disse Spinoza, é o reconhecimento da necessidade. Voltemos outra vez à metáfora correta dos canais, e recordemos a mais bela afirmação de nossa literatura sobre a superação dos limites: "Existe uma maré que varia nos negócios humanos; se aproveitarmos a maré cheia, poderemos chegar à boa fortuna".

26
O GRANDE PRINCÍPIO DO SELO

O poema *In memoriam*, de Tennyson, publicado em 1850, foi sem a menor dúvida o mais popular dos poemas vitorianos. Até mesmo a boa rainha disse ao poeta laureado, após a morte de seu amado consorte, o príncipe Albert: "Depois da Bíblia, *In memoriam* é o meu consolo". Num testemunho paradoxal e definitivo de sucesso, muitos de seus versos tornaram-se tão populares, tão incorporados à fala cotidiana, que sua origem relativamente recente foi esquecida e muitas vezes se atribui a eles uma falsa origem bíblica ou shakespeariana. Diga a verdade; você não acha que foi Shakespeare quem escreveu:

> *'Tis better to have loved and lost*
> *Than never to have loved at all.*
> [É melhor ter amado e ter perdido
> Do que jamais amor algum ter tido.]

(*In memoriam* também nos deu, quase uma década antes do livro de Darwin, a metáfora clássica para a seleção natural: "[...] a natureza, vermelha de dentes e de garras".)

Depois do amor e da perda, o verso de *In memoriam* que mais costuma ser atribuído a outras fontes deve ser:

> *He seems so near, and yet so far.*
> [Ele parece estar tão perto, e ao mesmo tempo tão longe.]

A imagem de Tennyson é uma excelente síntese para a companheira constante mas nunca bem-vinda da vida intelectual: a frustração. Eu posso me sentir fascinado por grandes questões — como a origem do universo, por exemplo — sem que isto me deixe frustrado, porque não estou contando com nenhuma solução próxima ou imediata. A frustração aparece justamente um pouco além do alcance da mão — na solução a que quase conseguimos chegar, não fosse por um pequeno e renitente obstáculo.

A frustração científica pode assumir duas formas primárias. Na variedade comum, de ordem empírica, dados pelos quais ansiamos profundamente, mas que se encontram além do nosso alcance. Lembre o leitor que passamos milênios olhando para a Lua sem saber como era a forma de sua face oculta (e sem conseguir desenvolver uma teoria adequada sobre sua origem e sua história subseqüente sem esta informação). Tão perto (se pelo menos desse para agarrar o diabo da coisa e virá-la de costas) — e ao mesmo tempo tão longe (uns bons 800 mil quilômetros). Bastaram uma sonda espacial e uma câmera para dar cabo desta frustração milenar.

Uma segunda espécie de frustração decorre de problemas lógicos, e às vezes eles parecem mais insolúveis porque as soluções precisam vir de dentro das nossas cabeças. Basta pensar nos casos clássicos, como os paradoxos de Zenão, ou então nos quebra-cabeças de alguns livros infantis:

> Irmãos e irmãs, não tenho nenhum;
> Mas o pai daquele homem é filho do meu pai.

Mais uma vez, as respostas parecem estar muito perto (afinal, a flecha está em movimento e Aquiles acaba ultrapassando a tartaruga), mas ao mesmo tempo a estrutura da solução nos escapa.

As frustrações empíricas são resolvidas pela evidência; e a meu ver esses casos não nos transmitem nenhuma lição de ordem geral além de reafirmar a superioridade óbvia dos dados em relação à mera casuística. Já as frustrações lógicas têm mais a nos ensinar, porque neste caso as soluções exigem uma reorientação dos nossos hábitos mentais (mesmo que apenas para nos permitir perceber o fato menor de que os problemas não são necessariamente externos a quem os propõe, e portanto "objetivos": o homem da charada, por exemplo, está apontando para seu próprio filho).

O estudo da evolução é assolado por frustrações, quase sempre do tipo empírico (a inadequação do registro fóssil, nossa impossibilidade de localizar e documentar um número suficiente de membros de uma população). Mas a disciplina também nos propõe alguns enigmas lógicos persistentes, que em sua maioria foram tratados (e alguns respondidos) pelo próprio Darwin. Muitos desses enigmas têm uma forma mais ou menos semelhante: "Não há dúvida de que certo traço é útil para um organismo, depois de se desenvolver; mas o que foi que provocou seu aparecimento?". Já abordei em vários de meus ensaios um dos exemplos clássicos deste enigma — o problema dos "dez por cento de asa", ou como é que as asas puderam se desenvolver, se os estágios iniciais em que eram minúsculas não podiam conferir qualquer benefício aerodinâmico? A resposta de Darwin, hoje confirmada experimentalmente (ver o ensaio 9 em *Viva o brontossauro*), afirma que os estágios iniciais têm sempre uma função diversa (funcionando talvez para a termorregulação, no caso das asas incipientes); mais tarde, quando as asas cresceram o suficiente, foram cooptadas para seu uso atual, no vôo.

Um problema parecido e também espinhoso nos faz perguntar por que razão, em primeiro lugar, uma tendência evolutiva útil consegue surgir, e por que, no vasto campo das possibilidades potenciais, toma determinado caminho. A resposta adaptacionista automática — "porque o traço desenvolvido funciona (e portanto deve ter sido pré-favorecido de alguma forma como solução)" — simplesmente não serve, porque a utilidade presente e a origem histórica são questões que nada têm a ver uma com a outra. (Em toda a natureza, não há nada que funcione melhor que as asas — e ainda assim todos estamos de acordo: a tendência que levou a seu desenvolvimento não foi iniciada em função do benefício para o vôo.)

Darwin também pensou neste problema, e propôs uma solução. Sua argumentação tem três propriedades fundamentais: é interessante, está provavelmente correta e quase ninguém a leva em consideração. Darwin examinou o caso clássico do mimetismo nas borboletas — a convergência desenvolvida por uma espécie saborosa no sentido de assumir o mesmo padrão de gosto repulsivo, a fim de iludir melhor os predadores (e que leva a borboleta conhecida como *viceroy* [*Limenitis archippus*], por exemplo, a mimetizar a aparência da *monarch* [*Danaus plexippus*] — ver o ensaio 20 de *Viva o brontossauro*). É possível que a imitadora em potencial conviva em seu meio com cem outras espécies de borboletas. Por que então converge no sentido de uma delas, e não de qualquer das outras 99? E por que desenvolve esta tendência específica, entre tantas outras possibilidades evolutivas? Darwin argumentou que o o surgimento desta tendência só pode ocorrer por acidente, seja qual for o caráter previsível da tendência e seja qual for o benefício que dela possa resultar. O ancestral da espécie imitadora precisa apresentar desde o início alguma semelhança fortuita com a espécie que acaba sendo copiada. Estas predisposições só podem ser acidentais, porque nenhuma espécie tem como conhecer seu futuro complexo. É possível que este início favorável encaminhe a tendência em determinada direção. O caminho propriamente dito é aberto pela força determinista da seleção natural, mas o impulso que leva a criatura a tomá-lo requer alguma sorte.

Sem um início devido a uma sorte que nada tem de adaptativa, o resultado final, uma adaptação extraordinária, nunca poderia desenvolver-se.

Fico tentado a chamar esta solução lógica de "grande princípio do selo", em homenagem à divisa do emblema nacional dos Estados Unidos (inscrito na face posterior das notas de um dólar) — *annuit coeptis*. Em geral, supomos que o sujeito da frase seja Deus, e ela é traduzida como "Ele favorece nossas origens" (obedecendo à nossa tradição machista). Mas a terceira pessoa do singular do latim é andrógina, e prefiro imaginar que o sujeito seja a Fortuna — e assim, "ela favorece os inícios".

A argumentação de Darwin é teoricamente sólida enquanto resposta abstrata para um quebra-cabeça conceitual — uma das frustrações lógicas da minha introdução. Mas temos alguma prova de que a natureza jamais se tenha curvado à racionalidade de nossos argumentos? Esta pergunta é particularmente importante para a biologia evolutiva, porque é freqüente cometermos o erro de supor que o fato de determinado traço funcionar bem possa servir como explicação de sua origem. Basta pensar, por exemplo, na grande variedade de órgãos "aparatosos" dos machos — da cauda dos pavões à galhada dos veados e às elaboradas exibições comportamentais das aves do paraíso — aparatos que evoluíram, ao que se supõe, no processo que Darwin identificava como "seleção sexual". Numa categoria de seleção sexual, que Darwin chama de "escolha da fêmea", estas elaboradas estruturas (um estorvo em qualquer outro contexto) se desenvolvem e aumentam porque as fêmeas preferem os machos maiores ou mais decorados. A escolha da fêmea pode explicar os caracteres mais pronunciados e aparatosos, mas por que, antes de mais nada, isto afeta logo as penas da cauda? Por que não qualquer outra de cem alternativas diferentes — uma plumagem na cabeça, pios elaborados, ou o análogo mais comum entre os mamíferos, a velha e tradicional bravata masculina?

Nos últimos anos, muitos estudiosos vêm pensando mais profundamente sobre a diferença entre as origens e os caminhos posteriores da evolução, levando mais a sério tanto o problema quanto a resposta de Darwin. E perceberam que muitas vezes os caminhos determinados pela escolha das fêmeas precisam envolver um importante componente iniciador: a existência prévia de uma predisposição, ou viés, em seus sistemas sensorial e cognitivo. As fêmeas, afinal de contas, só são capazes de perceber e processar as informações de certas maneiras, uma limitação que se deve a características gerais de seus órgãos sensoriais e de seu cérebro. E é evidente que estas caracteríticas não se desenvolveram com a finalidade exclusiva de preferir, num futuro indeterminado, os machos dotados de uma plumagem mais aparatosa na cauda. E são estas predisposições, que favorecem as penas da cauda mais exuberantes, as galhadas ou as complexas exibições comportamentais, os componentes acidentais que, por pura sorte, permitem o início de determinada tendência. Dois estudos recentes forneceram provas excelentes do grande princípio do selo, combinando dados experimentais sobre a escolha das fêmeas com uma documentação das predisposições sensoriais prévias num contexto genealógico que valida o argumento evolutivo.

Caudas de peixe. Quando pensamos na conjunção entre peixes e armas brancas, a criatura que em geral nos ocorre é uma grande e graciosa espécie marinha munida de uma espada no focinho e batizada com um adorável nome de clássica redundância — *Xiphias gladius*, o espadarte, peixe-espada ou agulhão (*xiphias* é um tipo de espada grega; *gladius* significa gládio mesmo, a contrapartida latina a que os gladiadores deviam seu nome). Mas existe um parente do *guppy* dos aquários originário da América Central, um peixe muito menor, de água doce, que também possui uma espada — só que na extremidade oposta do corpo, uma espada que se forma nos machos, depois que atingem a maturidade sexual, pelo alongamento das raias da base da nadadeira caudal.

Alexandra Basolo, da Universidade da Califórnia em Santa Barbara, realizou experiências comportamentais com o chamado ''rabo-de-espada'' (*Xiphophorus helleri*), provando que as fêmeas preferem sempre os machos com espadas mais longas — o que demonstra que a escolha da fêmea é decisiva para a preservação e o aumento da espada dos machos. Mas esta informação nos diz muito pouco sobre a origem das espadas. Estas protuberâncias representam uma grande vantagem darwiniana para os machos, mas por que espadas e não um aumento dos olhos, o desenvolvimento de nadadeiras exóticas ou de complicadas exibições natatórias? Felizmente, dispomos agora de suficientes informações sobre a genealogia dos rabos-de-espada para nos permitir a reconstituição de uma seqüência histórica; podemos reconhecer a participação importante de uma predisposição sensorial das fêmeas na evolução das espadas.

Nenhum dos parentes próximos do *X. helleri* tem espadas como as suas, e assim podemos concluir que o estado original desta linhagem corresponde a caudas comuns, sem espadas. O *Xiphophorus maculatus*, parente mais próximo do rabo-de-espada ainda vivo, não apresenta uma protuberância semelhante (embora, taxonomicamente, pertença ao mesmo gênero, com sua etimologia que significa ''portador de espada''). Basolo, então, decidiu realizar uma série de experiências engenhosas e elegantes com o *X. maculatus*, o primo sem espada.

Seu procedimento básico consistiu em pôr uma fêmea na seção central de um aquário construído com dois compartimentos laterais de igual volume. Colocou então um único macho em cada um dos compartimentos laterais e comparou a preferência da fêmea por cada um deles medindo o tempo que ela preferia passar em sua vizinhança, e da observação da direção em que encaminhava seus comportamentos pré-nupciais. Nestas experiências, pegou os machos de *X. maculatus* desprovidos de espada e implantou cirurgicamente em suas caudas espadas de forma e comprimento relativo semelhantes à da espada do *X. helleri*. Em alguns, elas tinham a mesma cor amarela característica, e uma borda preta contrastante como a do *X. helleri*; em outros, as espadas eram transparentes (e as experiências demonstraram que, neste caso, eram invisíveis para as fêmeas).

Basolo colocou um macho com cauda colorida num compartimento lateral e um macho com cauda invisível no outro. (Preferiu este elaborado procedimento que a obrigou à implantação de caudas invisíveis a simplesmente usar machos comuns desprovidos de cauda porque precisava controlar outras conseqüências da cirurgia e os efeitos que a cauda adicionada pudesse ter sobre a natação e outros comportamentos dos machos. Se as fêmeas apresentassem apenas uma reação diferente aos machos comuns não operados e aos machos de cauda implantada, não teríamos como saber se esta disparidade se devia à presença da cauda ou a outras conseqüências quaisquer da intervenção cirúrgica.)

Basolo usou seis pares de machos, cada um formado por um peixe com uma espada visível e outro com uma espada transparente, e testou cada par com nove a dezesseis fêmeas. Em todos os casos, as fêmeas preferiam invariavelmente os machos com espadas visíveis — embora os machos desta espécie não possuam espada alguma na natureza. Como acontece em todas as experiências de valor, Basolo realizou então uma série de testes adicionais a fim de eliminar outras interpretações possíveis. Trocou de lado os machos com espadas visíveis e os machos com espadas invisíveis — para o caso de as fêmeas estarem preferindo na verdade o lado direito ou o lado esquerdo do aquário, e não as espadas visíveis ou invisíveis — e as fêmeas continuaram a preferir os machos com espadas visíveis, qualquer que fosse a posição deles no aquário. Chegou ao ponto de submeter os peixes a uma segunda operação para promover uma troca de espadas — implantando a transparente nos que antes receberam a versão colorida e a colorida nos que receberam a transparente. De novo, os peixes antes desprezados (presumivelmente pela invisibilidade de sua espada) agora eram favorecidos ao exibir sua espada amarela realçada pelo contorno preto. E Basolo conclui: "Estes dados sugerem que a escolha das fêmeas era baseada na preferência pela espada, e em nenhum outro traço''.

O título do artigo de Basolo diz tudo — ''A preferência da fêmea antecede a evolução da espada no peixe rabo-de-espada'' (ver bibliografia). Evidentemente, já existia algum fator no sistema sensorial dos peixes ancestrais que predispunha as fêmeas da linhagem *X. helleri* a preferir os machos dotados de espadas na cauda. Como nenhum dos membros mais antigos deste grande e bem-sucedido grupo de peixes ornamentais possuía espadas (pelo menos que se saiba), esta predisposição sensorial e cognitiva só pode existir por outras razões, e deve ser considerada fortuita no que diz respeito à evolução das espadas. Neste sentido, os *Xiphophrus helleri* machos só podem agradecer à Fortuna pelos graciosos apêndices que exibem.

Chamados das rãs. Boa parte do que acreditamos ser o que há de mais esteticamente agradável na natureza — e o canto e a plumagem dos pássaros são o exemplo básico — funciona, na verdade, como parte da grande luta darwiniana pelo sucesso reprodutivo. O coro dos grilos, das aves ou das rãs não é nenhum hino de louvor à noite e nem um hosana às alegrias da vida, mas uma complexa rede sonora composta de desafios (dirigidos aos outros machos) e de mensagens publicitárias (dirigidas às fêmeas).

O modelo de seleção sexual por escolha da fêmea parece se aplicar a muitas rãs, e é para conquistar a atenção das fêmeas que os machos das espécies emitem seus chamados — sempre a serviço da grande tarefa darwiniana de evitar o desaparecimento de suas linhagens familiares. Assim, Michael J. Ryan e seus colegas da Universidade do Texas, em Austin, decidiram aplicar o modelo da predisposição sensorial prévia ao complexo coaxar da rã de Tungara, *Physalaemus pustulosus* (ver bibliografia).

Esta rã panamenha tem um chamado extraordinariamente complexo, composto de dois componentes seqüenciais com nomes bem expressivos: a lamúria e o estalido. O componente inicial do chamado é a lamúria — a mais longa, com cerca de 350 milissegundos de duração — que apresenta uma queda gradual em sua freqüência fundamental, de novecentos para quatrocentos Hertz. Embora a lamúria possa apresentar até três harmônicos, a energia está sempre concentrada na nota fundamental. (Harmônicos são sons gerados a partir da nota fundamental, com freqüências mais altas que correspondem a múltiplos integrais da nota fundamental. Se esta explicação parece incompreensível, digamos que o primeiro harmônico de uma nota com freqüência fundamental de 220 Hz tem uma freqüência de 440 Hz, o segundo uma freqüência de 660 Hz, o terceiro 880 Hz e assim por diante.) Depois da lamúria, vem uma série composta de um a seis estalidos, que têm uma duração muito mais curta (cerca de quarenta milissegundos) e uma freqüência fundamental mais baixa, de cerca de 220 Hz. No entanto, à diferença da lamúria, a energia dos estalidos é muito mais alta nos quinze harmônicos acima da fundamental. Na verdade, cerca de 90% da energia aparece concentrada nos harmônicos de freqüência superior a 1500 Hz, podendo atingir picos superiores a 2000 Hz.

Esta complexa questão é importante para a argumentação de Ryan por uma razão interessante, baseada na fisiologia da audição dos anfíbios. Eles são os únicos com órgãos de audição internos entre os vertebrados terrestres, e estes órgãos são capazes de captar vibrações transmitidas pelo ar — a papila anfíbia e a papila basilar. A papila anfíbia é mais sensível a freqüências inferiores a 1200 Hz, enquanto a basilar responde melhor às freqüências superiores a 1500 Hz.

O estudo do ouvido interno do *Physalaemus pustulosus* mostrou que as fibras mais sensíveis da papila anfíbia estão afinadas para uma freqüência de cerca de 500 Hz, enquanto todas as fibras da papila basilar são mais sensíveis a uma freqüência de cerca de 2100 Hz. Estes fatos sugerem uma hipótese óbvia para a evolução do complicado chamado do *P. pustulosus*, evolução que teria envolvido sobretudo o acréscimo de estalidos ao que se imagina ter sido o chamado ancestral, composto apenas da lamúria. De acordo com esta hipótese, a lamúria se limitaria a estimular a papila anfíbia, enquanto a adição dos estalidos se destinaria a tirar proveito de uma capacidade latente já presente mas não utilizada pelos chamados ancestrais: as propriedades acústicas de uma papila basilar afinada para freqüências mais altas, concentradas nos estalidos. A papila basilar entra com a predisposição sensorial prévia (a sensibilidade às freqüências mais altas), e os estalidos por fim tiram proveito desta capacidade que já estava presente desde sempre, mas não era no início explorada.

Uma vez que os chamados conseguem atrair a atenção feminina (resultando numa aproximação e, mais tarde, no acasalamento), Ryan e seus colegas se aproveitaram disto para realizar uma experiência interessante e bem-sucedida. Sintetizaram uma variedade de chamados e, por meio de alto-falantes colocados nos lados opostos de um pátio interno medindo três metros quadrados, transmitiram duas versões diferentes. Puseram uma fêmea no centro do pátio e a cobriram com um cone opaco. Deram-lhe cinco minutos para a aclimatação enquanto transmitiam os chamados e, passado este tempo, um mecanismo de controle remoto levantava o cone, deixando a fêmea livre para se dirigir a qualquer um dos alto-falantes. Se ela demonstrasse uma preferência consistente por um deles, seria possível aquilatar o valor evolutivo relativo das lamúrias e dos estalidos.

As fêmeas demonstraram uma preferência consistente pelo chamado complexo composto de lamúrias e mais estalidos, em detrimento do chamado composto apenas de lamúrias. Esta preferência não resulta apenas do simples acréscimo de mais energia total com a inclusão dos estalidos, mas parece dever-se a certos aspectos característicos destes. Postas diante da escolha entre a lamúria mais os estalidos e apenas a lamúria amplificada (com 50% a mais de energia total que o chamado composto), as fêmeas continuaram a preferir o chamado complexo composto da lamúria e mais os estalidos, embora sua energia total fosse mais baixa. Em outras palavras, apresentaram uma reação igualmente positiva aos estalidos que estimulam a papila anfíbia ou a basilar.

Até aqui tudo bem. Os estalidos acrescentados ao chamado despertam a preferência das fêmeas, e o componente dos estalidos que estimula a papila basilar até então não acionada também atrai as fêmeas. No entanto, para defender o modelo de uma predisposição sensorial prévia, precisamos saber se as espécies ancestrais (ou espécies aparentadas que tenham conservado o estado ancestral) também tendem a reagir favoravelmente aos estalidos, ainda que seu chamado característico não contenha tal componente — como fez Basolo, ao demonstrar que as fêmeas das espécies desarmadas também preferem machos com espadas cirurgicamente implantadas. Ryan conseguiu obter este elemento final de prova medindo a afinação das papilas basilares em sete indivíduos de uma espécie com parentesco próximo, a *Phylasaemus coloradorum*. Escreve Ryan: "Esta espécie não emite estalidos, e esta capacidade só se desenvolveu no *P. pustulosus* depois que as espécies divergiram". Ryan não encontrou qualquer diferença estatisticamente significativa entre as freqüências mais sensíveis para o *P. pustulosus* (2130 Hz) e para o *P. coloradorum* (2230 Hz), que não emite estalidos. A papila basilar do *P. coloradorum*, portanto, também está afinada para freqüências mais altas, embora elas não se encontrem em seu chamado efetivo. Assim, é possível afirmar que elas apresentam uma predisposição sensorial prévia no sentido de uma mudança evolutiva potencialmente vantajosa — caminho que foi de fato trilhado pelo *P. pustulosus*.

Estas conclusões sobre a existência de uma predisposição sensorial prévia, embora satisfatórias, acabam propondo outro paradoxo. Como é que um aspecto tão específico quanto a preferência pela extensão da cauda ou por determinado som pode estar presente em comportamentos ancestrais? Será possível acreditarmos que a adaptação de um animal o tenha predisposto a preferir espadas que nunca viu ou estalidos que nunca ouviu?

A resposta provável para este paradoxo (outra frustração lógica, como as que mencionei em minha introdução) pode ser ilustrada por uma famosa experiência feita com codornas há dez anos pelo etologista britânico Patrick Bateson (ver bibliografia). A barreira do incesto é muito comum entre os vertebrados com comportamentos complexos e alta capacidade cognitiva, e a razão evolutiva é fácil de explicar: o acasalamento com os parentes mais próximos produz uma alta freqüência de descendentes geneticamente comprometidos, com traços desvantajosos em dupla dose recessiva (fenômeno conhecido como *depressão por cruzamento consangüíneo*). Mas as codornas, como as pessoas nascidas antes deste século, não têm como conhecer a genética mendeliana. O que pode então levar estes animais a tal comportamento, vantajoso em termos da evolução?

Bateson construiu um mecanismo engenhoso que expunha cada codorna a cinco aves do sexo oposto, com graus diferentes de parentesco: um irmão da mesma ninhada, um irmão nunca antes visto, um primo em primeiro grau, um primo em terceiro grau e um indivíduo sem nenhum parentesco. De maneira geral, tanto machos quanto fêmeas preferiram os primos em primeiro grau a qualquer outra alternativa.

Uma hipótese popular (também aplicável aos seres humanos, segundo algumas interpretações) afirma que evitamos os parentes mais próximos devido a uma regra simples de aprendizado que desvia nossos desejos sexuais posteriores dos indivíduos com quem fomos criados na infância (há quem formule esta regra de maneira mais clara: se você compartilhou o penico com uma pessoa, não pode compartilhar a cama com ela). Como em geral os companheiros de infância são os irmãos, esta regra simples de aprendizado bastaria para desencadear a resposta adequada do ponto de vista evolutivo. Mas esta explicação não basta para explicar os dados de Bateson de que as codornas preferem os primos em primeiro grau mesmo aos irmãos que nunca viram antes.

Bateson conclui então, a partir deste e de outros argumentos, que no caso a codorna pode estar obedecendo a uma regra estética altamente abstrata — prefira sempre graus intermediários de familiaridade: nem tão próximos a ponto de serem reiterativos e nem tão distantes a ponto de serem completamente estranhos. Se sua conclusão estiver certa, isto bastaria para sugerir uma solução elegante para o problema da barreira do incesto. As codornas não fazem cálculos mendelianos. Na verdade, estão obedecendo a uma regra de preferência estética que é mais profunda e mais abstrata, e pode ser comum a uma ampla gama de animais e de configurações neurológicas. A atração máxima por um grau intermediário de familiaridade exclui automaticamente os parentes mais próximos, que são desvantajosos, e não é necessário que a seleção natural intervenha com a finalidade específica de evitar o incesto: por pura sorte, já existe um princípio cognitivo mais profundo que produz o mesmo resultado. (É claro que se pode inverter o argumento e afirmar que o princípio estético só surgiu porque evitar o incesto é muito importante, e os animais só poderiam chegar a este resultado tomando este caminho indireto. Mas prefiro acreditar que o específico é uma manifestação do geral, e não que a regra é mero sucedâneo do exemplo.)

Este mesmo estilo de argumentação torna mais sensata a hipótese da existência prévia de uma predisposição. Não precisamos postular a existência de uma predisposição prévia que leve a perceber e favorecer os peixes com espadas nas caudas. Basta uma regra geral de comportamento (como o grau intermediário de familiaridade), que possa transformar o resultado específico (o repúdio ao incesto) numa manifestação razoável. Na verdade, Basolo sugere que as fêmeas podem preferir as espadas em espécies que não as têm porque a arma implantada faz o macho parecer maior, e em muitos regimes de seleção sexual o tamanho maior é um estímulo poderoso para a escolha das fêmeas. Assim, haveria uma regra cognitiva geral proclamando: prefira sempre os machos maiores. E a solução específica, no caso, seria: as espadas produzem a impressão de tamanho aumentado apenas com um pequeno acréscimo de volume real. Mil outros caminhos poderiam atender a esta mesma regra geral, mas a evolução do *Xiphophorus* desenvolveu uma espada. De maneira similar, a predisposição prévia nas rãs é uma papila basilar afinada para freqüências mais altas, e não um anseio irresistível de ouvir um estalido. Mais uma vez, esta predisposição poderia ter sido explorada de muitas outras maneiras, mas a evolução do *P. pustulosus* acrescentou estalidos a seu chamado.

A solução é elegante (e provavelmente até verdadeira nestes casos — uma rara e adorável combinação). A evolução é sempre uma espantosa mistura entre, de um lado, elementos acidentais e imprevisíveis (que muitas vezes se apresentam sob a forma de legados históricos transmitidos para diferentes contextos modernos) e, de outro, aperfeiçoamentos adaptativos sensíveis forjados pela seleção natural. O componente acidental do legado histórico condiciona a força previsível da seleção imediata, e é por isso que dizemos que, em geral, a história é restritiva e a seleção, flexível. Mas os fatos abordados neste ensaio invertem nossa perspectiva habitual. Aqui, o legado histórico é uma regra cognitiva ampla, com um potencial que pode se desdobrar ao longo de mil caminhos possíveis — prefira sempre os machos maiores, ou prefira sempre indivíduos com um grau intermediário de familiaridade. E é a adaptação quem fixa os limites ao escolher uma determinada manifestação — uma espada na cauda, um estalido ou um primo em primeiro grau. E se, de um dos lados do selo nacional, a Fortuna favorece os inícios de tal tendência evolutiva, fico tentado a citar a divisa que nos é mais familiar e figura do outro lado do mesmo símbolo para descrever a escolha final de uma solução singular: *E pluribus unum*, um dentre muitos.

27
VIDA DE CACHORRO NO POLIEDRO DE GALTON

Na frase inicial de *Hereditary genius* [Gênio hereditário, 1869], documento fundador da eugenia, Francis Galton (primo brilhante e excêntrico de Charles Darwin — ver o ensaio 31 para outra história a respeito deste homem notável) proclamava que as "capacidades naturais do homem são derivadas por hereditariedade". E então acrescentava, aludindo, por analogia, às mudanças induzidas pela domesticação:

> Conseqüentemente, assim como é fácil [...] obter, por meio de uma seleção cuidadosa, uma variedade permanente de cães ou de cavalos dotada de aptidões peculiares para a corrida ou para qualquer outra coisa, também seria absolutamente praticável produzir uma raça de homens altamente dotada por meio de casamentos criteriosos ao longo de várias gerações consecutivas.

Darwin também recorrera ao exemplo da domesticação, que foi seu primeiro argumento na *Origem das espécies*. Seu grande tratado não começava com fanfarras ou uma proclamação de ordem geral, mas com uma prosaica discussão sobre as raças dos pombos domésticos (ver ensaio 25).

Darwin atribuía a espantosa variedade encontrada entre os pombos, os cães e outros animais domesticados ao poder quase ilimitado da seleção: "Os criadores normalmente entendem a organização de um animal como algo plástico, que podem modelar quase que à vontade". E cita as palavras de uma autoridade sobre o "grande poder deste princípio de seleção": "É a vara de condão com a qual ele pode trazer à vida qualquer forma e modelo que deseje".

Esta noção otimista — a de que os cuidados na seleção podem produzir quase qualquer traço desejado por meio da seleção artificial de animais domesticados ou de plantas cultivadas — inspirou a costumeira extrapolação para a escala mais ampla da natureza, levando à conclusão de que a seleção natural precisaria trabalhar de forma ainda mais inexorável para ir aperfeiçoando as criaturas selvagens até chegar a uma configuração ideal. Como escreveu Darwin:

> Como são fugazes os desejos e os esforços do homem! Como é curto o seu tempo! E, conseqüentemente, como serão pobres os seus produtos, comparados àqueles acumulados pela natureza ao longo de períodos geológicos inteiros. Não podemos nos espantar, assim, com o fato de que as produções da natureza [...] sejam infinitamente melhor adaptadas às mais complexas condições de vida, e carreguem de modo evidente a marca de uma feitura muito superior. Pode-se afirmar que a seleção natural está a cada dia e a cada hora escrutinizando, por todo o mundo, qualquer variação, mesmo a mais ínfima; rejeitando a que é ruim, preservando e incorporando toda aquela que é boa; trabalhando silenciosa e insensivelmente.

Esta defesa comum de uma otimização orgânica não pode ser conciliada com um tema que considero a mensagem básica da história — a lição do polegar do panda e do sorriso do flamingo: a influência caprichosa da história se manifesta em esquisitices e imperfeições que se devem aos caminhos percorridos pela descendência. O fascínio da perfeição é mais atraente para nossos hábitos culturais e necessidades educacionais que para os caminhos seguidos pela natureza (a adequação ótima da configuração corporal dos vários organismos é uma idéia que desperta nossa admiração, e um excelente tema para ilustrar os livros escolares). Se uma estrutura complexa conseguisse chegar à configuração ideal, é provável que isto fizesse a evolução se deter, provocando o desaparecimento da flexibilidade em favor de uma adaptação intricada (como poderíamos então transformar um pavão de modo a adaptá-lo aos ambientes diversos que podem vir a abrigá-lo num futuro desconhecido?)

De qualquer maneira, deixando de lado as abstrações acerca do modo como a natureza deveria funcionar, dispomos de numerosos indícios empíricos mostrando que o emprego de enormes esforços na seleção dos reprodutores nem sempre traz a recompensa desejada. Os criadores de galinhas nunca conseguiram romper a barreira que faz com que nenhuma raça de galinhas ponha sistematicamente mais do que um ovo por dia, e hoje estamos tentando produzir plantas resistentes à geada por meio da manipulação do ADN com técnicas de engenharia genética, porque não fomos capazes de desenvolver tais traços por meio da seleção de variedades naturais das mesmas plantas. Não sabemos se esses fracassos se devem à nossa própria estupidez, à falta de diligência (ou tempo), ou ainda se revelam limites intrínsecos ao poder da seleção, devido a fatores estruturais e genéticos. Qualquer que seja o caso, a seleção, natural ou artificial, não é o agente da otimização orgânica de que falam nossas revistas e os livros escolares. Os limites à sua atuação são um tema tão poderoso e interessante quanto os grandes triunfos da engenharia genética.

O próprio Francis Galton, no mesmo livro que tanto prometia ao futuro humano por meio da reprodução controlada, apresentou a metáfora mais incisiva que conhecemos para o outro lado da moeda — os limites impostos ao aperfeiçoamento por formas e funções transmitidas hereditariamente. (Darwin também ficou intrigado com a questão dos limites e dedicou tanta atenção a este aspecto do crescimento e do desenvolvimento quanto à própria evolução — ver seu livro mais extenso, *Variation in animals and plants under domestication* [Variação de animais e plantas sob a domesticação], 1868, em dois volumes.) Nos termos da visão otimista da modelagem irrestrita, poderíamos conceber cada organismo como uma bola de bilhar pousada sobre uma mesa lisa. O taco da seleção natural impulsiona a bola sempre que isto é ditado pela pressão ambiental ou pelas intenções humanas. A velocidade e a direção do movimento (as mudanças evolutivas) são controladas por uma força externa, a seleção. O organismo, em suma, jamais deixa de responder ao impulso. A evolução é uma rua de mão única; são fatores externos que impelem as mudanças internas.

Mas suponhamos, argumenta Galton, que os organismos não sejam esferas passivas, e sim poliedros pousados sobre faces estáveis.

> As mudanças não se dão de maneira gradual e insensível; o número de estágios intermediários é grande, mas não infinito [...] A concepção mecânica seria a de uma pedra irregular, tendo, devido à sua irregularidade, um grande número de faces naturais, sobre qualquer uma das quais poderia repousar em "equilíbrio" estável [...] Se, por um esforço poderoso, a pedra for compelida a ultrapassar os limites da face sobre a qual até então repousava, tombará em uma nova posição de estabilidade [...] A pedra [...] só pode repousar em certas posições muito distantes uma da outra.

O que Galton propõe não é uma força nova. A pedra poliédrica só pode se mover se a seleção natural exercer uma força considerável neste sentido. Mas a resposta do poliedro à força da seleção está condicionada por sua própria estrutura interna; seu deslocamento só pode conduzi-lo a um número limitado de pontos definidos. Assim, levando a metáfora do poliedro de Galton às últimas conseqüências, as direções de fato seguidas pela mudança evolutiva corresponderiam a uma interação dinâmica entre o impulso externo e as condicionantes internas. Estas condicionantes não se limitam a manifestar-se como limites negativos às possibilidades panglossianas; também participam ativamente na determinação dos caminhos da mudança evolutiva. St. George Mivart, que Darwin reconhecia como seu crítico mais respeitável, adotou o poliedro de Galton como base de sua argumentação e escreveu (1871):

> A existência de condições internas que corresponderiam nos animais a tais faces [do poliedro] é negada pelos darwinistas puros [...] A tendência interna de um organismo a favorecer certas mudanças consideráveis e definidas corresponderia às várias faces da superfície do esferóide.

Se o poliedro de Galton é mais do que um mero recurso de retórica, devemos ser capazes de mapear as faces da possibilidade genética e das possibilidades de desenvolvimento. Precisamos redefinir nossa imagem da evolução, definindo-a como uma interação entre fatores externos (a seleção) e internos (as condicionantes), e não mais como uma trajetória livre e desimpedida no sentido da maior adaptação. E não poderíamos encontrar questão melhor para investigar as faces do poliedro do que o protótipo do próprio Darwin para as suas argumentações sobre a evolução — as mudanças induzidas nos tempos históricos por meio da seleção consciente de animais domesticados por seus criadores. E não posso imaginar nada mais indicado do que nosso proverbial melhor amigo — o cão —, escolhido pelo próprio Galton como termo de comparação na primeira frase de seu manifesto em prol do aperfeiçoamento humano.

Devemos começar perguntando por que são os cães, as vacas e os porcos, e não as zebras, as focas e os hipopótamos, alguns dos animais que domesticamos. Será qualquer criatura maleável às nossas preferências e necessidades, e será que nossas seleções de fato resultam, assim, na melhor carne e nos melhores serviços que poderíamos conseguir? Ou será que alguns dos animais mais fortes e mais saborosos não entraram em nossa órbita porque a seleção é incapaz de superar certos traços de forma ou de comportamento que são transmitidos hereditariamente, evoluíram em outros contextos e agora resistem a qualquer recrutamento subordinado aos propósitos humanos?

Desde o início — ou pelo menos desde que as tradições ocidentais abandonaram a idéia de que Deus concebeu as criaturas expressamente para o uso humano —, os biólogos reconhecem que apenas certas formas de comportamento predispõem os animais à domesticação, e que os casos bem-sucedidos representam um determinado subconjunto das espécies disponíveis e não, de maneira alguma, algumas espécies ideais escolhidas por nós em meio a um potencial ilimitado. Em particular, recrutamos nossos animais domésticos entre as espécies sociais dotadas de hierarquias de posição e dominação. No ''truque'' básico da domesticação — o que chamamos de ''amansamento'' na linguagem comum —, aprendemos a distinguir e imitar os sinais e as indicações do próprio animal, assumindo assim a condição de criatura dominante no contexto de sua própria espécie. Amansamos as criaturas subvertendo seu comportamento natural. Se os animais não manifestarem uma sociabilidade básica e não tenderem à submissão quando confrontados com determinadas indicações, a domesticação será impossível, por maior que possa ser o potencial da criatura como fonte de alimento ou como besta de carga. Como escreveu Charles Lyell em 1832:

> Se certos animais não tivessem manifestado em estado selvagem uma aptidão para secundar os esforços do homem, sua domesticação jamais seria tentada [...] Ele se conforma à vontade do homem porque, em estado selvagem, tinha um chefe ao qual prestava obediência [...] [e] não sacrifica nenhuma de suas inclinações naturais [...] Até hoje, nenhuma espécie solitária [...] produziu raças verdadeiramente domésticas. Nós nos limitamos a desenvolver, em nosso benefício, as propensões que levam os indivíduos de certas espécies a se aproximar de seus semelhantes.

O cão é nosso animal de estimação primário porque seu ancestral, o lobo *Canis lupus*, desenvolveu comportamentos entre os quais figurava, por um feliz acidente da história, a predisposição à companhia humana. Assim, nossa história começa com um impulso aplicado a uma das faces do poliedro de Galton. A domesticação requeria a existência prévia de certa estrutura de comportamento.

Podemos admitir este pré-requisito sem problemas, mas ainda assim entregarmo-nos a uma imensa admiração diante da espantosa diversidade das raças domésticas, concluindo que o protótipo básico do lobo nos permitiria o desenvolvimento de qualquer forma ou hábito. E, mais uma vez, estaríamos enganados.

Em geral, temos muita facilidade para formular as ''grandes'' perguntas; mas a chave para a boa ciência reside em nossa capacidade de traduzir tais idéias em dados palpáveis que possam nos ajudar a decidir entre as respostas possíveis. É fácil formular a questão da oposição entre os limites e a otimização, mas como testá-la? Na maioria dos casos, o melhor procedimento é nos aproximarmos de questões tão gerais como esta isolando um pequeno espaço que possa ser definido e avaliado de maneira precisa. Esta tática muitas vezes desaponta os não-cientistas, que acham uma coisa menor e mesquinha concentrar-se de maneira tão estreita num simples detalhe; no entanto, prefiro estudar uma minúcia bem definida a partir da qual possa ir fazendo novos achados até chegar a uma conclusão geral do que encarar desde o início uma grande questão, cuja complexidade tem contornos tão indefinidos que, diante dela, eu só poderia ficar falando a esmo ou me perder em pontificações sobre tudo o que é grandioso e intangível.

Uma estratégia padrão para o estudo da questão dos limites está no campo da *alometria*, ou as mudanças de forma associadas à variação de tamanho. Duas seqüências de diferenças de tamanho podem ser importantes para estudar a variação da forma entre as diversas raças de cães domésticos: a *ontogênese*, ou as mudanças de tamanho que ocorrem ao longo do crescimento de cada animal, desde o feto até a idade adulta; e a *graduação interespecífica*, ou as diferenças de forma encontradas entre adultos de tamanhos diversos de várias espécies da família dos canídeos, desde as pequenas raposas até os grandes lobos. Podemos procurar regularidades na relação entre tamanho e forma nessas duas seqüências, e então perguntar se a variação encontrada entre as diferentes raças de cachorros obedece ou não a esses padrões. Se, a despeito de toda a sua espantosa diversidade, os cães das diferentes raças acabarem apresentando as formas previstas para seu tamanho pelas séries ontogenética ou interespecífica, então a seleção corrente é condicionada pelos padrões hereditários do crescimento e da história, e levada por eles a seguir certos canais preferenciais para chegar às diferentes formas. O crescimento de cada indivíduo e a evolução prévia atuarão como as faces do poliedro de Galton, impondo de dentro para fora determinadas posições e condicionando os esforços dos criadores.

A literatura biológica inclui uma série ampla mas obscura de artigos (a maioria *auf Deutsch*), datando dos primeiros anos deste século, sobre a alometria das raças domésticas. Este tema foi deixado de lado pelos evolucionistas ingleses e americanos nos últimos trinta anos, basicamente porque um darwinismo por demais confiante e estrito enfatizou tanto o poder de adaptação que o tema anterior dos limites acabou perdendo seu encanto. Mas os estimulantes progressos recentes em nossa compreensão da arquitetura genética e do desenvolvimento embrionário começaram a suscitar a questão de um equilíbrio adequado entre a força externa da seleção e os canais internos da estrutura hereditária. Venho percebendo um bem-vindo ressurgimento do poliedro de Galton na literatura técnica básica da biologia evolutiva, e um bom exemplo é o estudo recente de Robert K. Wayne sobre a alometria ontogenética e interespecífica nos cães.

Wayne pergunta como os padrões alométricos hereditários podem condicionar a variedade das raças domésticas de cães. E descobre, por exemplo, que todas as medidas de comprimento da cabeça dos cães (face, mandíbulas e crânio) exibem pouca variação em três sentidos: primeiro, os padrões ontogenéticos e interespecíficos são similares (as proporções dos elementos de comprimento dos filhotes de cachorro são semelhantes às das raposas, os menores animais da série das espécies); segundo, notamos pouca mudança de forma à medida que o tamanho vai aumentando (os filhotes de cachorro se parecem com os cachorros adultos, e as raposas se parecem com os lobos nos dois extremos da série das espécies); terceiro, encontramos pouca variação entre as raças ou espécies em qualquer tamanho comum (todos os cachorros jovens do mesmo tamanho apresentam elementos de comprimento mais ou menos iguais).

Estas três observações sugerem que a variação natural entre os canídeos oferece pouca matéria-prima para que os fantasistas possam criar raças caracterizadas pelo comprimento exótico do crânio. Wayne confirma esta suspeita quando assinala que poucos adultos das diferentes raças, do *toy poodle* ao dinamarquês gigante, afastam-se muito da relação estrita prevista pela ontogênese ou pela graduação interespecífica: os elementos de comprimento de uma raça pequena podem ser previstos a partir das proporções apresentadas pelos filhotes das raças maiores ou pelas raposas adultas.

Wayne assinala também que os critérios de seleção artificial em raças domesticadas (as caprichosas preferências humanas impostas a variedades minúsculas ou de fantasia, por exemplo) só podem diferir dramaticamente da base da seleção natural entre as espécies selvagens — ''a capacidade do cão de capturar, destroçar ou abocanhar presas vivas''. Se os elementos de comprimento são tão constantes em contextos tão radicalmente diferentes, então é provável que sua invariância reflita um limite intrínseco imposto à variabilidade, e não uma coincidência fortuita que ocorreria em circunstâncias diferentes. E Wayne conclui:

> A despeito de considerável variabilidade no tempo, no lugar e nas condições de produção das raças de cães, a proporção entre os componentes das medidas de comprimento da cabeça é relativamente invariante. Todas as raças de cães [pequenos] são anões alometricamente exatos no que diz respeito às medidas de comprimento da cabeça. É improvável que tal relação morfológica específica tenha sido um resultado direto da seleção pelos criadores. Na verdade, uma ausência de variação ao longo do desenvolvimento parece ser uma explicação melhor.

No entanto, quando nos voltamos para a largura do crânio, encontramos uma farta variação onde os comprimentos revelavam constância: os filhotes de cachorro diferem das raposas adultas do mesmo tamanho; além disso, os filhotes se transformam em cães de formas grandemente alteradas, e as raposas pequenas são facilmente distinguíveis dos lobos grandes pelas proporções dos elementos de largura. Neste caso, os criadores de cães dispõem de um vasto material.

Wayne observa que as diversas raças caninas de fato apresentam grandes variações quanto aos elementos de largura. (Poderíamos ficar tentados a dizer: "E daí? Todo o mundo sabe disso, é o que qualquer um pode ver". No entanto, nossas intuições muitas vezes nos enganam. Wayne mostra que nas raças pequenas, de nariz chato, não é que os crânios ou os maxilares sejam curtos; as faces é que são largas. Muitos leitores devem estar rindo e dizendo: qual é a diferença? — um excesso na largura não é o mesmo que uma escassez no comprimento, como na resposta do obeso que diz que não é gordo, só baixo demais para seu peso? No entanto, essas duas afirmações não são equivalentes; aqui, estamos comparando os comprimentos e as larguras com um padrão comum de tamanho do corpo. As raças pequenas apresentam o comprimento esperado, mas uma largura incomum para o seu tamanho.) A grande variação existente entre as diversas raças de cães não é uniforme em todas as partes, mas concentrada em determinados traços que servem de matéria-prima para o crescimento e a história evolutiva. As diferentes raças de cães se formam percorrendo certos caminhos permitidos para as variações disponíveis.

Este estudo do potencial interno nos ajuda a prever quais são os traços que formarão a base para a variedade entre as diferentes raças (não simplesmente o que o selecionador deseja, mas o que o selecionado é capaz de fornecer). No entanto, podemos ampliar o alcance desta idéia de maneira a fazê-la abranger as grandes diferenças de variedade encontradas entre as espécies domesticadas. Se alguns traços dos cães apresentam diferenças maiores entre as raças porque a variação requerida precisa ser permitida por fatores internos, é possível que, por extensão, alguma espécie inteira tenha desenvolvido uma diversidade maior não porque os selecionadores humanos tenham sido mais assíduos ou porque as necessidades humanas tenham requerido tal variedade, mas porque as faces internas do poliedro de Galton são muitas, variadas e próximas umas das outras em sua distribuição.

Por que as raças de cães diferem tanto entre si, e as de gatos relativamente pouco? (Os gatos apresentam grande variação de cor e tipo de pelagem, mas não de formato. No mundo dos felinos, nada se compara com as disparidades no formato da cabeça existentes entre um pequinês achatado e um afilado borzoi.) Antes que comecemos a especular sobre uma quantidade menor de esforço humano, ou a comparar Garfield e Lassie, deveríamos considerar um fato mais importante: a variação disponível na ontogênese e na graduação interespecífica entre os gatos oferece muito poucas opções para os criadores. Os leões diferem muito menos dos gatos domésticos do que as raças grandes de cães diferem das pequenas, enquanto — e isto é o mais importante — no crescimento dos gatinhos até a idade adulta ocorre apenas uma fração da mudança de forma que acompanha a transformação de um cãozinho em cachorro adulto. Vamos examinar a figura anexa, retirada do artigo de Wayne, comparando, no mesmo tamanho, gatos e cachorros recém-nascidos e adultos. Os cães contribuíram para sua própria flexibilidade; os gatos, como sempre, se mostram recalcitrantes.

Wayne argumenta, de forma convincente, que a diversidade comparativa entre as espécies domesticadas depende mais de variações já disponíveis no crescimento de ancestrais selvagens do que da extensão dos esforços humanos. Os cavalos mudam relativamente pouco de forma durante o crescimento, e a cabeça dos pôneis Shetland não difere muito da dos robustos cavalos de tração. Os porcos, por outro lado, perdem apenas para os cachorros em matéria de diversidade de raças. E também não têm par entre os animais de criação em matéria das mudanças visíveis de forma que apresentam ao longo do crescimento.

São as quantidades de variação intrínseca, portanto, que estabelecem os limites e determinam as possibilidades ao alcance dos criadores. Mesmo a mais variável das espécies selvagens, porém, não se transforma em massa de modelar nas mãos dos criadores. Os porcos e os cães variam de maneiras determinadas durante seu crescimento, e a seleção só pode resultar em certas formas nos tamanhos definidos. O argumento mais convincente de Wayne em relação aos limites internos está em sua demonstração de que os traços associados na "trajetória ontogenética" (a seqüência de estágios de filhote a adulto) tendem a permanecer unidos. As raças de cachorro não são uma combinação casual de traços isolados, cada um deles tomado à vontade de qualquer estágio de sua ontogênese. Os traços de juvenilidade permanecem associados, e muitas raças, sobretudo entre os cachorros menores, conservam a aparência de filhotes quando adultos — um processo evolucionário chamado *pedomorfose* (de forma infantil) ou *neotenia* (literalmente, "aferramento à juventude").

Wayne demonstrou que, sem exceção, os adultos das raças menores são mais parecidos com os estágios juvenis dos cães maiores do que

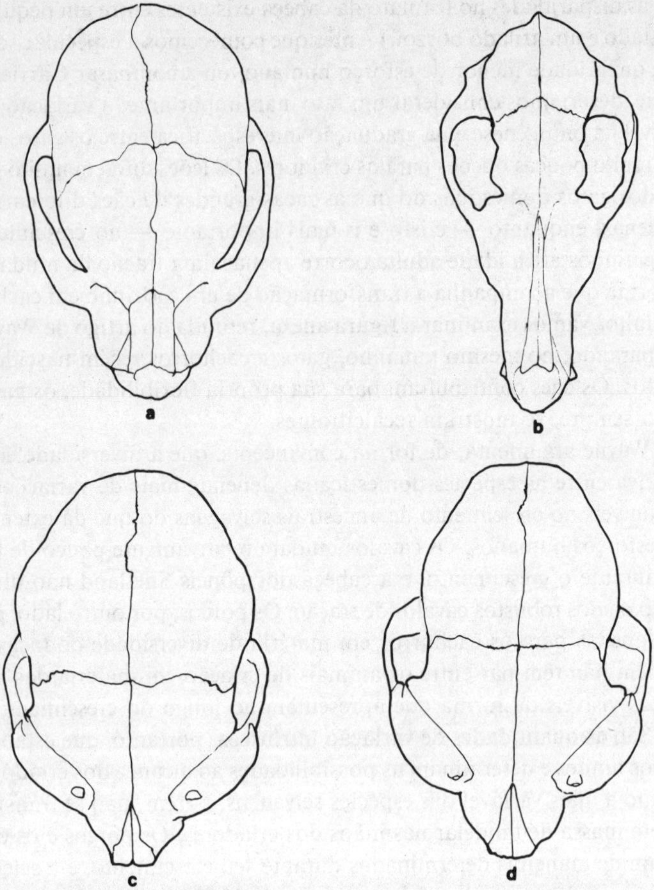

Crânios de cachorros (*em cima*) *e de gatos* (*embaixo*) *evidenciam as diferenças entre animais recém-nascidos* (*esquerda*) *e adultos* (*direita*). *Note-se o grau muito maior de mudança nos cachorros em comparação com os gatos.* (*Evolution* 40 (2), 1986.)

com os adultos de outras espécies selvagens de canídeos (como as raposas pequenas) — uma demonstração convincente de que as possibilidades de mudança são determinadas pelos padrões hereditários de crescimento. Os cães se mantêm fiéis às suas trajetórias próprias de transformação. "Até certo ponto", conclui Wayne, "muitas raças de cães representam instantâneos morfológicos tirados em posições intermediárias entre esses pontos extremos do desenvolvimento [...] Isto sugere que os cães domésticos menores diferem das raposas porque os filhotes dos cães pequenos não têm como superar pelo crescimento a morfologia característica com que nascem.''

Sabemos, é claro, que os criadores podem conseguir muitas façanhas maravilhosas e peculiares, desde transformar um dachshund num salsicha até transformar um chihuahua num rato pelado, ou um cão pastor num arremedo lanoso dos animais de que toma conta. Mas estas peculiaridades são superimpostas a um padrão básico que não se altera, estabelecido por condicionantes hereditárias ao crescimento. É a trajetória da ontogênese que fornece, como afirma Raymond Coppinger, um ''esboço básico'' para todas as raças.

Se a variação normal do crescimento representa a principal fonte de opções para os criadores, são os estágios juvenis das espécies selvagens os repositórios primários das mudanças disponíveis. É a partir deste tema básico dos limites que podemos entender uma observação antiga e de outro modo intrigante sobre as diferenças entre as espécies domesticadas e as selvagens. Muitas e muitas vezes, observamos que as espécies domésticas desenvolvem proporções mais juvenis que as de seus ancestrais selvagens. Não temos como explicar esta diferença pela inferioridade de tamanho (já que muitas vezes as raças domésticas são maiores do que a de seus ancestrais) e nem por uma seleção consciente que visasse o antigo objetivo da otimização planejada, já que nenhuma vantagem adaptativa possível poderia inspirar os criadores a produzir caras achatadas tão semelhantes nos porcos brancos Middle, nos bois Niatu da América do Sul e nos pequineses da corte imperial chinesa (ver figura). O único tema coordenador que se pode identificar por trás dessas semelhanças é a retenção, por neotenia, de traços juvenis comuns à maioria dos vertebrados.

Se estes traços neotênicos compartilhados pelas espécies domesticadas não se devem a uma seleção direta promovida pelos criadores, qual é a base comum de sua origem? A maioria dos especialistas afirma que esses traços juvenis são na verdade um produto colateral do verdadeiro objetivo da seleção — um comportamento dócil e afável. Além de variar na forma, os organismos também podem variar nas taxas de desenvolvimento. Os seres humanos aceleram o processo de domesticação promovendo a reprodução entre os animais que conservam os desejados traços juvenis de comportamento dócil e flexível depois de ultrapassar o ponto da maturidade sexual. Uma vez que os traços estão intimamente associados no desenvolvimento, não sendo infinitamente dissociáveis como exigiria nossa expectativa de otimização, a seleção do comportamento juvenil desejado traz junto com ela os aspectos morfológicos que lhe são associados. (Em alguns casos, podemos também selecionar a morfologia juvenil apenas por seu apelo estético — os olhos grandes e os crânios redondos, por exemplo — e obter de quebra valiosos benefícios colaterais em matéria de comportamento.) Em suma, esses aspectos juvenis em comum são faces do poliedro de Galton — conseqüências colaterais de uma seleção que visava outra coisa — e não objetos diretos da vontade humana.

Este tema das conseqüências colaterais me leva a uma última questão. Examinamos aqui o papel das condicionantes ao desenvolvimento na determinação da forma de muitos traços característicos dos cães — a diferença existente entre sua diversidade e a de outras espécies domesticadas; as contribuições díspares das várias partes de seus corpos para a variedade sem paralelo existente entre as diversas raças; as fontes restritas de variação para a constituição das diferentes raças, particularmente os limites impostos pela tendência dos vários traços a se manter associados ao longo do crescimento.

Podemos ver esses temas a uma luz pessimista — como um freio ao poder da seleção para trabalhar com toda a liberdade de um escultor humano. Mas sugiro uma leitura mais positiva. As condicionantes ao desenvolvimento representam os temas gêmeos e não muito contraditórios dos limites e das oportunidades. É verdade que as condicionantes excluem certas fantasias, mas por outro lado também representam uma enorme fonte de potencial disponível para mudanças futuras. Que importa se esta fonte tem limites claramente estabelecidos? Sua água é profunda e convidativa. O pessimista pode considerar que a associação existente entre certos traços no crescimento representa a triste exclusão prévia de certas combinações. Mas um otimista poderia enfatizar o potencial de mudança rápida dado pela possibilidade de mobilizar tantos traços característicos de uma só vez. A grande variação que os cães apresentam durante seu crescimento já constitui, por si só, uma fonte enorme para a mudança. O amplo espectro de estágios juvenis torna-se recrutável por neotenia — um potencial que seria inexistente caso os jovens fossem parecidos com os adultos, e se comportassem como eles.

Esta grande fonte de potencial foi usada vezes sem conta pelos criadores de cães domésticos. Devemos encarar esta variação restrita como a principal fonte de seu sucesso, e não o limite trágico de suas esperanças. Meu colega Raymond Coppinger, do Hampshire College, passou dez anos promovendo o uso de cães de guarda (uma grande tradição européia que nunca pegou na América) como alternativa ao uso de armas de fogo, de veneno e outras formas de agressão para a proteção dos carneiros contra os coiotes e outros predadores. Distribuiu mais de

Caras neotenicamente encurtadas de animais domesticados. De cima para baixo: *porco, boi e cachorro pequinês.* (Cortesia do Museu de História Natural, Londres.)

quinhentos cães pastores entre criadores de 35 estados. Coppinger assinala que existe grande diferença, em geral despercebida, entre as raças de cães de guarda e de cães pastores. Os cães pastores controlam o movimento dos carneiros lançando mão dos comportamentos predatórios dos cachorros adultos — tocaiando, perseguindo, mordendo, latindo —, mas inibindo o resultado final que estes comportamentos teriam. São raças que apresentam traços adultos de forma e de comportamento; não exibem qualquer característica neotênica.

Já os cães de guarda, por sua vez, limitam-se a acompanhar o rebanho em seus movimentos, misturando-se a ele. Trabalham sozinhos, e não controlam o movimento do rebanho. Dão proteção aos carneiros basicamente por seu tamanho, já que poucos coiotes se atreveriam a atacar um rebanho acompanhado de um cão de cinqüenta quilos. Em relação aos carneiros, apresentam o mesmo comportamento que os filhotes exibem para com outros cachorros — lambem a cara dos carneiros como um filhote faria para pedir comida, correm atrás deles e os mordem com a intenção brincalhona dos cachorros novos, e até mesmo montam nos carneiros como os cachorrinhos montam um no outro em suas brincadeiras e ensaios sexuais. E este comportamento neotênico está associado a uma morfologia juvenil persistente, já que esses animais têm a cara curta, os olhos grandes e as orelhas pendentes.

Coppinger criou juntos cães de guarda e cães pastores, desde muito pequenos. Os cachorrinhos apresentam poucas diferenças de comportamento até a puberdade, quando os cães pastores desenvolvem os traços padronizados da maturidade — os *collies* começam a tocaiar, enquanto os *retrievers* e os perdigueiros começam a fazer jus a seus nomes.* Mas os cães de guarda não desenvolvem nenhum padrão novo de comportamento, e conservam seus traços juvenis. Assim, um conjunto valioso de características pode ser recrutado ao mesmo tempo simplesmente porque elas já existem associadas na forma e no comportamento normais de cachorros mais jovens. Os padrões de crescimento são riquíssimos repositórios, e não estrangulamentos estéreis.

Uma argumentação tradicional identifica a neotenia com tudo o que é bom e gentil — "Em verdade vos digo que se não vos converterdes e não vos fizerdes como as crianças, de modo algum entrareis no reino dos céus". No entanto, resisto a qualquer transposição fácil das

(*) *Retriever*, em inglês, vem do verbo *to retrieve*, "buscar, recuperar". Os *retrievers* são cães especializados em buscar as presas atingidas pelos caçadores, sobretudo aves. O nome do perdigueiro em inglês é *pointer*, que vem de *to point*, "apontar", gesto que em português é designado como "amarrar" a caça: o cão fica imóvel, com o rabo e o corpo esticados apontando com o focinho para a presa. (N. T.)

realidades naturais para as esperanças humanas, quanto mais não seja porque o lado escuro da utilidade social deveria ensinar-nos a ter cuidado ao propor analogias.

A neotenia tem certamente seu lado escuro em falsas interpretações sociais. Konrad Lorenz, que, para falar da maneira mais gentil possível, tornou sua vida na Alemanha nazista mais confortável adequando suas idéias sobre o comportamento animal à ortodoxia então prevalecente, afirmou muitas vezes, no início da década de 40, que a civilização é análoga à domesticação. Os animais domésticos são muitas vezes neotênicos; os animais neotênicos conservam a flexibilidade dos jovens e não desenvolvem a aversão instintiva e saudável que as criaturas maduras sentem em relação aos membros deformados e sem valor de sua raça. Já que os seres humanos perderam este poder instintivo de rejeitar os geneticamente nocivos, Lorenz defendia as leis nazistas que regiam as questões do casamento e da raça, afirmando que estas regras espelhavam os caminhos maduros da natureza.

Ainda assim, não consigo deixar de assinalar, já que os cachorros são descendentes dos lobos e que os seres humanos são realmente neotênicos tanto na forma como no comportamento (sem querer justificar os sonhos vãos e odiosos de Lorenz), que a neotenia dos cães que guardam ovelhas de fato cumpre, num sentido limitado, uma das mais antigas e mais belas de todas as profecias: "Morará o lobo com o cordeiro [...] e um menino pequeno os conduzirá".

28
APOSTANDO NA SORTE — E NÃO VALE OLHAR

O duplo sentido pode ser uma delícia. Quem não sente prazer ao descobrir que *Earnest*, na peça de Oscar Wilde, é apenas o nome de um rapaz, não se referindo a alguma pessoa de atitude virtuosa?* E quem já não invejou esta boa piada daquele escritor de destino trágico? Mas o duplo sentido também tem seus perigos — sobretudo quando o mesmo termo é usado por duas comunidades de maneiras diferentes, resultando daí uma confusão enfadonha em lugar de uma agradável diversão.

As diferenças existentes entre várias definições científicas e vulgares da mesma palavra fornecem muitos exemplos deste frustrante fenômeno. ''Significância'' em estatística, por exemplo, tem pouca relação com a acepção comum da palavra. O comprimento das caudas dos ratos pode apresentar uma diferença ''significante'' no Mississippi e em Michigan — o que só quer dizer que os comprimentos médios não são os mesmos — sem que a própria diferença no comprimento seja suficiente para falarmos numa variação ''significativa'' no sentido comum. Mas o mais sério de todos os mal-entendidos entre o sentido técnico e o vulgar é o que afeta os conceitos ligados à probabilidade, sobretudo as expressões *ao acaso*, *acidental* e *aleatório* (na linguagem especializada, também se usa *randômico* com o mesmo sentido).

Para a linguagem comum, um acontecimento aleatório é um evento que não tem ordem, previsibilidade ou padrão. A palavra denota desagregação, desmembramento, anarquia amorfa e medo. No entanto, ironicamente, o sentido científico de *aleatório* denota um conjunto de

(*) O célebre duplo sentido do título de Oscar Wilde, *The importance of being Earnest*, joga com o nome Ernest, equivalente de Ernesto em português, e o adjetivo ''earnest'', de pronúncia idêntica, significando ''sério, zeloso, diligente, aplicado, intenso''. (N. T.)

associações exatamente opostas. Qualquer fenômeno governado pelo acaso apresenta uma simplicidade, uma ordem e uma previsibilidade máximas — pelo menos no longo prazo. Se, por exemplo, estivermos interessados em perceber as forças que estão por trás de um padrão de mudança histórica em larga escala, a aleatoriedade será nossa maior esperança de chegar a um modelo maximamente simples e maleável. Se jogarmos uma moeda ou um par de dados a cada segundo por dias a fio, chegaremos a uma distribuição de resultados rigidamente previsível. Com base no número total de lances, podemos prever as margens de afastamento de um resultado de meio a meio no caso da moeda, ou a percentagem de setes que tiraremos com nossos dados. Quando o número de lances é bem grande, a mais simples das fórmulas matemáticas da teoria das probabilidades nos permite chegar até a estimativas precisas e a margens de erro definidas para as freqüências e as extensões das séries — quantas vezes seguidas tiraremos cara ou sete. (É claro que não temos como prever o resultado de nenhuma tentativa em particular e nem saber em que momento ocorrerá uma série de resultados iguais, como sabe — ou pelo menos deveria saber — qualquer jogador eventual.)

Assim, se quisermos entender os padrões das longas seqüências históricas, devemos pedir aos céus para que sejam regidas pela aleatoriedade. Ironicamente, não há nada que atue com tanto vigor contra uma resposta clara quanto as formas convencionais de determinismo. Se cada evento de uma seqüência tiver uma causa definida num mundo de tanta complexidade como o nosso, estamos perdidos. Como poderemos ter alguma esperança de prever e analisar resultados se o fato *A* só aconteceu porque o estuário degelou num determinado dia, levando a *B* porque certa foca passou nadando por ali e devorou determinada quantidade de peixes, e depois a *C* porque certo urso polar perambulava por ali (para não falar das flutuações dos períodos glaciais, da colisão com corpos celestes e da deriva dos continentes, fatores que costumam ser mencionados quando se fala de prazos verdadeiramente longos)?

A beleza (e simplicidade) da aleatoriedade está na ausência dessas propriedades maximamente perturbadoras de nosso raciocínio. Num jogo de cara-ou-coroa, nenhum tempo ou momento tem caráter peculiar; cada lance pode ser tratado exatamente da mesma maneira, seja qual for o momento em que tenha ocorrido. Podemos datar com precisão o tempo geológico com base no decaimento radioativo, porque cada átomo tem igual probabilidade de decair a cada instante. Se admitíssemos a intervenção da individualidade causal — ou seja, se o que ocorre às dez horas da manhã de domingo fosse diferente do que acontece às cinco da tarde de sábado, ou se determinado átomo de urânio, por sua fibra moral incomum, resistisse melhor ao decaimento espontâneo do que os demais — a aleatoriedade fracassaria e o método deixaria de funcionar.

Uma das melhores ilustrações deste princípio fundamental, mas contra-intuitivo, de uma ordem máxima a longo prazo devida à aleatoriedade vem de meu próprio campo, a biologia evolutiva — e de um debate que contribuiu em muito para tornar nossa vida profissional mais interessante nos últimos vinte anos. O darwinismo tradicional atribui um papel importante à aleatoriedade — mas apenas como fonte de variação, ou matéria-prima, para a mudança evolutiva, e não como agente que possa determinar a direção da própria mudança. Para Darwin, a fonte predominante da mudança evolutiva reside na força determinista da seleção natural. A seleção funciona como causa e promove a adaptação dos organismos às mudanças de seus ambientes locais. A variação aleatória fornece o "combustível" indispensável para a seleção natural, mas não determina a intensidade, a seqüência temporal ou o padrão da mudança. O darwinismo é uma teoria em duas partes, em que a matéria-prima é aleatória, mas a mudança se dá por causalidade convencional — *O acaso e a necessidade*, como tão bem sintetizou Jacques Monod no título de seu famoso livro sobre a natureza do darwinismo.

No domínio dos organismos e da eficiência de suas configurações, temos poucas razões para duvidar da influência vigorosa e provavelmente dominante exercida por forças de cunho determinista, como a seleção natural. As formas intricadas e altamente adaptadas dos organismos — a asa de uma ave ou a capacidade de mimetizar gravetos de um inseto — são complexas demais para ter surgido como resultado de longas seqüências apenas acidentais, enquadráveis nos modelos aleatórios mais simples. Mas esta exigência da complexidade não se aplica necessariamente às substituições de nucleotídeo por nucleotídeo que constroem os menores incrementos da mudança evolutiva no nível molecular. No campo dessas mudanças básicas ocorridas no interior do ADN, uma teoria "neutralista", baseada em modelos aleatórios simples, vem contestando o darwinismo convencional com grande sucesso ao longo da última geração.

Quando o grande geneticista japonês Motoo Kimura formulou sua primeira versão da teoria neutralista em 1968 (ver bibliografia), ficou impressionado com duas descobertas que pareciam difíceis de interpretar segundo a visão convencional de que a seleção natural predomina sobre todas as outras causas de mudança evolutiva. Primeiro, no nível molecular das substituições ocorridas nos aminoácidos, as taxas medidas indicavam uma constância da mudança verificada em todas as moléculas e em todos os organismos — o chamado relógio molecular da evolução. Este resultado não faz sentido no mundo de Darwin, onde as moléculas submetidas a uma forte seleção deveriam evoluir mais depressa do que as outras e onde os organismos expostos a diferentes mudanças e desafios de seu ambiente deveriam apresentar taxas evolutivas correspondentemente variáveis. No máximo, poderíamos dizer que estas diferenças de ritmo regidas por um determinismo tenderiam a "nivelar-se" ao longo das enormes extensões do tempo geológico, resultando em ritmos de mudança mais ou menos regulares. Mas não há dúvida de que o relógio molecular fica mais fácil de interpretar se adotarmos um modelo aleatório. Se a maioria das mudanças moleculares não é governada pela seleção determinista — se, ao contrário, as variações moleculares são em sua maioria neutras e, portanto, sua freqüência aumenta e diminui de acordo com a sorte —, o ritmo da mudança é governado pela taxa de mutação e pelo tamanho da população. Se a maioria das populações são grandes, e se as taxas de mutação são mais ou menos as mesmas para a maioria dos genes, então os modelos aleatórios simples prevêem a existência de um relógio molecular.

Segundo, Kimura assinalou a recente descoberta de que muitos genes dos membros das populações apresentam níveis surpreendentemente altos de variação. Uma variação excessiva representa um problema para o darwinismo convencional, porque a substituição de um gene ancestral por um estado novo e mais vantajoso do mesmo gene sempre acarreta um custo — a morte diferencial, por seleção natural, das formas precursoras, agora em desvantagem. Este custo não representará um problema se apenas alguns genes antigos forem expurgados da população a cada momento. Mas se centenas de genes estiverem sendo eliminados, qualquer organismo será necessariamente portador de muitos dos estados desfavoráveis, e poderá estar condenado à morte. Assim, a seleção não deveria ser capaz de substituir muitos genes ao mesmo tempo. Mas os dados sobre a variabilidade mostram que é copiosa, e parecem indicar a existência de um verdadeiro caldeirão de atividade evolutiva num número excessivo de sítios genéticos — excessivo, é bom lembrar, se as mudanças em cada gene variante forem governadas pela seleção natural. Kimura, porém, descobriu uma saída simples e elegante para este paradoxo. Se a maioria das formas variantes de um gene é neutra no que diz respeito à seleção, então as mudanças de freqüência nessa variação se devem à pura sorte. Invisíveis para a seleção natural por não fazerem a menor diferença aparente para o organismo, essas variações não resultam em nenhum custo de substituição.

Em vinte anos de produção copiosa, Kimura sempre teve o cuidado de enfatizar que sua teoria neutralista não refutava o darwinismo nem negava à seleção natural o poder de dar forma à adaptação dos organismos. Escreveu, por exemplo, no começo de seu memorável livro *The neutral theory of molecular evolution* [A teoria neutralista da evolução molecular, 1983]:

> A teoria neutralista não é antagônica à visão tão acalentada segundo a qual a evolução da forma e da função é guiada pela seleção darwiniana, mas apresenta outra faceta do processo evolutivo ao enfatizar o papel muito maior exercido pela pressão da mutação e pela deriva aleatória no nível molecular.

A questão, como ocorre tantas vezes na história natural (e como tantas vezes enfatizo nestes ensaios), gira em torno da importância relativa dos dois processos. Kimura nunca negou a adaptação e a seleção natural, mas com o tempo passou a considerar que estes processos são quantitativamente insignificantes no quadro geral — uma pequena ondulação que se manifesta de vez em quando na superfície de um verdadeiro oceano de mudança molecular neutra, sempre que a seleção atira uma pedra nas águas da evolução. Os darwinianos, por outro lado, pelo menos antes de Kimura e seus colaboradores apresentarem seu vigoroso desafio e exibirem indícios que confirmavam suas idéias, tendiam a afirmar que a mudança neutra ocupava um cantinho insignificante da evolução — não passava de um processo fora do comum que atuava ocasionalmente em populações que, de qualquer maneira, estavam à beira da extinção.

Esta discussão sobre a freqüência relativa da mudança vem sendo travada com grande energia ao longo dos últimos vinte anos e terminou, pelo menos na opinião deste espectador sem qualquer interesse particular em jogo, basicamente empatada. Já se verificou que a seleção tem mais influência do que davam a entender as palavras originais de Kimura; o processo de Darwin não é um simples foco de perturbação num mar de tranqüilidade constante. Mas ficou determinado também que a mudança neutra ocorre com uma freqüência relativa confortavelmente alta. O relógio molecular não é tão consistente e nem tão regular quanto Kimura esperava, mas mesmo que seja imperfeito faz pouco sentido no mundo descrito por Darwin. A melhor interpretação para o funcionamento do relógio parece ser a existência de um neutralismo subjacente e generalizado, em que perturbações consideráveis seriam introduzidas pela contribuição substancial da seleção natural (e de outras causas).

Não obstante, se eu me visse obrigado a escolher um vencedor nesta luta sem resultado claro, entregaria a coroa a Kimura. Afinal, sempre que uma idéia inovadora empata com a ortodoxia numa disputa é que a novidade conseguiu conquistar boa parte do espaço que era ocupado pela convenção. Mas eu me curvo diante de Kimura por outra razão, mais importante do que a pertinência empírica do neutralismo numa freqüência relativamente alta: curvo-me diante dele porque sua teoria é uma ilustração magnífica para o tema que serviu de introdução a este ensaio — a virtude da aleatoriedade no sentido técnico, em oposição às conotações vulgares da palavra.

A teoria neutralista de Kimura tem a grande vantagem da simplicidade em sua expressão matemática e na especificação dos resultados. A seleção natural determinista não pode resultar em qualquer previsão firme para as histórias das várias linhagens — pois para poder formular uma previsão dos resultados precisaríamos conhecer as seqüências exatas e particulares de todas as mudanças bióticas e ambientais, além dos tamanhos e estados genéticos anteriores de toda a população. E é impossível obter estes dados num mundo de informação histórica imperfeita. Ainda que conseguíssemos reuni-los, eles só nos permitiriam previsão referente a determinada linhagem, e não a formulação de uma teoria geral. Já o neutralismo, por ser um modelo aleatório para o qual todos os aspectos e todos os momentos têm o mesmo valor, resulta num conjunto de equações simples e gerais que podem servir como previsões precisas no que diz respeito aos resultados da mudança evolutiva. Essas equações nos dão, pela primeira vez, um critério básico que nos permite aquilatar qualquer tipo de mudança genética. Se o neutralismo for verdadeiro, os resultados concretos se adequarão às equações. Se predominar a seleção, os resultados se afastarão das previsões — e de um modo que nos permite identificar a atuação do controle darwiniano. Assim, as equações de Kimura têm-se mostrado tão úteis para os selecionistas quanto para os próprios neutralistas; suas fórmulas forneceram um critério para todos, e o debate pode girar em torno de sabermos se as equações se adequam ou não aos resultados concretos. Kimura enfatizou muitas vezes este aspecto de suas equações e dos modelos aleatórios em geral. Escreveu, por exemplo, em 1982:

> A teoria neutralista é acompanhada por uma teoria matemática bem definida baseada na teoria estocástica da genética populacional. Esta última nos permite abordar quantitativamente a evolução e a variação, e desta maneira testar a teoria por meio de observações e experiências.

A mais importante e útil dessas previsões envolve um paradoxo segundo a antiga visão darwiniana. Se a taxa evolutiva é controlada pela seleção, poderíamos pensar que a aceleração do ritmo de alteração estaria associada a pressões seletivas mais fortes em favor da mudança.

A velocidade da mudança, em suma, deveria variar na razão direta da intensidade da seleção. No entanto, a teoria neutralista prevê precisamente o contrário — e basta pensar um pouco para perceber que o motivo é óbvio. A mudança mais rápida deveria estar associada a uma aleatoriedade irrestrita — seguindo o velho imperativo termodinâmico segundo o qual as coisas invariavelmente desandam, a menos que se faça muita força para mantê-las como estão. Afinal, em qualquer momento da história da vida, a estabilidade é sempre muito mais comum do que a mudança. Em seu modo habitual e cotidiano, a seleção natural precisa lutar para preservar as combinações funcionais, opondo-se à intervenção constante de mutações deletérias. Em outras palavras, a seleção natural, em nosso linguajar técnico, precisa ser habitualmente "purificadora" ou "estabilizadora". A seleção positiva para a mudança só pode ser um acontecimento muito mais raro do que a seleção que funciona como um cão de guarda, descartando as variantes prejudiciais e preservando o que funciona.

Se as mutações são neutras, este cão de guarda não vê nada, e a mudança evolutiva pode continuar em seu ritmo máximo — a taxa neutra de substituição. No entanto, se uma certa molécula está sendo preservada pela seleção natural, é porque o cão de guarda está atuando no sentido de inibir a mudança evolutiva. Esta proposta, que originalmente vai contra a intuição, pode ser vista como a afirmação crucial da teoria neutralista. Kimura enfatiza esta questão em itálico na maioria de seus textos mais gerais, como, por exemplo, quando escreve (em 1982): "*As mudanças moleculares que têm menor probabilidade de estar sujeitas à seleção natural ocorrem mais rapidamente na evolução*".

Tanto o maior sucesso quanto a maior modificação da teoria original de Kimura ocorreram com a aplicação deste princípio segundo o qual a seleção natural atua no sentido de reduzir a velocidade máxima da mudança molecular neutra. Em matéria de modificação da teoria original, milhares de estudos empíricos demonstraram desde então que o cão de guarda da seleção natural, medido por um ritmo da mudança menor do que o previsto pela aleatoriedade, opera com freqüência muito mais alta do que antecipara a versão inicial da teoria neutralista de Kimura. Quanto ao sucesso, a confirmação definitiva do próprio princípio pode ser definida como o maior triunfo do neutralismo — pois a atribuição da taxa máxima de mudança à aleatoriedade (e não à seleção intensa, ao contrário do que tantos esperavam) mostra que o neutralismo exerce uma espécie de controle básico sobre a evolução como um todo.

O indício mais impressionante do neutralismo como taxa máxima foi obtido com formas de ADN que não têm qualquer influência que possa representar um ganho (ou um prejuízo) para um organismo nos termos da seleção natural. Em todos os casos desse tipo, os ritmos encontrados para a mudança molecular são máximos, confirmando assim a principal previsão do neutralismo.

1) *Substituições sinônimas*. O código genético é redundante na terceira posição. No ADN, uma seqüência de três nucleotídeos codifica um aminoácido. A mudança em qualquer dos dois primeiros altera o aminoácido produzido, mas a maioria das mudanças que afetam o terceiro nucleotídeo — as chamadas substituições sinônimas — não alteram o aminoácido resultante. Já que a seleção natural atua sobre certos traços dos organismos, no caso as proteínas construídas pelo ADN e não diretamente sobre o próprio ADN, as substituições sinônimas devem ser invisíveis para a seleção natural, e portanto neutras. Em geral, as taxas de mudança na terceira posição são pelo menos cinco vezes mais rápidas do que as mudanças verificadas na primeira e na segunda posições, que são funcionais — uma confirmação marcante do neutralismo.

2) *Introns*. Os genes são compostos de pedaços, em que regiões funcionais (chamadas *exons*) são interrompidas por seqüências de ADN (chamadas *introns*), que são fragmentadas e não se traduzem em proteínas. Os introns apresentam uma taxa de mudança evolutiva muito mais alta do que os exons.

3) *Pseudogenes*. Certos tipos de mutação podem extinguir a função de um gene — impedindo, por exemplo, que venha a se traduzir em proteína. Estes chamados pseudogenes apresentam, em sua porção inicial, praticamente a mesma seqüência de ADN que a versão funcional do gene em espécies aparentadas. No entanto, por não ter qualquer função, esses pseudogenes não deveriam exercer resistência alguma ao acúmulo máximo de mudanças devido à deriva aleatória. Os pseudogenes constituem uma espécie de teste definitivo para a proposição segundo a qual a ausência da seleção natural promove uma mudança máxima à taxa neutra — e até agora esta hipótese tem sido aprovada com distinção. Nos pseudogenes, as taxas de mudança são iguais — e máximas — em todas as três posições do código tríplice, e não apenas na terceira posição, como ocorre nos genes funcionais.

O que me inspirou a escrever sobre a teoria neutralista foi um exemplo fascinante do valor deste arcabouço conceitual para a avaliação das causas das taxas evolutivas. É um exemplo que não apóia nem refuta o neutralismo, mas representa uma situação intermediária, iluminada pelo princípio mais importante segundo o qual os modelos aleatórios fornecem critérios simples e explícitos para o nosso julgamento.

Enquanto os mamíferos supostamente mais inteligentes vêm criando e enfrentando graves problemas acima da superfície, as toupeiras da espécie *Spalax ehrenbergi*, comuns no Oriente Próximo, vêm prosperando debaixo da terra. Os olhos dos mamíferos subterrâneos acabam em geral menores ou enfraquecidos, mas o *Spalax* se viu reduzido a um estado extremo de cegueira total. Olhos rudimentares ainda são produzidos em seu desenvolvimento embrionário, mas acabam cobertos por uma pele grossa e por pêlos. Mesmo quando exposto a lampejos de luz forte com eletrodos implantados em seu cérebro, o *Spalax* não apresenta nenhuma resposta neurológica. O animal é completamente cego.

Como interpretar então este olho invisível e rudimentar? Será que não tem mais qualquer função, e é apenas um autêntico vestígio a caminho de uma redução maior, até desaparecer por completo? Ou será que desempenha algum outro papel, sem relação com a visão? Talvez não tenha qualquer uso direto, mas ainda precise ser gerado como pré-requisito numa trajetória embrionária que leva a outros traços funcionais. Como podemos decidir entre estas e outras alternativas? Os modelos aleatórios da teoria neutralista nos oferecem o método de análise mais poderoso. Se o olho rudimentar for apenas um vestígio autêntico, suas proteínas devem estar mudando à taxa neutra máxima. Se a seleção não tiver parado de atuar e o olho ainda tiver alguma função plena (embora não a visão), as taxas de mudança devem ser comparáveis às encontradas entre outros roedores dotados de olhos convencionais. Se a seleção natural tiver parado de atuar devido à cegueira, mas o olho ainda funcionar de alguma maneira menos específica, poderemos observar uma taxa intermediária de mudança.

Em sua formação, o olho do *S. ehrenbergi* ainda apresenta um cristalino (embora seu formato seja irregular e ele não seja capaz de focalizar imagens), e neste cristalino encontramos a proteína conhecida como αA-cristalina. Recentemente, a seqüência do gene para esta proteína foi analisada, e comparada ao gene correspondente em nove outros roedores dotados de visão normal (ver artigo de W. Hendriks, J. Leunissen, E. Nevo, H. Bloemendal e W. W. de Jong, na bibliografia).

Em seu estudo, Hendriks e seus colaboradores chegaram ao resultado mais interessante possível. O gene da αA-cristalina muda muito mais rapidamente no *Spalax* cego do que em outros roedores dotados de visão, indo de encontro ao que sugeriria a atenuação da seleção natural devida à perda de sua função primária. A proteína codificada pelo gene do *Spalax*, por exemplo, sofreu nove substituições de aminoácidos (entre 173 substituições possíveis), em comparação com o estado ancestral de seu grupo (os roedores murídeos, entre os quais figuram os ratos, os camundongos e os hamsters). Todos os outros murídeos estudados (ratos, camundongos, hamsters e gerbos) apresentam seqüências idênticas, sem qualquer mudança em relação ao estado ancestral. O ritmo médio de mudança da αA-cristalina entre os vertebrados como um todo foi definido como sendo de cerca de três substituições de aminoácidos por cada cem posições a cada 100 milhões de anos. O *Spalax* está mudando mais de quatro vezes mais rápido, cerca de 13% a cada 100 milhões de anos. (Nove mudanças em 173 posições são apenas 5,2%; mas a linhagem do *Spalax* tem apenas 40 milhões de anos — e 5,2% em 40 milhões de anos correspondem a 13% em 100 milhões.) Além disso, o *Spalax* apresenta mudanças em quatro aminoácidos em posições que são absolutamente constantes em todos os outros vertebrados estudados — 72 espécies, do cação aos seres humanos.

"Estes achados", concluem Hendriks e seus colaboradores, "indicam que a estrutura primária da αA-cristalina apresenta maior tolerância à mudança neste animal cego." Até aí tudo bem. No entanto, embora notável, o aumento do ritmo da mudança no *Spalax* ainda atinge apenas 20% da taxa característica apresentada pelos pseudogenes, que é o nosso melhor padrão da velocidade evolutiva máxima e verdadeiramente neutra. Assim, alguma coisa ainda deve estar acontecendo com os olhos do *Spalax* para atenuar o ritmo de mudança, mantendo-o abaixo do máximo atingido na neutralidade. Os modelos simples de aleatoriedade nos revelaram afinal alguma coisa interessante e importante, por estabelecer um padrão testável, aproximado mas não igualado neste caso, atuando como critério primário de avaliação.

Qual será então a função desempenhada pela αA-cristalina no *Spalax*? Que papel pode cumprir um cristalino rudimentar e irregular, sepultado debaixo de uma camada de pele e pêlos? Não sabemos, mas a taxa intermediária de mudança que encontramos nos ajuda a formular as perguntas certas em nossa busca de uma solução.

O *Spalax* é cego, mas é um roedor que ainda assim responde a mudanças no fotoperíodo (diferenças de duração dos períodos de claridade e escuridão) — aparentemente devido à influência direta dos próprios regimes de claridade, e não a alguma conseqüência indireta que um animal cego pudesse reconhecer com facilidade (o aumento da temperatura devido a um número maior de horas diurnas, por exemplo). A. Haim, G. Heth, H. Pratt e E. Nevo (ver bibliografia) demonstraram que o *Spalax* teria sua tolerância ao frio aumentada quando exposto a um regime de claridade típico do inverno: oito horas de luz seguidas de dezesseis horas de escuridão. As toupeiras eram mantidas à temperatura relativamente quente de 22°C, e portanto não poderiam estar se ajustando ao inverno com base em sinais dados pela temperatura. Os animais expostos a doze horas de claridade e doze horas de escuridão à mesma temperatura não apresentaram um aperfeiçoamento equivalente de seus mecanismos de termorregulação. É interessante observar que os animais expostos a regimes de luz típicos do verão (dezesseis horas de claridade e oito de escuridão) a temperaturas mais baixas, 17ºC, na realidade apresentaram uma *diminuição* de sua tolerância ao frio. Assim, embora seja cego, os dados parecem indicar que o *Spalax* usa a luz, e não a temperatura, como guia para ajustar sua fisiologia ao ciclo das estações.

Hendriks e seus colaboradores sugerem uma explicação possível, mas ainda não testada. Sabemos que muitos vertebrados respondem às mudanças no fotoperíodo secretando, na glândula pineal, um hormônio chamado *melatonina*. A glândula pineal responde à luz com base na informação fótica transmitida pela retina. O olho rudimentar do *Spalax* apresenta a formação de uma retina, mas como é que ela poderia, uma vez que este animal cego não percebe nenhuma luz, atuar em combinação com a glândula pineal? No entanto, Hendriks e seus colaboradores assinalam que a própria retina também pode secretar melatonina — e que a camada responsável por esta secreção se encontra presente na retina do *Spalax*. É possível, assim, que a retina do *Spalax* ainda seja funcional como fonte de melatonina ou como gatilho para secreção da glândula pineal, por meio de um mecanismo ainda desconhecido. (Vou deixar de lado aqui o problema fascinante, e ainda sem solução, de saber como um animal cego pode responder, como sem dúvida acontece com o *Spalax*, às mudanças sazonais do fotoperíodo.)

Se aceitamos a possibilidade de que o *Spalax* possa precisar de sua retina, e usá-la (de alguma maneira não visual) para adaptar-se à mudança de estações, então poderemos procurar uma função potencial para o cristalino de seu olho, e para a proteína αA-cristalina, na determinação dos caminhos do desenvolvimento, e não em sua utilidade direta. O cristalino não pode funcionar para a visão, e a αA-cristalina não focaliza nenhuma imagem, mas a retina não se forma isoladamente e só pode ser gerada como parte de uma trajetória embrionária normal que pressupõe a diferenciação prévia de outras estruturas. É possível que a formação de uma vesícula para o cristalino seja um pré-requisito para a formação da retina — e a retina pode, portanto, requerer a presença de um cristalino para funcionar, mesmo que este cristalino não tenha nenhuma função específica.

A evolução é fortemente condicionada pela natureza conservadora dos programas embriológicos. Na biologia, não existe nada mais espantosamente complexo do que a produção de um vertebrado adulto a partir de um único óvulo fertilizado. Muito pouca coisa pode ser radicalmente mudada sem perturbar o progresso do embrião. A taxa intermediária de mudança encontrada nas proteínas do cristalino de um roedor cego — um ritmo tão claramente situado entre a velocidade máxima da mudança neutra e a alteração muito mais lenta das partes funcionais — pode indicar um traço que perdeu sua utilidade direta própria, mas que ainda assim precisa ser formado como pré-requisito para o surgimento de traços posteriores, estes sim funcionais, ao longo do desenvolvimento embrionário.

Nosso mundo funciona em diferentes níveis, mas estamos presos, do ponto de vista conceitual, àquilo que nos rodeia, por mais paroquial que a paisagem possa ser. Somos organismos, e tendemos a ver o mundo da seleção natural e da adaptação como se ele se manifestasse apenas por meio das configurações bem adaptadas das asas, das pernas e dos cérebros. Mas no mundo dos genes o predomínio pode ser da aleatoriedade — e nossa interpretação do universo poderia ser muito diferente se nossa perspectiva primária se situasse neste nível mais baixo. É possível que, nesse caso, víssemos um mundo formado de elementos amplamente independentes que se combinassem ao sabor da sorte — mas pontilhado de algumas ilhotas isoladas onde o ritmo seria ditado pela seleção natural, e é a formação embrionária que dá coesão às coisas. Qual seria, então, a ordem diferente de um mundo ainda maior do que nós? Se deixamos de perceber o mundo da neutralidade dos genes porque somos grandes demais, o que estaremos deixando de ver por sermos pequenos demais? Somos como os genes em algum mundo maior da mudança entre as espécies, na vastidão do tempo geológico. O que estaremos perdendo por tentarmos entender este mundo através da escala inadequada de nossos corpos tão pequenos e de nossas vidas ínfimas?

de um único [illegible] tanto poderá [illegible] pode ser radicalmente mudado sem [illegible] de [illegible] diante de um [illegible] de um vendedor [illegible] máxima de mudança [illegible] funcionais [illegible] que parece sua [illegible] própria, mas [illegible] para o [illegible] de tratos [illegible] ao tempo [illegible]

Nosso mundo [illegible], mas [illegible] ponto de vista [illegible] por mais [illegible] paisagem possa [illegible] temos [illegible] [illegible] ao [illegible] [illegible] das perdas [illegible] da [illegible] [illegible] de um [illegible] e ainda [illegible] de um [illegible] Qualquer [illegible] de um [illegible] do valor do que [illegible] ver por [illegible] Se [illegible] tem [illegible] validade do tempo [illegible] pudéssemos entender este mundo através da [illegible]

VIII

INVERSÕES — FRAGMENTOS DE UM LIVRO QUE NÃO FOI ESCRITO

29
AS COURAÇAS DA TEORIA — E DA REALIDADE

A descoberta, como sua contrapartida, o amor, é de fato uma coisa maravilhosa. Alguns grandes achados resultam de uma sorte extraordinária — como no caso do *Archaeopteryx*, a primeira ave, encontrado numa pedreira em Solnhofen. Outras são produto de uma obstinação canina. Basta pensar em Eugène Dubois que, cirurgião do exército holandês, pediu para ser transferido para a Indonésia porque tinha certeza de que os ancestrais do homem deviam ter habitado a Ásia Oriental (ver o ensaio 8). Foi lá que encontrou, em 1893, os primeiros fósseis humanos de uma espécie que não a nossa — o fêmur de Trinil e a calota craniana do *Homo erectus* (o "Homem de Java" dos textos antigos).

Os mais belos espécimes que guardo em meu gabinete, cujo espaço divido contente com cerca de 50 mil artrópodes fósseis, ficam no último armário do canto oposto ao da minha mesa. São couraças cefálicas de *Eurypterus fischeri*, um grande artrópode de água doce hoje extinto, aparentado aos límulos, conhecidos popularmente em inglês como *horseshoe crabs*.* Estes belíssimos fósseis estão preservados sob a forma de películas marrons de quitina que se destacam como velhas rotogravuras contra um sedimento de granatura tão fina que o fundo dá a impressão de uma superfície uniforme de cor cinzenta (ver a figura). Foram coletados na Estônia por William Patten, professor de biologia em Dartmouth.

Quando cheguei a Harvard, vinte anos atrás, fiz um reconhecimento das 15 mil gavetas de fósseis — uma aventura que com certeza ultrapassa em sensação qualquer coisa que um garoto possa sentir ao se ver

(*) Por não existir nas costas brasileiras e nem de outro país de língua portuguesa, estes animais peculiares (gênero *Limulus*) não têm nome comum em português, mas são artrópodes semelhantes a caraguejos, cuja carapaça de fato lembra o casco ferrado de um cavalo, razão de seu nome em inglês. (N. T.)

solto na maior loja de doces do mundo. Encontrei alguns dos grandes espécimes de minha disciplina — os equinodermos de Agassiz, e a coleção formada por Raymond a partir de seus achados nas jazidas de xisto de Burgess, no Canadá. Mas fiquei especialmente animado ao encontrar os euripterídeos de Patten, porque sabia exatamente qual tinha sido a razão que o levara a coletá-los. Patten, como Dubois, reunira seus fósseis com uma única finalidade. Eu li seu livro de 1912 — *The evolution of the vertebrates and their kin* [A evolução dos vertebrados e suas famílias] — uma das curiosidades da minha área. O livro de Patten representa a última defesa séria da teoria clássica, ainda que incorreta, acerca da origem dos vertebrados — a tentativa de associar os dois grandes filos dos animais complexos afirmando que os vertebrados se originaram dos artrópodes.

Couraça cefálica de Eurypterus fischeri *coletada por William Patten na Estônia.* (Foto Rosamond W. Purcell.)

Patten identificou os euripterídeos como os ancestrais artrópodes dos vertebrados — e vem daí seu forte desejo de colecioná-los. Mas Patten estava mais interessado ainda num grupo que ocorria juntamente com os euripterídeos, nas mesmas localidades — peixes desprovidos de mandíbulas do gênero *Cephalaspis* (que significa "escudo de cabeça", ou couraça cefálica). Hoje sabemos que esses peixes sem mandíbulas (da classe Agnatha) são os mais antigos dos vertebrados, e precursores de todas as formas vertebradas posteriores, inclusive nós próprios. Os agnatos ainda sobrevivem hoje na forma de pequenos remanescentes semelhantes às enguias — as lampreias (gênero *Petromyzon*) e seus parentes distantes do gênero *Myxine*. Mas os agnatos originais, animais encouraçados, popularmente chamados de ostracodermos (dotados de couraça óssea dérmica), dominaram os primeiros 100 milhões de anos da vida vertebrada, e apresentavam um largo espectro de formas diversas. O fascínio de Patten pelos ostracodermos se devia à sua interpretação incorreta da anatomia desses animais. Patten acreditava que o *Cephalaspis* e seus parentes eram formas intermediárias entre os artrópodes e os peixes verdadeiros.

Normalmente contamos a história de uma disciplina como se fosse uma competição entre idéias em transformação e aqueles que as propõem. Mas poderíamos fazer um relato diferente e igualmente interessante, do ponto de vista dos vários objetos estudados. Poderíamos descrever uma fascinante história da astronomia do ponto de vista da Lua, e a genética seria historiada de forma muito diferente e multifacetada se vista pelos olhos de uma drosófila. O *Cephalaspis*, neste caso, poderia ser nosso melhor porta-estandarte em defesa da evolução.

A história das idéias acerca do *Cephalaspis* — de sua interpretação errônea original como cabeça de um trilobita, no começo do século XIX, à sua condição presente de ostracodermo arquetípico para todos os aficionados do grupo — nos fornece mais que uma sinopse do pensamento evolucionário. E também ilustra, com vigor fora do comum, o processo fundamental do próprio descobrimento científico.

A visão popular e enganosa sobre a ciência e sua história tem como foco a incômoda noção de progresso científico — um conceito abraçado por todos aqueles que praticam e fomentam a ciência, mas atacado, ou ao menos desacreditado, por todos que desconfiam da ciência e de seu poder de melhorar nossas vidas. O inimigo da definição, aqui como quase sempre, é um velho demônio, a Dicotomia. Tomamos uma questão sutil e interessante, com uma resolução real que abrange os aspectos de todas as posições básicas, e diante dela nos dividimos em dois exércitos empenhados numa guerra santa, ambos ostentando como bandeiras de luta uma mitologia pintada em cores vivas em cartazes de papelão.

A bandeira de papel dos partidários do fomento científico é uma forma extremada de realismo, a idéia de que a ciência progride porque descobre cada vez mais acerca de uma realidade objetiva e material situada fora de nós, no universo. A versão mais radical afirma que a ciência é um empreendimento totalmente objetivo (e portanto superior às outras atividades humanas); que os cientistas são capazes de ler diretamente a realidade, lançando mão do método científico para libertar suas mentes da superstição cultural; e que a história da ciência revela uma marcha contínua em direção à Verdade, mediada por um conhecimento cada vez maior do mundo exterior.

A bandeira de papel da oposição é uma forma igualmente extremada de relativismo, a idéia de que a verdade não tem significado objetivo e só pode ser avaliada pelos padrões variáveis das diferentes culturas e comunidades. A versão mais radical afirma que o consenso científico não difere em nada de qualquer conjunto arbitrário de convenções sociais, como por exemplo as regras do jogo de handebol fixadas pela minha antiga turma de rua. A ciência é ideologia, e o ''progresso'' científico não é um mapa cada vez mais perfeito da realidade objetiva, mas apenas uma expressão derivada das transformações culturais.

Essas posições são tão claramente definidas que só podem provocar urros de descrença da oposição. Como podem os relativistas negar que a ciência descobre a realidade objetiva?, perguntam os realistas. Os homens de Cro-Magnon eram capazes de desenhar um cavalo tão bem quanto qualquer artista vivo, mas não tinham como decifrar a estrutura do ADN ou fotografar as luas de Urano. Como, contrapõem os relativistas, alguém poderá negar o caráter social da ciência quando Darwin se baseou mais em Adam Smith do que no estudo das tartarugas das Galápagos, e Lineu fazia sua taxonomia concordar com a visão então dominante de uma ordem divina?

É claro que essas posições extremas só são adotadas por poucos pensadores. São caricaturas construídas pela oposição para reforçar as vantagens retóricas da dicotomia. Não há ninguém que de fato acredite nelas, mas os partidários de cada um dos lados *acham* que seus oponentes são realmente estúpidos a esse ponto, revelando assim o fanatismo de suas próprias posições. A possibilidade de um consenso acaba se afogando num mar de trocas de acusações.

A afirmação central de cada um dos lados está correta, e não há nenhuma inconsistência que impeça o casamento entre os dois, caso consigamos nos livrar dos extremos periféricos de cada atitude. A ciência é, e precisa ser, culturalmente determinada; que outro destino poderia ter um produto da paixão humana? Mas a ciência também progride, porque desvela e domina uma porção cada vez maior (embora ainda muito pequena *in toto*) de uma realidade objetiva complexa. A cultura não é inimiga da objetividade, mas apenas uma matriz que tanto pode acelerar como retardar o avanço do conhecimento. A ciência não é uma marcha linear rumo à verdade, mas uma estrada tortuosa, eivada de becos sem saída e desvios irritantes a cada quilômetro. E o mapa rodoviário que usamos para nos orientar não é a realidade objetiva, mas os padrões ditados pelo pensamento e as teorias produzidas pelo homem.

Minha posição é fácil de formular. Mas também é vazia e tendenciosa se apresentada sob a forma de uma generalidade abstrata. Este caminho do meio, esta *aurea mediocritas*, só pode penetrar em nossa compreensão sob a forma de um exemplo. E o *Cephalaspis* representa uma das melhores demonstrações que conheço porque este peixe desempenhou papel central em três visões importantes e consecutivas da ordem da natureza. Cada uma delas era determinada por seu contexto cultural, mas também forneceu o arcabouço para a obtenção de conhecimentos objetivos novos e autênticos acerca do próprio *Cephalaspis*, e estes novos conhecimentos contribuíram por sua vez para consagrar uma visão reformulada da ordem natural.

O *Cephalaspis*, como seu nome indica, tinha a cabeça encerrada num espesso escudo ósseo. O resto do corpo era coberto por escamas muito mais finas, das nadadeiras dianteiras à cauda. Uma vez que as escamas em geral se desarticulam com a morte e raras vezes são preservadas, a maioria dos fósseis de *Cephalaspis* apresenta apenas a couraça cefálica. Isolada, esta couraça é um objeto peculiar que em nada lembra os peixes que conhecemos. Lembra muito a extremidade cefálica de muitos trilobitas (artrópodes fósseis), e foi classificada desta forma até Louis Agassiz ter identificado a verdadeira afinidade do *Cephalaspis* em sua grande monografia *Les poissons fossiles* [Os peixes fósseis], publicada em cinco volumes entre 1833 e 1843.

Agassiz confessa seu espanto e sua perplexidade no primeiro parágrafo em que fala do *Cephalaspis*:

> São os animais mais curiosos que já observei; suas características são tão extraordinárias que eu precisei fazer o exame mais detalhado e escrupuloso [...] a fim de me certificar de que essas criaturas misteriosas eram realmente peixes.

Agassiz chegou à resposta correta para seu enigma porque havia em sua coleção alguns espécimes extraordinariamente bem conservados, em que a característica couraça da cabeça estava ligada a uma parte pos-

Figura extraída de les poissons fossiles, *de Agassiz, provando as atividades vertebrais da carapaça frontal do* Cephalaspis. (Fotografia de Rosamond W. Purcell.)

terior que evocava de modo evidente as formas de um peixe (ver a figura). No entanto, embora Agassiz tenha desencadeado a história moderna do *Cephalaspis* ao incluir corretamente este gênero entre os vertebrados, nunca foi capaz de esclarecer qual fosse seu parentesco com os outros peixes, por falta de indícios cruciais. Agassiz lamentava especialmente não ter sido capaz de encontrar nenhum espécime que expusesse a superfície inferior da couraça cefálica, onde, segundo supunha (e com razão), ficaria a boca. Assim, Agassiz nunca pôde constatar a característica marcante da ausência de mandíbulas no *Cephalaspis*, e jamais pôde identificar os ostracodermos como os precursores estruturais de todos os vertebrados posteriores (as mandíbulas evoluíram a partir dos ossos que sustentavam as arcadas branquiais, situadas por trás da boca nesses peixes). O *Cephalaspis*, para Agassiz, nunca deixou de ser uma estranha exceção inclassificável entre os peixes.

Embora Agassiz não tivesse como responder plenamente à questão da classificação do *Cephalaspis*, usou este peixe peculiaríssimo como chave para sua teoria da ordem biológica. *Les poissons fossiles* não é uma mera relação dos peixes antigos; antes de mais nada, é uma argumentação meticulosa em favor da visão de mundo criacionista de Agassiz

— uma teoria que representava o consenso cultural em 1830, mas que Agassiz defendeu obstinadamente até sua morte, em 1873, muito depois de ter sido refutada em favor de Darwin.

As raízes da versão do criacionismo de Agassiz estavam em analogia complexa com seu tema favorito, a embriologia comparada. Agassiz achava que o crescimento embrionário era um relato da diferenciação — as formas mais complexas e especializadas se desenvolvem sempre a partir de formas precursoras mais simples e generalizadas. Essas especializações posteriores podem tomar várias direções a partir de uma forma comum inicial. Assim, um único (e simples) embrião inicial, representando um protótipo de vertebrado, podia diferenciar-se ao longo de caminhos variados, resultando, conforme o caso, no desenvolvimento de um peixe, de um réptil ou de um mamífero avançado.

Diante disso, Agassiz afirmava que a história geológica de um grupo determinado deveria coincidir com o desenvolvimento embrionário de seus membros mais recentes e mais avançados. As formas anteriores (geologicamente mais antigas) deveriam ser poucas, simples e generalizadas; os representantes posteriores do grupo deveriam ser versões cada vez mais especializadas e diferenciadas daqueles mesmos arquétipos primordiais. Este esquema pode dar a impressão de concordar com a evolução, mas Agassiz rejeitava explicitamente esta heresia. A seqüência geológica de criações independentes correspondia ao crescimento embrionário no interior de cada grupo, porque o plano ordenado e benevolente de Deus permeava todos os processos de desenvolvimento existentes na natureza.

Agassiz permaneceu leal à classificação de seu mentor, o grande zoólogo francês Georges Cuvier. Cuvier tinha disposto todos os animais em quatro grandes grupos: os radiados (uma verdadeira mixórdia em termos modernos, mas incluindo todas as formas que apresentavam uma simetria radial, como os corais e os equinodermos); os moluscos; os articulados (englobando os vermes segmentados e os artrópodes), e os vertebrados. Os quatro troncos têm valor equivalente, e não se fundem num só na aurora da vida, porque corresponderiam a planos anatômicos criados de maneira independente, e não a ancestrais e descendentes. Todavia, uma vez que a história geológica mimetiza a diferenciação embrionária, os protótipos dos quatro troncos encontrados nas camadas mais antigas deveriam ser mais semelhantes entre si do que seus representantes modernos — porque a embriologia é uma trajetória de diferenciação que diverge a partir de raízes generalizadas.

Agassiz usou o *Cephalaspis* como ilustração primária de sua visão embriológica da sucessão da história geológica. Na qualidade de representante dos mais antigos dos peixes, o *Cephalaspis* atendia a todos os requisitos de uma criatura primordial nos termos da visão de Agassiz, para o qual a diferenciação era o princípio condutor da história. Agassiz encontra dois fatos diferentes que davam apoio à sua teoria da diferenciação nas "características bizarras deste gênero" (*les caractères bizarres de ce genre*). Primeiro, via na couraça cefálica única e consolidada (e não dividida em vários ossos cranianos ligados por suturas) e nas escamas escassas e simples que cobriam o corpo do animal as marcas de uma generalidade primitiva — fonte para uma diferenciação posterior que levaria a ossos separados e a escamas mais complexas. Segundo, fez reverter a seu favor a semelhança superficial, que antes induzia a erro, entre a couraça do *Cephalaspis* e a cabeça dos trilobitas — a seu ver, esta semelhança indicava que os principais troncos da vida animal tendiam a uma simplicidade comum à medida que nos aproximávamos mais da origem da vida.

Por fim, Agassiz achava notável a grande idade do *Cephalaspis*, porque sua antigüidade provava que os quatro troncos viviam simultaneamente no momento em que a vida surgiu. O grupo mais complexo dos vertebrados, assim, não teria surgido mais tarde como uma possível descendência evolutiva (que o céu nos proteja!) de um tronco mais simples.

É evidente que a teoria de Agassiz — para quem Deus instalou a ordem em sua criação por meio das regras embriológicas de diferenciação — não era uma interpretação determinada pela lógica dos fatos objetivos da natureza. Era uma concepção que tinha suas raízes num contexto cultural que ainda era incapaz de admitir a evolução, e na psicologia pessoal que governava seus próprios interesses e sua formação. Agassiz enquadrou o *Cephalaspis* em sua teoria, e só deu destaque aos fatos que concordavam com suas opiniões. No entanto, o uso que fez do *Cephalaspis* não pode ser empregado, por sua vez, em defesa do relativismo. Agassiz pode ter explorado o *Cephalaspis* no interesse de sua concepção, mas em contrapartida também foi o responsável pela descoberta do fato primário que alimentou toda a discussão posterior. Provou que o *Cephalaspis* era um vertebrado, ao descobrir que a couraça cefálica que tanto tinha confundido os estudiosos anteriores estava ligada a um corpo de peixe.

Quando William Patten usou o *Cephalaspis* como peça central de outra importante teoria, oitenta anos mais tarde, o contexto da ciência tinha mudado irrevogavelmente. A idéia da evolução triunfara, e o *Cephalaspis* passou a ser invocado em defesa dos argumentos genealógicos. Nosso relativista de plantão poderia dizer que, uma vez que o *Ce-*

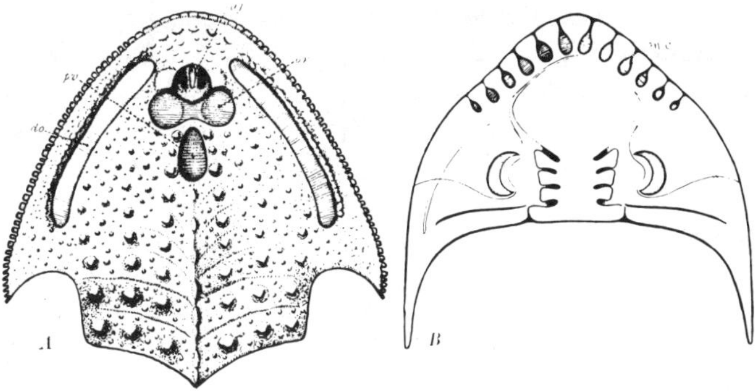

Ilustração do livro de Patten (1912), mostrando as semelhanças superficiais entre a couraça cefálica de um peixe ostracodermo (à esquerda) e a carapaça de um trilobita (à direita). (Cortesia do Department of Library Services, Museu Americano de História Natural.)

phalaspis não desempenhou nenhum papel notável no fomento desta grande revolução conceitual, qualquer interpretação evolucionista deve ser vista como a superposição de uma nova convenção às informações que já existiam — um novo conjunto de regras afetando as mesmas peças que já estavam em jogo. Mas o realista responderia em tom altaneiro que as peças também tinham mudado. Agassiz não tinha resolvido a questão do estatuto anatômico do *Cephalaspis* entre os peixes; só fora capaz de afirmar que o gênero, além de antigo, era aberrante. Depois disso, vários dos maiores evolucionistas do século XIX estudaram o *Cephalaspis* — entre eles T. H. Huxley, E. R. Lankester e E. D. Cope. Em meio a todos seus argumentos e discordâncias, emerge um tema dominante: o *Cephalaspis* e os ostracodermos não eram um mero conjunto qualquer de peixes exóticos. Formavam um grupo coerente, dotado de um conjunto grande e consistente de características que apontavam, todas elas, para um estatuto anatomicamente primitivo entre todos os vertebrados fósseis. O *Cephalaspis* tornou-se assim um candidato natural a figurar nas teorias sobre a ascendência imediata dos vertebrados superiores. A idéia da evolução forneceu o contexto, mas quem alimentou a discussão foram as novas informações sobre o *Cephalaspis*.

Foi Patten quem apresentou a argumentação mais sofisticada em favor da teoria mais antiga sobre a origem dos vertebrados — a tentativa, que remonta a Geoffroy Saint-Hilaire no início do século XIX, de derivar os vertebrados de um anelídeo ou um artrópode invertido, um ''verme virado de cabeça para baixo'', por assim dizer. Entre os artrópodes, os principais troncos nervosos correm ao longo de sua superfície ventral (inferior). O tubo digestivo fica no alto, e assim o esôfago precisa atravessar o tecido nervoso para chegar à terminação de uma boca ventral. Nos vertebrados, porém, o principal tronco nervoso, a medula espinhal, tem posição dorsal (no alto), e o tubo digestivo fica embaixo. Se virarmos um artrópode de cabeça para baixo, teremos a ordem a que obedecem os vertebrados — os nervos acima do tubo digestivo. E também chegaremos a um conjunto de correspondências adicionais que alguns cientistas consideravam superficiais e analógicas, mas que outros encaravam como sinais profundamente significativos indicando a existência de uma afinidade evolutiva.

No entanto, esta inversão também produz alguns problemas horrendos para a teoria da ancestralidade dos artrópodes. Em particular, o tubo digestivo dos vertebrados não precisa atravessar o cérebro para abrir uma boca no alto da cabeça — embora a antiga boca dos artrópodes precisasse descrever este caminho em sua posição supostamente inversa. Diante disso, os cientistas que propunham a teoria da ancestralidade dos artrópodes afirmavam que esta boca original tinha se atrofiado, e que os vertebrados tinham produzido uma nova versão ventral, situada abaixo do cérebro. Ninguém jamais foi capaz de apresentar uma explicação boa e plausível para a maneira como esta transformação topológica poderia ter ocorrido.

A teoria da ancestralidade dos artrópodes, embora venerável, sofria outro impedimento importante, que Patten tentou remediar. Esta teoria era pouco mais do que uma argumentação abstrata, baseada numa transformação teórica que não dispunha de indícios concretos na forma de criaturas intermediárias encontradas no registro fóssil. Patten recorreu portanto à sabedoria popular tradicional acerca do *Cephalaspis* — a observação elementar que já era considerada falsa e traiçoeira desde Agassiz. É possível que, no fim das contas, aquela primeira idéia sobre um parentesco entre o *Cephalaspis* e os trilobitas tivesse algum fundamento. É possível que o *Cephalaspis* lembrasse um artrópode, porque na verdade não era de todo peixe, como sua extremidade posterior dava a impressão de proclamar. É possível que a couraça cefálica do *Cephalaspis* apresentasse de fato algumas características artrópodes. É possível que os ostracodermos fossem na realidade representantes de um grupo intermediário, há tanto procurado, situado entre os artrópodes e os vertebrados.

Patten, em sua argumentação, acabou evoluindo para esta posição. Identificou os aracnídeos marinhos (os euripterídeos e os límulos) como ancestrais dos artrópodes, e classificou os ostracodermos não como peixes primitivos desprovidos de mandíbulas, mas como um grupo de transição entre os dois grandes filos. E escreveu em 1912:

> Podemos afirmar agora com confiança que os ostracodermos não se enquadram nem entre os artrópodes, nem entre os vertebrados, mas constituem uma nova classe que se situa a meio caminho entre as duas, ancestral de uma e descendente da outra, o elo perdido que procuramos há tanto tempo, ligando os vertebrados aos invertebrados.

Patten era mais que um especialista na anatomia de vertebrados; também se considerava um filósofo e moralista. Nesta medida, utilizava sua teoria sobre a origem dos vertebrados como argumento central para uma das mais abrangentes (e mais insensatas) defesas da evolução jamais formuladas. Numa série de obras, entre as quais anotações escritas para a preparação de suas aulas em Dartmouth no final da década de 20 e seu livro geral *The grand strategy of evolution* [A estratégia grandiosa da evolução, 1920], Patten tentou demonstrar que a evolução era a fonte de toda a moral, de toda a conduta correta e de todas as boas relações entre os homens. Prestou assim uma ajuda muito bem recebida ao nosso relativista de plantão, para quem os postulados da ciência contêm muito pouco de realidade objetiva (se é que este conceito faz algum sentido), e muito de determinação social.

Eu não poderia me identificar menos com o esforço mais amplo de Patten. Nunca li uma tentativa mais tendenciosa ou vã de afirmar que certa moral social preferida pelo autor corresponderia a um caminho indicado pela natureza. Não quero contestar especificamente nenhuma das crenças de Patten — um compêndio de virtudes inatacáveis e corriqueiras, entre elas o mérito do serviço que se presta ao próximo e o valor da moderação num mundo pejado de tentações. Mas duvido muito que estas preferências ou estes desejos de cunho cultural possam ser validados, ou sequer reconhecidos, pela natureza.

Patten afirmava que a natureza podia nos ensinar muito, se nos dispuséssemos a aprender seus padrões e a segui-los em todas as nossas crenças e atividades. E escreveu em 1920:

> A meta universal, ou finalidade da vida, e da natureza, é construir, criar, ou crescer. Os meios para chegarmos a este fim são o serviço mútuo, ou ação cooperativa, e a integridade.

Este crescimento universal ocorreria ao longo de três eixos cósmicos — o tempo, o espaço e a integridade. O resultado tridimensional seria um progresso linear e necessário:

Existe uma compulsão irresistível à atuação de todos esses fatores, que é cumulativa, ou progressiva, produzindo a organização arquitetônica cada vez maior que chamamos de crescimento da natureza, ou evolução.

A direção da evolução também impõe um imperativo moral, porque ela "compele o homem a aceitar como padrão ético a integridade construtiva da natureza, e a adotar seus métodos construtivos como seu código moral".

Se o progresso da natureza é a fonte de nossa moral, precisamos encontrar uma direção inequívoca na evolução. Patten se entregou a um exame minucioso de toda a árvore da vida, com seus ramos complexos e subdivididos que disparam em mil direções diferentes, e conseguiu retificar esta malha intricada para apresentá-la, em maiúsculas enfáticas, como "O Grande Caminho da Evolução Orgânica que, partindo das formas inferiores da vida animal, acaba levando ao homem".

Para produzir esta notável transformação, Patten precisava extrair uma linhagem única da árvore da vida, e representá-la como uma estrada reta e central. Depois, apresentar todos os demais grupos como estradas secundárias que acabavam sumindo em meio à poeira de lugar nenhum. Mas como é que seria possível identificar uma artéria central (em cujo topo se encontram os seres humanos) se, como acreditava a maioria, a origem dos vertebrados remonta aos primórdios do tempo e eles não descendem diretamente de qualquer outro filo complexo (embora apresentem muitos traços em comum com os equinodermos inferiores)? Como poderíamos identificar o traçado de um Grande Caminho se os artrópodes, que representam cerca de 80% de todas as espécies animais e incluem os invertebrados estruturalmente mais complexos, não figuram no traçado desta estrada principal?

Fica evidente, então, que o conceito de um Grande Caminho exige um encadeamento direto ascendente levando dos artrópodes aos vertebrados. Se não conseguirmos encontrar este encadeamento, não teremos nenhuma base natural para a moral, e a evolução não terá qualquer primazia entre as demais disciplinas. Foi assim que Patten decidiu apelar para o *Cephalaspis* e os ostracodermos, recrutando sua participação no desempenho da mais alta das funções — constituir-se no elo capaz de assegurar tanto o enquadramento da vida numa certa direção quanto a fundamentação das leis de conduta moral. E Patten admitiu explicitamente que a teoria da ancestralidade dos artrópodes era a chave de todo o seu sistema:

> Ela demonstra que o grande filo vertebrado-ostracodermo-artrópode forma o tronco principal da árvore genealógica do reino animal; que, emer-

gindo a partir de animais não segmentados e semelhantes aos celenterados, como que impelido por alguma misteriosa força interna, desloca-se com incrível precisão, ao longo de canais largos e predeterminados — dos quais nem o hábito, nem o meio ambiente, nem a hereditariedade podem fazê-lo desviar-se —, rumo à sua meta.

Patten chegou até a acreditar que por fim encontrara, em sua teoria do progresso necessário, um mecanismo capaz de explicar a alegação mais improvável da teoria da ancestralidade dos artrópodes — o fechamento da antiga boca situada acima do cérebro e a abertura de uma nova versão, abaixo dele. Afirmou que o progresso era necessariamente marcado pelo aumento do tamanho do cérebro, e que a expansão do tecido nervoso acabaria estrangulando o antigo esôfago que o atravessava, determinando a construção de uma nova boca:

> A constrição progressiva do esôfago pelo crescimento do cérebro circundante acabaria compelindo todos aqueles que possuem cérebros relativamente maiores a sugar seu alimento na forma de líquidos através da abertura mais estreita possível, ou então a simplesmente desistir de se alimentar [...] Sem este fechamento de uma entrada para o tubo digestivo, que se tornara muito inconveniente, o crescimento do cérebro, como o que observamos entre os vertebrados superiores e no homem, teria sido fisicamente impossível.

Agora, nosso relativista de plantão pode exultar. Não há dúvida de que a necessidade pessoal que Patten sentia de encontrar respostas morais na evolução — associada à voga corrente entre os paleontólogos do início do século XX, levando-os a encarar a história da vida como uma trajetória de progresso linear — alimentou sua interpretação improvável dos ostracodermos como uma forma transicional entre os artrópodes e os vertebrados. Mas nosso realista pede calma: ainda resta uma questão factual. As pessoas podem ser levadas a acreditar nas coisas certas pelas razões mais estranhas ou pelos raciocínios mais falhos. Ainda não sabemos qual é exatamente o estatuto zoológico do *Cephalaspis* — um gênero que precisa se situar em algum ponto da genealogia da vida, sejam quais forem os antolhos culturais que estejamos usando no momento. Ainda precisamos descobrir se Patten estava certo ou errado.

Esta questão pode ser respondida hoje de forma definitiva, porque o *Cephalaspis* teve a sorte de se tornar, depois de Patten, o objeto da maior obra de paleontologia observacional deste século — um tratado tão extraordinário em seu cuidado e em seu nível de detalhe que sinto uma emoção especial cada vez que o pego para ler, muito embora seus inesgotáveis pormenores técnicos não constituam exatamente a matéria-

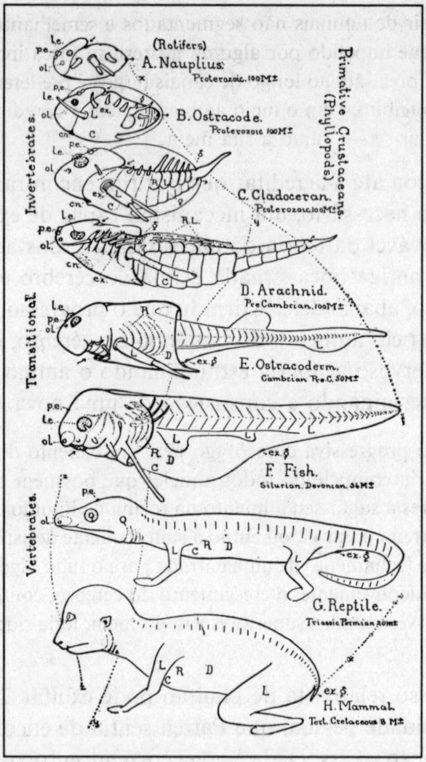

Ilustração do Grande Caminho da evolução animal formulado por Patten, tirada de seu livro de 1920. Notar que ele situa os ostracodermos entre os artrópodes e os vertebrados. (Cortesia do Department of Library Services, Museu Americano de História Natural.)

prima costumeira da literatura inspiracional. Em 1927, Erik Andersson Stensiö, professor de paleontologia em Estocolmo, publicou sua monografia sobre "Os vertebrados do Downtoniano e do Devoniano de Spitsbergen, Parte I, Família Cephalaspidae" (o Downtoniano é um antigo nome para a era geológica hoje classificada de Siluriano Superior).

Um título tão trivial, apresentando da forma convencional um táxon de uma certa época e lugar, não promete exatamente uma obra revolucionária. Mas o tom moderado se deve a uma escolha deliberada de Stensiö, como antídoto para a busca de absolutos de Patten. Stensiö descobriu algumas couraças cefálicas excepcionalmente bem conservadas de *Cephalaspis* e de outros ostracodermos na ilha de Spitsbergen, e percebeu que a ossificação extraordinariamente espessa da couraça sugeria uma possibilidade estimulante para a pesquisa — porque toda a anatomia mole da cabeça, inclusive os delicados vasos sangüíneos e nervos cranianos, apresentava-se permeada e cercada de osso, para não falar de suas partes mais proeminentes, o cérebro e os olhos. As partes moles tinham se decomposto depois da morte, sendo substituídas por uma matriz rochosa de cor muito mais clara que a do osso circundante. No entanto, distinguindo o osso da matriz, Stensiö percebeu que conseguiria reconstruir a anatomia mole do *Cephalaspis* com um nível extraordinário de detalhe.

Stensiö usou dois métodos básicos para deslindar a anatomia dos ostracodermos. Em primeiro lugar, dissecou as couraças cefálicas ampliadas de trinta a cinqüenta vezes sob um microscópio. Trabalhava com agulhas finíssimas em espécimes imersos em álcool ou numa resina conhecida como bálsamo-do-canadá, porque estes líquidos realçavam o contraste entre o osso e a matriz. Cada espécime exigiu até dois meses de trabalho, mas Stensiö conseguiu remover todo o osso, deixando a matriz como um molde perfeito de toda a anatomia mole. Em segundo lugar, Stensiö fez cortes seriais de toda a cabeça, a intervalos de um quinze avos de milímetro. Alinhando esta longa série de cortes paralelos, e determinando os contornos da matriz e do osso, Stensiö foi capaz de reconstruir as partes moles. E, por fim, esculpiu modelos em cera desta anatomia interna. Coordenando estes vários métodos, Stensiö foi capaz de determinar a trajetória descrita por todos os nervos cranianos, identificar todas as principais veias e artérias e produzir uma reconstrução detalhada do cérebro.

(Se me permitem uma rápida divagação acerca da estreiteza na ciência, nós, os taxonomistas e especialistas em morfologia comparada, somos muitas vezes menosprezados, e considerados cidadãos de segunda classe e não exatamente cientistas de verdade, pelos colegas que trabalham com o aparato mais conhecido do ''método científico por excelência'' — os números e as experiências. Um estudo em que não intervenham fórmulas ou controles parece carecer do rigor necessário do estereótipo. Que os cientistas atolados em semelhante miopia tentem duplicar o trabalho de Erik Andersson Stensiö. Eles que tentem passar meses a fio trabalhando com agulhas finíssimas, separando o osso da matriz rochosa, ponto por ponto. Eles que experimentem fazer os cortes seriais, não em cera e tecido, como de costume, mas em osso e pedra. E que tentem interpretar o mosaico resultante de cavidades e ligações. O trabalho de Stensiö é o exemplo mais belo e elegante jamais produzido

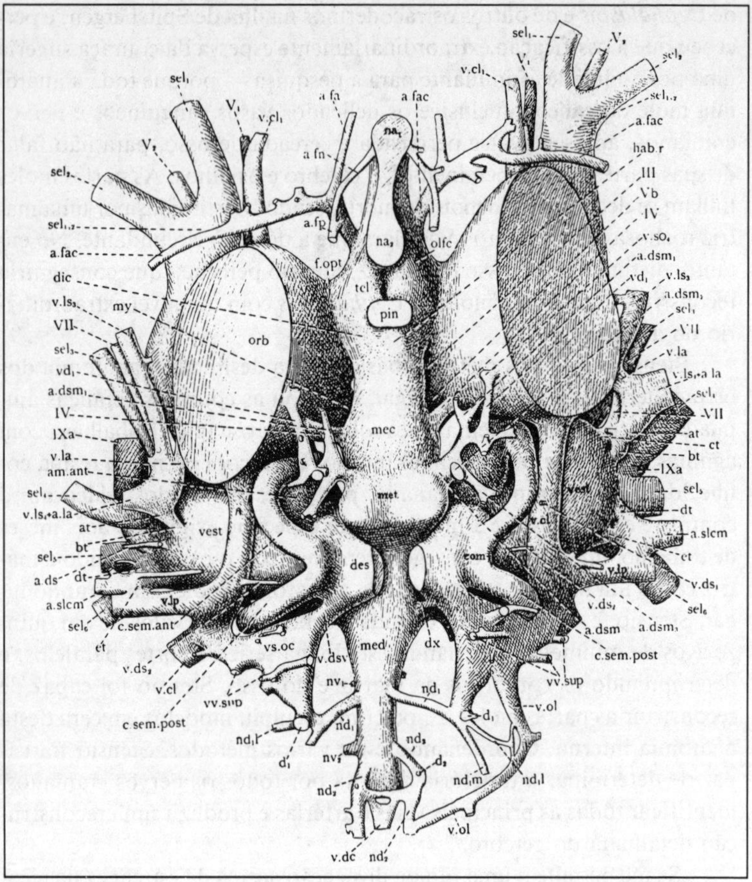

Detalhada reconstrução feita por Stensiö da parte mole do cérebro e do sistema nervoso do Cephalaspis. *Esta figura apareceu em sua monografia de 1927.* (Cortesia do Department of Library Services, Museu Americano de História Natural.)

de cuidado e rigor em outra dimensão. E seus resultados são tão sólidos quanto os de qualquer tabela a que se tenha chegado por meio dos números e da experimentação. Não acertou em tudo; mas quem consegue? Identificou erroneamente como órgãos elétricos, por exemplo, duas áreas que provavelmente fazem parte do sistema sensório de respostas à pressão. Mas os pormenores intricados de suas reconstituições de partes do cérebro e dos nervos cranianos foram confirmados vezes sem conta por estudos posteriores.)

O trabalho de Stensiö provou que Patten estava completamente errado. O *Cephalaspis* era totalmente peixe, e não apresentava nenhum traço característico dos artrópodes. Além disso, a anatomia craniana do *Cephalaspis* exibia acentuada semelhança, nos detalhes de todas as suas partes, com as lampreias de nossos dias — animais que são, sem qualquer dúvida, peixes desprovidos de mandíbulas. Ao final de 380 páginas de texto, Stensiö escreveu no último parágrafo, à guisa de conclusão: ''Está claro agora que os Ostracodermi, embora apresentem organização muito inferior, são verdadeiros vertebrados craniotas, sem nenhuma relação seja com os Arthropoda, seja com os Annelida''.

Ao estabelecer a posição dos ostracodermos, Stensiö também esclareceu a ordem dos primeiros peixes. As lampreias não têm mandíbulas, e os indícios embriológicos parecem indicar a homologia entre os ossos das arcadas branquiais e os maxilares que surgiram mais tarde. Antes do tratado de Stensiö, porém, os ictiólogos não sabiam se as lampreias e os peixes do gênero *Myxine* eram curiosas linhagens degeneradas de peixes originalmente dotados de mandíbulas, ou remanescentes de um grupo primordial desprovido de mandíbulas. Ao provar que os ostracodermos eram um grupo genealogicamente coerente de peixes sem mandíbulas, antedatando de milhões de anos todos os vertebrados dotados de maxilares — e ao demonstrar as relações anatômicas existentes entre as lampreias e o *Cephalaspis* —, Stensiö revelou a trajetória descrita pela evolução inicial dos vertebrados, demonstrando que duas linhagens do grupo primordial haviam sobrevivido.

O que os nossos realistas e relativistas podem extrair desta história? O relativista identifica corretamente três visões de mundo sucessivas e mutuamente incompatíveis por trás da história da mudança — o criacionismo de Agassiz, o progressivismo linear de Patten e o arbusto ramificado de Stensiö. É bem verdade que cada um deles interpretou o *Cephalaspis* à luz de sua visão de mundo. É verdade também que não foi o *Cephalaspis* quem deu forma a esta visão de mundo, limitando-se a encontrar seu nicho inevitável numa estrutura preconcebida. E mais uma vez é verdade que estas visões de mundo foram determinadas pela cultura circundante e pela psicologia pessoal: o acidente do nascimento de Agassiz num mundo pré-darwiniano; a necessidade que Patten tinha de encontrar respostas morais na natureza.

Mas esta história é mais do que um relato sobre as mudanças sociais dos padrões ou da moda — a variação do comprimento dos vestidos, da largura das gravatas ou do grau de abstração da pintura. Todas essas visões de mundo eram culturalmente determinadas, mas a evolução é verdadeira, e a criação isolada, não. O *Cephalaspis* pode ter sofrido ao longo de sua passagem por esses sistemas de idéias socialmente determinadas, mas os paleontólogos também foram aprendendo fatos importantes acerca de sua anatomia ao longo do processo — e este acréscimo de informações genuínas a respeito do mundo exterior só pode ser classificado de progresso científico. Agassiz provou que o *Cephalaspis* era um peixe, mas não tinha qualquer conhecimento de sua estrutura interna. Patten conhecia o suficiente acerca da anatomia do animal para saber que os ostracodermos eram um grupo coerente de peixes primordiais, e não uma simples mixórdia de criaturas bizarras impossíveis de classificar. E Stensiö mapeou o cérebro, os nervos cranianos e os vasos sangüíneos do *Cephalaspis* — enquanto Agassiz não fora sequer capaz de localizar sua boca.

As visões do mundo são socialmente determinadas, e canalizam nossa busca dos fatos. Ainda assim os fatos são encontrados, e o conhecimento progride, por mais que isto possa ocorrer de maneira intermitente. Os fatos e a teoria estão interligados, e todos os grandes cientistas percebem esta interação.

O debate entre realistas e relativistas, traduzido como uma disputa visando a vitória entre os pontos extremos de uma dicotomia, é tolo e tendencioso. A ciência progride revelando fatos relativos ao mundo objetivo — e a ciência é socialmente determinada, e não tem como deixar de sê-lo. A história da interação entre os paleontólogos e o *Cephalaspis* é um aparato de idéias teóricas e, ao mesmo tempo, um compêndio cada vez maior de informações concretas. As idéias me despertam grande prazer e interesse, mas confesso sentir um amor especial pelo rigor pétreo das dissecções de Stensiö e pelos belíssimos euripterídeos de Patten que guardo no canto de meu gabinete.

Isaac Newton, em sua passagem mais famosa, refletiu sobre a interação entre os fatos e a teoria:

> Não sei que impressão o mundo pode ter de mim; intimamente, porém, sinto-me como um menino que brinca na beira do mar, e que se entretém em encontrar ocasionalmente um seixo mais liso ou uma concha mais bonita que o comum, enquanto o grande oceano da verdade à minha frente ainda permanece todo por descobrir.

Adoraríamos sondar este oceano distante, mas não existe indignidade alguma em tratar com carinho os belos seixos que encontramos à sua margem.

30

UMA HISTÓRIA DE TRÊS FIGURAS

Goethe, que cunhou a palavra *morfologia* e portanto devia saber do que estava falando, afirmou certa vez que "deveríamos falar menos e desenhar mais. Quanto a mim, gostaria de renunciar por completo à fala e, como a natureza orgânica, comunicar tudo o que tenho a dizer por meio de imagens". Já eu, na qualidade de membro reconhecido da corporação dos ensaístas, só posso resistir com unhas e dentes a esta heresia. E também afirmar que o mundo é um lugar melhor porque Goethe não seguiu o próprio conselho. Todos nós seríamos um pouco mais pobres sem o *Fausto*; quanto aos desenhos de Goethe, embora não sejam nenhuma desgraça, seu total esquecimento não nos priva de qualquer percepção quintessencial.

Os primatas são animais visuais. Nenhum outro grupo de mamíferos depende tanto da visão. Nossa atração pelas imagens como fonte de compreensão é primária e generalizada. Historicamente, a escrita, com sua seqüência linear de idéias, não passa de uma ilação tardia, no que se refere ao conhecimento humano.

No entanto, a formação acadêmica tradicional abandonou esta ligação básica com o nosso passado. A maior parte das pesquisas é relatada apenas por intermédio de textos, sobretudo nas ciências sociais e humanas. As figuras, quando chegam a ser incluídas, são reproduções pobres, reunidas numa seção central separada do texto mais relevante e tratadas como pouco mais do que elemento decorativo. (Os pesquisadores do campo das ciências naturais, embora não se destaquem por suas visões fundamentais sobre a comunicação, têm intuições melhores a este respeito. A maioria dos artigos científicos é ilustrada, e em qualquer parte do mundo projetores de *slides* são automaticamente oferecidos a quem for fazer uma conferência científica. Em contraste, já passei, três ou quatro vezes, pelo agudo constrangimento de me apresentar diante de uma grande audiência da área de ciências sociais ou humanas com *slides* na mão, para uma palestra que sem as figuras seria completamente sem sentido: nada de projetor de *slides*, nada de tela, nem sequer alguma forma de escurecer a sala. Culpa minha: eu me esquecera de pedir de antemão o projetor, porque em minha cultura científica os *slides* são tão automáticos quanto as palavras. E assim, vocês, cientistas em botão que estão lendo estes artigos, se nada lhes ensinei em vinte anos destes esforços mensais, pelo menos lembrem-se disto e agradeçam-me algum dia pelo pequeno benefício deste conselho: se alguma vez forem convidados para falar num departamento da área de humanidades, lembrem-se de pedir um projetor de *slides*. Chamem isto de Lei de Gould e que seja ela a garantia de minha imortalidade — muito depois de todos já se terem esquecido destes flamingos invertidos e dos polegares dos pandas.

As figuras não são periféricas ou apenas decorativas; a iconografia nos permite a percepção clara e preciosa de modos de pensar que são muitas vezes mascarados ou ignorados pelas palavras — precisamente porque tendemos a escolher as palavras com muito cuidado, mas revelamos inconscientemente nossos segredos nas ''meras'' ilustrações. (Meus agradecimentos a M. J. S. Rudwick, grande historiador da geologia, o primeiro a me ensinar esta lição, que me forneceu a citação inicial de Goethe.)

As figuras já são bastante reveladoras quando simplesmente pretendem representar um objeto ''tal como ele é''. O sombreado, a ênfase, o contexto e o fundo se constituem sempre em oportunidades artísticas onde ocorre a manifestação (muitas vezes inconsciente) de um arcabouço de pensamento ideológico, ou socialmente determinado. Alguém já viu um dodó retratado de outra maneira que não seja sozinho e desamparado, muito embora já tenham sido abundantes nas ilhas Maurício? A reconstituição clássica do dodó nos mostra uma ave solitária dominando o primeiro plano de um terreno desolado. Porque o dodó, além de lembrar um pombo grande que não voa, também é a nossa imagem convencional da extinção.

Mas a iconografia é ainda mais reveladora quando descreve processos ou conceitos, e não objetos — pois não havendo neste caso a obrigação de representar alguma ''coisa'' definida, um fértil terreno se abre para a imaginação. Como é possível representar pictoricamente ''a evolução'', ou ''a organização social'' — para não falar de alguns temas mais mundanos, como a ''digestão'' ou o ''interesse próprio'' — sem que isto resulte necessariamente num retrato que, mais que uma realidade física, representa uma estrutura mental? Se quisermos investigar o progresso da história das idéias, a iconografia pode desempenhar o papel de uma câmera oculta apontada o tempo todo para a mente acadêmica.

Este ensaio é a história de três figuras. Tenta ilustrar um aspecto crucial da história do pensamento evolutivo analisando três instantâneos consecutivos das "relações entre os animais". Tais figuras têm duas características favoráveis que podem transformar a mera anedota em esclarecimento. Primeiro, as três estão ligadas a momentos diversos da história do estudo do mesmo animal, e isto dá nexo a uma seqüência que, de outra maneira, não teria nenhuma unidade. Segundo, elas incorporam, num epítome visual que eu (pelo menos) acho espantoso, aquilo que talvez seja a questão geral mais importante de nossa luta para entender as características que distinguem o pensamento científico, bem como a sua história.

Todas as três figuras foram apresentadas como simples esboços de relações "objetivas" entre animais; mas são também (e primariamente, diria eu) representações que ilustram três visões de mundo extremamente diferentes e incomparáveis entre si. Foram feitas pelos três homens que discutimos no ensaio anterior: Louis Agassiz, na década de 1830, William Patten, no começo deste século, e Erik Andersson Stensiö, em 1927. Um aspecto importante de todas elas é a tentativa de determinar a posição biológica do *Cephalaspis*, protótipo dos peixes sem mandíbulas que deram origem a todos os vertebrados posteriores, inclusive nós mesmos, é claro.

Para resumir em poucas palavras a seqüência de opiniões sobre o *Cephalaspis* (ver o ensaio anterior para maiores detalhes), Agassiz descobriu que o *Cephalaspis* era um peixe e não um trilobita (a couraça óssea da cabeça lembra a carapaça externa de um artrópode, mas Agassiz descobriu que as cabeças estavam ligadas a corpos indubitavelmente pisciformes). Agassiz negava por completo a evolução, mas Patten tentou interpretar o *Cephalaspis* como uma forma intermediária entre os artrópodes e os vertebrados, um entroncamento fundamental do "Grande Caminho da Evolução Animal". Stensiö provou, por meio de uma pormenorizada dissecção dos fósseis excepcionalmente preservados de Spitsbergen, que o *Cephalaspis* era "totalmente peixe", sem nenhum traço de artrópode. Demonstrou também que as lampreias modernas e outros peixes da mesma família são todos parentes próximos do grande grupo primordial de peixes desprovidos de mandíbulas representado pelo *Cephalaspis* (a classe dos ágnatos ou Agnatha, nome que significa, com muita propriedade, "desprovido de mandíbulas").

O ensaio anterior também situa o caso do *Cephalaspis* no contexto de um velho debate sobre o progresso na história do pensamento científico. Argumentei que muitas vezes este tema é obscurecido pela falsa dicotomia entre extremos igualmente indefensáveis: os realistas, afirmando que a ciência, com seus métodos atemporais e universais, cada vez descobre mais fatos acerca de uma realidade externa objetiva, e os relativistas, afirmando que a história das teorias pode ser comparada à sucessão das extravagâncias da moda — uma série de soluções igualmente viáveis que vão sendo alteradas por capricho ou por circunstâncias socialmente determinadas.

Acho que os dois lados desta controvérsia têm uma percepção central e que seu casamento pode produzir uma solução funcional, que leve em conta o conceito básico de cada campo. A despeito de uma longa história de discussões, que vão da mera galhofa à tendenciosidade e ao sofisma, existe de fato uma realidade objetiva pontilhada de estrelas, amebas e cristais de quartzo. (De qualquer maneira, só poderemos ter algum êxito na superação das inúmeras dificuldades da vida se nos comportarmos como se esta afirmação fosse verdadeira — e este comportamento tem produzido frutos consistentes, pelo menos sob a forma de realizações tecnológicas.) Na verdade, a ciência tem sido capaz de construir mapas cada vez melhores desta realidade objetiva externa, e por isso devemos supor que, na história das teorias científicas, a mudança muitas vezes resulta no registro de conhecimentos mais adequados do mundo exterior, e pode portanto ser chamada de progresso.

Por outro lado, também precisamos admitir que a história das teorias científicas sobre qualquer tema não é um relato simples em que as informações boas vão expulsando as más. As teorias que se sucedem muitas vezes apresentam a interessante propriedade de não se prestar a uma comparação. Não falam a mesma língua; não decompõem o mundo nas mesmas categorias; traduzem visões fundamentalmente diversas sobre a natureza da causalidade. A nova teoria não se limita a mais e melhores informações acumuladas sobre a estrutura explicativa da teoria anterior e, neste sentido, a história das teorias é uma sucessão de substituições de visões de mundo mutuamente incompatíveis, e não um passeio ladeira acima pelo caminho do conhecimento objetivo.

As três figuras anexas sobre as relações entre os vertebrados primitivos ilustram, com crua literalidade, este princípio da mudança científica como uma série de visões de mundo incompatíveis entre si, cada uma das quais se sucede à outra mais do que propriamente a modifica. No entanto, a seqüência também registra o aumento do conhecimento objetivo acerca do *Cephalaspis*; não se trata apenas de um espelho passivo das mudanças sociais.

Louis Agassiz (1807-73), o grande zoólogo suíço que se transformou no primeiro naturalista norte-americano, foi o último grande criacionista científico (estou escrevendo este ensaio no museu e laboratório que ele inaugurou em 1859). Construiu sua carreira com base em duas realizações fundamentais: o desenvolvimento da teoria das eras glaciais, e uma obra monumental sobre a classificação e as relações entre todos os peixes fósseis. Agassiz sintetizou seu trabalho de quinze anos sobre os peixes fósseis com o primeiro grande exemplo de uma iconografia que, a partir de então, os paleontólogos adotaram como canônica — o chamado diagrama de fusos (ver a figura). Nestas tabelas das relações entre organismos ao longo dos períodos geológicos, o eixo vertical representa o tempo, como se o diagrama retratasse a seqüência dos estratos no campo. Cada grupo de organismos é representado na forma de um fuso, em que as larguras variáveis ao longo do tempo representam a história das flutuações de sua diversidade, e as pontas assinalam sua origem e sua extinção. A ordenação dos fusos corresponde aos graus de parentesco, e a proximidade física entre eles representa a afinidade biológica. Todos nós já vimos tantos diagramas desse tipo que sua leitura é automática, e raramente paramos para perceber que essas características são apenas convenções iconográficas, e não realidades necessárias.

Estas conferem uma grande latitude à representação de uma visão teórica do mundo à guisa de conhecimento objetivo — e o famoso gráfico de Agassiz é um exemplo notável deste conceito enquanto iconografia. Notem-se duas características dos peixes de Agassiz. Primeiro, das várias formas geométricas que poderiam ter sido usadas para retratar as relações entre os organismos — círculos, encadeamentos, degraus, linhas paralelas como os dentes de um pente —, ele escolheu uma topologia de ramificação a partir de um tronco central em cada um de seus quatro grupos. Esta representação iconográfica corresponde à sua teoria biológica da história da vida como um aumento da diferenciação progressiva ao longo do tempo, a partir de arquétipos simples e altamente generalizados. A vida se diversifica de acordo com um modelo embriológico. Assim como todos os fetos dos mamíferos partem de uma forma simples e semelhante e vão se diferenciando em seguida, resultando em morcegos, baleias e camelos, a história geológica de cada grupo também vai gerando, ao longo do tempo, criaturas cada vez mais diversas e especializadas.

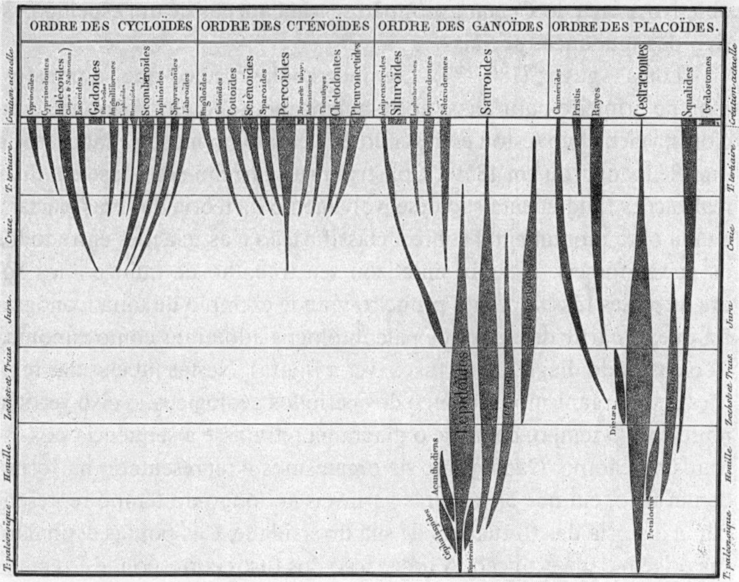

A versão criacionista de Agassiz para a evolução dos peixes. Notar a presença do Cephalaspis *na base da irradiação dos ganóides.* (Extraído de *Les poissons fossiles*, de Louis Agassiz, vol. 1, p. 170, 1833.)

Esta visão parece concordar tanto com a evolução que só podemos nos perguntar por quê, até morrer, Agassiz se obstinou numa solitária resistência contra Darwin. Mas este sentimento é apenas a manifestação do chauvinismo do conhecimento ulterior sobreposto a uma visão de mundo fundamentalmente diferente. A diferenciação a partir de um arquétipo comum não implica necessariamente uma ligação física e evolutiva entre formas sucessivas. Vamos supor que a diferenciação é o grandioso projeto de Deus para todos os processos de desenvolvimento que ocorrem na natureza. O desenvolvimento embrionário apresenta uma continuidade física, mas a sucessão geológica pode ser caracterizada por uma série de formas moldadas de maneira independente, encadeadas na qualidade de encarnações diversas de um padrão ordenado de pensamento na mente de seu criador.

A interpretação criacionista de Agassiz é revelada por uma segunda e notável característica de sua iconografia. Os fusos, em cada um dos quatro grupos, podem convergir amorosamente uns na direção dos outros, ou até na direção da linha central ou arquetípica, mas nunca se encontram! E Agassiz sabia exatamente o que estava fazendo, e por quê:

> Não obstante, não liguei os ramos laterais aos troncos centrais porque estou convencido de que eles não descendem, uns dos outros, pelos caminhos da procriação direta ou da transformação sucessiva, mas são materialmente independentes, embora formem, em seu conjunto [...] um todo sistemático, cujas conexões devem ser procuradas na inteligência criativa de seu autor.

Agassiz coloca o *Cephalaspis* no primeiro ramo lateral do cepo central de seu grupo mais "primitivo"— o dos ganóides (os tubarões e seus parentes). Agassiz não conseguira ver a boca de seus fósseis, e por isso não tinha como reconhecer que o *Cephalaspis* e seus parentes eram desprovidos de mandíbulas. Para Agassiz, o *Cephalaspis* era tanto primitivo quanto exótico — um ramo colateral de curta duração correspondente aos esforços iniciais de Deus.

Oitenta anos mais tarde, William Patten atribuiu ao *Cephalaspis* um papel mais central na ordem da história da vida. Patten reconheceu que o *Cephalaspis* era mais que uma simples curiosidade e classificou o gênero como o protótipo de um grupo ancestral de todos os vertebrados que vieram depois — os ostracodermos, em sua terminologia. Mas Patten, totalmente comprometido tanto com uma teoria geral sobre uma evolução da vida marcada pelo progresso quanto com a afirmação específica de que os vertebrados tinham descendido dos artrópodes, interpretou equivocadamente a estrutura do *Cephalaspis*. Não tinha como negar, como não negou, o corpo pisciforme, mas também achou (equivocadamente) que tinha encontrado mandíbulas com uma configuração que lembrava a dos artrópodes — e, assim, interpretou os ostracodermos como uma quimera caracterizada por traços de artrópode e de vertebrado, uma forma intermediária na seqüência evolutiva que teria levado do límulo ao peixe.

Esta escalação do *Cephalaspis* para um papel que lhe era conveniente permitiu a Patten realizar seu sonho de promover um mapeamento da evolução que correspondia à sua procura de princípios que fundamentassem a moral e o bom comportamento. Patten ansiava por descobrir o caminho da verdade em meio às ramificações labirínticas da filogênese. Tal caminho deveria, é claro, culminar no *Homo sapiens*, transformando desta maneira os traços que nos caracterizam em meta final de toda a história da vida. Este sonho teria morrido se Patten não tivesse conseguido encadear os artrópodes aos vertebrados — pois os artrópodes (em sua maioria insetos) representam cerca de 80% de todas as espécies animais, e sua exclusão de nossa genealogia teria convertido a auto-estrada do Grande Caminho da Evolução Animal de Patten numa aprazível mas insignificante rodovia secundária.

A iconografia de Patten (ver figura) retrata esta visão de um progresso linear como uma única e majestosa auto-estrada. A figura não é convencional, por sua discutível tentativa de comprimir três dimensões em duas. O eixo vertical representa o "progresso na organização, tamanho do cérebro, cuidados parentais e adaptabilidade", e não a costumeira seqüência temporal de períodos geológicos. O tempo geológico está situado no eixo horizontal, estendendo-se simetricamente nas duas direções a partir do centro, a origem da vida, até estratos cada vez mais recentes tanto à esquerda como à direita. Mas o tempo está correlacionado com o progresso (e se assim não fosse o mapa seria ininteligível) — e deste modo quanto mais distante o organismo se encontrar do ponto de origem (embaixo, no centro), mais recente e melhor será. Desta maneira, Patten desenha quatro bolhas ovais, contornadas em preto e com a forma de lâmpadas elétricas, todas tendo como centro o ponto de origem. Em cada lâmpada, formas geologicamente mais recentes e biologicamente mais avançadas vão sendo acrescentadas. As quatro representam, pela ordem, as eras Pré-Cambriana, Paleozóica, Mesozóica e Cenozóica. A terceira dimensão, a forma orgânica, não pode ser representada neste esquema, mas Patten apela para o improviso e se limita a desenhar um fuso convencional para cada grupo, irradiando a partir do centro de cada bolha na direção de cada uma de suas bordas.

Note-se a característica principal desta representação iconográfica — e o raciocínio óbvio por trás da forma escolhida por Patten: o Grande Caminho da Evolução Animal leva direto para cima, atravessando todas as bolhas, ao longo do eixo central do gráfico. Leva dos artrópodes na primeira delas aos ostracodermos (o elo crucial, que inclui o *Cephalaspis*), peixes, e anfíbios na segunda; depois conduz aos dinossauros e aos mamíferos primitivos na terceira; e por fim chega ao homem, ladeado pelos primatas e os mamíferos ungulados na quarta. Em certos pontos a grande rodovia se estreita perigosamente, mas sempre persevera e obedece em seu desenrolar ao lema do estado de Nova York e dos arranha-céus de sua metrópole — Excelsior, "cada vez mais para o alto".

Como poderemos comparar a representação de Patten com o gráfico anterior de Agassiz? Será mais verdadeira? Melhor? Corresponderá ao simples aumento do conhecimento — o progresso científico — nos oitenta anos que se passaram entre uma e outra? Acredito que sim, de certa forma. Os fusos de Patten aparecem ligados, em reconhecimento

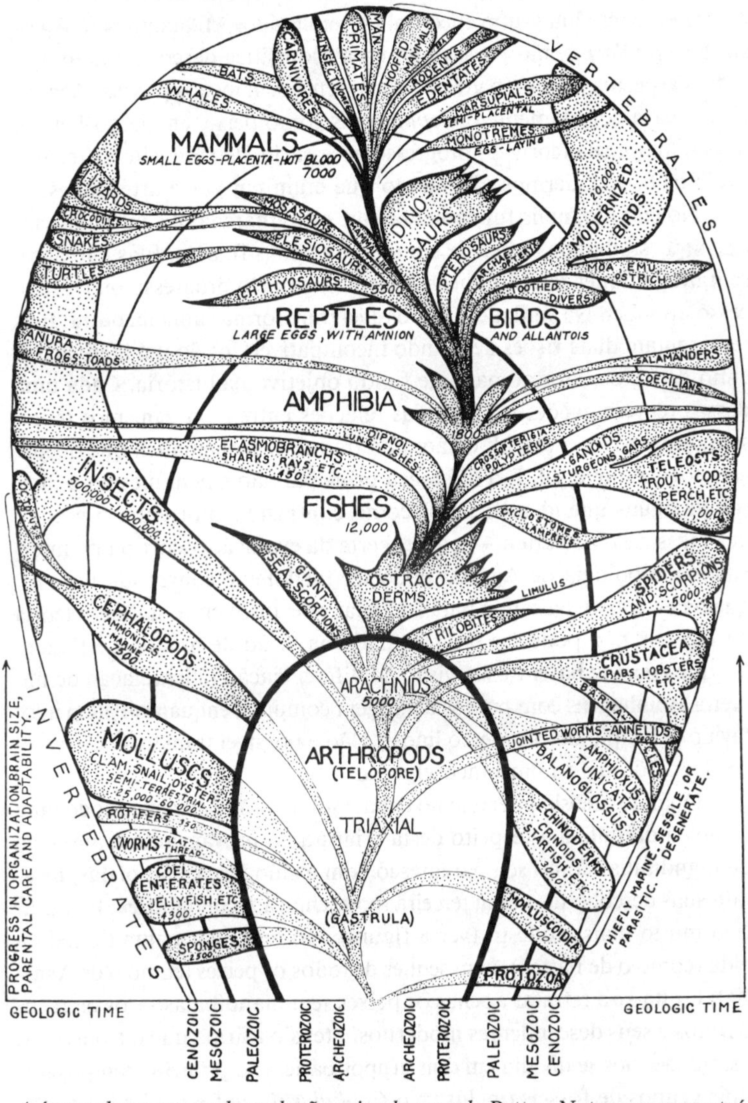

A árvore do progresso da evolução animal, segundo Patten. Notar como os artrópodes se transformam diretamente nos vertebrados passando pelos ostracodermos. (Desenho de William Patten reproduzido de seu *Evolution*, Figura 1, Dartmouth Press, 1925.)

à descoberta da evolução. Ele também reconhece a coerência dos ostracodermos como um grupo ancestral de vertebrados, enquanto para Agassiz o *Cephalaspis* não passava de uma esquisitice desconcertante. Em outros aspectos, porém, o gráfico de Patten é bem menos preciso. Agassiz classificava corretamente o *Cephalaspis* como peixe, enquanto Patten, impelido por sua teoria do progresso necessário, deu um jeito de reconstituir os ostracodermos afirmando que eram em parte artrópodes.

No entanto, mais fundamental que estas marchas e contramarchas é a impossibilidade básica de comparar as duas figuras. Elas não apresentam qualquer relação linear determinada pelo progresso ou o retrocesso do saber. Na verdade, é impossível transformar uma na outra. Elas representam duas visões de mundo incompatíveis, e não um mero acréscimo de novos fatos ao pano de fundo objetivo da história. Cada uma dessas representações gráficas das relações entre os organismos representa uma teoria pessoal, e não uma tradução esquemática que obedeça à lógica universal. E a diferença principal não é nem mesmo o divisor de águas que identificamos como contraste maior entre o mundo de Agassiz e o de Patten — a descoberta da evolução, ocorrida no intervalo. A topologia de Agassiz pode ser facilmente convertida num esquema evolutivo, bastando para isso ligar seus fusos entre si. Mas a teoria de Agassiz não pode ser transformada na visão de mundo de Patten, porque Agassiz baseava sua visão na diferenciação (a irradiação de numerosas linhagens com pontos de origem comuns), enquanto Patten adotava o princípio do progresso linear. Não é possível transformar os cinco dedos da mão num braço erguido.

Quando Stensiö interveio no debate sobre o *Cephalaspis*, dando uma resposta definitiva a respeito desta criatura ao provar tanto a ausência de mandíbulas como seu parentesco com as modernas lampreias, resumiu suas descobertas numa terceira representação iconográfica. Este gráfico muito mais modesto (ver a figura) não tenta dar conta de toda a vida (como o de Patten), nem sequer de todos os peixes (como o de Agassiz); limita-se a retratar apenas os peixes sem mandíbulas — os ostracodermos e seus descendentes modernos. Stensiö afirma que o tronco dos ostracodermos se dividiu em dois grupos básicos: o primeiro compreende dois grupos de fósseis (inclusive o *Cephalaspis*, entre os Osteostraci) e as lampreias modernas (Petromyzontia); o segundo compreende dois outros grupos fósseis e os peixes modernos do gênero *Myxine* (Myxinoidea).

Mais uma vez, a representação de Stensiö não corresponde ao acréscimo de novas informações à versão de Patten. Corresponde a uma terceira visão de mundo, que não é comparável à de Patten e portanto não

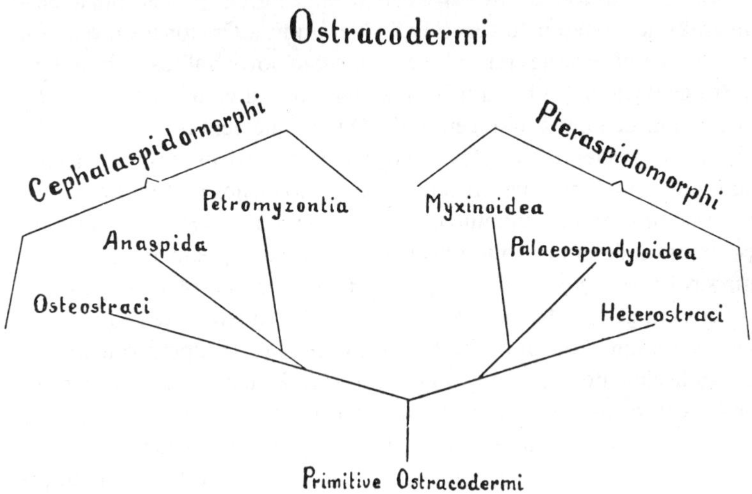

A árvore evolutiva dos peixes ostracodermos desenhada por Stensiö. (Desenho extraído de sua monografia *Downtonian and Devonian vertebrates of Spitsbergen*, 1, 279, 1927.)

poderia ter derivado de qualquer transformação do grande caminho de Patten. O esquema de Stensiö é organizado pela diversificação, e não pelo progresso. Sua representação está mais próxima da versão de Agassiz, anterior à evolução, do que do pretenso aperfeiçoamento de Patten. Se ligarmos os fusos de Agassiz chegaremos a uma figura mais parecida com as ramificações evolutivas de Stensiö do que com o progresso linear de Patten.

Mas a figura de Stensiö é mais que a de Agassiz com os fusos ligados. Resta sempre uma impossibilidade básica de comparação. No gráfico de Agassiz, todos os grupos subsidiários se irradiam a partir de um eixo central no interior de cada uma das quatro divisões. Nenhum grupo geologicamente mais recente surge pela bifurcação de um ramo lateral anterior; todos apontam para os troncos centrais. Esta escolha corresponde à crença de Agassiz de que a criação ocorre no plano embrionário. Os mamíferos não evoluem diretamente dos répteis (eles próprios um ramo lateral do tronco dos vertebrados). Os mamíferos foram criados após a morte dos répteis soberanos — como uma encarnação mais altamente diferenciada do ideal vertebrado. O tronco central de cada grupo é, para Agassiz, o arquétipo que deve servir como modelo para cada novo ramo lateral independente da complexidade criada.

Mas a representação de Stensiö é completamente compatível com a idéia da evolução, com uma diversificação hierárquica. Os troncos produzem ramos laterais, e destes ramos laterais brotam novos galhos. A representação de Agassiz lembra a mão humana; no gráfico de Stensiö, os dedos geram dedinhos, que geram dedículos, que geram...

Estas três representações iconográficas sucessivas levam-me a concluir que a mudança científica não pode, pelo menos neste caso, ser vista como um simples acúmulo de conhecimento no interior do arcabouço imutável de um método universal e objetivo. Aprendemos cada vez mais sobre o *Cephalaspis*, em particular, e sobre a evolução dos vertebrados em geral. Mas as teorias de Agassiz, Patten e Stensiö são três visões de mundo incompatíveis — três visões que se superpõem ao nosso conhecimento altamente imperfeito — e não um acúmulo progressivo de carnes por sobre os ossos nus da natureza. E, por ironia, para aqueles que se apegam à idéia do progresso linear nas idéias (quando não na história da vida), a versão ''final'' de Stensiö tem mais traços em comum com a visão criacionista de Agassiz, baseada na diferenciação, do que com o sonho de Patten, de uma evolução em progresso linear.

A natureza não tolera quimeras entre seus animais mais complexos. Não se pode implantar uma cabeça e um tronco de homem num torso de cavalo, e não há dúvida de que é impossível fundir a cabeça de um artrópode a um tronco de vertebrado (como propôs Patten ao argumentar que o *Cephalaspis* tinha as mandíbulas de um escorpião-do-mar). As configurações anatômicas dos organismos têm a integridade de um todo funcional construído de acordo com padrões coerentes de desenvolvimento. A natureza não é um decorador de interiores ou um arquiteto pós-moderno a reciclar em suas fachadas toda a história da arquitetura, numa exibição eclética de estilos.

Acredito que as idéias têm uma integridade similar. Os grandes pensadores constroem seus edifícios com sutil consistência. Prestamos um enorme desserviço a nossos predecessores intelectuais quando desmembramos suas visões e perscrutamos seus sistemas para deles extrair algumas ''jóias'' desgarradas — pensamentos ou afirmações que ainda aceitamos como verdadeiros. Estas peças desarticuladas acabam se transformando na totalidade do legado desses nossos ancestrais, e deixamos de perceber a beleza e a coerência de sistemas mais antigos que poderiam nos iluminar por sua não-familiaridade — e seu conseqüente desafio — em nosso falível (e complacente) mundo moderno.

Esta integridade dos sistemas também exclui as transições suaves na vida intelectual. O que ocorre não é a transformação gradual de alguns sistemas em outros, e a mudança descontínua é necessária de tempos em tempos na história das idéias, nas instituições sociais humanas e na forma dos organismos. D'Arcy Thompson, grande morfologista e admirador de Goethe (ver ensaio 10), apresentou seu argumento idiossincrático em favor das transições rápidas em seu clássico tratado *On growth and form* [Sobre o crescimento e a forma, 1917]. É provável que sua analogia geométrica seja um tanto exagerada no caso dos organismos, mas ainda assim recomendo suas palavras como um modelo estimulante, embora hiperbólico, para a história das grandes idéias:

> Toda curva algébrica tem sua fórmula fundamental, que define a família à qual pertence [...] Nunca nos ocorre "transformar" um helicóide num elipsóide, ou um círculo em senóide. O mesmo acontece com as formas dos animais. Não podemos transformar um invertebrado em vertebrado, nem um celenterado em minhoca por meio de alguma deformação simples e legítima [...] A natureza avança passando de um tipo a outro [...] e estes tipos variam de acordo com parâmetros que lhes são próprios e são definidos por condições físico-matemáticas de possibilidade [...] Procurar por degraus que nos permitam transpor as brechas é dedicar-se a uma busca eternamente vã.

31
UM SOLDADO RASO DA EVOLUÇÃO

Francis Galton, primo de Darwin e o gênio científico mais excêntrico da Inglaterra, tomava todo o conhecimento (e boa parte da especulação) por sua província. Muitos de seus estudos foram estranhos ou discutíveis. Realizou um teste estatístico sobre a eficácia da oração e, na qualidade de inventor da palavra *eugenia*, liderou um movimento em prol do casamento seletivo entre os membros da elite. Mas às vezes sua originalidade também acertava em cheio, como em sua bem-sucedida campanha em prol do uso das impressões digitais na identificação dos criminosos.

Em sua autobiografia, Galton conta a história de uma visita que Herbert Spencer fez ao seu laboratório de datiloscopia. Galton registrou as impressões digitais de Spencer e "disse que não tinha conseguido descobrir a origem daqueles padrões, e de como dissecara dedos de fetos humanos para examinar seus estágios mais primitivos". Spencer, que nunca hesitava em proferir opiniões infalíveis sobre quase qualquer assunto, disse a Galton que ele vinha trabalhando no caminho errado.

> Spencer observou [...] que primeiro eu deveria considerar que propósito aqueles sulcos deveriam cumprir, e depois partir daí no sentido contrário. No caso, disse ele, era evidente que as delicadas aberturas das glândulas sudoríficas requeriam a proteção que os sulcos digitais lhes conferiam de cada lado, e a partir daí elaborou extensivamente uma hipótese consistente e engenhosa. Repliquei que seus argumentos eram bonitos e mereciam ser verdadeiros, mas que por acaso as aberturas dos dutos não ficavam nos vales entre as cristas, mas ao longo das próprias cristas.

Galton termina então sua anedota mencionando a fonte original de uma das dez frases mais citadas em todos os trabalhos científicos. Certa noite, enquanto jantava com T. H. Huxley no Athenaeum, Spencer afirmou que havia, no passado, escrito uma tragédia. Huxley respondeu que sabia tudo sobre a obra. Spencer disse que isto não era possível, afirmando que nunca falara a respeito de sua tragédia com ninguém. Mas Huxley insistiu: ele a conhecia, sim, e por fim disse qual era a tragédia — "uma bela teoria, assassinada por um fato pequeno, mesquinho e feio".

Algumas crenças podem ser refutadas de modo assim instantâneo, brutal e inequívoco. Por exemplo, nunca se encontrou uma única litorina (espécie de molusco marinho, *Littorina littorea*) com espiral para a esquerda entre os milhões de litorinas que já foram examinadas no mundo. Se eu por acaso vier a encontrar uma em minha caminhada pela praia de Nobska amanhã de manhã, no mesmo instante um século de bem nutridos indícios negativos entrará em colapso imediato.

Esta visão huxleyana da refutação cabal é o esteio de um dos nossos piores estereótipos que cultivamos sobre a ciência. Tendemos a ver a ciência como uma máquina destinada à busca da verdade, movida por duas forças capazes de excluir o erro: a nova descoberta e a experiência crucial — os dois principais produtores dos fatos pequenos, mesquinhos e feios de que falava Huxley. É claro que a ciência procura a verdade, e consegue acertar com uma freqüência razoável, pelo menos até onde sabemos. Mas a ciência, como tudo na vida, é cheia de ambigüidades ricas e complexas. O caminho para a verdade raras vezes é direto e marcado por um portão de entrada que seleciona os candidatos com base em critérios simples como idade e peso. (Quando eu era menino, a gente pagava meia para entrar no Yankee Stadium se a cabeça não alcançasse uma linha claramente traçada na porta de entrada, a cerca de um metro e vinte do chão. A gente podia se encolher, mas eles sempre verificavam. Um dia mesquinho e feio eu passei a pagar inteira, e não houve mais jeito.)

Pequenos fatos nunca bastam para derrubar as grandes teorias — a despeito do mito de Davi e Golias. Podem refutar pequenas teorias altamente específicas, como minha conjetura sobre as litorinas com a concha espiralada para a esquerda, mas é raro que consigam destruir visões grandiosas e abrangentes sobre a natureza. Não foi a descoberta de algum fato isolado e fundamental que nos ensinou que a Terra gira em torno do Sol ou que as similaridades entre os organismos são produzidas pela evolução. As teorias abrangentes são muito maiores que os fatos isolados, da mesma maneira que o exército da ilha de Granada não tinha muitas possibilidades de vitória contra as forças armadas dos Estados Unidos.

Na realidade, os pequenos fatos tendem a ser assimilados pelas grandes teorias. Pode ser que se instalem ali com desconforto, incomodando seus consagrados anfitriões. Mas um grande número de pequenos fatos isolados pode vir a se combinar com outras forças sociais e intelectuais e acabar derrubando uma teoria majestosa. A história das idéias é um drama onde complexas paixões humanas contracenam com uma realidade externa que só é um pouco menos intricada. Aviltamos a riqueza tanto da natureza quanto das nossas mentes quando entendemos o grande aparato de nossa história intelectual como um mero compêndio de informações novas que vão se acumulando, levando da superstição primitiva à exatidão final. Sabemos que o Sol é o centro de nosso cantinho do Universo, e que tudo que vive em nosso planeta é ligado pela genealogia, porque estas teorias são capazes de aglutinar e explicar um grande número de informações que, de outro modo, seriam disparatadas, sem qualquer relação entre si — e não porque Galileu tenha apontado seu telescópio para as luas de Júpiter ou porque Darwin tenha cavalgado uma tartaruga gigante nas Galápagos.

Este ensaio conta a história de um pequeno fato crucial e inesperado que deveria ter sido importante, mas não teve nenhuma repercussão especial. Foi amplamente relatado, discutido e estudado pelos grandes naturalistas da Europa, tendo sido em seguida assimilado por cada um de vários sistemas contraditórios. Cinqüenta anos mais tarde, em 1865, uma segunda descoberta resolveu o paradoxo gerado pelo primeiro fato — e deveria ter sido interpretada, nos termos do princípio de Huxley, como uma grande e importante vitória para a teoria de Darwin e da evolução. Foi bem recebida, sem dúvida, mas amplamente ignorada. Um mero soldado raso não poderia decidir uma batalha travada em tantas frentes.

A *Trigonia* é um marisco bem característico, de concha espessa e forma triangular. Floresceu juntamente com os dinossauros, ao longo da era Mesozóica, e se extinguiu na mesma catástrofe que varreu os répteis que então reinavam sobre o planeta — uma das cinco maiores mortandades em massa de nosso registro geológico. Nenhuma trigônia jamais foi encontrada nos estratos cenozóicos posteriores — equivalentes a toda a era dos mamíferos (cerca de 60 milhões de anos, como hoje sabemos). A *Trigonia* tornou-se assim um valorizado ''fóssil-guia''; sempre que o paleontólogo ou o geólogo encontra uma delas, sabe que está às voltas com pedras da Idade Média da Terra. Qualquer um (seja quem for) entende esta útil função delimitadora no tempo.

E foi aí que se descobriu o fato pequeno, mesquinho e feio — e totalmente inegável: em 1802, P. Péron, um naturalista francês, encontrou uma concha de trigônia viva numa praia do Sul da Austrália. Vinte e cinco anos depois, e depois de muitos fracassos, J. Quoy e J. Gaimard, naturalistas que viajavam a bordo do navio *Astrolabe*, por fim encontraram uma trigônia inteira viva. Vinham dragando o fundo do mar há vários dias com este propósito específico, mas sem sucesso. Numa noite de calmaria no estreito de Bass, em que não tinham muito mais o que fazer, resolveram tentar mais uma vez e afinal capturaram sua presa única, uma vida de molusco logo apagada e preservada no meio ambiente típico do colecionador — uma garrafa de álcool. Quoy e Gaimard deram grande valor a seu achado, e mais tarde escreveram:

> Estávamos tão ansiosos para levar de volta a concha contendo seu animal que quando encalhamos por três dias nos recifes de Tonga-Tabu este foi o único objeto que pegamos de nossa coleção. Isto não lembra o apaixonado colecionador de conchas que, por sete longos anos de guerra, carregou sempre em seu bolso um exemplar extraordinário de *Phasianella*, que tinha comprado por 25 luíses?

Uma história simples. Um fato concreto e um quebra-cabeça. A trigônia não tinha desaparecido na grande calamidade do Cretáceo, mas ainda vivia na Austrália. No entanto, nenhum fóssil de trigônia jamais fora encontrado em qualquer estrato intermediário — ao longo de toda a extensa e bem registrada história da era dos mamíferos (hoje chamada era cenozóica). Onde estariam? Será que jamais existiram? Será que um animal tão característico poderia ter morrido e ressurgido (ou sido recriado) mais tarde? Este "hiato cenozóico" transformou-se num enigma.

A *Trigonia* ocupa um lugar especialmente interessante na história da biologia porque tanto este fato inesperado quanto o enigma subseqüente surgiram e persistiram numa época fundamental — coincidindo com o alvorecer e o desenvolvimento inicial da maior transição conceitual jamais experimentada pela disciplina, transição que levou de uma concepção criacionista a uma concepção evolucionista da vida. A trigônia também (ou melhor, portanto) atraiu a atenção e os comentários da maioria dos luminares da história natural no século XIX. J. B. Lamarck, o mais famoso dos evolucionistas pré-darwinianos, assinou a primeira descrição formal de uma trigônia não fóssil. O próprio Darwin passou trinta anos pensando e escrevendo sobre a trigônia. Luis Agassiz, o mais capaz e convincente adversário de Darwin, foi o autor da principal monografia técnica de sua geração sobre o gênero *Trigonia*.

A lição da trigônia viva pode ser resumida numa frase: todo mundo procurou tirar dela o maior proveito possível, incorporando a seus próprios sistemas os aspectos do novo fato que lhes eram favoráveis e ignorando ou então elaborando explicações para se livrar das dificuldades que ele propunha. Para todos, a trigônia tornou-se uma ilustração obrigatória, e não um teste crucial de teorias rivais. Os evolucionistas celebraram as diferenças de forma e de distribuição entre as trigônias antigas e modernas — e ignoraram o hiato cenozóico. Os criacionistas chamaram a atenção para o hiato, e não deram muita importância às diferenças.

Hoje, Lamarck é mais lembrado como o autor de uma rejeitada teoria da evolução baseada na transmissão hereditária dos caracteres adquiridos (o que é injusto, já que a chamada hereditariedade de Lamarck representa apenas uma parte menor de seu sistema). Mas seu trabalho cotidiano na França pós-revolucionária girava em torno da descrição de invertebrados vivos e fósseis, pois era o curador do Muséum d'Histoire Naturelle de Paris. Por isso, recebeu em 1804, para uma descrição formal, o precioso marisco de Péron, a que deu o nome de *Trigonia margaritacea* (Lamarck não podia estar pensando nas *margaritas* de hoje, os coquetéis à base de tequila; *margarita* em latim é pérola, e o interior da concha da trigônia tem um lindo fulgor nacarado). Mas como 1804 é uma data que se encontra exatamente a meio caminho entre a afirmação inicial (1802) e a final (1809) de sua teoria sobre a evolução, o pequeno artigo que escreveu sobre a trigônia foi usado como campo para aprimorar e defender a concepção transmutacionista que vinha desenvolvendo.

A maioria das trigônias fósseis é ornamentada com estrias concêntricas em sua parte anterior (envolvendo a boca e o aparelho digestivo) e nervuras radiais no flanco traseiro. Normalmente, há uma única nervura acentuada separando as duas áreas. Mas todas as trigônias mo-

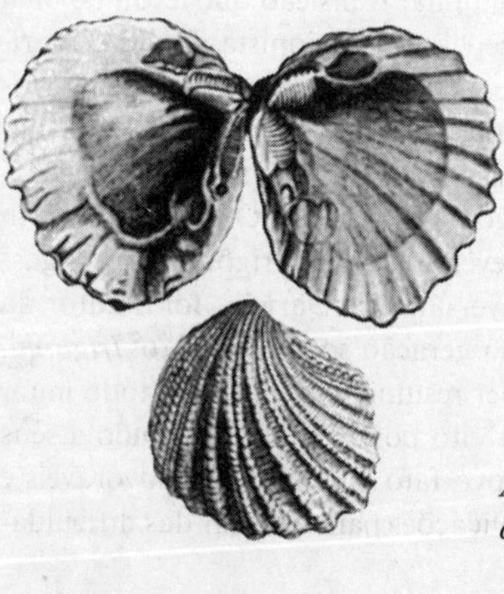

A figura original de Lamarck mostrando a concha das trigônias vivas.

As trigônias fósseis (à esquerda) apresentam nervuras tanto concêntricas como radiais. As trigônias vivas (à direita) apresentam apenas nervuras radiais.

dernas têm as conchas inteiramente cobertas por nervuras radiais (embora a concha embrionária ainda exiba traços das estrias concêntricas ancestrais). Lamarck aproveitou-se destas diferenças para afirmar que se deviam à influência exercida sobre a concha por mudanças no meio ambiente. Em resposta a esta ação do meio, a concha se tinha alterado, e o animal em seu interior, por transmissão hereditária "lamarckiana", transmitiu a mudança favorável às gerações futuras.

> Eles sofreram mudanças por influência de circunstâncias que sobre elas atuam e também mudaram; assim, os remanescentes fósseis [...] mais antigos podem apresentar várias diferenças em relação aos animais de mesmo tipo que vivem em nossos dias e deles derivaram.

(Na verdade, Lamarck limitou-se a demonstrar que os fósseis tinham uma aparência diferente das conchas modernas. Na ausência de maiores informações, qualquer teoria poderia ter dado conta deste dado básico — a evolução pelo uso e o desuso, pela seleção natural ou até mesmo por recriação divina.)

Lamarck dedicou-se então a extrair mais elementos das trigônias modernas que pudessem servir de apoio para alguns outros de seus temas favoritos. Ele participava, por exemplo (mas do lado errado), de um grande debate que uma década depois foi decidido por Cuvier em direção oposta à que defendia — pode haver extinção na natureza? Segundo Lamarck, a rapacidade humana poderia exterminar alguns grandes animais, mas entre os caminhos da natureza não estava uma extinção sem descendência (na qualidade de transmutacionista, aceitava evidentemente a pseudo-extinção que ocorre quando uma forma evolui, resultando em outra). Lamarck deu nova direção aos antigos argumentos contra a extinção, ao incluir em sua argumentação sua concepção recém-forjada da evolução. Como poderia haver extinção se todos os organismos são capazes de responder de maneira criativa às mudanças do meio ambiente, transmitindo suas respostas favoráveis às gerações futuras sob a forma de um legado hereditário devidamente alterado?

No entanto, a convicção de Lamarck foi violentamente contestada pelos dados que brotavam sem parar em seu próprio campo da paleontologia dos invertebrados marinhos. Muitos tipos de fósseis se limitam às rochas de períodos geológicos mais antigos. Onde estariam hoje seus descendentes? Lamarck apresentou em resposta o único argumento plausível num mundo onde restavam poucas *terrae incognitae* — vivem nas profundezas inexploradas do mar. Uma vez que Lamarck acaba revelando o desconforto que lhe causava tal solução *ad hoc*, repetindo-a vezes demais e com um zelo excessivo — lembremo-nos da frase de Shakespeare: "a senhora protesta demais, a meu ver" —, podemos considerar genuína sua alegria com a trigônia, por fim um exemplo real de uma generalização que tanto desejava: "As espécies menores, sobretudo as que vivem nas profundezas do mar, têm meios de escapar ao homem; na verdade, entre elas jamais se encontra nenhuma que esteja de fato extinta". E Lamarck encerra então seu artigo prevendo que um grande séquito de criaturas aparentemente extintas logo seria descoberto nas profundezas oceânicas: ainda estamos à espera.

Como a argumentação de Lamarck gira em torno de uma explicação das causas pelas quais as criaturas que ainda viviam não apresentavam qualquer prova de sua persistência, não devemos nos surpreender ao constatar que ele ignorou por completo o problema do hiato cenozóico. Só nos resta aceitar o fato de que as trigônias passaram todo o Cenozóico a salvo nos braços de Netuno, a quinhentas braças ou mais de profundidade, sem deixar qualquer registro num arquivo fóssil de sedimentos de águas rasas.

Charles Darwin, o principal evolucionista da geração seguinte, escolheu outro aspecto das trigônias modernas — sua distribuição geográfica — para defender um tema diferente, caro à sua visão da vida. Como veremos, os opositores criacionistas de Darwin apresentavam a história da vida como uma série de faunas e floras estáticas, separadas por episódios de extermínio brusco seguidos de uma súbita renovação. Para refutar este credo catastrofista e apresentar sua visão diversa da natureza, intransigentemente gradualista, Darwin afirmou que a extinção de qualquer grupo deveria ser tão gradual e extensa quanto sua origem. O grupo vai se esgotando, minguando aos poucos, e seu número vai se reduzindo cada vez mais, assim como sua distribuição geográfica — nunca morre em pleno vigor, durante uma crise ambiental. Que prova melhor poderia haver do que uma família outrora espalhada por todo o mundo, em espantosa diversidade, e agora limitada a uma pequena região e a uma única espécie? Em seu artigo inédito de 1844, precursor da *Origem das espécies* (1859), Darwin escreveu: ''Temos razão para crer que [...] os números de espécies vão decrescendo até que por fim o grupo se extingue [...] A *Trigonia* extinguiu-se muito mais cedo na Europa, mas hoje vive nos mares da Austrália''.

E Darwin imita Lamarck ao descartar o hiato cenozóico, supondo que pudesse dever-se às imperfeições de nosso registro fóssil (não consigo imaginar nenhuma outra opção para um evolucionista comprometido com a conexão genealógica). Mas Darwin foi explícito; ao contrário de Lamarck, que preferiu calar-se. E além disso tentou acentuar um aspecto positivo, afirmando que a raridade de hiatos tão grandes era um forte indício de que se deveriam a causas artificiais. E escreveu na *Origem das espécies*:

> Uma vez desaparecido, um grupo não reaparece; ou seja, sua existência, enquanto durar, é contínua. Estou consciente de que existem algumas exceções aparentes a esta regra, mas são surpreendentemente poucas, tão poucas que [...] a regra concorda estritamente com minha teoria.

Enquanto isso, os criacionistas preferiam olhar a *Trigonia* por outro ângulo. Enfatizavam o hiato cenozóico e achavam que quase tudo o mais era enigmático. Os principais pensadores criacionistas tendiam a concordar com a idéia de que a história da vida era episódica — uma série de estágios separados por paroxismos súbitos, de âmbito mundial, que eliminavam o velho e abriam caminho para o novo. No que dizia respeito ao progresso, porém, dividiam-se em dois campos. Seria cada novo episódio melhor do que o anterior? Em outras palavras, estaria Deus aprendendo com a prática? Ou teria a vida apresentado uma complexidade razoavelmente constante ao longo de toda a sua história episódica? Os progressistas e os não-progressistas viam mensagens diferentes na trigônia.

James Parkinson, o principal progressista da Inglaterra (embora mais tarde tenha mudado de campo), escolheu a *Trigonia* como seu principal exemplo em *Organic remains of a former world* [Restos orgânicos de um mundo passado, 1811]. Fazia uma leitura literal do hiato cenozóico, dele extraindo a conveniente mensagem de que a história da vida é composta de uma série de criações que não são ligadas por laços de genealogia ou continuidade física.

Mas a *Trigonia* também apresentava um problema especial para Parkinson. Ele afirmava que cada episódio sucessivo de criação tinha sido marcado por ''uma excelência crescente de seus objetos'', concordando assim de todas as maneiras, menos uma, com a progressão mosaica do caos até Adão, descrita no Gênesis. ''Na verdade, esta concordância é tão grande que o relato de Moisés é confirmado por ela em todos os seus aspectos, menos no que diz respeito à idade do mundo'' (um problema resolvido em seguida pelo recurso a uma interpretação alegórica dos seis ''dias'' da criação de Deus). Ora, uma *Trigonia*, como alguns já disseram das rosas, é uma *Trigonia* (com a exceção das sutilezas que só o olho profissional percebe). Por que uma concha moderna dotada apenas de nervuras radiais deveria ser ''melhor'' do que um representante fóssil com nervuras radiais e concêntricas? Por que serão superiores as versões modernas, como exigia a teoria de Parkinson, de uma criação em progresso? Parkinson ficou evidentemente perturbado. Na introdução aos três volumes de sua obra, ele dedicou mais espaço à *Trigonia* do que a qualquer outro gênero. E aferrou-se à única palha disponível, mas claramente sem muita convicção. Pelo menos as trigônias modernas são diferentes. Não sabemos por quê, mas o diferente deve ser melhor:

> Esta concha, embora pertença de fato ao mesmo gênero, é de uma espécie diferente de qualquer outra encontrada em estado fóssil. Nenhuma das espécies de concha deste gênero, conhecidas em estado fóssil, foram, na verdade, encontradas em qualquer estrato acima do calcário duro [o Cretáceo, o último período dos dinossauros], ou em nossos mares atuais.

Louis Agassiz, o mais engenhoso de todos os criacionistas, seguiu o mesmo caminho de Parkinson, mas no sentido oposto. Começou como advogado do progresso em cada criação sucessiva e terminou afirmando que as primeiras criaturas de Deus já eram de muito boa qualidade (sobretudo porque desdenhava apaixonadamente o darwinismo e achava que qualquer concessão ao progresso acabaria reforçando a causa da evolução). Para ele, portanto, a aparente falta de aperfeiçoamento nas trigônias modernas não era nada problemática, enquanto o hiato cenozóico só lhe trazia prazer e confirmação. Na principal obra pré-darwiniana sobre esses mariscos, sua *Mémoire sur les trigonies* (1840), Agassiz afirmou de maneira explícita que um hiato cenozóico, se conclusivamente confirmado, provaria de fato a inexistência da evolução (aliás, um argumento muito procedente):

> A ausência da *Trigonia* no estrato terciário [o Cenozóico] é um fato muito importante para as discussões sobre a origem e as relações entre as espécies de diferentes épocas; pois se um dia puder ficar demonstrado que a *Trigonia* não existiu em toda a era terciária, não será mais possível afirmar o princípio de que as espécies de um mesmo gênero que viveram em períodos geológicos consecutivos são derivadas umas das outras.

Mas Agassiz compreendia bem a desconfortável incerteza da prova negativa. Bastaria alguém encontrar amanhã uma trigônia cenozóica pequena, mesquinha e feia para toda a argumentação cair por terra. Assim, Agassiz resolveu cobrir sua retaguarda e partir para o repúdio: está muito bem que ninguém tenha encontrado nenhuma trigônia do Cenozóico, mas mesmo que uma trigônia do Cenozóico venha a ser encontrada, isto não prova nada. Afinal, Deus pode muito bem ter ordenado a continuidade temporal entre um grupo de formas criadas e aparentadas.

Embora esta sua passagem possa dar a impressão de uma chicana da advocacia forense, ela também apresenta uma das mais sucintas e eloqüentes defesas jamais escritas em favor da versão platônica do criacionismo.

> Embora eu agora invoque este fato [o hiato cenozóico] em apoio à minha convicção de que as diferentes espécies de um mesmo gênero não são variantes de um tipo único [...] a eventual descoberta de uma trigônia do Terciário não demonstraria, a meu ver, que a relação entre as espécies do mesmo gênero seja de descendência direta e transformação sucessiva de tipos originais [...] É evidente que não estou negando que possam existir relações naturais entre as diferentes espécies de um gênero; pelo contrário, estou convencido de que estas espécies estão relacionadas umas com as outras por meio de vínculos que têm uma natureza superior aos da simples procriação direta, vínculos que poderiam ser comparados à ordem de um sistema de idéias cujos elementos, desenvolvidos em épocas diferentes, for-

massem em sua união um todo orgânico — embora os elementos de cada época também nos dêem a impressão, dentro de seus limites, de produtos acabados.

Em suma, no alvorecer da revolução darwiniana, em 1859, o pequeno fato supostamente puro e simples da existência de trigônias modernas não se constituiu nem em árbitro, nem em carrasco das teorias correntes, mas foi disputado como apoio pelas principais visões conflitantes e contraditórias da vida — em favor da evolução pelas concepções lamarckianas e darwinianas, e em favor do criacionismo, tanto pela versão progressista como pela que defendia a ausência de direção. Como é que um elemento tão importante pode ter sido tão pouco decisivo — a menos que a visão heróica de Huxley, do puro empirismo triunfante, não se aplique quase nunca à descrição da história das idéias e nem ao progresso da ciência? Pode ser que os objetos não criem nem dirijam os conceitos, mas os conceitos tampouco são refratários ou imunes aos estímulos dos objetos. O pensamento e a observação formam uma rede maravilhosamente complexa de interpenetração e influência mútua — e esta interação muitas vezes parece nos levar a algum lugar útil.

A história da *Trigonia* tem um encerramento natural que deveria ser convencional e feliz, mas não funcionou exatamente da maneira esperada. O resultado não é difícil de adivinhar, já que a visão de Darwin acabou prevalecendo. A fugidia trigônia do Cenozóico foi afinal descoberta em rochas australianas — e na hora exata, em 1865, quando o evolucionismo nascente precisava de toda a ajuda que pudesse conseguir.

H. M. Jenkis, uma figura menor na geologia britânica, defendeu explicitamente Darwin em sua descrição das primeiras trigônias do Cenozóico. Interpretou o feliz fechamento do hiato cenozóico como uma clara confirmação da atitude característica de Darwin em relação ao registro fóssil, e como um apoio direto à idéia da evolução. Darwin achava que o registro fóssil estava crivado de imperfeições — "uma história do mundo imperfeitamente conservada [...] e desta história possuímos apenas o último volume [...] Deste volume, só aqui e ali se conservou um único capítulo; e de cada página, só aqui e ali, algumas linhas" (*Origem das espécies*, 1859). Os hiatos, como já se disse tantas vezes, representam a ausência de provas, e não provas de ausência. Ligando a trigônia do Cenozóico que tinha acabado de ser descoberta a esta previsão darwiniana fundamental, Jenkins escreveu:

> Todo paleontólogo acredita que, quando um gênero de animais é representado por espécies que ocorrem em estratos de idades muito diferentes, ele deve ter sido perpetuado por uma ou mais espécies ao longo de todo o pe-

ríodo interveniente [...] O único significado racional jamais atribuído a esta lei presumivelmente geral [...] é que a perpetuação do gênero [...] se deveu a uma "descendência com modificação". A *Trigonia subundulata* [nome formal da trigônia do Cenozóico] é um dos elos que até agora nos faltavam: primeiro, para a explicação da existência atual do gênero *Trigonia* nos mares da Austrália; e, segundo, para mostrar que o grande hiato que antes existia na história de sua vida era [...] apenas uma conseqüência da imperfeição de nosso conhecimento do registro geológico.

E agora, para finalizar, uma confissão de ordem pessoal: este artigo foi um exercício de expiação e para atender a necessidades exclusivamente minhas. Bem no início de minha carreira profissional (quando mal tinha chegado à altura suficiente para pagar inteira no estádio), recompus a história da trigônia. Em 1968, publiquei numa revista especializada um artigo bem deficiente (para falar com franqueza, era uma porcaria).

A parte da história eu contei certo. Reconheci que todos deram um jeito de encaixar a trigônia moderna em seus respectivos sistemas e que fatos simples e isolados não conseguiram (pelo menos neste caso) desmontar teorias gerais. Mas cheguei a um fim completamente errado porque ainda me encontrava impregnado da visão tradicional, de cunho huxleyano. O final de meu texto era feliz porque li a citação de Jenkins e decidi endossar seu significado manifesto — uma previsão dos evolucionistas que se cumpria, e uma prova empírica que tinha sido encontrada. Esqueci (ou ainda não tinha aprendido) uma regra fundamental da investigação acadêmica: não leve em conta apenas aquilo que você tem; pergunte por que não está vendo aquilo que deveria encontrar. As provas negativas são importantes — sobretudo quando o registro é completo o bastante para indicar que esta ausência pode ser genuína.

Hoje interpreto a descoberta da trigônia do Cenozóico de maneira muito diferente, porque pensei no que deveria ter acontecido mas não aconteceu. Se a defesa de Darwin requeria um conjunto de fatos novos, limpos, inequívocos e inesperados, por que a trigônia do Cenozóico não inspirou uma onda de regozijo? Darwin tinha previsto que ela seria descoberta; Agassiz tinha investido muita esperança em sua inexistência.

É verdade que Jenkins disse as coisas certas em seu artigo; eu citei suas palavras e dei minha tarefa por terminada. Mas a chave para a compreensão desta história está em outro lugar — nos não-acontecimentos. Jenkins escreveu uma nota de duas páginas e meia numa revista de pouca importância. Ninguém mais deu sinal de ter percebido. Darwin nunca comentou a descoberta, embora a *Origem das espécies* ainda tenha sido reeditada muitas vezes. A *Trigonia* não se transformou num exemplo didático do triunfo da evolução. E, curiosamente, não foi Jenkins quem encontrou a trigônia do Cenozóico. Ela foi descavada por Frederick McCoy, figura importante da ciência australiana, fundador e diretor do Museu de História Natural e de Geologia em Melbourne. McCoy devia saber o que tinha encontrado, e o que aquilo significava. Mas nem se preocupou em publicar sua descrição. Eu devia ter percebido a sugestão das frases iniciais do artigo de Jenkins, mas passei direto por elas:

> A descoberta muito interessante de uma espécie do gênero *Trigonia* nos depósitos do Terciário da Austrália foi relegada na Inglaterra a um plano inteiramente secundário, e muitas vezes me surpreendi ao encontrar estudiosos de paleontologia do Terciário que em geral se mantêm *au courant* dos progressos em seu ramo da ciência, mas desconheciam totalmente esta circunstância. A importância deste achado, do ponto de vista teórico, está acima de qualquer questão, e daí o grande interesse sempre demonstrado por aqueles a quem falei do assunto.

Em suma, eu sucumbira à própria visão que pretendia questionar. Reconhecia que a descoberta original da trigônia moderna não derrubara nenhuma teoria, mas deixei que o fóssil do Cenozóico desempenhasse o papel do mesquinho fato huxleyano porque Jenkins assim o tinha apresentado. Mas é quando consideramos o que a trigônia do Cenozóico *deixou de provocar* que conseguimos chegar a uma descrição mais geral e consistente de todo o caso. A trigônia viva não mudou nenhuma das teorias porque podia se encaixar (embora com desconforto) em todas as principais concepções da vida de seu tempo. E a trigônia do Cenozóico também não servia de prova para a evolução, porque o recuo de Agassiz era defensável (por mais embaraçoso que pudesse ser) e porque a evolução era uma revolução grande demais para depender crucialmente de qualquer dado isolado. A descoberta da *Trigonia* não fez mal algum, mas uma legião de outros peixes já estava na frigideira, e um marisco a mais ou a menos, por mais bonito e limpo que fosse, não tornava o prato perfeito.

Num caso que acabou se transformando em clichê da língua inglesa, Sherlock Holmes resolveu um de seus mistérios ao observar que não tinha havido latido, inferindo daí que nenhum cachorro estava presente. Não são apenas os fatos novos e mesquinhos que são importantes: os não-acontecimentos também precisam ser levados em conta. O que me lembra: devo ter examinado umas mil litorinas esta manhã. Nenhuma delas era espiralada para a esquerda. Talvez algum dia.

PÓS-ESCRITO

As circunstâncias exigem que este ensaio seja contemplado com o melhor e mais indiscutível de todos os epílogos imagináveis — embora isto deva ocorrer em meu detrimento. A correção factual de um erro pode ser o acontecimento mais sublime da vida intelectual; o signo definitivo de nossa obediência necessária a uma realidade mais ampla e de nossa incapacidade de construir o mundo de acordo com os nossos desejos. Para a ciência, em particular, a correção factual ocupa um lugar especialmente respeitado, por duas razões: primeiro, porque definimos o trabalho científico como um aprendizado cada vez maior sobre uma realidade externa; segundo, porque sabemos, no fundo de nossos corações, que podemos ser tão obstinados e refratários à mudança quanto o mais mesquinho dos burocratas ou os pregadores fundamentalistas — e por isso a correção factual incontestável se transforma numa espécie de salvação de nossa própria transgressão emocional de um ideal supostamente comum. Nada, portanto, pode ser mais satisfatório e mais apropriado para o encerramento deste livro do que um "fato pequeno, mesquinho e feio" derrubando, como um Sansão, todo uma construção conceitual.

Como exemplo meu no ensaio acima, escrevi: "Algumas crenças podem ser refutadas de modo assim instantâneo, brutal e inequívoco. Por exemplo, nunca se encontrou uma única litorina com espiral para a esquerda entre os milhões de litorinas que já foram examinadas no mundo. Se eu por acaso vier a encontrar uma em minha caminhada pela praia de Nobska amanhã de manhã, no mesmo instante um século de bem nutridos indícios negativos entrará em colapso imediato". E encerrei o ensaio com um relatório de meu passeio em um mundo de criaturas dextrogiras: "Devo ter examinado umas mil litorinas esta manhã. Nenhuma delas era espiralada para a esquerda. Talvez algum dia".

E não esperava nenhuma reviravolta. Espécimes ocasionais com espirais voltadas para a esquerda são bastante comuns em espécies dextrógiras, mas sua freqüência varia, e muitas espécies jamais produziram um único indivíduo espiralado para a esquerda. Como a litorina é um dos caramujos mais comuns que podemos encontrar (é o molusco típico da linha litorânea da costa oeste européia e da costa leste norte-americana), esta forma se transformou no exemplo clássico de todas as espécies dextrógiras. É o que dizem os livros escolares, e era a isto que eu me referia.

No auspicioso dia 14 de fevereiro, Solene Morris, então curadora dos moluscos no Museu Britânico, decidiu examinar as incomparáveis coleções de seu museu. (Solene agora tem o melhor emprego disponível em nosso campo de atividade — é curadora da casa de Darwin em Downe, e nesta qualidade a coisa mais próxima de um guardião do Santo Graal que nossa profissão pode abrigar). E me enviou uma carta, contornada por um grande coração vermelho-sangue e com uma inscrição que dizia tratar-se de um novo Massacre do Dia de São Valentim.*

As gavetas dos museus são os maiores repositórios indevidos de tesouros inéditos e desconhecidos. (Já escrevi vários artigos sobre grandes descobertas feitas não diretamente no campo, mas em meio ao material esquecido e não classificado nas gavetas dos museus — ver o ensaio 16 de *O sorriso do flamingo*, ou todo o meu livro *Vida maravilhosa*.) E é evidente que lá havia uma litorina espiralada para a esquerda guardada num pequeno frasco — onde residia desde 1937 — no fundo da gaveta 3 da coleção de Littorinidae. E Solene me escreveu (parte em verso, como percebi depois, embora a poesia viesse disfarçada em meio a um parágrafo em prosa):

> No entanto, na melhor tradição de meu pai (que aliás era canhoto), sempre que se diz que uma coisa não pode ser encontrada, temos a obrigação de encontrá-la. Assim, na manhã de 14 de fevereiro, saí procurando... entre as monstruosidades e os litorinídeos até que... Eureka! O que vi eu abrigado num frasco no fundo da gaveta três, entre tantos Littorinidae dextrógiros?
>
> Adquirido de um certo sr. E. F. Smith, de Acton, em 1937, por 25 *shillings* (em moeda antiga).
>
> Estou quase ouvindo você gritar:
>
> ''Não pode ser verdade!''
>
> E finalmente você se vê diante da face sinistra do fato consumado — *Littorina littorea* var. *johnmacenroei*!

Incluo aqui a foto do espécime feita por Solene, para o caso de ainda restar algum fanático, recalcitrante ou outra espécie de cético. E lá estava aquele espécime desde 1937, ignorado por todos enquanto os livros didáticos continuavam a propagar sua pequena falsidade!

Que maravilha que meu ponto de vista tenha sido provado — ainda que em detrimento meu, sem dúvida — pela rápida e inequívoca destruição de meu próprio exemplo.

(*) O dia 14 de fevereiro, ou Dia de São Valentim, é tradicionalmente festejado como o Dia dos Namorados nos Estados Unidos e na Inglaterra, e os cartões em forma de coração são um presente comum neste dia. Quanto ao massacre, é alusão ao célebre assassinato de sete membros da quadrilha de ''Bugs'' Moran em 14 de fevereiro de 1929, atribuído aos comparsas de Al Capone e conhecido como ''Massacre do Dia de São Valentim''. (N. T.)

Um fato pequeno, feio e mesquinho: existe uma litorina levógira, ou espiralada para a esquerda. (Cortesia do Museu de História Natural, Londres.)

Um último aspecto desta história ainda deve nos dar alguma esperança. Solene também me enviou uma cópia da correspondência entre o sr. Smith, de Acton, e o Museu Britânico. Ele sabia o que tinha encontrado (acho que também leu os livros didáticos), e não queria vender barato o seu tesouro. Não chegou a pedir um preço da ordem dos girassóis de Van Gogh ou daquele cartão de beisebol de Honus Wagner, mas 25 *shillings*; naquele tempo, dava pelo menos para pagar um ou dois jantares de primeira. Escreveu fazendo sua oferta. O Museu respondeu no dia 22 de março dizendo que precisariam de permissão dos membros do conselho diretor (para não deixar de falar das burocracias sobrecarregadas de pequenas questões, porque não sabem delegar autoridade), mas que concordavam com a oferta, caso o sr. Smith ainda estivesse interessado em vender. O sr. Smith respondeu — e prestem atenção, porque este é o ponto central da história — *no dia 22 de março*, afirmando que teria a maior satisfação em aceitar. Isto significa, é claro, que o correio de Londres era tão eficiente que uma carta colocada remetida pela manhã chegava a seu destino e obtinha resposta *na tarde do mesmo dia*! (Claro, todos os leitores de histórias policiais, e qualquer um que tenha morado na Grã-Bretanha — como eu, por um ano — antes de 1970 sabe perfeitamente bem que seu serviço postal já foi rápido e impecável. Num dos deliciosos romances policiais de Dorothy Sayers, lorde Peter Wimsey se esforça meses a fio para concluir um caso e no final precisa de qualquer maneira fazer sua solução chegar a Londres na manhã seguinte, senão tudo estará perdido. Escreve uma carta com toda a calma e simplesmente a despeja na caixa de correio mais próxima, absolutamente seguro de que chegará às mãos certas a tempo! Algum dos leitores consegue se imaginar tomando uma atitude semelhante nos Estados Unidos de hoje? Mas não precisamos nos desesperar. Nosso serviço postal pode não dar conta tanto assim de suas entregas (sem o pagamento adicional de dez dólares pelo serviço expresso). Mas agora temos estes demônios, estes horrendos invasores por excelência de qualquer privacidade — o correio eletrônico e o aparelho de fax. Quem disse que a vida e a cultura não progridem?

BIBLIOGRAFIA

Adams, H. 1909. *The education of Henry Adams; an autobiography*. Boston: Houghton Mifflin Co.

Agassiz, L. 1833-43. *Recherches sur les poissons fossiles*. Neuchâtel: Petitpierre.

—— 1840. *Mémoire sur les trigonies*. In Etudes critiques sur les mollusques fossiles. Neuchâtel: Petitpierre.

Alexander, R. McN. 1966. "Physical aspects of swim bladder function". *Biological Reviews of the Cambridge Philosophical Society* 41:141-76.

Allin, E. F. 1975. "Evolution of the mammalian middle ear". *Journal of Morphology* 147:403-38.

Baier, J. J. 1708. *Oyktographia norica, sive rerum fossilium et ad minerale regnum pertinentium in territorio Norimbergensi*. Nuremberg: Wolfgang Michanel.

Balouet, J.-C. e A. Alibert. 1990. *Extinct species of the world*. Trad. K. J. Hollyman. Nova York: Barron's.

Barlow, N. (ed.) 1933. *Charles Darwin's diary of the voyage of H. M. S. Beagle*. Cambridge: Cambridge University Press.

Barr, J. 1985. "Why the world was created in 4004 BC: Archbishop Ussher and biblical chronology". *Bulletin of the John Rylands University Library* 67:575-608.

Barrett, P. H. (ed.) 1974. *Darwin's early and unpublished notebooks*. Nova York: E. P. Dutton & Co. (juntamente com *Darwin on man* de H. E. Gruber).

Barrington, D. 1770. "Account of a very remarkable young musician". *Philosophical Transactions of the Royal Society of London* 60:4-64.

Basolo, A. 1990. "Female preference predates the evolution of the sword in swordtail fish". *Science* 250:808-10.

Bateson, P. 1982. "Preference for cousins in Japanese quail". *Nature* 295:236-37.

Bengtson, S. "Oddballs from the Cambrian start to get even". *Nature* 351:184.

Borges, J. L. *The book of sand*. Trad. N. T. di Giovanni. Nova York: E. P. Dutton.

Buckland, W. 1836. *Geology and mineralogy considered with reference to natural theology*. Londres: Pickering.

Burnet, T. 1691. *Sacred theory of the earth*. Londres: R. Norton.

Burns, J. McL. 1971. *Biograffiti: A natural selection*. Nova York: Demeter Press.

Carlton, J. T., G. J. Vermeij, D. R. Lindberg, D. A. Carlton, e E. C. Dudley. 1991. "The first historical extinction of a marine invertebrate in an ocean basin: The demise of the eelgrass limpet *Lottia alveus*". *Biological Bulletin* 180:72-80.

Chen, J., Hou X., e Lu H. 1985. "Early Cambrian netted scale-bearing worm-like sea animal". *Acta Paleontologica Sinica* 28:1-16.

Chomsky, N. 1969. *Syntactic structures*. Haia: Mouton.

Clack, J. A. 1989. "Discovery of the earliest known tetrapod stapes". *Nature* 342:425-27.

Clark, T. H. e C. W. Stearn. 1960. *The geological evolution of North America*. Nova York: Ronald Press.

Clarke, B., J. Murray, e M. Johnson. 1984. "The extinction of endemic species by a program of biological control". *Pacific Science* 38:97-104.

—— 1988. "The extinction of *Partula* on Moorea". *Pacific Science*, 42:150-53.

Coates, M. I., e J. A. Clack. 1990. "Polydactyly in the earliest known tetrapod limbs". *Nature* 347:66-69.

Colp, R. 1979. "Charles Darwin's vision of organic nature". *New York State Journal of Medicine* 79:1622-29.

Conway Morris, S. 1977. "A new metazoan from the Cambrian Burgess Shale, British Columbia". *Paleontology* 20:623-40.

Conway Morris, S., e J. S. Peel. 1990. "Articulated halkieriids from the lower Cambrian of north Greenland". *Nature* 345:802-5.

Cooke, J. 1990. "Proper names for early fingers". *Nature* 347:14-15.

Coppinger, R., J. Glendinning, E. Torop, C. Matthay, M. Sutherland, e C. Smith. 1987. "Degree of behavioral neoteny differentiates canid polymorphs". *Ethology* 75:89-108.

Crampton, H. E. 1917. "Studies on the variation, distribution and evolution of the genus *Partula*. The species inhabiting Tahiti". *Carnegie Institution of Washington Publications* 228:1-311.

Crampton, H. E. 1925. "Studies on the variation, distribution and evolution of the genus *Partula*. The species of the Mariana Islands, Guam and Saipan". *Carnegie Institution of Washington Publications* 228a:1-116.

—— 1932. "Studies on the variation, distribution and evolution of the genus *Partula*. The species inhabiting Moorea". *Carnegie Institution of Washington Publications* 410:1-335.

Cubelli, R. 1991. "A selective deficit for writing vowels in acquired dysgraphia". *Nature* 353:258-60.

Cuvier, G. 1812. *Discours préliminaire*, vol. 1 de *Recherches sur les ossements fossiles des quadrupèdes*. Paris: Deterville.

Darwin, C. 1840. "On the formation of mould". *Transactions of the Geological Society of London* 5:505-9.

—— 1845. *A naturalist's voyage. Journal of researches into the natural history and geology of the countries visited during the voyage of H. M. S. Beagle round the world, under the command of Capt. FitzRoy, R. N.* Londres: John Murray. (A viagem do Beagle)

—— 1859. *On the origin of species by means of natural selection*. Londres: John Murray.

—— 1868. *The variation of animals and plants under domestication*. Londres: John Murray.

—— 1871. *The descent of man and selection in relation to sex*. Londres: John Murray.

—— 1881. *The formation of vegetable mould, through the action of worms*. Londres: John Murray.

Dollo, L. 1892. "Sur l'origine de la nageoire caudale des ichthyosaures". *Procès-verbaux de la Société Belge de Géologie*, 26 de julho.

—— 1893. "Les lois de l'évolution". *Bulletin de la Société Belge de Géologie, de Paléontologie et d'Hydrologie*, vol. 7.

Dubois, E. 1897. "Sur le rapport du poids de l'encéphale avec la grandeur du corps chez les mammifères". *Bulletin de la Société d'Anthropologie de Paris* 8:337-76.

Dubois, E. 1928. "The law of the necessary phylogenetic perfection of the psychoencephalon". *Proceedings of the Section of Sciences of the Koninklijke Akademie van Wetenschappen* 31:304-14.

—— 1932. "Early man in Java". *Nature* 130:20.

—— 1935. "On the gibbon-like appearance of *Pithecanthropus erectus*". *Proceedings of the Section of Sciences of the Koninklijke Akademie van Wetenschappen* 38:578-85.

Eco, U. 1985. *The name of the rose*. Trad. William Weaver. San Diego: Harcourt, Brace, Jovanovich.

Eldredge, N., e S. J. Gould. 1972. "Punctuated equilibria: An alternative to phyletic gradualism". In *Models of paleobiology*, ed. T. J. M. Schopf, 82-115. San Francisco: Freeman, Cooper and Co.

FitzRoy, R., e Darwin, C. 1836. "A letter, containing remarks on the moral state of Tahiti, New Zealand &c." *South African Christian Recorder* 2(4):221-38.

Galton, F. 1869. *Hereditary genius*. Londres: Macmillan.

—— 1889. *Natural inheritance*. Londres: MacMillan.

—— 1909. *Memories of my life*. Londres: Methuen & Co.

Goethe, J. W. von. 1790. *Versuch die Metamorphose der Pflanzen zu erklären*. Gotha: Ettingersch.

—— 1831. "Reflexions de Goethe sur les débats scientifiques de mars 1830 dans le sein de l'Académie des Sciences". *Annales des Sciences Naturelles* 22:179-88.

—— 1832. "Dernières pages de Goethe expliquant à l'Allemagne les sujets de philosophie naturelle controversés au sein de l'Académie des Sciences de Paris". *Revue Encyclopédique* 53:563-73 e 54:54-68.

Gould, S. J. 1969. "An evolutionary microcosm: Pleistocene and Recent history of the land snail *P.* (*Poecilozonites*) in Bermuda". *Bulletin of the Museum of Comparative Zoology* 138(7):407-532. (Tese de doutoramento, Universidade Columbia).

—— 1977. *Ontogeny and phylogeny*. Cambridge, Mass.: The Belknap Press of Harvard University Press.

—— 1985. *The flamingo's smile*. Nova York: W. W. Norton & Company.

—— 1987. *Time's arrow, time's cycle*. Cambridge, Mass.: Harvard University Press.

—— 1989. *Wonderful life*. Nova York: W. W. Norton & Company.

—— 1991. *Bully for brontosaurus*. Nova York: W. W. Norton & Company.

Gould, S. J., e N. Eldredge. 1977. "Punctuated equilibria: "The temps and mode of evolution reconsidered". *Paleobiology* 3:15-51.

Griffis, K., e D. J. Chapman. 1988. "Survival of phytoplankton under prolonged darkness: Implications for the Cretaceous-Tertiary boundary darkness hypothesis". *Palaeogeography, Palaeoclimatology, Palaeoecology* 67:305-14.

Gulick, J. T. 1905. "Evolution, racial and habitudinal". *Carnegie Institution of Washington Publications* 25:1-269.

Haim, A., G. Heth, H. Pratt, e E. Nevo. 1983. "Photoperiodic effects on the thermoregulation in a 'blind' subterranean mammal". *Journal of Experimental Biology* 107:59-64.

Halley, E. 1714-1716. "A short account of the cause of the saltiness of the ocean, and of the several lakes that emit on rivers; with a proposal, by help thereof, to discover the age of the world". *Philosophical Transactions of the Royal Society of London* 29:296-300.

Hawkins, T. 1834. *Memoirs of the Ichthyosauri and Plesiosauri*. Londres: William Pickering.

—— 1840. *Book of the great sea-dragons*. Londres: William Pickering.

Heaton, T. H. 1988. "Patterns of evolution in *Ischyromys* and *Titanotheriomys* (Rodentia: Iscyromiidae) from Oligocene deposits of western North America". Dissertação de doutoramento, Universidade de Harvard.

Hendriks, W., J. Leunissen, E. Nevo, H. Bloemendal, W. W. deJong. 1987. ''The lens protein αA-crystallin of the blind mole rat *Spalax ehrenbergi*: Evolutionary change and functional constraints''. *Proceedings of the National Academy of Sciences* 84:5320-24.

Hinchliffe, J. R. 1989. ''Reconstructing the archetype: Innovation and conservatism in the evolution and development of the pentadactyl limb''. In *Complex organismal functions: Integration and evolution in vertebrates*, eds. D. B. Wake e G. Roth, 171-90. Nova York: John Wiley & Sons.

Hutchinson, G. E. 1931. ''Restudy of some Burgess Shale fossils''. *Proceedings of the United States National Museum* 78(11):565-87.

Jarvik, E. 1980. *Basic structure and evolution in vertebrates*. Nova York: Academic Press.

Jastrow, R. 1981. *The enchanted loom: The mind in the universe*. Nova York: Simon and Schuster.

Jenkins, H. M. 1865. ''On the occurrence of a Tertiary species of *Trigonia* in Australia''. *Quarterly Journal of Science* 2:363-64.

Kimura, M. 1968. ''Evolutionary rate at the molecular level''. *Nature* 217:624-26.

—— 1982. ''The neutral theory as a basis for understanding the mechanism of evolution and variation at the molecular level''. In *Molecular evolution, protein polymorphism and the neutral theory*, ed. M. Kimura, 3-56. Berlim: Springer-Verlag.

—— 1983. *The neutral theory of molecular evolution*. Cambridge: Cambridge University Press.

Krafft-Ebing, R. von. 1984. *Psychopathia sexualis*. Munique: Matthes & Seitz.

Lamarck, J. P. B. 1802. *Recherches sur l'organisation des corps vivants*. Paris: Maillard.

—— 1804. ''Sur une nouvelle espèce de Trigonie et sur une nouvelle huître découverte dans le voyage du capitaine Baudin''. *Annales du Muséum d'Histoire Naturelle* 4:353-54.

—— 1809. *Philosophie zoologique*. Paris: Dentu.

Leakey, R., e M. Leakey. 1986. ''A new Miocene hominoid from Kenya''. *Nature* 324:143-46.

—— 1986. ''A second new Miocene hominoid from Kenya''. *Nature* 324:146-48.

Liem, K. F. 1988. ''Form and function of lungs: The evolution of air breathing mechanisms''. *American Zoologist* 28:739-59.

Loftus, E. F. 1979. *Eyewitness testimony*. Cambridge, Mass.: Harvard University Press.

Lyell, C. 1832. *Principles of geology, being an attempt to explain the former changes of the earth's surface by reference to causes now in operation*, vol. 2. Londres: John Murray.

Malthus, T. R. 1803. *An essay on the principles of population*. Londres: J. Johnson.

McGowan, C. 1989. ''The ichthyosaurian tailbend: A verification problem facilitated by computer tomography''. *Paleobiology* 15:429-36.

—— 1989. ''*Leptopterygius tenuirostris* and other long-snouted ichthyosaurs from the English Lower Lias''. *Paleontology* 32:409-27.

Mivart, St. G. 1871. *On the genesis of species*. Londres: MacMillan.

Monod, J. 1971. *Chance and necessity: An essay on the natural philosophy of modern biology*. Nova York: Knopf.

Murray, J., e B. Clarke. 1984. ''The genus *Partula* on Moorea: Speciation in progress''. *Proceedings of the Royal Society of London* 211:83-117.

Owen, R. 1840. ''Note on the dislocation of the tail at a certain point observable in the skeleton of many ichthyosauri''. *Transactions of the Geological Society of London* 5:511-14.

—— 1849. *On the nature of limbs*. Londres: J. Van Voorst.

Owen, R. 1861-1881. *Monograph on the fossil Reptilia of the Liassic Formation*. Londres: Paleontographical Society.

Paley, W. 1802. *Natural theology: or, evidences of the existence and attributes of the deity, collected from the appearance of nature*. Londres: E. Paulder.

Parkinson, J. 1811. *Organic remains of a former world, examination of the mineralized remains of the vegetables and animals of the antediluvian world generally termed extraneous fossils*. Londres: Sherwood, Neely and Jones.

Patten, W. 1912. *The evolution of vertebrates and their kin*. Filadélfia: P. Blakiston's Son.

—— 1920. *The grand strategy of evolution*. Boston: Gorham Press.

Prothero, D. R., e N. Shubin. 1983. "Tempo and mode of speciation in Oligocene mammals". *Geological Society of America Abstracts with Programs* 15(6):665.

Quoy, J., e J. Gaimard. 1834. *Voyage de découvertes de l'Astrolabe exécuté par ordre du Roi pendant les années 1826-29; Zoologie*, vol. 3. Paris: J. Tatsu.

Ramsköld, L., e Hou X. 1991. "New early Cambrian animal and onychophoran affinities of enigmatic metazoans". *Nature* 351:225-28.

Raup, D. M. 1979. "The size of the Permo-Triassic bottleneck and its evolutionary implications". *Science* 206:217-18.

Ray, J. 1691. *The wisdom of God manifested in works of the creation*. Londres: William Innys.

Reichert, C. B. 1837. "Entwicklungsgeschichte der Gehörknöchelchen der sogenannte Meckelsche Fortsatz des Hammers". *Müller's Archiv für Anatomie, Physiologie und wisselschaftliche Medicin*, 178-88.

Ryan, M. J., e A. S. Rand. 1990. "The sensory basis of sexual selection for complex calls in the Tungara frog *Physalaemus pustulosus* (sexual selection for sensory exploitation)". *Evolution* 44:305-14.

Ryan, M. J., J. H. Fox, W. Wilczynski, e A. S. Rand. 1990. "Sexual selection for sensory exploitation in the frog *Physalaemus pustulosus*". *Nature* 343:66-67.

Sacks, O. 1985. *The man who mistook his wife for a hat*. Nova York: Summit Books.

Sagan, C., e A. Druyan. 1985. *Comet*. Nova York: Random House.

Saint-Hilaire, E. G. 1831. *Principes de philosophie zoologique, discutés en mars 1830, au sein de l'Académie Royale des Sciences*. Paris.

—— 1838. "Sur les travaux zoologique et anatomiques de Goethe". *Comptes rendus des séances de l'Académie des Sciences de Paris* 6:320-21.

Scheuchzer, J. 1708. *Piscium querelae et vindiciae*. Zurique: Gessner.

Shubin, N. H., e P. Alberch, 1986. "A morphogenetic approach to the origin and basic organization of the tetrapod limb". In *Evolutionary Biology*, vol. 20, eds. M. K. Hecht, B. Wallace e G. T. Prance, 319-87. Nova York: Plenum Publications.

Smith, A. 1776. *The wealth of nations*. Londres: Strahan and Cadell.

Snell, O. 1891. "Die Abhängigkeit des Hirnewichtes von dem Köpergewicht und den geistigen Fähigkeiten". *Archiv für Psychiatrie und NervKrankheiten* 23:436-46.

Stauffer, R. C. (ed.) 1975. *Charles Darwin's natural selection: Being the second part of his big species book written from 1856 to 1858*. Londres: Cambridge University Press.

Stensiö, E. A. 1927. *Downtonian and Devonian vertebrates of Spitsbergen, part 1, family Cephalaspidae*. Oslo.

Theunissen, B. 1989. *Eugène Dubois and the ape-man from Java; the history of the first "missing link" and its discoverer*. Boston: Kluwer Academic Publishers.

Thompson, D. W. 1917. *On growth and form*. Cambridge, Inglaterra: Cambridge University Press.

Tinbergen, N. 1960. *The herring gull's world*. Nova York: Lyons & Burford.

Ussher, J. 1645. *A body of divinity: or, the sum and substance of Christian religion*. Dublin: John Downham.

—— 1650. *Annales veteris testamenti, a prima mundi origine deducti*, vols. 8-11 das *Obras completas* de Ussher, eds. C. R. Elrington e J. H. Todd. Dublim. 17 vols. (1847-64).

—— 1653. *The annals of the world. Deduced from the origin of time, and continued to the beginning of the emperour Vespasians reign, and the totall destruction and abolition of the temple and commonwealth of the Jews*. Londres: E. Tyler.

Vermeij, G. J. 1986. "The biology of human-caused extinction". In *The preservations of species*, ed. B. G. Norton, 28-49. Princeton: Princeton University Press.

—— 1987. *Evolution and escalation*. Princeton: Princeton University Press.

Walcott, C. D. 1911. "Middle Cambrian Merostomata. Cambrian Geology and Paleontology, II". *Smithsonian Miscellaneous Collections* 57:17-40.

Walcott, C. D. 1911. "Middle Cambrian holothurians and medusae. Cambrian Geology and Paleontology, II". *Smithsonian Miscellaneous Collections* 57:41-68.

—— 1911. "Middle Cambrian annelids. Cambrian Geology and Paleontology, II". *Smithsonian Miscellaneous Collections* 57:109-44.

—— 1911. "Middle Cambrian Branchiopoda, Malacostaca, Trilobita and Merostomata. Cambrian Geology and Paleontology, II". *Smithsonian Miscellaneous Collections* 57:145-228.

Wallace, A. R. 1889. *Darwinism, an exposition of the theory of natural selection with some of its applications*. Londres: MacMillan.

Wayne, R. K. 1986. "Cranial morphology of domestic and wild canids: The influence of development on morphological change". *Evolution* 40:243-61.

Whitman, C. O. 1904. "The problem of the origin of species". *Congress of Arts and Science, Universal Exposition, St. Louis*, vol. 5.

—— 1919. *Orthogenetic evolution in pigeons*. Ed. Oscar Riddle. *Carnegie Institution of Washington Publications* 257.

ÍNDICE REMISSIVO

Os números em *grifo* remetem
às páginas com fotos